战略性新兴领域"十四五"高等教育系列教材

地下空间工程智能建造概论

主　编　刘　波　李　涛
副主编　殷　飞　贺丽洁　陈昌禄
参　编　汪学清　黄　博　袁德宝　杨志勇　付春青　罗爱忠

机械工业出版社
CHINA MACHINE PRESS

本书主要介绍了智能建造技术及智能建造技术在地下空间工程中的应用，全书共9章。第1章绪论介绍了智能建造的基本概念、智能建造的发展历程，以及智能建造在城市地下空间工程中的应用现状、存在问题、发展趋势及应用构想；第2~8章从BIM技术及应用、Python语言、城市地下空间规划与智能设计、装配式地下建筑、盾构工程智能施工及新发展、智能传感器、智慧测量几个方面对智能建造技术进行详细讲解；第9章为智能建造技术在实际工程中的应用案例。

本书可作为城市地下空间工程、土木工程、智能建造等专业的本科教材，也可作为从事地下空间工程规划、地下空间工程设计、地下空间工程建设、BIM应用等领域从业人员的参考书。

本书配有教学大纲、授课PPT、复习思考题参考答案、模拟试卷、视频、工程案例等教学资源，免费提供给选用本书授课的教师使用，需要者请登录机械工业出版社教育服务网（www.cmpedu.com）注册后下载。

图书在版编目（CIP）数据

地下空间工程智能建造概论 / 刘波，李涛主编. 北京 ：机械工业出版社，2024.12. -- (战略性新兴领域"十四五"高等教育系列教材). -- ISBN 978-7-111-77648-2

I. TU94

中国国家版本馆CIP数据核字第2024Q8E878号

机械工业出版社（北京市百万庄大街22号　邮政编码100037）
策划编辑：李　帅　　　　　责任编辑：李　帅　宫晓梅
责任校对：龚思文　牟丽英　　封面设计：马若濛
责任印制：常天培
河北虎彩印刷有限公司印刷
2024年12月第1版第1次印刷
184mm×260mm・22.5印张・530千字
标准书号：ISBN 978-7-111-77648-2
定价：75.00元

电话服务　　　　　　　网络服务
客服电话：010-88361066　机 工 官 网：www.cmpbook.com
　　　　　010-88379833　机 工 官 博：weibo.com/cmp1952
　　　　　010-68326294　金 书 网：www.golden-book.com
封底无防伪标均为盗版　机工教育服务网：www.cmpedu.com

系列教材编审委员会

顾　　　问：谢和平　彭苏萍　何满潮　武　强　葛世荣
　　　　　　　陈湘生　张锁江

主 任 委 员：刘　波

副主任委员：郭东明　王绍清

委　　　员：（排名不分先后）
　　　　　　　刁琰琰　马　妍　王建兵　王　亮　王家臣
　　　　　　　邓久帅　师素珍　竹　涛　刘　迪　孙志明
　　　　　　　李　涛　杨胜利　张明青　林雄超　岳中文
　　　　　　　郑宏利　赵卫平　姜耀东　祝　捷　贺丽洁
　　　　　　　徐向阳　徐　恒　崔　成　梁鼎成　解　强

丛书序一

面对全球气候变化日益严峻的形势，碳中和已成为各国政府、企业和社会各界关注的焦点。早在 2015 年 12 月，第二十一届联合国气候变化大会上通过的《巴黎协定》首次明确了全球实现碳中和的总体目标。2020 年 9 月 22 日，习近平主席在第七十五届联合国大会一般性辩论上，首次提出碳达峰新目标和碳中和愿景。党的二十大报告提出，"积极稳妥推进碳达峰碳中和"。围绕碳达峰碳中和国家重大战略部署，我国政府发布了系列文件和行动方案，以推进碳达峰碳中和目标任务实施。

2023 年 3 月，教育部办公厅下发《教育部办公厅关于组织开展战略性新兴领域"十四五"高等教育教材体系建设工作的通知》（教高厅函〔2023〕3 号），以落实立德树人根本任务，发挥教材作为人才培养关键要素的重要作用。中国矿业大学（北京）刘波教授团队积极行动，申请并获批建设未来产业（碳中和）领域之一系列教材。为建设高质量的未来产业（碳中和）领域特色的高等教育专业教材，融汇产学共识，凸显数字赋能，由 63 所高等院校、31 家企业与科研院所的 165 位编者（含院士、教学名师、国家千人、杰青、长江学者等）组成编写团队，分碳中和基础、碳中和技术、碳中和矿山与碳中和建筑四个类别（共计 14 本）编写。本系列教材集理论、技术和应用于一体，系统阐述了碳捕集、封存与利用、节能减排等方面的基本理论、技术方法及其在绿色矿山、智能建造等领域的应用。

截至 2023 年，煤炭生产消费的碳排放占我国碳排放总量的 63% 左右，据《2023 中国建筑与城市基础设施碳排放研究报告》，全国房屋建筑全过程碳排放总量占全国能源相关碳排放的 38.2%，煤炭和建筑已经成为碳减排碳中和的关键所在。本系列教材面向国家战略需求，聚焦煤炭和建筑两个行业，紧跟国内外最新科学研究动态和政策发展，以矿业工程、土木工程、地质资源与地质工程、环境科学与工程等多学科视角，充分挖掘新工科领域的规律和特点、蕴含的价值和精神；融入思政元素，以彰显"立德树人"育人目标。本系列教材突出基本理论和典型案例结合，强调技术的重要性，如高碳资源的低碳化利用技术、二氧化碳转化与捕集技术、二氧化碳地质封存与监测技术、非二氧化碳类温室气体减排技术等，并列举了大量实际应用案例，展示了理论与技术结合的实践情况。同时，邀请了多位经验丰富的专家和学者参编和指导，确保教材的科学性和前瞻性。本系列教材力求提供全面、可持续的解决方案，以应对碳排放、减排、中和等方面的挑战。

本系列教材结构体系清晰，理论和案例融合，重点和难点明确，用语通俗易懂；融入了编写团队多年的实践教学与科研经验，能够让学生快速掌握相关知识要点，真正达到学以致用的效果。教材编写注重新形态建设，灵活使用二维码，巧妙地将微课视频、模拟试卷、虚拟结合案例等应用样式融入教材之中，以激发学生的学习兴趣。

本系列教材凝聚了高校、企业和科研院所等编者们的智慧，我衷心希望本系列教材能为从事碳排放碳中和领域的技术人员、高校师生提供理论依据、技术指导，为未来产业的创新发展提供借鉴。希望广大读者能够从中受益，在各自的领域中积极推动碳中和工作，共同为建设绿色、低碳、可持续的未来而努力。

谢和平

中国工程院院士
深圳大学特聘教授
2024 年 12 月

丛书序二

2015年12月，第二十一届联合国气候变化大会上通过的《巴黎协定》首次明确了全球实现碳中和的总体目标，"在本世纪下半叶实现温室气体源的人为排放与汇的清除之间的平衡"，为世界绿色低碳转型发展指明了方向。2020年9月22日，习近平主席在第七十五届联合国大会一般性辩论上宣布，"中国将提高国家自主贡献力度，采取更加有力的政策和措施，二氧化碳排放力争于2030年前达到峰值，努力争取2060年前实现碳中和"，首次提出碳达峰新目标和碳中和愿景。2021年9月，中共中央、国务院发布《中共中央 国务院关于完整准确全面贯彻新发展理念做好碳达峰碳中和工作的意见》。2021年10月，国务院印发《2030年前碳达峰行动方案》，推进碳达峰碳中和目标任务实施。2024年5月，国务院印发《2024—2025年节能降碳行动方案》，明确了2024—2025年化石能源消费减量替代行动、非化石能源消费提升行动和建筑行业节能降碳行动具体要求。

党的二十大报告提出，"积极稳妥推进碳达峰碳中和""推动能源清洁低碳高效利用，推进工业、建筑、交通等领域清洁低碳转型"。聚焦"双碳"发展目标，能源领域不断优化能源结构，积极发展非化石能源。2023年全国原煤产量47.1亿t、煤炭进口量4.74亿t，2023年煤炭占能源消费总量的占比降至55.3%，清洁能源消费占比提高至26.4%，大力推进煤炭清洁高效利用，有序推进重点地区煤炭消费减量替代。不断发展降碳技术，二氧化碳捕集、利用及封存技术取得明显进步，依托矿山、油田和咸水层等有利区域，降碳技术已经得到大规模应用。国家发展改革委数据显示，初步测算，扣除原料用能和非化石能源消费量后，"十四五"前三年，全国能耗强度累计降低约7.3%，在保障高质量发展用能需求的同时，节约化石能源消耗约3.4亿t标准煤、少排放CO_2约9亿t。但以煤为主的能源结构短期内不能改变，以化石能源为主的能源格局具有较大发展惯性。因此，我们需要积极推动能源转型，进行绿色化、智能化矿山建设，坚持数字赋能，助力低碳发展。

联合国环境规划署指出，到2030年若要实现所有新建筑在运行中的净零排放，建筑材料和设备中的隐含碳必须比现在水平至少减少40%。据《2023中国建筑与城市基础设施碳排放研究报告》，2021年全国房屋建筑全过程碳排放总量为40.7亿t CO_2，占全国能源相关碳排放的38.2%。建材生产阶段碳排放17.0亿t CO_2，占全国的16.0%，占全过程碳排放的41.8%。因此建筑建造业的低能耗和低碳发展势在必行，要大力发展节能低碳建筑，优化建筑用能结构，推行绿色设计，加快优化建筑用能结构，提高可再生能源使用比例。

面对新一轮能源革命和产业变革需求，以新质生产力引领推动能源革命发展，近年来，中国矿业大学（北京）调整和新增新工科专业，设置全国首批碳储科学与工程、智能采矿工程专业，开设新能源科学与工程、人工智能、智能建造、智能制造工程等专业，积极响应未来产业（碳中和）领域人才自主培养质量的要求，聚集煤炭绿色开发、碳捕集利用与封存等领域前沿理论与关键技术，推动智能矿山、洁净利用、绿色建筑等深度融合，促进相关学科数字化、智能化、低碳化融合发展，努力培养碳中和领域需要的复合型创新人才，为教育强国、能源强国建设提供坚实人才保障和智力支持。

为此，我们团队积极行动，申请并获批承担教育部组织开展的战略性新兴领域"十四五"高等教育教材体系建设任务，并荣幸负责未来产业（碳中和）领域之一系列教材建设。本系列教材共计14本，分为碳中和基础、碳中和技术、碳中和矿山与碳中和建筑四个类别，碳中和基础包括《碳中和概论》《碳资产管理与碳金融》和《高碳资源的低碳化利用技术》，碳中和技术包括《二氧化碳转化原理与技术》《二氧化碳捕集原理与技术》《二氧化碳地质封存与监测》和《非二氧化碳类温室气体减排技术》，碳中和矿山包括《绿色矿山概论》《智能采矿概论》《矿山环境与生态工程》，碳中和建筑包括《绿色智能建造概论》《绿色低碳建筑设计》《地下空间工程智能建造概论》和《装配式建筑与智能建造》。本系列教材以碳中和基础理论为先导，以技术为驱动，以矿山和建筑行业为主要应用领域，加强系统设计，构建以碳源的降、减、控、储、用为闭环的碳中和教材体系，服务于未来拔尖创新人才培养。

本系列教材从矿业工程、土木工程、地质资源与地质工程、环境科学与工程等多学科融合视角，系统介绍了基础理论、技术、管理等内容，注重理论教学与实践教学的融合融汇；建设了以知识图谱为基础的数字资源与核心课程，借助虚拟教研室构建了知识图谱，灵活使用二维码形式，配套微课视频、模拟试卷、虚拟结合案例等资源，凸显数字赋能，打造新形态教材。

本系列教材的编写，组织了63所高等院校和31家企业与科研院所，编写人员累计达到165名，其中院士、教学名师、国家千人、杰青、长江学者等24人。另外，本系列教材得到了谢和平院士、彭苏萍院士、何满潮院士、武强院士、葛世荣院士、陈湘生院士、张锁江院士、崔愷院士等专家的无私指导，在此表示衷心的感谢！

未来产业（碳中和）领域的发展方兴未艾，理论和技术会不断更新。编撰本系列教材的过程，也是我们与国内外学者不断交流和学习的过程。由于编者们水平有限，教材中难免存在不足或者欠妥之处，敬请读者不吝指正。

刘波

教育部战略性新兴领域"十四五"高等教育教材体系
未来产业（碳中和）团队负责人
2024年12月

序

2018年，教育部正式批准设立智能建造"新工科"专业。2020年7月，住房和城乡建设部等13部门联合印发指导意见，力推智能建造与建筑工业化协同发展。智能建造专业面向国家战略需求和建筑业的升级转型，立足于多学科交叉融合教学思想，培养复合型的创新人才。中国矿业大学（北京）依托岩土工程国家重点学科和深部岩土力学与地下工程国家重点实验室，经过数十年的建设，地下空间工程绿色、低碳、智能建造得到了长足发展。刘波教授团队深耕地下空间工程专业领域，依托国家级一流本科专业建设"双万计划"、北京市高校高精尖学科项目、北京市重点建设一流专业，获评北京市城市地下空间工程优秀本科育人团队。团队形成了"教学团队建设—思政育人建设—教学内容建设—实践育人建设"深度融合的综合教学模式。

为了进一步提升我国地下空间新一代碳中和建造战略人才培养质量，推动我国地下空间工程低碳化、智能化高质量发展，团队系统总结梳理了地下空间工程低碳、智能建造方面的基础理论与关键技术，形成了《地下空间工程智能建造概论》一书。该书具有以下特色和优点：

1) 章节设置科学合理。该书结合作者团队近几年科研成果，对地下空间工程低碳、智能建造关键技术进行了阐述，反映了新时期地下空间工程智能建造的前沿内容，编写过程中注重章节内容的逻辑性，强调培养学生的价值观与科学精神。

2) 课程知识体系完整。该书包含城市地下空间规划与智能设计、盾构工程智能施工，以及BIM技术及应用、Python语言、智能传感器、智慧测量等内容，涵盖了智能建造的基础性知识和应用性知识，形成了从基础知识学习到工程应用学习的理论知识体系，内容完整、条理清晰。

3) 虚实结合，案例丰富。该书结合了作者团队科技攻关的大量工程实际，如智能建造在北京地铁工程、冬奥管廊工程、北京城市副中心站综合交通枢纽工程等重大地下空间工程中的应用等，以及团队搭建的虚拟仿真实训平台。案例涉及地下空间规划、设计、施工等多个环节，能够增强学生的融入感，激发学生的学习兴趣。

4) 内容难易程度适宜。该书编排顺序合理，重点内容突出，不仅适宜任课教师把握教学重点和难点，合理安排教学进度，还有利于学生的学习和理解。该书融入了作者团队多年来的人才培养经验，团队培养的学生得到了用人单位的广泛好评。

该书适应行业发展方向和人才培养需求，从提升学生能力和行业竞争力的角度出发进行设计和编写。该书的出版和发行不仅对我国智能建造专业学生的培养及既有从业人员能力的提升有重要的意义，而且对工程实践具有重要的指导价值。相信该书将适合相关工科院校师生及从业人员使用。

深圳大学讲席教授　陈湘生博士
中国工程院　院士
2024 年 10 月

前　言

我国地下空间的开发利用经历了从最初的人防工程阶段到如今的地下空间综合利用开发快速增长阶段的重大转变。近年来，我国地下空间工程建设迅猛发展，取得了举世瞩目的成就，在地下空间工程建造技术及装备研发方面取得了重大突破。随着智能化技术的发展，地下空间智能化开发利用的需求日益强烈，但智能化技术在地下空间规划设计、建造施工、运营维护管理等方面的应用水平有待提升。此外，地下空间工程的智能化建设离不开智能化人才的培养。基于当前发展状况，编者编写了本书。

本书共9章，包括绪论、BIM技术及应用、Python语言、城市地下空间规划与智能设计、装配式地下建筑、盾构工程智能施工及新发展、智能传感器、智慧测量及工程案例。本书内容以基本概念和理论为主，结合工程实例，具有前沿性强、内容全面、通俗易懂的优点。本书每章后附有复习思考题，可以辅助学生巩固教学内容，增强自主探索能力。教师在授课时，可以结合实际情况选择重点讲授，适当安排学生自学部分章节。本书配备授课PPT、关键知识点视频、在线虚拟实训平台等多媒体资源，多媒体资源的建设注重先进教学手段的应用。

本书第1章由刘波、李涛编写，第2章由陈昌禄、罗爱忠编写，第3章由汪学清编写，第4章由贺丽洁编写，第5章由黄博编写，第6章由杨志勇编写，第7章由殷飞、李涛编写，第8章由袁德宝编写，第9章由付春青编写。全书由刘波、李涛统稿。

在编写本书过程中，编者参考了相关资料和工程案例，得到了相关兄弟院校、设计单位、施工单位、科研单位等的大力支持，在此表示感谢。

由于编者水平有限，书中难免存在疏漏和不足之处，敬请广大读者批评指正。

编者
2024年7月

目 录

丛书序一

丛书序二

序

前言

第1章 绪论 / 1

1.1 智能建造概述 / 1

 1.1.1 智能建造的定义 / 1

 1.1.2 智能建造的特征 / 1

1.2 智能建造的发展历程 / 3

 1.2.1 数字化建造阶段 / 3

 1.2.2 信息化建造阶段 / 4

 1.2.3 智能建造阶段 / 6

1.3 智能建造在城市地下空间工程中的应用现状 / 7

 1.3.1 城市地下空间开发背景 / 7

 1.3.2 智能建造在城市地下空间工程新技术中的应用 / 9

1.4 智能建造在城市地下空间工程应用中存在的问题 / 13

1.5 智能建造新理念与新技术在城市地下空间工程中的发展趋势及其应用构想 / 14

 1.5.1 智能建造新理念在城市地下空间工程中的发展趋势 / 14

 1.5.2 智能建造新技术在城市地下空间工程中的发展趋势 / 17

 1.5.3 北京地铁智能建造新理念与新技术的应用构想 / 20

复习思考题 / 25

第2章 BIM 技术及应用 / 26

2.1 BIM 概述 / 26

 2.1.1 BIM 的产生与发展 / 26

 2.1.2 BIM 的定义 / 26

2.1.3　BIM 在国内外的应用与发展　/ 28
　　2.1.4　BIM 的特点、优势与价值　/ 29
2.2　BIM 软件　/ 34
　　2.2.1　BIM 软件体系框架　/ 34
　　2.2.2　BIM 建模软件　/ 35
　　2.2.3　BIM 展示软件　/ 35
　　2.2.4　BIM 分析软件　/ 36
　　2.2.5　BIM 管理软件　/ 37
2.3　BIM 硬件　/ 37
　　2.3.1　计算机硬件　/ 37
　　2.3.2　物联网设备　/ 38
2.4　BIM 工程应用　/ 39
　　2.4.1　概述　/ 39
　　2.4.2　我国 BIM 工程应用现状　/ 39
　　2.4.3　BIM 在规划设计阶段的应用　/ 39
　　2.4.4　BIM 在招标投标阶段的应用　/ 42
　　2.4.5　BIM 在施工阶段的应用　/ 43
　　2.4.6　BIM 在运维阶段的应用　/ 46
2.5　BIM 工作组织与流程　/ 47
　　2.5.1　BIM 工作组织　/ 47
　　2.5.2　BIM 工作流程　/ 49
复习思考题　/ 49

第 3 章　Python 语言　/ 50

3.1　Python 语言概述　/ 50
　　3.1.1　Python 语言的特点　/ 50
　　3.1.2　Python 语言的主要应用　/ 51
　　3.1.3　Python 安装与环境配置　/ 52
3.2　Python 语言语法基础　/ 57
　　3.2.1　编码规范　/ 57
　　3.2.2　基本输入和输出　/ 58
　　3.2.3　基础数据类型　/ 60
　　3.2.4　变量和赋值　/ 64
　　3.2.5　运算符和表达式　/ 64
　　3.2.6　基础数据结构　/ 65
3.3　Python 语言程序基本控制结构　/ 73
　　3.3.1　选择结构语句　/ 73
　　3.3.2　循环结构语句　/ 76

3.3.3　break、continue 和 else 语句　/ 78
3.3.4　pass 语句　/ 79
3.4　Python 语言函数　/ 79
3.4.1　内置函数　/ 80
3.4.2　自定义函数　/ 80
3.4.3　函数参数的传递　/ 82
3.4.4　变量的作用域　/ 86
3.4.5　函数的递归与嵌套　/ 87
3.5　Python 库　/ 88
3.5.1　库的使用　/ 88
3.5.2　常见标准库的使用　/ 90
3.5.3　常见第三方库的使用　/ 91
复习思考题　/ 94

第 4 章　城市地下空间规划与智能设计　/ 95

4.1　城市地下空间规划概述　/ 95
4.1.1　城市地下空间类型　/ 95
4.1.2　城市地下空间规划原则　/ 97
4.1.3　城市地下空间采光设计　/ 98
4.1.4　城市地下空间通风设计　/ 102
4.1.5　城市地下空间防火设计　/ 103
4.2　城市地下轨道交通规划与智能设计　/ 104
4.2.1　城市地下轨道交通类型　/ 104
4.2.2　城市地下轨道交通规划设计　/ 107
4.2.3　城市地下轨道交通智能设计　/ 110
4.3　城市地下商业街规划与智能设计　/ 115
4.3.1　城市地下商业街类型　/ 115
4.3.2　城市地下商业街规划设计　/ 116
4.3.3　城市地下商业街智能设计　/ 118
4.4　城市地下综合体规划与智能设计　/ 123
4.4.1　城市地下综合体类型　/ 123
4.4.2　城市地下综合体规划设计　/ 124
4.4.3　城市地下综合体智能设计　/ 126
4.5　其他城市地下空间规划与智能设计　/ 131
4.5.1　地下人防工程　/ 131
4.5.2　地下综合管廊　/ 136
4.5.3　其他地下空间　/ 140
复习思考题　/ 143

第5章 装配式地下建筑 / 144

- 5.1 装配式地下建筑概述 / 144
  - 5.1.1 装配式地下建筑的概念 / 144
  - 5.1.2 发展装配式建筑的意义 / 144
  - 5.1.3 装配式建筑的发展历程 / 145
- 5.2 装配式地下建筑类型 / 148
  - 5.2.1 装配式综合管廊 / 148
  - 5.2.2 装配式地铁车站 / 152
- 5.3 装配式地下建筑关键建造技术 / 159
  - 5.3.1 装配式衬砌拼装技术 / 159
  - 5.3.2 装配式结构防水技术 / 160
  - 5.3.3 装配式建造与信息化技术 / 162
- 复习思考题 / 167

第6章 盾构工程智能施工及新发展 / 168

- 6.1 盾构工程智能施工技术 / 168
  - 6.1.1 概述 / 168
  - 6.1.2 盾构工程智能施工技术类型 / 169
  - 6.1.3 盾构工程智能化施工机型 / 172
  - 6.1.4 盾构智能化施工面临的挑战与突破 / 175
- 6.2 盾构工程智能施工应用案例 / 177
  - 6.2.1 概述 / 177
  - 6.2.2 TBM掘进参数智能控制系统应用 / 178
  - 6.2.3 基于传感技术的盾构在线状态监测应用 / 182
  - 6.2.4 基于大数据的盾构掘进与地质关联应用 / 184
  - 6.2.5 盾构渣土资源化处理工艺及成套系统装备应用 / 190
  - 6.2.6 基于韧性理论的盾构隧道智能建造 / 191
- 6.3 北京地铁盾构工程智能化应用系统 / 194
  - 6.3.1 概述 / 194
  - 6.3.2 盾构施工实时监控系统 / 194
  - 6.3.3 盾构出土量监控管理系统 / 202
  - 6.3.4 盾尾间隙测量系统 / 207
- 6.4 盾构工程智能化管控新发展 / 211
  - 6.4.1 概述 / 211
  - 6.4.2 盾构工程三维管控发展 / 211
  - 6.4.3 盾构隧道智能AI施工技术发展 / 213
  - 6.4.4 盾构隧道工程机器学习方法发展 / 214

复习思考题 / 219

第 7 章 智能传感器 / 220

7.1 智能传感器概述 / 220
7.1.1 传感器技术概述 / 220
7.1.2 智能传感器的定义 / 221
7.1.3 智能传感器的优势及分类 / 221

7.2 传感器类型和基本原理 / 223
7.2.1 电阻应变式传感器 / 223
7.2.2 电容式传感器 / 226
7.2.3 电感式传感器 / 228
7.2.4 磁电与磁敏式传感器 / 232
7.2.5 压电式传感器 / 235
7.2.6 光电效应和光电式传感器 / 238
7.2.7 波与辐射式传感器 / 249
7.2.8 热电式传感器 / 253
7.2.9 半导体式化学传感器 / 256

7.3 智能传感器在智慧城市建设中的应用 / 258
7.3.1 智能传感器在数字孪生技术中的应用 / 258
7.3.2 智能传感器在物联网技术中的应用 / 258
7.3.3 智能传感器在5G技术中的应用 / 260

复习思考题 / 260

第 8 章 智慧测量 / 262

8.1 测量基础 / 262
8.1.1 水准测量 / 262
8.1.2 角度测量 / 268
8.1.3 距离测量 / 275

8.2 控制测量 / 279
8.2.1 高程控制测量 / 280
8.2.2 导线控制测量 / 283
8.2.3 GNSS控制测量 / 285

8.3 地形图测绘及应用 / 290
8.3.1 地形图基本知识 / 290
8.3.2 全站仪数据采集 / 296
8.3.3 GNSS数据采集 / 297

8.4 施工测量基本知识 / 299
8.4.1 工程基本测设 / 299

8.4.2 高程测设 / 301
8.4.3 地面点位置测设 / 301
8.5 建筑施工测量 / 303
　　8.5.1 概述 / 303
　　8.5.2 施工建筑定位 / 304
　　8.5.3 施工建筑轴线投测 / 305
　　8.5.4 施工建筑高程测设与传递 / 307
　　8.5.5 施工测量在城市地下空间中的应用 / 309
8.6 测绘新技术 / 310
　　8.6.1 GNSS 技术 / 310
　　8.6.2 RS 技术 / 312
　　8.6.3 无人机技术 / 313
　　8.6.4 LiDAR 技术 / 315
复习思考题 / 317

第 9 章 工程案例 / 318

9.1 概述 / 318
9.2 工程智能建造应用场景 / 319
　　9.2.1 工程 BIM 技术应用 / 319
　　9.2.2 设计阶段应用 / 320
　　9.2.3 施工阶段应用 / 322
　　9.2.4 创新应用 / 326
9.3 信息技术与智能建设融合应用情况 / 328
9.4 智能建设关键核心技术的研究与应用 / 331
9.5 工程智能装备的研究应用 / 334
　　9.5.1 智能焊接机器人系统 / 334
　　9.5.2 地下空间工程建设全空间变形三维激光扫描测量装备 / 335
9.6 智能建设成果与效益分析 / 336
　　9.6.1 应用目标与成果 / 336
　　9.6.2 效益分析 / 337
复习思考题 / 338

参考文献 / 339

第1章 绪论

1.1 智能建造概述

1.1.1 智能建造的定义

随着我国新型城镇化进程的加速推进，国家积极倡导建筑工业化与智能建造的协同发展。为贯彻可持续发展理念，我国将物联网、云计算、大数据、互联网+、人工智能等先进技术深度融合于建筑行业中，提升建造过程的智能化水平。通过这一技术的集成，我国逐步形成了涵盖科研、设计、生产加工、施工装配及运营维护等全产业链高度融合的智能建造产业体系，探索出一条具有内涵集约式、高质量发展的新道路。

智能建造是一种不同于传统建造的新理念，依托项目信息门户作为共享平台，结合建造技术、人工智能和数据技术，全面服务于项目的全生命周期。它通过技术和信息的集成与管理创新，构建智能化的项目建设与运营环境，实现对项目建设全过程的有效管理。智能建造体现了信息化与工业化的深度融合，代表了项目建设从机械化、自动化向数字化、智能化发展的新型工业形态，展示出行业转型升级的必然趋势。

智能建造的核心在于将全生命周期管理与精益建造理念有机结合，运用先进的信息技术和建造技术，对建造全过程进行技术和管理的创新，推动建设从数字化、自动化逐步转向集成化和智能化。通过这一转型，智能建造得以实现高质量、高效率、低碳和安全的工程建造及管理模式。智能建造的内涵是动态发展的，随着人工智能、虚拟现实（VR）、5G和区块链等新兴信息技术的不断涌现并逐步应用于工程实践，其内涵将不断得到丰富，带来更多创新成果的涌现。

1.1.2 智能建造的特征

智能建造以现代通用信息技术为基础，依托建造领域的数字化技术，推动建造过程的集成化与协同化发展，并促使工程建造逐步向工业化、服务化与平台化转型。现代通用信息技术包括云计算、大数据、人工智能和物联网等前沿技术，丁烈云院士将这些概括为"三化"和"三算"。其中，"三化"指数字化、网络化和智能化，而"三算"则涵盖算据、算力和算法。智能建造通过智能技术及其相关技术,从城市和建筑领域延伸至工业项目的建造过程。通过构建并应用智能建造系统,显著提升建造过程的智能化水平,降低对人工操作的依赖,从而实现更优质的建筑成果。智能建造系统具有以下七大主要特征。

(1) 灵敏感知　智能建造系统具有类似高级动物的灵敏感知能力,能够实时捕捉周围环境的变化。这一功能主要依赖于传感器技术的支持,例如,视频传感器可用于感知和记录环境动态,射频识别(RFID)技术则能够检测到特定对象的存在。在实际应用中,视频传感器可以取代人工监视工作,RFID扫描器能够在特定范围内快速感知目标物体是否存在,从而获得相应的原始信息。

(2) 高速传输　智能建造系统能够通过无线网络技术,特别是移动无线网络技术,快速传递采集到的感知数据。例如,RFID扫描器获取的信息可以通过无线网络迅速传输到服务器,由服务器进行进一步的分析和处理,确保信息传输的及时性与可靠性。

(3) 精准识别　智能建造系统通过精准识别技术,对采集到的原始信息进行解读和分析,确定其含义和目标对象的存在。视频识别与音频识别技术在这方面发挥了重要作用。例如,视频识别技术可以快速确定某人在特定场景中的出现情况,音频识别技术则可以分析声音的情况。

(4) 快速分析　智能建造系统具备对大量数据进行快速分析的能力,从而为决策提供支持。通过大数据分析技术,可以对大量已存入库的信息进行深度分析,识别材料入库的规律,并判断当前入库情况是否与常规模式相符。如果发现异常,系统将立即发出预警提示。

(5) 优化决策　智能建造系统在决策环节中,通过优化技术或智能技术提供最佳的决策方案及其依据,辅助决策者实现建造过程的最大效能。例如,系统可以生成最优的设计方案或施工进度计划,具体的优化目标可能包括全生命周期成本最低、碳排放量最小或性价比最高等,确保项目各方面得到全面优化。

(6) 自动控制　智能建造系统利用智能化技术,实现对生产过程的自动控制。基于感知到的环境条件,并结合优化决策,系统能够自动执行控制操作。例如,系统可以依据优化后的作业进度计划,自动化地控制物料搬运流程,最终实现物料搬运的自动化和无人化操作,从而提高效率和精度。

(7) 作业替代　智能建造系统能够通过自动化和机器人技术代替人在恶劣环境中工作,从而提升工作效率。例如,建筑施工中的砌砖、混凝土浇筑、建筑装饰喷涂等作业可以被建筑结构混凝土3D打印作业代替。这不仅解决了劳动力供应不足的问题,还有效降低了人工成本,实现了更高效的施工方式。

智能建造的范围覆盖了建设项目的全生命周期,涉及勘察、规划、设计、施工及运营管理等多个环节。在内容上,智能建造通过互联网和物联网实现数据传输,而这些数据往往包含丰富的信息。在管理上,通过云平台的大数据挖掘与处理能力,项目参与方能够实时全面地掌握项目的各个方面,有效提升项目的组织协调和计划管理能力。在技术上,智能建造的智能源自信息技术的应用,尤其是基于BIM、数字孪生、物联网和云计算等技术手段。智能建造涉及的各个阶段和专业领域不再是孤立存在的,信息技术将它们有机地融合在一起,形成一个高度集成的整体。智能建造充分利用了上述先进技术,推动了新型建造技术的发展,

第 1 章 绪　论

成为提高建筑项目生产率的重要手段，其主要特征及含义详见表 1-1。

表 1-1　智能建造技术提高建筑项目生产率的主要特征及其含义

特征	含义
智慧性	主要表现在信息与服务两个方面，且依赖于信息的强力支撑。每个工程项目都包含大量数据，因此智慧性要求具备对各种信息的感知和获取能力，同时还需具备高效的数据存储、快速分析和智能处理能力。当这些能力具备后，系统能够通过技术手段，及时为用户提供高度精准且优质的智慧服务，进一步提升项目的整体效率和管理水平
便捷性	智能建造的核心目标是满足用户需求，在工程项目建设过程中，为各专业参与者提供信息共享平台及各类智能服务。通过提供便捷、舒适的工作环境，智能建造能够有效支持各专业参与者的协同工作，确保项目顺利推进。同时，它还为业主方提供符合预期的建筑功能，进一步提升项目的满意度与成功率
集成性	主要体现在两个方面：一是不同信息技术手段的互补整合；二是建设项目各主体功能的有机融合。智能建造依赖于多种信息技术的支持，每种技术都具备独特的功能。因此，集成性要求将这些技术手段有效结合，实现高度的技术集成，从而增强项目的整体功能，提高效率
协同性	物联网技术通过将原本独立的个体相互关联，形成交互网络，构建起智慧平台的神经系统。这一系统能够为不同参与者提供共享信息，增强各用户之间的联系，有效避免了信息孤岛现象。同时，这种信息的无缝连接促进了协同工作，实现了更高效的合作与管理
可持续性	智能建造紧密契合可持续发展的理念，将可持续性贯穿于工程项目整个生命周期的每个环节。通过信息技术的应用，智能建造能够在能耗控制、绿色生产及资源回收再利用等方面有效实施"双控"策略，达到碳排放总量和强度控制的目标。可持续性不仅要求节能环保，还涵盖了社会发展和城市建设等多方面的需求

1.2　智能建造的发展历程

自 18 世纪中叶以来，人类先后经历了机械化、电气化、自动化的工业革命，并逐步迈向智能化的新时代，如图 1-1 所示。如今，随着数字化、信息化和智能化技术的飞速发展，我国正迎来未来产业的迅速崛起，这些技术已经成为国家发展战略的重要组成部分。

图 1-1　世界产业革命发生阶段

第一次工业革命　机械化
第二次工业革命　电气化
第三次工业革命　自动化
第四次工业革命　智能化

1.2.1　数字化建造阶段

建筑工程的数字化建造理念由来已久，并随着机械化、工业化和信息技术的发展不断演进。1997 年，美国著名建筑师弗兰克·盖里在设计西班牙毕尔巴鄂古根海姆博物馆时，通过计算机创建了博物馆的三维建筑表皮模型。这些三维建筑表皮模型数据随后被传输至数控

3

机床，加工成各种构件，最终运送至现场进行组装。这个过程展示了数字化建造的初步概念，标志着建筑行业逐步向数字化方向迈进。

1.2.2 信息化建造阶段

信息化建造阶段是数字化建造的进一步发展，较好地解决了数字化建造过程中遇到的问题，并有效提升了施工效率和管理水平。一方面，信息化建造技术推动了建筑工程及建造过程的全面信息化，建立了基于信息的管理体系；另一方面，该技术还强调建筑工程全生命周期中各参与方的信息共享，注重信息的积累、分析与挖掘，并将其与工程建造技术相结合。与此同时，信息化建造还涉及物理信息的交互，以及绿色化、工业化和信息化的深度集成与融合，这些领域亟须进一步研究与应用。

随着我国建筑业的逐步发展，信息化建造也从手工化、机械化、网络信息化逐渐向智能化、智慧化阶段迈进，如图1-2所示。然而，由于我国建筑业起步较晚，智能化建造的推进速度仍较缓慢，无论是基础理论、软硬件设备方面，还是人才储备方面，都存在较大差距。我国与发达国家在信息化建造方面的对比见表1-2。

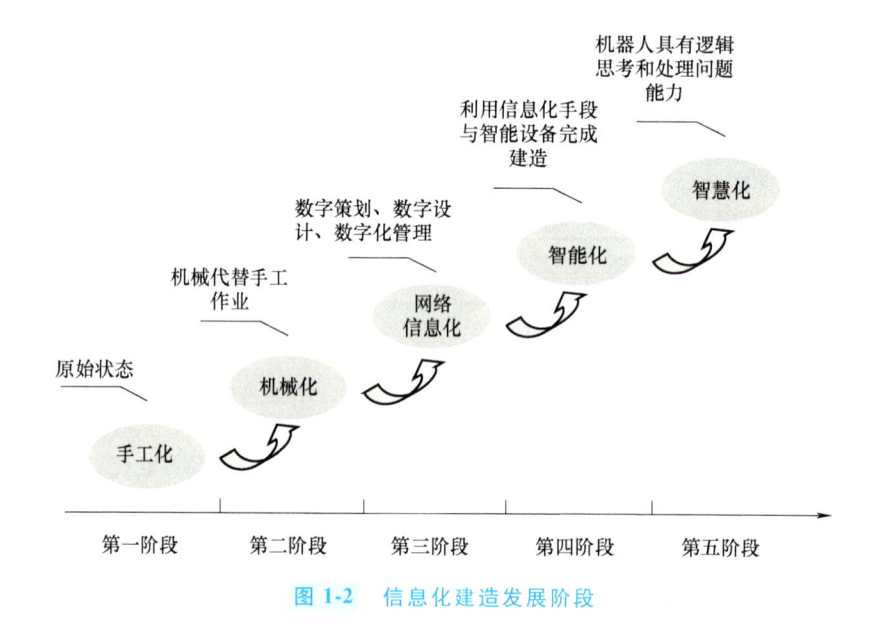

图1-2 信息化建造发展阶段

表1-2 我国与发达国家在信息化建造方面的对比

	我国	发达国家
基础理论与技术体系	已取得部分长期制约我国建筑业发展的基础研究成果，并初步掌握智能建造技术，但整体的基础研究和技术体系仍需进一步完善	拥有完善的理论基础和成熟的技术体系
中长期发展战略	在建筑智能化和信息化发展方面已提出明确要求，并发布了相关政策，但实施力度有待进一步加强	已将包括智能建造在内的先进建筑产业发展提升为国家战略
智能建造装备	现代建筑智能技术研究和应用有了显著提升，但整体仍处于初级阶段，且高端智能建造装备仍然依赖进口	拥有精密测量技术、智能控制技术等多种先进技术装备

(续)

	我国	发达国家
软硬件条件	在引进的硬件和部分低端软件方面应用效果良好，但高端软件的使用仍存在不足，智能建造的软件多依赖进口	在软件和硬件的研发与应用上实现了双向协调发展
人才储备	多所高校和科研院所已开设相关课程和专业，致力于培养智能建造相关人才，但在创新型智能建造工程科技人才方面仍显不足	拥有全球顶尖学府培养的高级复合型研究人才

第四次工业革命的本质和特征可以总结为：通过信息物理系统（Cyber Physical Systems, CPS）的驱动，催生了互联网产业化、工业智能化和工业一体化为核心的全新技术革命。这场革命的代表技术涵盖人工智能技术、清洁能源技术、无人控制技术、量子信息技术、虚拟现实技术及生物技术等领域。我国信息化发展历程如图 1-3 所示，我国信息化的发展经历了从办公自动化到互联网、物联网、云计算、大数据、互联网+、智能制造、人工智能和智能+的逐步演进。

在我国住房和城乡建设领域的信息化发展过程中，多个具有里程碑意义的成就推动了行业进步，主要体现在城市信息化、建筑及居住区信息化、企业信息化、市政监管信息化、城市 3S 技术应用，以及建筑信息模型（BIM）的引入和推广等方面。这些成就为我国建筑业的信息化进程奠定了坚实的基础。

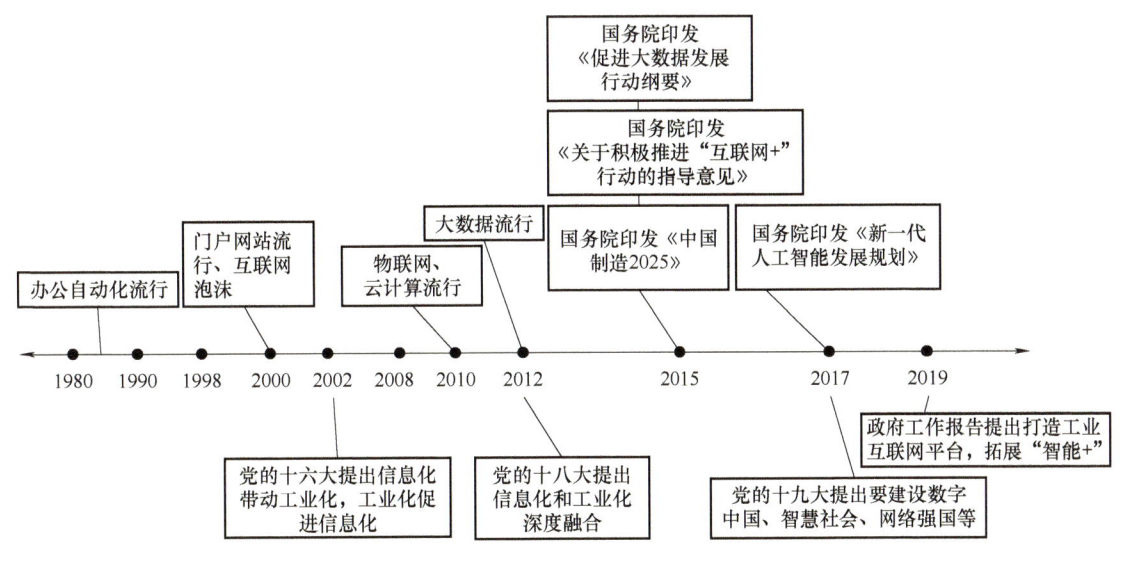

图 1-3 我国信息化发展历程

我国建筑工业化历程及建筑工业互联网的发展前景可以分为以下几个阶段：

1）阶段一（装配式 1.0 时代）。2015 年底，《工业化建筑评价标准》的发布标志着我国决定从 2016 年起全面推广装配式建筑。此时，大量建筑部品在车间完成生产加工，主要构件包括外墙板、内墙板、叠合板、阳台、空调板、楼梯、预制梁和预制柱等。装配式建筑主要应用于建筑的基本结构和金属构件领域。

2）阶段二（集成化 2.0 时代）。这一阶段，集成模块的应用逐渐发展，以交通核为核心，集成了服务空间和设备管线。室内空间围绕该核心模块灵活布局，降低了空间变更的复合成本，进一步推动了集成化建筑的发展。

3）阶段三（集成化+框架 3.0 时代）。所有建筑房间通过装配式组装实现灵活连接使用。各个功能房间可以自由拆装，根据需求进行替换和重新订购，建筑空间的灵活性和可变性大大提升。

4）阶段四（集成化+框架+移动 4.0 时代）。未来的居住模块将完全实现装配化生产，结合自动驾驶技术，这些模块可以自由移动。居住模块将不再固定于建筑内，而是可以与建筑通过可接驳式连接进行连通。建筑将不再需要传统的围护结构，而是转变为停靠居住模块的综合服务平台，彻底改变了传统建筑的概念。

1.2.3 智能建造阶段

智能建造是一种全新的建造与管理方式，通过智能化技术的深度融合，实现信息的集成和全面的物联网应用。它将信息技术与建造技术紧密结合，并随着智能技术的不断更新，从项目全生命周期的角度出发，推动基于大数据的项目管理与决策。同时，智能建造实现了无处不在的实时感知，最终达成工业化、信息化和绿色化的集成与融合，促使建筑产业模式发生根本性变革。

工业制造有五个发展阶段：机械化、电气化、自动化、智能化、智慧化，即从工业 1.0 发展至工业 5.0。建筑工程的建造也将经历类似的阶段。要实现智能建造，必须满足以下条件：

1）建立一个信息化平台驱动系统。
2）实现互联网的高效数据传输。
3）实施全面的数字化设计。
4）机器人能够替代人工完成部分或全部施工任务——机器人参与的作业越多，智能建造的水平就越高。

智能建造的实施目标贯穿建设项目全生命周期中的核心价值与应用。所有目标必须具体、可衡量，并能有效推动项目的规划、设计、施工与运营顺利进行。智能建造的实施目标可分为以下四类。

(1) 集成化 集成化主要包括两个方面：一方面是应用系统的一体化管理，体现为单点登录、应用系统之间的数据共享及支持多方协同工作的功能；另一方面是生产过程的一体化管理，涵盖设计、生产、施工的全面融合，可采用 EPC（工程总承包）模式或集成化交付模式，以提高效率和协调性。

(2) 精细化 精细化管理体现在两个方面：一方面是管理对象的精细化，将每个部件和部品都纳入精细管理，可以借鉴制造业中的材料清单模式，在装配式建筑中通过材料清单指导现场装配；另一方面是施工流程的精细化，通过严格的流程化管理和管理前置化措施，有效降低风险，达到精益建造的目的。

(3) 智能化 在管理过程中，智能化系统至少能部分取代人工决策或辅助决策。同时，在作业层面，智能化技术也得到广泛应用，如利用 3D 打印技术进行现场作业，或在工厂和施工现场采用机器人进行施工，大幅减少对人工的依赖，提升施工的智能化水平。

（4）最优化　最优化主要体现在三个方面：第一方面是设计方案的最优化，设计对建筑全生命周期至关重要；第二方面是作业计划的最优化，无论是生产阶段还是施工阶段，都需要灵活调整，实现柔性生产，动态优化作业计划；第三方面是运输计划的最优化，以确保最短的运输路径，提升整体效率。例如，"AI+智慧建筑"是以人工智能理论、技术和产业为核心驱动的超智能建筑，具备八大主要特征：实时感知、高效传输、自主控制、自主学习、智能决策、自组织协同、自寻优进化及个性化定制。在"AI+智慧建筑"中，AI不仅仅指人工智能技术本身，还包括支撑AI发展的新一代信息技术，如大数据、云计算、物联网、移动互联网、工业互联网、现代通信、区块链、量子计算等产业形态。"AI+智慧建筑"的产业内涵如图1-4所示，涵盖了广泛的技术与应用领域。

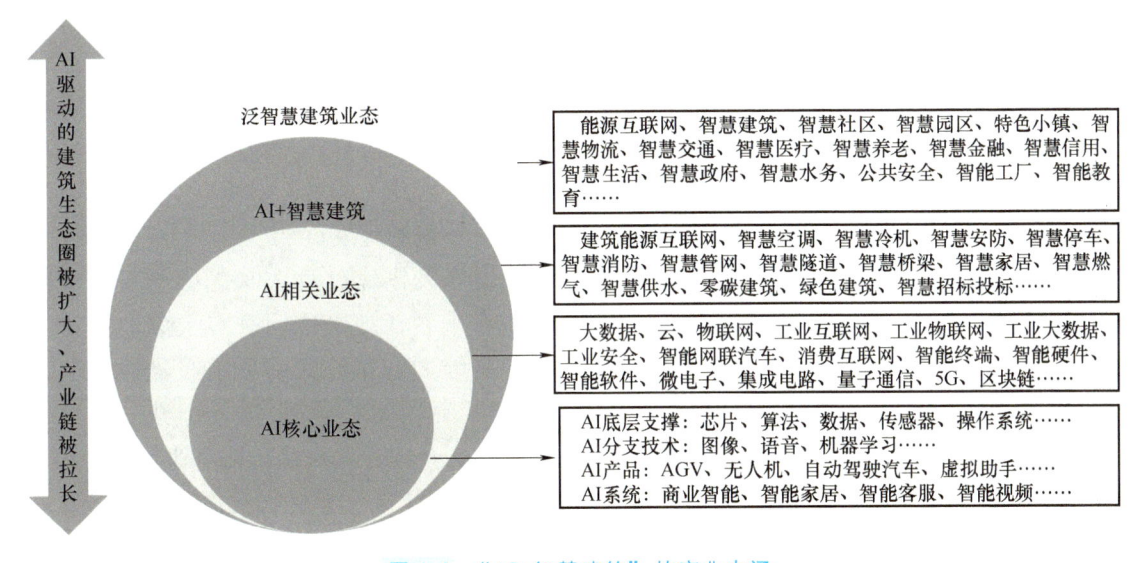

图1-4　"AI+智慧建筑"的产业内涵

1.3　智能建造在城市地下空间工程中的应用现状

1.3.1　城市地下空间开发背景

地下空间的开发利用是社会生产力和城市发展到一定阶段所产生的必然需求。同时，一个国家或城市的自然地理条件与地缘政治环境也在很大程度上决定了其地下空间开发的动因、重点、规模与强度。这些因素共同构成了地下空间发展的背景与条件。结合我国国情，城市地下空间开发的宏观背景可归纳为以下六个方面。

（1）人口众多　我国作为世界人口大国，城镇人口数量逐年增加，人口压力对生态环境和城市生活空间构成巨大挑战。在城市生存空间日益缩减的背景下，地下空间为城市开辟了新的生存空间，提供了充足的备用发展资源。相比开发海洋或宇宙空间，地下空间的开发更为实际且可行，我国在这一领域拥有巨大的开发潜力。

（2）土地资源匮乏　尽管我国国土面积广阔，但平原和可耕地相对稀缺。为城市发展提供的可用土地资源非常有限，这也决定了城市空间的扩展必须在不占用或少占用新增土地的前提下进行。正是这一限制成为推动城市地下空间开发的重要背景和动力。

（3）水资源储存有限　我国水资源相对匮乏且分布不均，是全球人均水资源最贫乏的国家之一。水资源的不足严重制约了许多大城市的发展。尽管地面水库可以用于储水，但它们占用大量土地，并且由于蒸发和渗漏损失较大，储水效率有限。在无法通过人工手段改变气候条件的情况下，除了节约用水外，另一个解决办法是在丰水期将多余的水储存起来，以供枯水期使用。地下空间为大规模蓄水提供了一个安全、高效且便利的解决方案。

（4）能源短缺　我国的能源资源呈现"富煤、贫油、少气"的特点，且分布不均。石油和天然气对外依存度较高，进口比例分别达到73%和45%。在"双碳"战略目标下，我国的现代化建设必须在节约能源和提高能效的前提下推进。利用地下空间储存能源，并调节电力供应在高峰和低谷时的负荷，是实现节能的重要途径之一。

（5）环境污染　城市建设是人类活动与自然环境相互作用最为密切的领域，随着城市的快速发展，不可避免地出现了建设性破坏，即对城市环境的污染，包括大气污染、水污染和噪声污染等。城市植被对环境保护和净化有显著作用，因此，通过开发地下空间，可以腾出更多地面空间用于植被种植，这也是地下空间开发对环境的重要贡献。

（6）自然与人为灾害威胁　我国是一个自然灾害多发国家，且70%的国土受季风影响，水灾、旱灾、风灾等自然灾害频繁。从安全角度来看，地下空间具有天然的防护功能，可以为城市提供大量的防灾安全空间，这种防护能力在某些灾害面前是地面空间无法替代的。

综上所述，在节约资源、能源和保护环境的前提下，合理开发和综合利用地下空间，对于实现我国城市建设与可持续发展至关重要。这也是我国城市化和现代化进程中不可或缺的一步。在这里，发达国家的城市建设与地下空间更新改造案例为我们提供了宝贵的启示。图1-5呈现了美国波士顿城市地下空间更新改造的实例。1959年波士顿中央大街建成时交通顺畅，但随着家庭汽车的普及，地面道路长期严重拥堵。为了应对这一问题，波士顿投入巨资实施了大开挖工程，将原有的地面道路交通系统转移至地下，发展地铁交通，并恢复地面绿色植被，成功实现了城市更新改造。

a)　　　　　　　　　　　　　　b)

图1-5　美国波士顿城市更新改造与地下空间开发利用的启示

a）波士顿1959年建成的中央大街　b）地下空间开发改造后中央大街恢复为绿地的状态

1.3.2 智能建造在城市地下空间工程新技术中的应用

随着我国城市地下空间建设的快速发展，尤其是城市地铁隧道建设的加速推进，新的问题和挑战层出不穷。面对密集的城市空间、狭窄的施工范围、敏感的邻近结构及生态环境保护的要求，城市智能地下空间的建设需要更高水平的控制与管理。为应对这些挑战，建设以地铁交通为主导的智能地下空间，需要更加精确、高效的建设控制，实施精细化的质量与安全管理，提升运维效率，降低施工管理成本，并节约资源和能源。

为了解决这些问题，在继续发展基础技术的同时，亟须引入新技术、新方法及智能手段以应对新的挑战，推动智能建造的发展。这意味着将新一代信息与通信技术与先进的设计和施工技术深度融合，并将其贯穿于工程勘察、设计、施工、验收及运维的各个环节。通过这种集成化应用，能够实现具有自我感知、自我学习、自我适应及自我决策功能的智能建造与运维模式，为未来城市地下空间工程提供更高效的解决方案。智能建造在城市地下空间工程新技术中的应用如下。

1. 智能勘察

工程建设始于地质勘察，勘察在地下空间工程中具有至关重要的作用。传统的勘察方式通常依赖于人工，效率较低、周期较长且精度不足。智能建造背景下的地下空间工程地质勘察结合场地环境、工程特性及智能建造需求，制定更加精确的勘察方案和实施细则，构建全面反映场地地质和岩土信息的勘察模型。智能勘察成果为智能建造提供了基础数据，并生成三维可视化信息模型，以满足设计、施工及管理的需求。智能勘察设备包括无人机、智能钻探设备、智能原位测试及智能视频监控设备，形成空天地一体化的多技术融合勘察体系。

智能勘察采用综合地质勘察方法，全面查明工程地质与水文地质条件，并进行综合地质分析，提供设计和施工所需的地质参数及工程措施建议。在已有地质资料的基础上，通过遥感技术进行大面积地质调绘，随后进行物探、钻探及综合测试工作。各环节的勘察成果为下一步工作奠定基础，同时各阶段数据还能相互验证，确保结果的准确性。

图1-6呈现了任军辉等学者提出的在新基建背景下的智能勘察设计图。该设计图采用多种新勘察技术与新基建技术体系，实现了勘察设计一体化与智能化，推动了数字基建孪生综合体的建设与智能化协同，最终实现从多测合一到全体系的数据链信息协同。智能勘察设计体系的建设包括应用层、业务层、技术层、数据层及感知层五大层次，推动了智能勘察设计体系的构建、行业布局与转型升级。

2. 智能规划设计

地下空间工程种类繁多，包括地下建筑、地下综合体、地下商业街、地下轨道交通等，每类工程都有其独特的特点与众多不可控因素。因此，地下空间工程的设计不能简单地照搬地面建筑的模式，而应结合其自身特点，运用BIM、GIS、神经网络等新兴技术进行针对性的智能规划设计。尤其是在地铁隧道、地下综合管廊隧道等城市地下空间工程的智能设计、智能建造与智能运维中，这些技术的科学应用至关重要。

图 1-6 智能勘察设计图

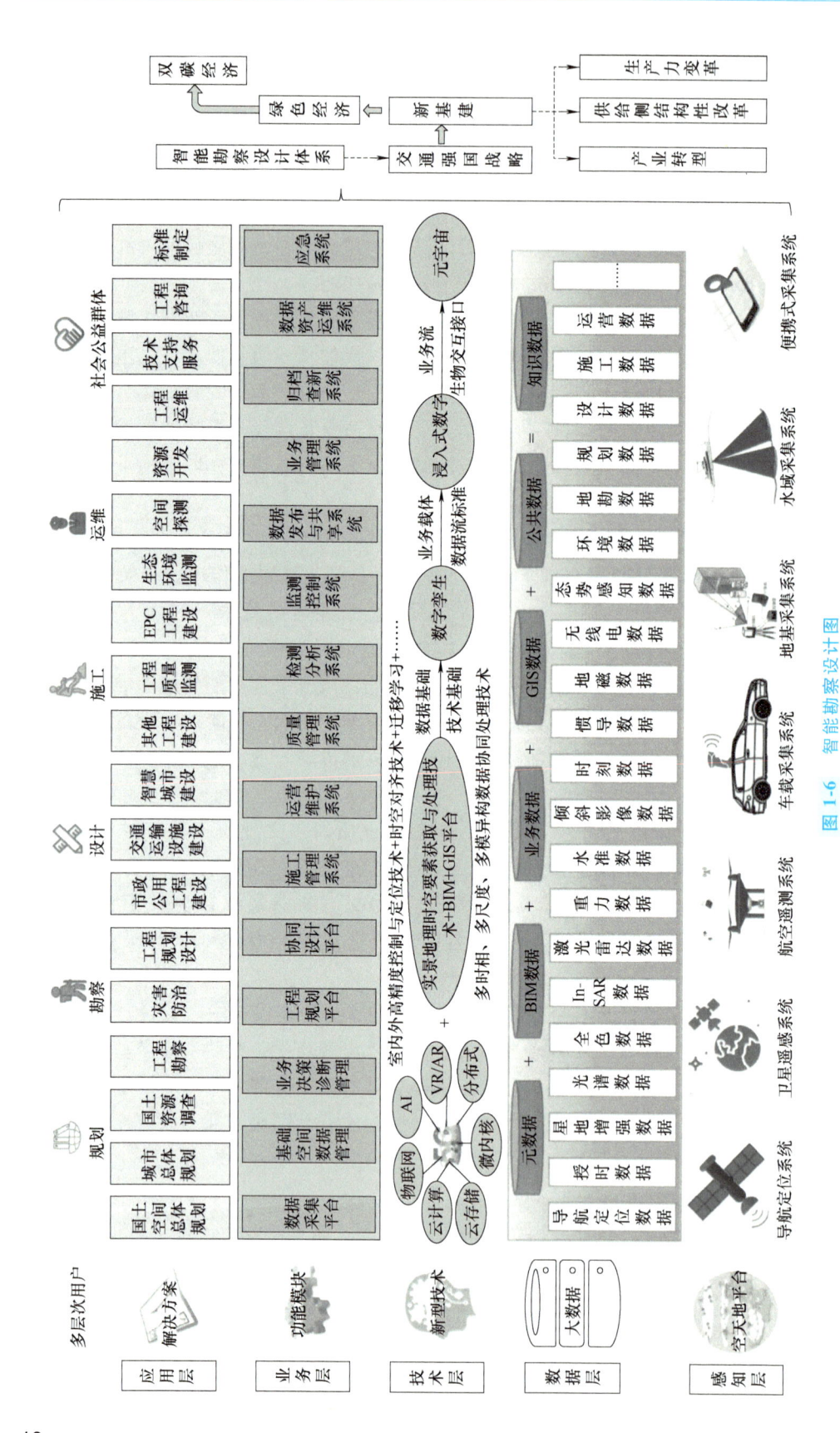

注：VR/AR 为虚拟/增强现实技术；GIS 为地理信息总系统；EPC 为工程总承包产业；InSAR 为合成孔径雷达干涉。

如图1-7所示，BIM一体化设计平台在地下空间工程中的作用主要体现在数据采集和管理上。数据的获取是建立地下空间工程一体化平台系统的基础工作，其精度直接影响数据模型的准确性和空间分析的可靠性。三维激光扫描技术是获取地下空间工程实景数据的关键手段，通过中短距三维激光扫描仪收集施工过程中的点云信息，生成几何模型。同时，结合其他方法获取物体的纹理数据，实现有效的组合与叠加，从而进行三维实体建模。之后，与设计模型和数据结构进行比对，确保设计与施工的一致性。BIM一体化平台具备多项功能，包括三维展示、调度指挥、场地布置优化设计及预制标准化施工等。通过该平台，可以更直观地展示地下空间工程的空间结构，并优化设计与施工流程，大大提升地下空间工程项目的管理效率和施工质量。

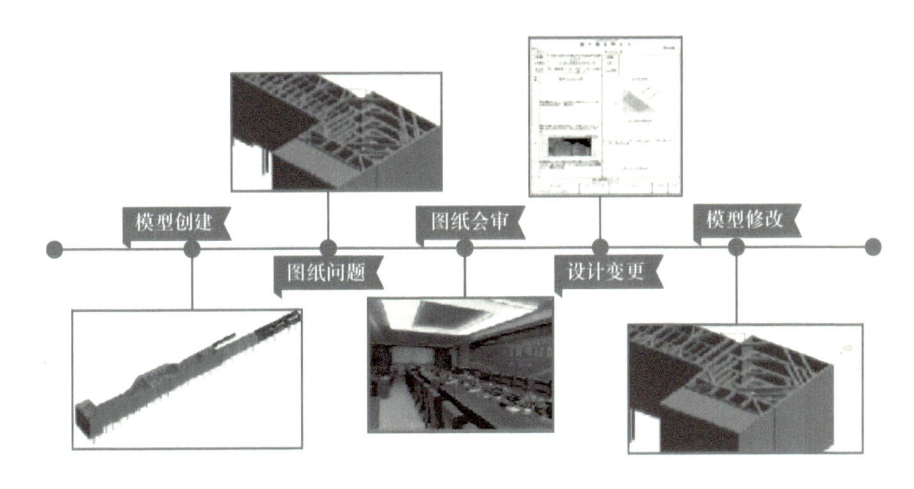

图1-7 BIM一体化设计

3. 智能施工

近年来，随着城市轨道交通、地下道路、地下综合管廊隧道、城市地下车库、高速铁路和公路隧道施工技术的不断进步，隧道施工逐渐从传统的人工施工转向机械化施工，并从单一工序的机械化施工过渡到全工序的机械化施工。以盾构/TBM为代表的机械化施工，不仅显著加快了施工进度，还降低了人工成本、劳动强度和经济成本，因此，隧道施工的机械化、专业化、智能化已成为必然趋势。为了进一步提升地铁盾构工程的智能化水平，解决地铁施工穿越复杂风险源时的管控难题，研发了地铁盾构施工智能管控平台系统，如图1-8和图1-9所示，该系统已在北京地铁工程中成功应用。除了盾构机的智能化发展，其他地下空间工程设备的智能化也为工程施工带来了诸多便利。例如，一体化注浆设备能够高效完成浆液输送和存储，注浆泵的控制，以及注浆过程的监控和记录，显著提升了注浆工作的效率与质量；盾构机的换刀作业复杂且耗时，作业环境恶劣，安全风险极高，而换刀机器人的应用有效解决了这些问题；此外，多功能新型工程台车的研发，将凿岩台车、混凝土湿喷机、钢拱架台车、起重机、注浆泵、除尘器、破碎锤、排风管等设备整合在一起，极大地改善了作业环境，提高了工作效率和安全性，降低了施工成本，并且设备的维护更加便捷。

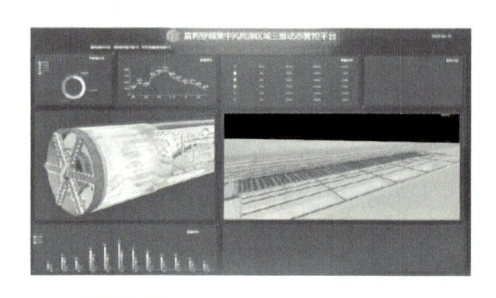

图 1-8　地铁智慧盾构施工系统　　　　　图 1-9　盾构工程穿越风险源的三维智能管控

4. 智能监测

隧道运维的智能化监测设备种类多样，主要包括轨道机器人、无人机、激光雷达、电子传感器、智能图像处理系统、光纤传感和三维激光扫描仪等。这些智能设备的不断发展显著提升了监测效率，解决了传统监测工作量大、实时监测难的问题。例如，三维激光扫描仪的广泛应用极大地提高了监测的自动化程度和精度。深圳轨道交通 2 号线使用 Leica ScanStation P40 三维激光扫描仪对地铁隧道进行沉降监测和坐标采集，通过精确记录隧道渗水、破损等缺陷信息，分析计算隧道实际状态参数与设计参数之间的偏差。与传统的人工监测相比，这种方法的精度和效率更高，有效提升了隧道运维的质量和可靠性。

5. 智能运维

由于地下空间工程的隐蔽性，其运维管理面临诸多挑战，表现为项目规模庞大、病害频发、监测数据量巨大、管理周期长、人工效率低等问题。为应对这些挑战，需要综合运用大数据、云计算、物联网、人工智能、BIM+CIM（城市信息模型）、VR 和数字孪生技术，构建数字化管理平台。通过建立全域感知、智能监测、预警应急和快速决策体系，实现地下空间的智能化、韧性化运维及可视化管理。从安全管理的角度看，安全隐患通常来源于人的不安全行为、物的不安全状态及管理不当。通过大数据技术，可以建立行为风险管理知识库，收集工人或其他人员不安全行为的图像数据，并利用智能视频监控系统或移动 App 进行行为管理。随后，这些数据将被存储在大数据云平台中，实现对建造施工和运维全过程的智能化、实时化管理。危险信息会自动上传至 App，从而实现实时监督和预警。

随着数字化智能感知技术的快速发展，依托 5G 技术支持的物联网感知设备、高频交通大数据雷达和高清低延时视频传输技术，可以实现对地下空间工程风险的空间分析与预测，进一步提升其安全性与管理效率。未来我国城市地下空间的发展运维主要基于以下四个方面：

1）运用增强现实（AR）、虚拟现实（VR）等新技术，推动地下空间的设计与施工创新。

2）利用 BIM 技术、GIS 技术及视频融合技术，建立地质信息与地下空间工程的三维可视化模型，实现更精准的规划与管理。

3）通过数字化传感、微机电系统（MEMS）、高精度陀螺仪、无人机、光纤传感和北斗导航等感知技术，对地下空间工程进行高效的实时监测。

4）依托物联网、5G 通信、大数据、神经网络和人工智能技术，传输和分析地下空间建设中的各类信息数据，提升决策效率与智能化水平。

1.4 智能建造在城市地下空间工程应用中存在的问题

（1）智能建造技术的短板与瓶颈　近年来，我国智能建造技术取得了显著进步，但未来的发展仍面临一些亟待突破的短板与瓶颈，主要体现在以下四个方面：

1）全产业链一体化工程软件方面。目前，在工程软件领域，如 BIM、AutoCAD、Autodesk Revit、Civil 3D 等主流软件大多来自国外；三维设计软件如 ProE、SolidWorks、CATIA 等也依赖进口；工程分析软件如 ANSYS、MARC、FLAC，以及数值计算软件如 Matlab 等，主要依靠国外供应。

2）智能工地的工程物联网方面。在人、机、料、法、环、品全方位监管中，特别是针对人的不安全行为、物的不安全状态和环境不安全因素的全面监控，我国仍存在不足。与此相比，美、日、德等发达国家的传感器种类占全球市场的 70%以上，微机电系统（MEMS）技术发展迅速，而我国中高端传感器依赖进口问题依然严峻。

3）人机共融的智能化工程机械方面。虽然我国智能化工程机械规模庞大，但整体水平不高，产品多而不精。关键元器件，如可编程逻辑控制器（PLC）、电子控制单元（ECU）、控制器局域网络（CAN）技术，仍落后于国际先进水平，影响了整体智能化水平的提升。

4）智能决策的工程大数据技术方面。我国在工程大数据领域的自主研发及应用尚不够深入和广泛。目前，Hbase、MongoDB、Oracle NoSQL 等数据库产品仍被国外主导，Storm、Spark 等计算架构也主要由国外占据主流，制约了我国在该领域的创新与发展。

（2）智能建造技术面临的挑战　我国智能建造尚处于发展的初级阶段，我们必须清醒地认识到智能建造技术的发展仍面临诸多挑战，尚未完全满足建筑业信息化、智能化转型的要求。具体表现在以下三个方面：

1）智能建造技术仍以单点应用为主，集成度不高。目前，智能建造技术在施工中的应用多集中于某一具体施工过程或管理环节，应用较为零散，缺乏高集成度的系统。虽然部分项目引入了智能化管理平台，将部分施工管理流程信息化，但真正实现高度集成的智能化施工管理系统仍较为少见。

2）现有施工管理流程与智能建造技术的适配性不足。智能建造技术的推广引入了新的管理流程和方法，但目前建筑业仍主要依赖传统管理方式进行项目管理。智能建造技术与现行管理规定之间的冲突，导致管理人员在采用智能技术时往往同时保留传统管理模式，造成了资源浪费和冗余，削弱了智能建造技术的优势。

3）智能化装备与建筑机器人的应用有限。虽然智能建造技术在施工过程的感知和分析方面已有较多应用，但智能化装备和建筑机器人主要应用于部分特定施工作业，大部分施工作业仍依赖人工完成。此外，由于不同施工条件下工艺差异较大，需要为不同的典型工艺研发专用机器人，这使得建筑机器人在施工中的应用进展较为缓慢。

（3）城市地下空间工程建设的突出问题　目前，智能建造技术在地下空间工程中的应用面临诸多问题，如技术融合不足、基础数据匮乏及系统性平台的缺失，远未能满足地下空间工程建设的需求。其中，城市地下空间工程建设存在以下两个比较突出的问题：

1)前期规划不合理。前期规划不合理主要表现为：一是缺乏整体规划，地下空间的开发往往与地面建设脱节，未能有效衔接城市规划，开发的功能单一、布局分散，地下空间与周边环境难以实现互联互通；二是资源破坏严重，地下空间开发具有较低的可逆性，浅层地下空间的无序开发与深层地下空间的过度占用破坏了地下生态环境，增加了未来地下空间开发的难度。

2）绿色安全与低碳环保要求高。在传统地下空间工程施工过程中，部分施工队伍过度追求经济效益或工程效果，忽视了对环境的保护。然而，随着"绿水青山就是金山银山""碳达峰碳中和"等绿色环保理念的深入贯彻，城市地下空间工程的设计、施工和运维必须坚持绿色、安全、可持续发展的理念。这对地下空间开发技术提出了更高的要求，需要在保障环境友好的前提下推进工程建设。

（4）智能建造需要提升的方面 在信息技术革命的背景下，5G、大数据和人工智能技术迅猛发展，城市地下空间工程的智能建造在以下三个方面仍需进一步提升：

1）设计精细化。采用超长水平地质钻探和高精度深地物探等先进设备，对地质条件进行更加精细的勘探，以提高勘察效率和结果的准确性。同时，结合信息化技术建立全面的地质条件数据库，进一步加强三维立体规划，为未来地下空间开发预留适当空间。浅层地下空间以生活功能为主，而中深层地下空间则侧重于交通和其他非居住功能。

2）施工智能化。施工过程中通过多维度、多方向的全域感知与反馈，递进矫正寻优，达到施工装备的智能化控制。首先实现施工设备的智能化，包括状态监测和能耗管理；其次，依托大数据的自动采集和比对，通过深度学习和云计算，使岩土物理力学性质与原位感知数据高度吻合；最后，通过工作面和围岩的全域感知数据，动态反映岩土的物理力学特性，从而优化施工方案。

3）监管信息化。利用无人机、机器人、三维激光扫描和光纤传感等技术，对大型岩土工程进行智能监测。借助大数据、云计算和GIS，结合人工智能（AI）技术，建立监测管理系统，对项目全过程进行精细化管理并及时反馈。

地下空间工程将朝着信息化、机械化、数字化和智能化方向发展，这一过程需要多学科领域的深度融合。因此，需进一步加强智能建造技术在地下空间工程中的应用，建立全面的基础数据库，并与BIM技术结合，构建系统化的平台，实现建设过程的精细化、智能化和信息化。

1.5 智能建造新理念与新技术在城市地下空间工程中的发展趋势及其应用构想

1.5.1 智能建造新理念在城市地下空间工程中的发展趋势

1. 智能建造新理念在城市地下空间工程发展中的四个阶段

随着城市的不断发展，地下空间在不同时期承担了不同的功能，以适应城市和居民对其需求的变化。通过对国内外城市地下空间的研究，从功能、形态和效益等方面进行分析，可以将城市地下空间的发展历程划分为四个阶段（图1-10），即地下空间1.0阶段、地下空间2.0阶段、地下空间3.0阶段和地下空间4.0阶段。

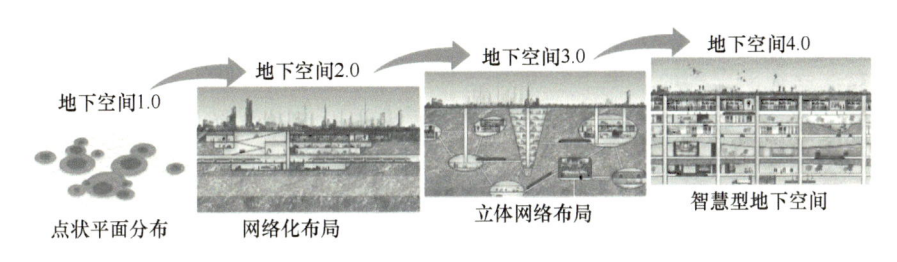

图 1-10　城市地下空间发展历程

（1）地下空间 1.0 阶段　该阶段的地下空间工程建设主要以满足市政功能需求为导向，重点开发市政管线和独立的单体式地下空间，旨在解决城市快速发展带来的基础设施服务能力不足问题。这一阶段的地下空间形态布局多依附于城市道路和建筑物，空间之间缺乏连通性，呈现出点状平面分布的特点，且主要集中在浅层地下空间。

（2）地下空间 2.0 阶段　该阶段的地下空间工程被称为功能地下空间。此时，地下交通建设成为主体，带动沿线城市地下空间的综合发展，形成了包括地下综合体、地下城、地下市政设施和防灾基础设施在内的完善布局。在形态上，地下空间以地铁为骨架，以地下车站、地下综合体和枢纽为节点，并通过地下街等实现网络化布局。竖向开发深度延伸至 20~30m，形成了典型的地下交通层空间，基本实现了地下空间的有序开发，优化了城市结构。

（3）地下空间 3.0 阶段　该阶段的地下空间工程被称为交通地下空间，其核心目标是优化地表环境质量，将不适宜地表的城市功能转移至地下，并实现单点空间的集约化、规模化利用。布局上，地下空间从传统的平面和竖向隔离模式转向立体化、一体化的网络布局，提升了城市韧性和宜居度。部分文献也将这一阶段的地下空间称为环境地下空间。在此阶段，地下空间的开发与城市 GDP 发展密切相关。目前大部分县级城市仍处于 1.0 阶段，部分大中城市已迈入 2.0 阶段，而少数特大城市正在逐步迈入 3.0 阶段的建设。

（4）地下空间 4.0 阶段　该阶段的地下空间工程称为智慧地下空间，其核心目标是实现城市空间的立体化综合利用，促进人与自然的和谐发展。这一阶段的地下空间建设以智能、韧性和绿色为主要内涵，其中，智能是实现目标的手段，而韧性和绿色则是最终目标。智能包括两个层面：一是通过智能规划和智能建造提升地下空间的立体化综合开发利用能力；二是运用数字信息技术和人工智能技术增强地下空间的智能运行与维护能力。韧性是指地下空间在面对灾害时具备的抵御、吸收、响应和快速恢复能力。绿色则意味着地下空间开发能够实现工程建设与生态环境、经济效益与环境效益、行业发展与社会文化之间的和谐共生。

2. 智能建造新理念在城市地下空间工程建设中的构想

随着城市不断发展，城市空间面临着人口、交通、生产、生活需求的快速增长与有限空间容量之间的矛盾，同时，城市对环境需求的增加也与外界环境的承载力形成冲突。合理开发和利用地下空间资源已成为城市建设突破瓶颈、提升发展层次的重要路径。这不仅可以有效缓解土地紧张、环境污染和交通拥堵等问题，还能提升城市功能，降低建设成本，保护环境，改善民生条件。

在城市建设过程中，必须对地下空间的功能、规模及形态进行科学规划，确保城市空间总量合理，地上和地下空间的比例协调，功能互补。城市地下空间的开发应朝着地下综合体与地面建筑一体化的方向迈进，图 1-11 展示了城市地下空间工程一体化建设的模式。地下综合体的城市性和立体性要求采用地上地下空间一体化的规划和设计方法。借助城市轨道交通开发地下空间并建设综合体，不仅能够最大化利用城市土地资源，还能大幅改善和扩展城市空间布局，实现生态环境的协调发展，提升市民的出行、购物、学习和休闲体验，最终实现社会效益与经济效益的双丰收，推动形成以枢纽经济为驱动力的轨道交通可持续发展模式。

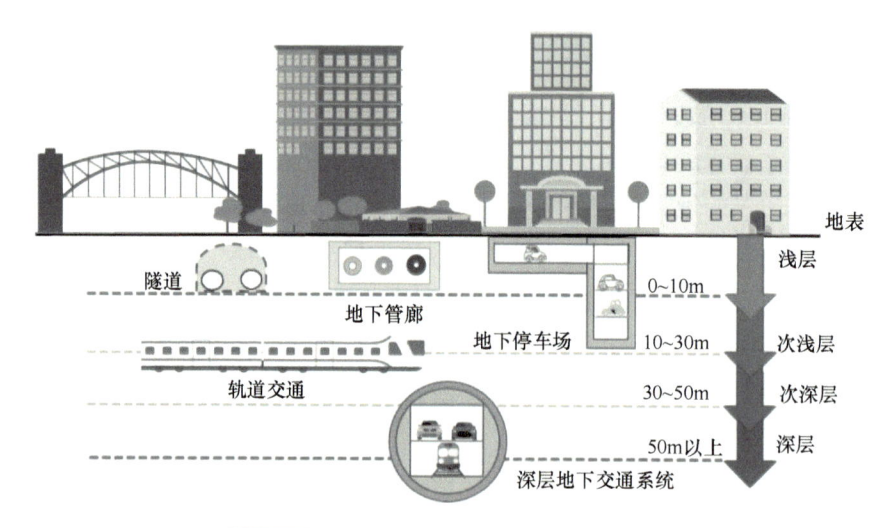

图 1-11 城市地下空间工程的一体化建设

图 1-12 呈现了两个典型的城市地下综合体与地面建筑一体化开发案例，其中包括武汉光谷广场综合体工程和以深圳大运枢纽综合体为代表的深圳第四代枢纽综合体建筑。深圳的第四代枢纽综合体尤其突出了以人为本的设计理念，提供了"一揽子"解决方案，枢纽城市综合体与所在片区实现了高度融合与协同发展，打造出智慧枢纽的全新模式。通过该模式，可以实现一键掌握全局、一体化运行联动、全方位感知城市、一屏智享生活及一号走遍城市的便捷体验。

图 1-12 城市地下综合体与地面建筑一体化典型案例
a）武汉光谷广场综合体工程 b）深圳大运枢纽综合体

谢和平院士提出的地下生态城市构想如图 1-13 所示，阐释了不同深度地下空间的多层次利用模式。在地下 0~50m 的浅层空间，建设地下停车场、地铁等轨道交通系统及避灾设施；

在地下 50~100m 的中浅层空间，规划建设医院、商业娱乐设施等，形成地下宜居城市；在地下 100~500m 的中深层空间，设想为地下生态圈和战略资源储备库的所在地；在地下 500~2000m 的深层空间，规划用于建设地下抽水蓄能等能源循环带；而在地下 2000m 以下的更深层，则设想建设深地实验室，用于深地科学探索，同时对深地固态资源进行流态化开发与综合利用。

图 1-13 地下生态城市构想

1.5.2 智能建造新技术在城市地下空间工程中的发展趋势

1. 绿色管理技术

绿色循环低碳发展是当前科技革命和产业变革的重要方向，也是实现碳达峰碳中和战略的关键需求。我国工程建设潜力巨大，特别是在隧道和地下空间工程施工技术与装备的发展领域，有望成为新的经济增长点。智能建造绿色管理技术应立足于建筑的全生命周期，在确保工程质量和安全的基础上，通过科学管理和绿色技术的应用，在工程建造的全过程中最大限度地节约资源和能源，并保护环境。这包括智能化选用绿色建材、实施绿色施工、建造绿色建筑。图 1-14 呈现了在施工过程中依据空气质量进行智能化施工决策的示例。

2. 信息化、数字化技术

随着计算机技术的发展和各种算法的不断优化，信息化、数字化技术在城市地下空间工程中的应用逐渐深入。当前，国内外研究的重点主要集中在算法的简化设计方面。城市地下空间工程有许多领域可以与人工智能算法和技术相结合，例如，三维激光扫描、光纤传感、无人机、机器人等监测技术已被广泛应用于大型地下空间工程中；大数据、云计算和 GIS 配合 AI 技术建立的监测与管理系统，可以实现对工程全过程的管理并提供及时反馈；BIM、VR 技术和 AI 技术也开始应用于复杂工程的项目管理，如图 1-15 所示。尽管数字化技术在城市地下空间工程中已有一定应用，但仍存在技术融合不足、基础数据缺乏及系统性平台缺失等问题。将数字化技术与地下空间开发相结合，是未来智能建造的发展方向。

图 1-14 基于空气质量监测数据的智能化施工决策

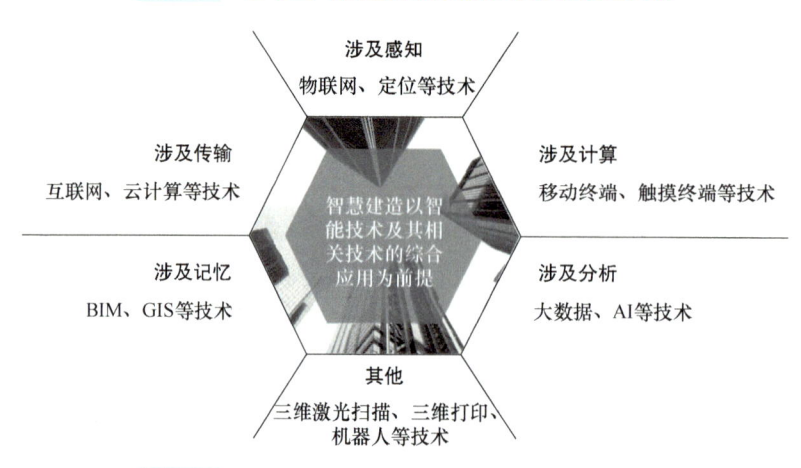

图 1-15 信息化、数字化技术在智能建造中的应用

3. 城市地下空间工程智能化新施工技术

随着城市地下空间工程开发的广度和深度不断扩大，土地资源的立体利用往往涉及地铁及既有建筑物的下穿、上跨或旁穿施工，这带来了一系列施工挑战。地下空间工程的三大技术难题为水、软、变形难以预测，因此，施工过程中必须将地层位移和变形控制在允许范围内，以确保周边环境和建筑物的安全。城市地下空间工程的典型新施工技术包括：

1）地层冻结组合系统技术、盾构下穿精细控制技术、重叠隧道与桩基组合下穿建筑群技术、超近距离矩形顶管技术、穿越密集老旧小区的组合技术，以及跨地铁运营隧道的地下空间建设技术等。这些技术的研究与应用仍需持续加大投入。

2）新施工技术的重点包括复杂地质条件下的地下施工控制技术和环境生态保护措施的研究。城市地下空间工程应着重发展新型机械化施工技术、绿色施工技术及环境协同技术。未来的地下施工应积极探索集精准探测、超前预报、信息感知、先进破岩、数字孪生等于一体的系统性智能技术。通过多学科综合推进岩土工程的自动化、信息化和智能化，利用物联网、5G 通信、大数据、神经网络与人工智能等技术进行信息数据的传输与分析；通过数字化传感、微机电系统（MEMS）、高精度陀螺仪、无人机、光纤传感、北斗导航等技术进行地下空间工程的监测（图 1-16）；结合 BIM、GIS 和数字孪生技术，建立地质信息与地下空间工程的三维可视化施工模型，实现智能感知、正确判断、快速反应和高效执行。

城市地下空间工程的建设不仅依赖于先进的设计方法和施工技术，同时也对新材料的发展提出了更高的要求。传统建筑材料的某些缺陷，往往导致工程效率低下、效果不佳、后期维护成本高及环境污染等问题。通过改进传统材料和研发新材料，可以显著提升工程建设的适应性，并有助于实现双碳目标。新材料的发展主要集中在以下几个方面：新一代高性能混凝土、自愈混凝土、绿色低碳环保的支护材料、高效耐久的无筋钢（植物）纤维混凝土盾构管片（图 1-17）、压注自防水混凝土内衬，以及高可靠性的防水材料等。

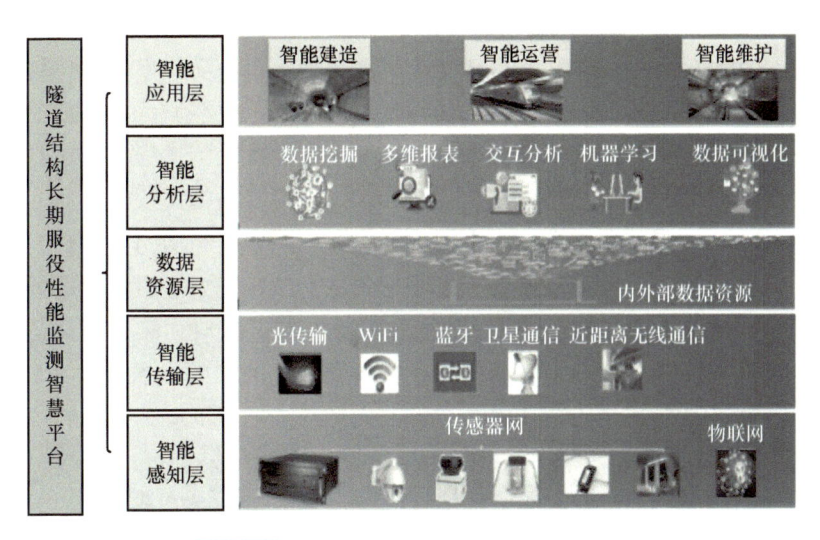

图 1-16 隧道长期服役性能监测智慧平台

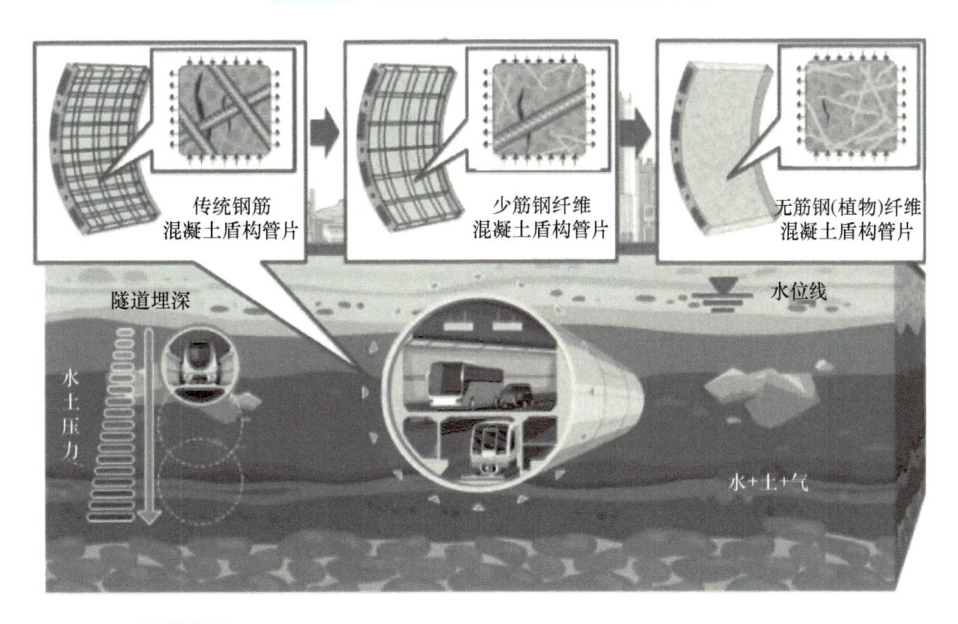

图 1-17 韧性隧道结构——无筋钢（植物）纤维混凝土盾构管片

未来的隧道与地下空间工程建设需要结合地质特点和不同勘察技术的适用性，借助人工智能、大数据等先进技术，进一步加强"高分+北斗"融合技术的应用，推动空天地一体化的数字化勘测技术、岩石视觉识别技术、智能物探技术，以及高效的数据解译和精准取芯钻探技术的发展，特别是高精度全息水平取芯钻探、智能数字成像识别和智能原位测试技术。

同时，还需注重多元化勘察技术、通信技术、电子技术和物联网技术的协同应用，构建数字孪生隧道和地下空间工程的勘察信息平台。

随着城市地下管廊的升级、超大直径综合交通隧道的建设及深层地下综合体的开发，对地下空间工程提出了更高要求。这些工程需具备设备灵活、施工一体化程度高、适应复杂地质条件强、施工过程扰动小的特点。因此，未来亟须开发针对老旧管道更新与维护的装备、超大断面一次成型设备及深层大平面地下施工的装备。针对城市地下复杂环境，需要通过研发成套设备来实现城区地下空间工程的自动化、高效施工，解决传统设备功能单一、集约化程度低的问题。例如，盾构设备需要具备高度灵活性，以实现多段拼接，支持单台设备在多维度同时掘进，从而提高施工效率，并减少对城市地表的扰动。还应配备施工过程的动态监测和实时反馈系统，以完善数据库，借助人工智能实现稳定的自动化施工。盾构刀盘应具备多种刀具和旋转方式，支持一盘多刀、多模式的操作，从而提高刀盘对不同地质结构的适应性，提升其工作能力。对于深层大平面的地下空间开发，其大埋深对设备的抗压能力提出了更高要求。因此，提升设备整体的稳定性和各部件的质量，有助于延长工作周期。同时，超大型装备在深地空间内难以灵活移动，开发精简化、可分解、可拼接的设备将成为未来的发展趋势，如图 1-18 所示。这些创新将大大提高地下空间工程施工的效率和适应性，推动地下空间开发的持续进步。

图 1-18 盾构装备智能开发

1.5.3 北京地铁智能建造新理念与新技术的应用构想

为推进首都智慧地铁的架构体系和技术平台建设，确保与外部交通系统的融合互通，实现信息、票务和安检的系统集成，北京将构建全新的地铁运营模式，推动企业治理现代化，重点完成以下八大工程任务：

1）构建"知—辨—治—控—救"闭环管理，实现主动安全防控模式。如图 1-19 所示，目前网络化运营的安全管控存在的问题主要表现在风险要素的感知、预判、预测和预警能力不足，异常情况多依赖于被动报告，导致主动防控能力较弱，进而容易出现小故障、大影响的现象。因此，北京地铁将重点推广智能感知和在线监测等技术，针对人、机、环、管四大要素进行提前感知、预判、预测与预警，确保风险要素得到精准"知—辨"。同时，通过建立以"治—控—救"三道防线为核心的矩阵式安全管控体系，特别是在"控"字上下功夫，制定主动防控策略，尽可能将异常排除在运营线之外，从而消除在线故障，形成安全闭环管理机制，最终构建地铁运营的主动安全防控新模式，确保地铁运营的安全性。

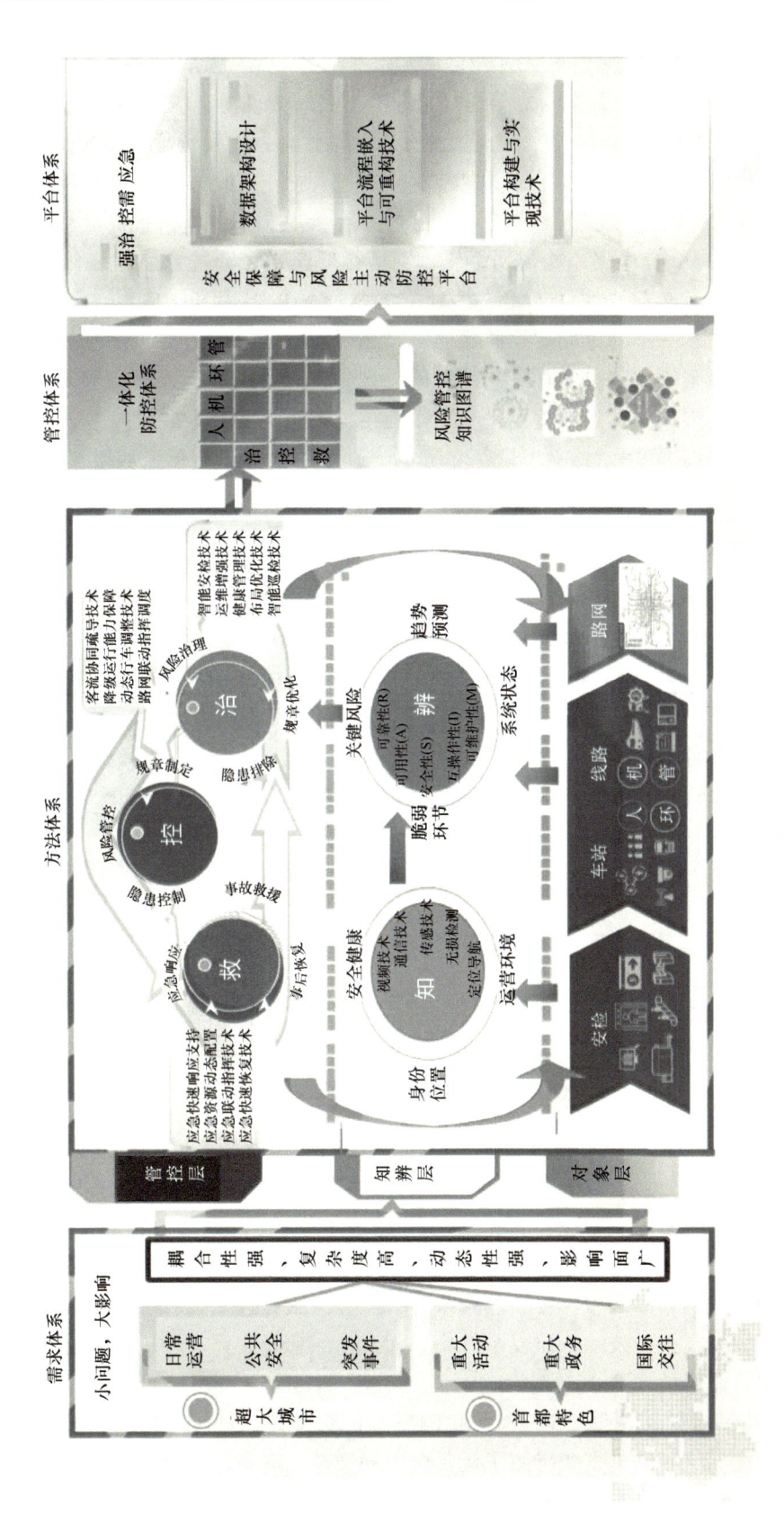

图 1-19 闭环化安全管理

2）"信任+"精准识别，打造乘客一体化无感安检新模式。为解决北京地铁超大规模运营网络中现行安检模式存在的人流压力问题，一方面需突破大规模客流中的人脸识别技术瓶颈，实现乘客身份的精准识别；另一方面应建立基于乘客信用体系的安全验证技术，使安检资源能够更加有效地集中在重点人群。通过研发智能化的人、物、票无感同检技术及设备，构建乘客一体化无感安检新模式，实现快速安检、高效通行，同时降低成本并提高运营效率。

3）精准感知与耦合优化，构建网络化韧性运行新模式。针对当前网络化运营阶段中运力与运量匹配度低、客流波动（如重大活动）及故障场景下调度响应慢、网络运输效能有待提高、网络韧性水平不高等问题，将实施一系列既有线路的改造提升工程。通过打破线路和车辆之间的配属限制，加快实现不同线路间的列车直联、跨线运行。技术层面，将重点攻克智能客流感知、网络化动态调度及基于车车通信的列车控制三大关键技术，构建客流与车流耦合的路网级协同调度平台，如图 1-20 所示。通过建立客流与车流实时耦合的动态调度和列车控制联动机制，实现两者的协同优化，打造高效、具备韧性的城市轨道交通网络运行新模式，全面提升城轨网络的运营效率与韧性。

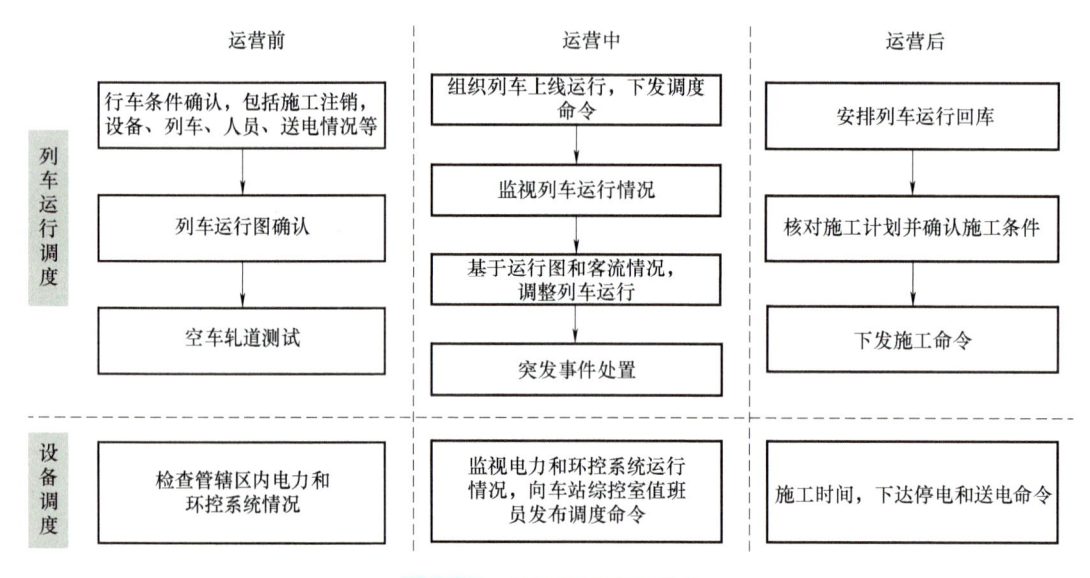

图 1-20　线网调度管控模式

4）无人化、智能化、个性化，构建全时程乘客出行服务新模式。针对当前城轨交通系统中存在的乘客出行信息获取不及时、不全面，运营信息发布不到位，出行服务信息推送不精准，以及站务、客票等服务设施智能化、无人化水平不高，互动力和服务力不够等问题，需通过全面感知乘客全时程的个体出行时空规律、路径偏好、决策机制和个性化需求，建立乘客个体出行特征的精准画像。重点攻克乘客智能交互服务技术、智能诱导服务技术，以及服务信息精准发布与推送技术，研发个性化、无人化的智能交互客服设备，进而构建全新的全时程乘客出行服务模式。

5）资源共享与资产联动，构建集约化网络维护新模式。目前，北京地铁仍以计划维修和故障维修为主，这种维护方式导致了运营企业的维修成本高，维修资源共享率低，维修资产与需求缺乏联动，且维护模式不够集约。为解决这些问题，需要运用网络化思维和科学的运筹规划方法，探索维修对象、资源和模式之间的最佳匹配机制，以及多专业协同作业的信息融合分发机制。重点攻克城轨关键装备感知增强技术、全生命周期服役评估增强技术及网络化智能维护能力提升等关键技术，开发网络化运维增强平台，实现维修资源的网络化调度和动态管理，最终形成轨道交通网络集约化维护的新模式，如图1-21所示。

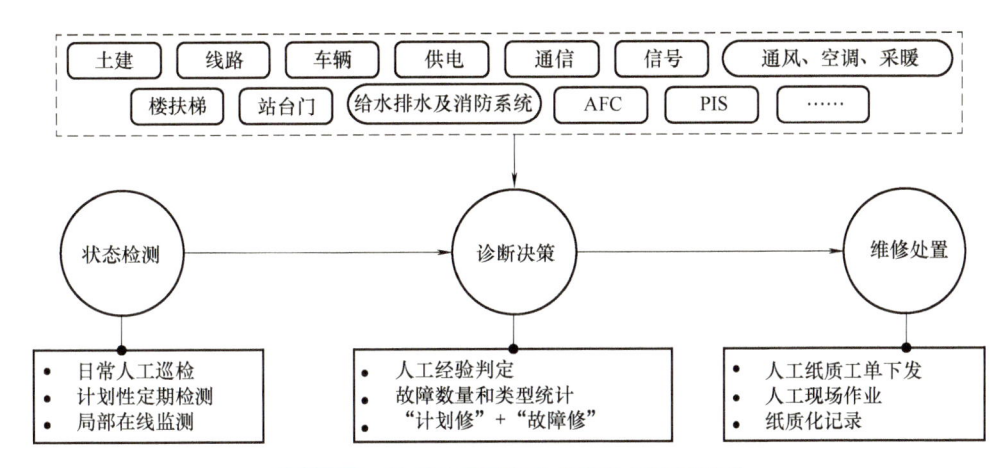

```
┌─────────────────────────────────────────────────────────────────┐
│  土建   线路   车辆   供电   通信   信号   通风、空调、采暖      │
│     楼扶梯  站台门  给水排水及消防系统  AFC   PIS   ……           │
└─────────────────────────────────────────────────────────────────┘
                                │
            ┌───────────────────┼───────────────────┐
            ▼                   ▼                   ▼
        状态检测            诊断决策             维修处置
            │                   │                   │
     ┌──────────────┐   ┌──────────────────┐  ┌──────────────┐
     │• 日常人工巡检│   │• 人工经验判定    │  │• 人工纸质工单下发│
     │• 计划性定期检测│ │• 故障数量和类型统计│ │• 人工现场作业│
     │• 局部在线监测│   │• "计划修"+"故障修"│ │• 纸质化记录 │
     └──────────────┘   └──────────────────┘  └──────────────┘
```

图 1-21　轨道交通网络集约化维护的新模式

6)"北斗+5G+空间数字化"，构建城轨新基建的时空基准体系。高精度的时空基准同步、连续定位覆盖暴露与非暴露空间，以及大容量高通量通信与高精度空间数字化是构建城轨运营新模式和智慧城轨的基础保障。然而，北斗系统在地铁系统中的应用仍面临信号较弱、无法穿透建筑物、非暴露空间无法使用、缺乏大容量高通量的通信手段，以及地铁数字地图和空间数字化程度低等问题。针对这些挑战，将重点攻克基于"北斗+5G"的城轨交通室内外一体化高精度连续定位技术、基于通用网络协议的大范围高精度时频传递技术、基于EUHT-5G的城轨超高速无线通信技术，以及基于北斗统一时空基准的空间数字化技术。通过这些技术的突破，形成城轨交通的时空基准信息网络（图1-22），为城轨系统的智慧化转型提供最优的基础条件。

7) 数字化、信息化、智能化，构建现代化运营管理新模式。目前，企业管理过程中仍存在控制与管理不精细、管理质量和效益不高等问题。为解决这些问题，需综合运用现代化管理理念，结合数字化、信息化和智能化手段，重构系统的整体业务管理体系。此重构应涵盖组织架构、权责体系、规章制度及监管体系，实现系统的安全态势研判、全要素资源的优化配置、全流程智能监管，以及基于智慧大脑平行推演的综合决策。最终构建出管理精细化、运行高效化、效益最大化的智慧化管理体系，如图1-23所示，全面提升企业治理能力，推动其现代化进程。

8) 共建、共享、共治，构建城轨治理新格局。城轨交通运营具有开放性、公共性和自助性的特点。广大乘客不仅是城轨运营服务的受众，同时也是其直接参与者。城轨运营的安全性和服务水平很大程度上依赖于乘客的支持与配合。目前，仍存在部分不良行为可能直接威胁城轨运行秩序和公共安全，甚至损害公众利益，且在治理和监管中存在灰色地带。为解决这些问题，需大力推进城轨交通治理体系和治理能力的现代化，强化共治理念，广泛动员各方力量，共同参与城轨的共建、共治、共享，以实现交通文明，打造更加和谐、安全的城轨交通运营环境。

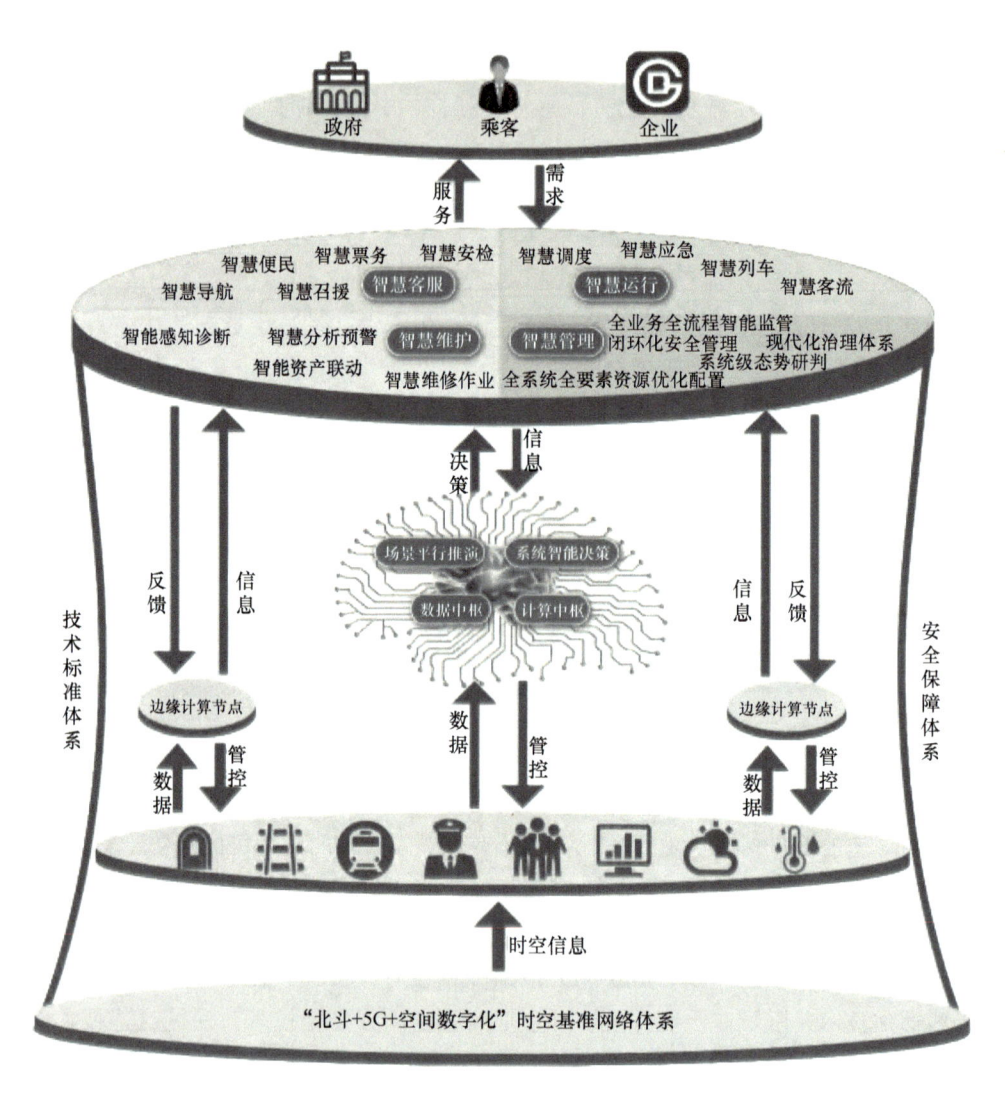

图 1-22 "北斗+5G+空间数字化"时空基准信息网络体系

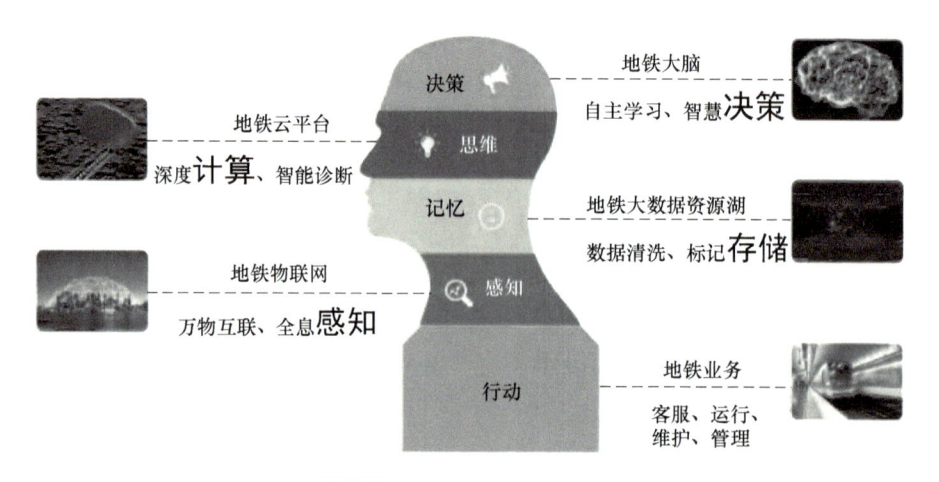

图 1-23 地铁智慧化管理体系

复习思考题

（1）什么是智能建造？
（2）简述智能建造的特征。
（3）城市地下空间智能建造的发展历程有哪些？
（4）算据、算力和算法如何赋能智能建造？
（5）谈一谈数字技术的重点。
（6）新基建包含哪些方面的内容？
（7）信息化建造阶段升级的意义是什么？
（8）工业 4.0 和人工智能对智慧建筑带来的影响是什么？
（9）智慧化的地下空间综合治理需要解决哪些问题？
（10）智能建造在城市地下空间管理中的应用是什么？
（11）我国智能建造技术发展面临哪些瓶颈需要突破？
（12）城市地下空间工程智能建造的新进展有哪些？
（13）智能建造在城市地下空间工程应用中存在哪些问题？
（14）智能建造在未来城市地下空间工程中的趋势有哪些？
（15）谈一谈未来城市地下空间发展与地上城市的关系。
（16）智能建造在城市地下空间工程应用中存在哪些问题？

第2章 BIM 技术及应用

2.1 BIM 概述

2.1.1 BIM 的产生与发展

随着建筑行业的快速发展，传统的建筑设计、施工和管理方法已经无法满足日益复杂和多变的工程需求。为了提高效率、降低成本并提升工程质量，建筑行业开始寻求一种全新的数字化工具来协助项目管理。在这种背景下，建筑信息模型（Building Information Modeling，BIM）应运而生。BIM 起源于计算机辅助设计（CAD）的发展。在 20 世纪 80 年代，CAD 软件开始在建筑和工程行业中得到广泛应用，但其只能完成二维平面设计，无法提供对建筑模型的全面展示和分析。为了弥补这一缺陷，BIM 概念应运而生。20 世纪末，美国学者首次提出 BIM 技术概念，经过多年的发展，许多 BIM 软件相继诞生，如 Autodesk 的 Revit 和 Bentley 的 MicroStation，这些软件的出现使得 BIM 技术开始在建筑和工程领域中得到广泛应用。21 世纪初，BIM 的发展进入全新的阶段，越来越多的国家和机构开始重视 BIM 技术的应用和发展。

BIM 的发展离不开计算机硬件和软件技术的提升。随着计算机性能的不断提高和云计算技术的广泛应用，BIM 的应用范围不断扩大，并逐渐涉及建筑设计、施工管理、运营维护等全生命周期的各个环节。除了技术进步的推动，BIM 的发展还与建筑行业的需求有关，传统的设计和施工方式存在诸如信息不对称、协作不畅等问题。BIM 的引入可以有效地解决这些问题，并提高建筑项目的信息共享和协作效率。此外，BIM 还有助于提高建筑项目的质量和可持续性。通过模拟和建筑模型分析，可以在设计阶段发现和解决潜在的设计缺陷及技术问题，减少错误和漏洞的出现，从而提高建筑的质量和安全性。同时，BIM 还可以优化建筑物的能源利用和碳排放，实现可持续发展的目标。随着 BIM 的应用范围不断扩大和技术的不断更新，它已成为建筑行业中不可或缺的工具，为建筑项目的设计、施工和运维提供全面的支持和保障。

2.1.2 BIM 的定义

目前对于 BIM 的定义也不完全统一，不同部门和行业具有不同的

BIM 的定义

定义，归纳起来有以下几种：

1）国际标准组织信息委员会（Facilities Information Council，FIC）对 BIM 的定义：在开放的工业标准下对设施的物理和功能特性及其相关的项目生命周期信息可计算或可运算的表现形式，通过这种表现形式提供支持保障，提升和更好地实现工程项目的固有价值。

2）美国国家标准委员会对 BIM 的定义：BIM 是工程建设项目兼具物理特性和功能特性的建筑数字化模型，该数字化模型从工程设计项目的概念设计阶段开始，在工程建设的整个生命周期里做出任何决策的可靠共享资源。

3）Autodesk 公司对 BIM 的定义：BIM 是指建筑物在设计和建造过程中，创建和使用的"可计算数字信息"。

4）英国标准协会对 BIM 的定义：建筑物或基础设施设计、施工或运维，应用面向对象的电子信息的过程。BIM 是建筑环境数字化转型的核心，BIM 的核心是整个供应链使用模型和公共数据环境来有效访问和交换信息，从而大大提高建设和运营活动的效率，如图 2-1 所示。

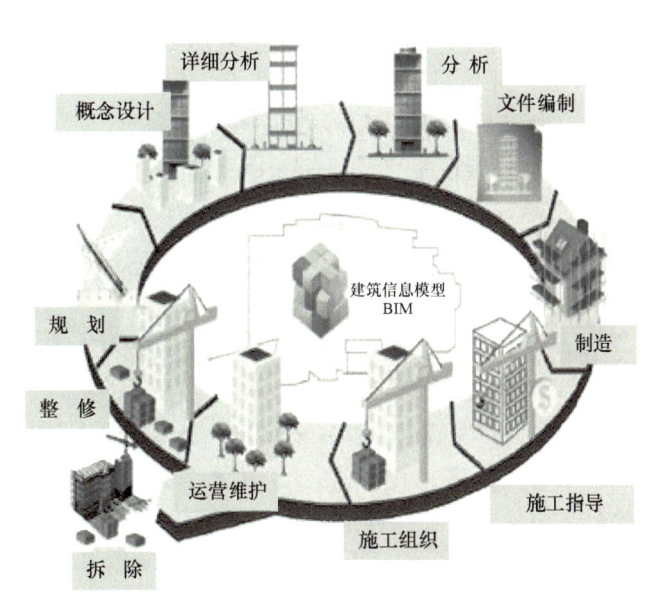

图 2-1　BIM 的定义

5）《建筑信息模型应用统一标准》（GB/T 51212—2016）对 BIM 的定义：在建设工程及设施全生命周期内，对其物理和功能特性进行数字化表达，并依此设计、施工、运营的过程和结果的总称。

综上所述，BIM 是以三维数字技术为基础，集成建设工程项目规划、勘察、设计、建造、运维、废弃等全生命周期的协同与互用信息模型（包括建设工程的几何、物理、功能、过程信息等）。BIM 的定义包括以下内涵：它是一个建设工程的几何、物理、功能、过程等的信息模型；它贯穿应用于建设工程项目规划、勘察、设计、建造、运维、废弃全生命周期；它是三维可视化的信息模型；信息能够在模型中协同使用；它可以被建设工程项目各参与方互用。

2.1.3　BIM 在国内外的应用与发展

1. BIM 在国外的应用与发展

2002 年，Autodesk 公司首次将 BIM 的概念提出并商业化。美国是最早提出 BIM 技术概念的国家，2003 年便制定了《建筑信息模型指引》。2007 年起，美国联邦总务署（GSA）要求所有大型项目（招标级别）都需要应用 BIM，最低要求是空间规划验证和最终概念展示都需要提交项目 BIM 文件，GSA 鼓励所有的项目都采用 BIM 技术，并且根据项目承包商采用这些技术的应用程序不同，给予不同程度的资金支持。

美国政府推动 BIM 的主要目的在于提升建造生产力与推动节能减排，美国是 BIM 技术应用最为成功的国家之一。此外，欧洲国家包括英国、挪威、丹麦、俄罗斯、瑞典和芬兰，亚洲的一些发达国家如新加坡、日本和韩国等，在 BIM 技术发展和应用方面也比较成功。

2. BIM 在国内的应用与发展

2003 年，建设部发布了《2003—2008 年全国建筑业信息化发展规划纲要》，明确提出了建筑业信息化的具体目标：建筑业信息化基础建设、电子政务建设和建筑企业信息化建设。

2011 年，住房和城乡建设部颁布的《2011—2015 年建筑业信息化发展纲要》第一次将 BIM 纳入信息化标准建设的内容。科技部将 BIM 系统作为"十二五"重点研究项目"建筑业信息化关键技术研究与应用"的课题。业界将 2011 年称作"中国工程建设行业 BIM 元年"。

2013 年，中国建筑标准设计研究院获得国际权威 BIM 标准化机构 building SMART 组织的认可，正式成立 building SMART 中国分部。

2016 年，住房和城乡建设部发布的《2016—2020 年建筑业信息化发展纲要》提出："十三五"时期，全面提高建筑业信息化水平，着力增强 BIM、大数据、智能化、移动通信、云计算、物联网等信息技术集成应用能力，建筑业数字化、网络化、智能化取得突破性进展。

2017 年，住房和城乡建设部发布的《住房城乡建设科技创新"十三五"专项规划》指出：普及和深化 BIM 应用，发展施工机器人、智能施工装备、3D 打印施工装备，探索工程建造全过程的虚拟仿真和数值计算。

交通运输部发布的《推进智慧交通发展行动计划（2017—2020 年）》要求：到 2020 年在基础设施智能化方面，推进建筑信息模型技术（BIM）在重大交通基础设施项目规划、设计、建设、施工、运营、检测维护管理全生命周期的应用。

如图 2-2 所示，在应用方面，BIM 技术已经涉及建筑、交通、水利、环保等多个领域；在设计阶段，BIM 技术可以实现参数化建模、效果图实时渲染等高效率操作，帮助设计师更好地进行设计和设计成果优化；在施工阶段，BIM 技术可以进行施工过程模拟、实时监测和管理施工现场，提高施工效率和质量；在运营阶段，BIM 技术可以将建筑物的信息集成、整合在一起，方便运营方进行设备维护和管理。

第 2 章　BIM 技术及应用

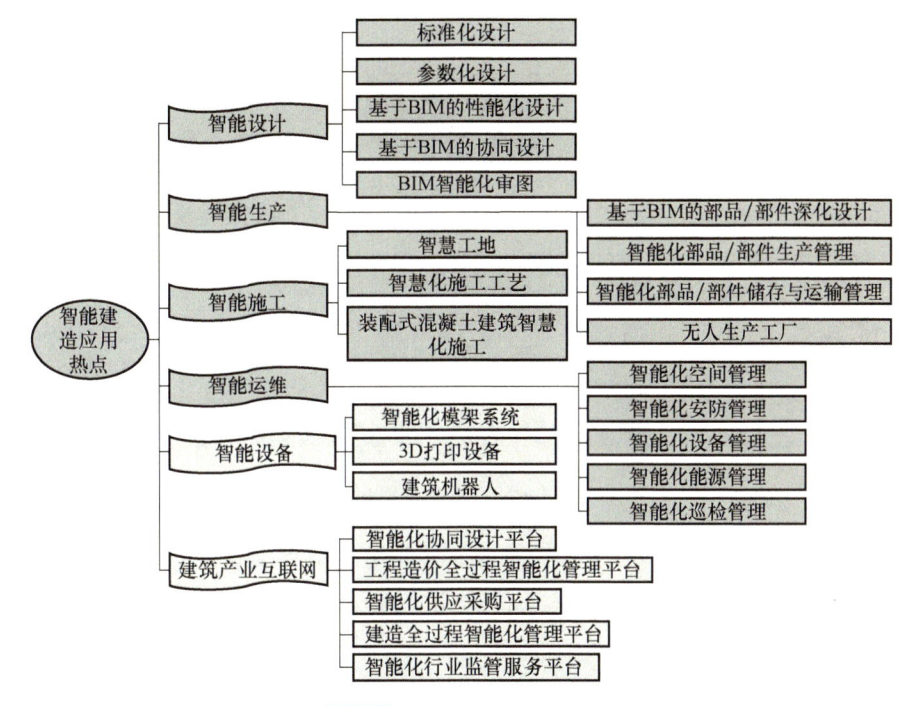

图 2-2　智能建造应用热点

总体来说，BIM 技术在国内的应用与发展正在逐步深入，其在提高建筑行业效率、质量和可持续性等方面所发挥的作用日益显著。随着技术的不断发展和市场的不断扩大，BIM 技术在国内的应用前景将更加广阔。同时，BIM 技术的应用还面临着一些挑战和问题，如技术标准化、数据共享与协同等。因此，需要在推动 BIM 技术应用的同时，加强技术研发和创新，提高 BIM 技术的应用水平和效果。

2.1.4　BIM 的特点、优势与价值

1. BIM 的特点

（1）可视化　可视化是基于传统 CAD 技术所提出的，可视化的最大特征是所见即所得。如图 2-3 所示，BIM 技术能够将传统的线条式构件表达以一种三维立体实物图形展示出来，这种图形不仅形象、直观，而且具有较高的辨识度，能很好地帮助人们理解项目的各种信息，减少沟通障碍和认知错误。传统的 CAD 运用二维方式表达设计意图，将工程项目采用平、立、剖三视图投影方式进行表达，这种表达方式容易产生信息表达不充分、不完整和信息割裂等问题，在最终决策上需要专业技术人员凭借空间想象力和深厚的专业功底在头脑中重塑三维实体。BIM 真正实现了设计意图三维立体可视化（工程项目设计、建造、运维等全过程、全生命周期可视）。BIM 不仅能将传统的 CAD 图三维化，还可以基于构件组合的互动和反馈，在全生命周期内模拟工程项目设计、建造和运维。同时，在 BIM 技术平台加持和保障条件下项目各参与方进行沟通、讨论和决策，实现了建造过程和建造行为的可视化，甚至是智能化，极大地提高了管理成效和工作效率。当前，BIM 可视化技术在工程建造过程和建造行为中主要表现

BIM 的特点

29

为以下三个方面的作用：

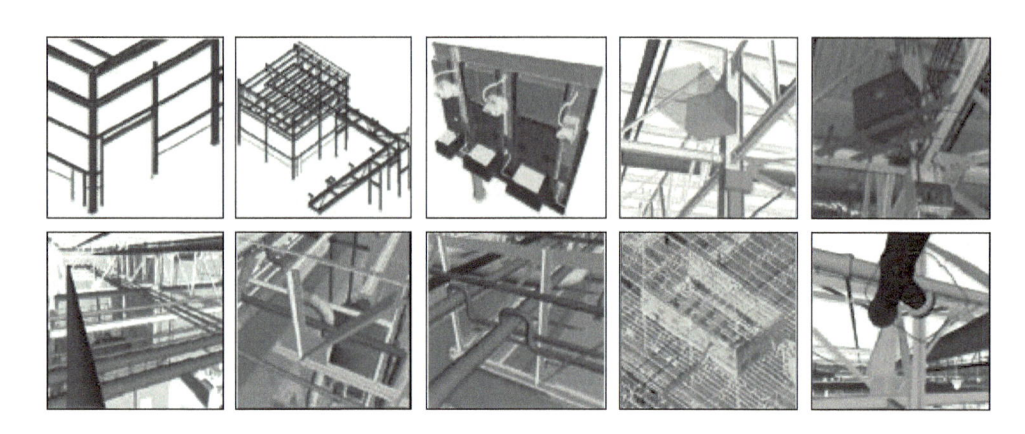

图 2-3　项目可视化

1) 碰撞检查，减少返工。BIM 的最大特点是实现了工程项目建造过程的可视化，利用 BIM 所提供的三维技术，设计者可以在工程实际建造开工前进行碰撞检查，优化工程设计，提高设计成果质量，减少工程项目在施工建造阶段可能存在的错误损失，降低返工可能性，如建筑净空检查和管线综合排布等。现场施工人员也可以利用碰撞检查进一步优化建筑净空和管线排布方案，并进行施工交底。同时，对于项目中复杂的构造节点可视化，有利于钢筋的科学排布，从而提高施工质量。

2) 虚拟施工，有效协同。三维可视化功能再加上时间维度，便可以进行虚拟施工，实施施工组织的可视化。同样，在可视化的环境下，业主、设计方、施工方、监理方也可以模拟施工方案，随时将施工计划与实际进展进行对比，不断优化施工方案，调整进度安排，实现有效的协同管理，大大减少建筑质量问题和安全问题，尽量避免返工和后期整改。

3) 三维渲染，宣传展示。三维渲染动画能够凭借极强的真实感展示与细节刻画，给人们带来最直接的视觉冲击。建好的 BIM 模型可进行二次渲染，制作漫游动画并通过 VR 展示，在项目成果展示、汇报、招标投标过程中，能够给需求者带来最直观的视觉感受，从而提高中标率。

(2) 协调性　在建设工程全生命周期内，建设工程各参与方基于 BIM 交互操作，依托统一的模型，将建设工程的不同专业、不同工种、不同阶段的工程信息有机结合在一起，并协调数据之间的冲突，生成协同数据或协调数据库，实现信息建立、修改、传递和共享的一致性，利用 BIM 的协调性，可以大大提高工作效率，减少工作中出现的错误，提升项目的品质。

1) 设计阶段协调。设计是多专业合作的技术成果，不同专业的技术人员根据本专业需求从事各自的设计活动。如图 2-4 所示，传统 CAD 平台设计，CAD 文件通常仅是图形描述，无法加载附加信息，这导致专业间数据关联性不强，当各专业图纸综合叠放时，可能出现专业之间的设计内容碰撞冲突。而利用 BIM 三维模型，可快速在统一模型下建立、添附、变更不同专业内容，不同专业在统一模型平台上协同工作。通过 BIM 三维可视化控件与专门软件，可以对建筑内部的构件、设备、机电管线、上下水管线、采暖管线进行各专业间的碰撞检查。同时，还可以利用 BIM 三维可视化开展设计综合协调，如楼层净高、构件尺寸、洞口预留的调整，电梯井、防火分区、设备布置和其他设计布置的协调等。因此，BIM 能够有效地弥补传统设计中可能产生的设计缺陷，继而提高整体的设计质量与设计品质。

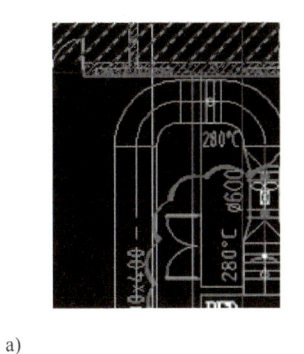

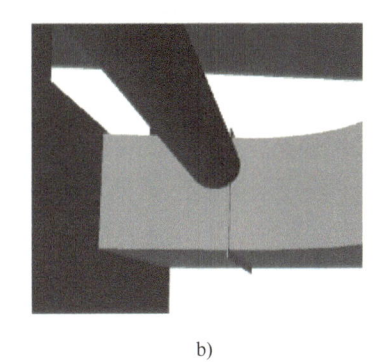

图 2-4　CAD 与 BIM 对比
a）二维图（CAD）　b）三维图（BIM）

2）施工阶段协调。在施工阶段，施工人员可以通过 BIM 的协调性清楚地了解本专业的施工重点内容及相关的施工注意事项。通过统一的 BIM 了解自身在施工中对其他专业是否造成影响，保证施工质量。另外，通过协同平台进行的施工模拟及演示，可以将各专业施工人员统一协调起来，方便对项目施工作业的工序、工法等做出统一安排，制定流水线式的工作方法，提高施工质量，缩短施工工期。

3）运维阶段协调。传统建筑设施维护管理系统大多还是以文字列表的形式展现各类信息，由于数据列表存在维度局限性，在设备之间的空间关系展示与表达上只能依靠专业工程师的经验才能读懂。BIM 的引入有效弥补了文字报表的部分缺陷，对文字报表是有益的补充。BIM 导入运维阶段后，模型中基于 BIM 的各类设施之间的空间关系及各类建筑设备的尺寸、型号、口径等具体模型信息就可以直观看到。

（3）模拟性　模拟是利用模型复现建设工程全生命周期可能发生的各种工况，利用 BIM 模型来模拟建设工程系统的运行，本质上是依托数字载体开展虚拟试验，常规的项目阶段模拟包括设计阶段模拟、施工阶段模拟、运维阶段模拟等。

1）设计阶段模拟。BIM 包含大量几何数据、材料性能、构件属性等图元信息，根据建筑物理功能需求完成数学模型创建后，利用基于模型功能的仿真分析软件，可完成建筑能耗分析、日照分析、声场分析、绿色分析、力学分析等建筑性能、功能的模拟。

2）施工阶段模拟。施工时在模型中融入功能仿真技术，可以实现施工方案、工期安排、材料需求规划等工作的数字模拟，并以此快速、低费用地评估并优化施工过程，具体内容如下：

① 投标评估。借助 4D 模型，BIM 可协助完成评标，专家可以快速了解投标单位对投标项目施工主要采用的控制方法是否得当、设置的施工安排是否均衡、总体计划是否合理等，从而对投标单位的施工经验和施工能力做出有效评估。

② 施工进度。将 BIM 与施工进度的各种计划任务（WBS）相链接，即把空间信息与时间信息整合在一个可视的 4D 模型中，动态地模拟施工变化过程，直观、精确地反映施工过

程,实施进度控制,进而缩短工期、降低成本、提高质量。

③ 施工方案。通过 BIM 对项目重点及难点部分进行可行性模拟,按月、日、时进行施工方案的分析与优化,验证复杂建筑体系(如施工模板、玻璃装配、锚固等)的可建造性,了解整个施工安装环节的时间节点、安装工序及重难点,提高施工方案的整体可行性、优化性和安全性。

④ 虚拟建造。BIM 结合数字化技术,在模型现有的几何信息、空间关系、设计指标、材料设备、工程量等信息基础上,附加成本、进度、质量、安全、工艺工法等建造相关信息。根据建造条件,以建造目标为基准,采用数字模型叠合智能算法和大数据,继而通过虚拟建造过程优化改进建造方案,形成场地布置方案、施工组织方案、专项技术方案、安全生产方案、预制构件生产方案等,使得施工方案的可行性、科学性、经济性得到极大的优化与提高。

3)运维阶段模拟。利用 BIM 提供的几何、物理、功能、过程、设备信息,构造运维环境,模拟运维场景。运维阶段模拟的主要内容包括:

① 互动场景模拟。BIM 建好之后,将项目中的空间信息、场景信息等纳入模型中,再通过 VR/AR 等新技术的配合,让业主、客户或租户在虚拟环境中,从不同的位置进入模型中相应的空间,进行虚拟实体感受。

② 租售体验模拟。基于 BIM 的模型,让租户在项目竣工之前通过 BIM 了解出售房屋的各项指标,如空间大小、朝向、光照、样式、用电负荷等,并可根据租户的实际需求,优化调整出租方案。

③ 紧急情况处理模拟。BIM 系统可以帮助运维管理第三方基于 BIM 的演示功能对紧急情况进行预演,模拟各种应急演练,制定应急处理预案。同时,还可以培训管理人员如何正确高效地处理紧急情况,尤其是一些没有条件开展实际模拟培训的内容,如重要场所的火灾模拟、人员疏散模拟、停电模拟等。

(4)优化性 在项目规划、施工和运维过程中,利用工程项目模型提供的模型图元的几何信息、物理信息、功能信息和资源信息等,通过 BIM 技术可以对项目方案进行优化。在设计的优化过程中,利用 BIM 技术对建筑形体、日照、景观、室内、交通组织、工程管线(图 2-5)等方面进行分析与调整,从而实现设计的优化。在项目的施工阶段,BIM 技术还可以对工程项目全生命周期进行优化,包括项目方案优化、设计优化、施工方案优化、运维优化,以及重要环节、重要部位优化等。

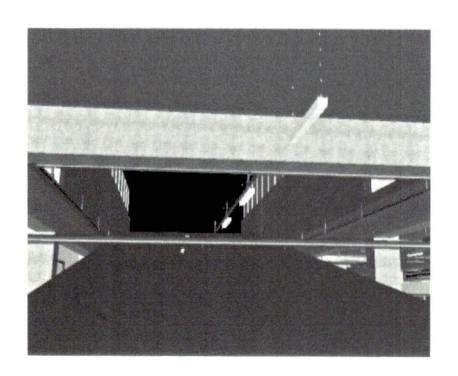

图 2-5 项目设计管线优化

(5)可出图性 如图 2-6 所示,BIM 技术可以根据需要输出不同专业与不同深度的工程图,使工程表达更加详细和便捷。而且 BIM 技术不仅仅是将传统意义上的 CAD 图进行信息化处理,更重要的是,通过对建筑物进行可视化展示、协调、模拟、优化以后,可以根据实际需要,制作并输出多专业综合管线图、综合结构洞口预留图、碰撞检查侦错报告和建议改进方案等成果文件。

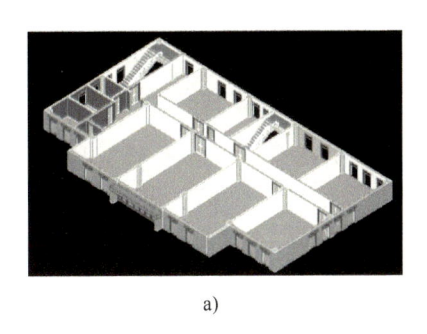

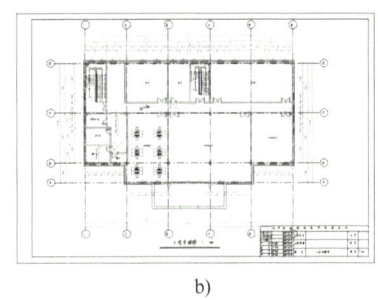

图 2-6　BIM 可出图性
a）三维模型　b）平面图

（6）信息完备性　BIM 包含建筑物全生命周期中的各种信息，如几何信息、物理信息、时间信息、空间信息等，这些信息都是经过精心设置和创建的，它们可以根据需要在项目的不同阶段进行提取和更新，从而为项目的决策和管理提供全面的数据支持。

总体来说，BIM 技术是一种强大的工具，可以帮助设计师、工程师和承包商更好地协作、优化和管理复杂的建筑项目。它的可视化、协调性、模拟性、优化性、可出图性和信息完备性等特点使其成为现代建筑行业中不可或缺的一部分。

2. BIM 的优势

（1）提高效率和精度　通过 BIM 技术可以实现建筑项目的三维建模，提高设计、施工和管理的效率和精度。这种三维模型可以直观地展示项目的各个细节，减少沟通误解，降低返工率。

（2）优化设计和施工方案　BIM 技术可以在项目设计阶段进行碰撞检测，发现设计中可能存在的问题，及时进行优化调整。在施工阶段，可以利用 BIM 技术进行 4D、5D 模拟，实现施工方案的优化和成本控制。

（3）提高协同合作能力　BIM 技术可以提供一个统一的信息平台，使项目的各方参与者（如设计师、工程师、承包商等）能够在同一个模型上进行协同工作，减少信息孤岛和沟通障碍，提高协同合作能力。

（4）增强项目管理能力　BIM 技术可以实现项目信息的集成和共享，使项目管理者能够实时动态掌握项目的进度、成本和质量等信息，提高项目管理的效率和效果。

（5）降低风险和成本　BIM 技术可以在项目早期进行风险识别和评估，提前制定相应的应对措施，降低项目风险带来的负面影响。同时，通过 BIM 技术的精确计算和优化设计，可以实现项目的成本控制和节约。

（6）支持可持续发展　BIM 技术可以为绿色建筑和可持续发展提供支持，例如进行能耗分析、光照模拟等，帮助实现节能减排和环境保护。

综上所述，BIM 技术的优势体现在提高项目的效率、精度和协同合作能力，降低风险和成本，支持可持续发展等方面。这些优势使得 BIM 技术在现代建筑行业中得到了广泛的应用和推广。

3. BIM 的价值

（1）提升管理水平　BIM 技术通过其全面信息优势，可以极大地提升项目的管理水平，更有效地控制项目的进度、质量和成本，以满足建设项目的要求。BIM 实施后，可以明确衡量项目进度，获得更多有关建筑信息的影响结果，从而提高管理效率。

（2）实现资源有效利用　BIM 技术能够将资源有效整合，在设计、施工等过程中有效运用。它可以减少重复工作的时间及废料，特别是减少重复作业所需的现场时间和成本。这不仅能够保证建筑品质，还能大大提高施工效率。

（3）降低维护成本　BIM 技术能够精确地模拟维护的流程及其基本信息，从而减少工作时间，降低维护成本。

（4）提高生产效率　BIM 技术可以对建筑的结构、管线、车间、建材等信息进行全面分析，更好地把握整个建筑的结构，从而更全面地控制建筑物，提高生产效率。

（5）促进信息交流和共享　BIM 技术使得工程项目各参与方使用单一信息源，确保信息的准确性和一致性。这有助于实现项目各参与方之间的信息交流和共享，促进协同工作。

（6）支持全生命周期管理　BIM 技术可以支持建筑的全生命周期管理，包括设计、施工、运营和维护等阶段。通过对建筑生命周期各阶段的工程性能、质量、安全、进度和成本进行集成化管理，以分析、预测和控制建设项目生命周期的总成本、能源消耗、环境影响等。

总体来说，BIM 技术的价值体现在提升管理水平、实现资源有效利用、降低维护成本、提高生产效率、促进信息交流和共享及支持全生命周期管理等方面。这些价值使得 BIM 技术在现代建筑行业中具有重要地位，为项目的成功实施和可持续发展提供了有力支持。

2.2 BIM 软件

2.2.1 BIM 软件体系框架

BIM 软件体系框架主要包括建模软件、建模插件和模型辅助工具软件三个部分。

1. 建模软件

1）Autodesk Revit：适用于建筑行业的通用 BIM 创建软件。

2）Autodesk Civil 3D：适用于测绘、铁路、公路行业的模型创建软件。

3）Bentley Open Building Designer：适用于建筑行业的通用 BIM 创建软件。

2. 建模插件

1）MagiCAD：基于 Revit 的专业机电管线深化软件。

2）建模大师：基于 Revit 的多功能插件，是 Autodesk 研发的参数化建模插件，可与 Revit 及 Civil 3D 配合使用。

3）Tekla：钢结构深化软件。

3. 模型辅助工具软件

1）Fuzor：BIM 实时渲染、虚拟现实、进度模拟软件。

2）Lumion：BIM 实时渲染、虚拟现实软件。

3）Twinmotion：基于 Unreal 引擎的模型实时渲染、虚拟现实软件。

以上为 BIM 软件体系框架各领域典型工具软件及插件，各类软件及插件在 BIM 项目中各司其职，协同配合应用方可完成项目的建模、深化和辅助工作。在实际操作中，可以根据项目需求和团队技术需要来选择合适的软件和插件。

2.2.2 BIM 建模软件

BIM 建模软件是一种用于创建、管理和分析建筑、基础设施、设备物理及功能特性的数字化工具。以下是 BIM 建模软件的一般操作步骤：

1）选择 BIM 建模软件：根据项目需要选择一款适合项目的 BIM 建模软件。目前，市场上有很多流行的 BIM 软件，如 Revit、AutoCAD、SketchUp、ArchiCAD 等。确保选择的软件与项目需求、团队技能及预算相匹配。

2）熟悉软件界面：开始使用 BIM 建模软件之前，需要先熟悉软件界面。了解工具栏、菜单栏、属性面板等各个部分的功能和使用方法。

3）创建新项目：在软件中创建一个新的 BIM 项目。然后设置项目的名称、位置、单位等基本信息。

4）建立项目模板：根据项目需求，选择合适的项目模板或创建自定义模板（包括楼层、墙体、门窗等基本元素）。

5）绘制建筑元素：使用软件提供的绘图工具，开始绘制建筑元素（包括墙体、门窗、楼板、屋顶等）。在绘制过程中，根据项目要求设置元素的属性，如材质、厚度、高度等。

6）创建组件和族：在 BIM 建模中，组件和族是非常重要的概念。设计者可以根据需要创建自定义的组件和族，以满足项目的特定需求。例如，创建一个自定义的家具族或设备族。

7）建立空间关系：在 BIM 中，元素之间的空间关系非常重要。根据需要使用软件提供的工具来确保元素之间的正确对齐、连接和碰撞检测。

8）应用材质和贴图：为建筑元素应用合适的材质和贴图，以增强模型的可视化效果。设计者可以从软件提供的库中选择材质或导入自定义材质。

9）进行分析和模拟：利用 BIM 软件的分析和模拟功能，对模型进行性能评估。例如，可以根据项目特点进行结构分析、能耗分析、日照分析等。这些分析可以帮助设计者在设计阶段发现潜在问题并进行优化。

10）导出和共享模型：模型创建完成后，设计者可以将其导出为不同的文件格式（如 DWG、IFC、Revit 等），以便与其他团队成员或利益相关者共享。此外，还可以使用云协作工具来实时共享和更新模型。

11）文档和交付：将 BIM 与相关的文档（如施工图、工程量清单等）整合在一起，形成完整的项目交付成果。确保交付成果符合项目要求和行业标准。

2.2.3 BIM 展示软件

BIM 展示软件是用于呈现和可视化 BIM 数据的工具。这些软件通常允许用户查看、交互和探索 3D 建筑模型，以更好地理解和评估建筑设计的各个方面。以下是一些常见的 BIM 展示软件：

1) Autodesk Revit：由 Autodesk 公司开发的 BIM 软件，广泛用于建筑、基础设施和设备设计。它提供了一个丰富的 3D 环境，允许用户创建、修改和管理 BIM。

2) Navisworks：由 Autodesk 公司开发的 BIM 软件，主要用于建筑项目的协同审查和模拟。它可以将不同来源的 BIM 数据集成到一个统一的模型中，并提供各种工具来分析、可视化和优化项目设计。

3) Bentley View：由 Bentley Systems 公司开发的 BIM 查看和可视化工具。它允许用户查看、注释和分享 BIM，以及进行碰撞检测和空间分析。

4) Solibri Model Checker：用于 BIM 质量控制的软件，可以检查模型的一致性和完整性，并提供详细的报告。

5) Adober 3D PDF Converter：将 BIM 转换为 3D PDF 格式的软件，以便在没有 BIM 软件的情况下查看和共享模型。

在选择 BIM 展示软件时，需要考虑项目的具体需求、团队的技术能力和软件的成本等因素。此外，与 BIM 建模软件的兼容性也是一个重要的考虑因素，以确保数据能够顺畅地在不同的软件之间传输和共享。

2.2.4　BIM 分析软件

BIM 分析软件是用于对 BIM 进行深入分析和优化的工具。BIM 分析软件可以对建筑物的物理性能、结构行为、能源效率等方面进行计算和模拟，帮助建筑师、工程师和设计师做出更明智的决策。以下是一些常见的 BIM 分析软件：

1) Autodesk Analysis Services：Autodesk 提供了一系列 BIM 分析工具，包括结构分析、流体分析、热能分析等。这些工具可以与 Autodesk Revit 等 BIM 建模软件无缝集成，为用户提供从设计到分析的完整解决方案。

2) SketchUp Pro with BIM Analysis Plugins：是一款流行的 3D 建模软件，用户可以通过安装 BIM 分析插件（如 EnergyPlus、Daysim 等）来进行能源模拟、日光分析、热工分析等。

3) Bentley Systems' AECOsim Building Designer：除了具有强大的 BIM 建模功能外，还提供了多种分析工具，如结构分析、流体动力学分析、热工分析等。

4) Graphisoft's ArchiCAD with BIM Analysis Extensions：是一款常用的 BIM 建模软件，用户可以通过安装 BIM 分析扩展程序来执行多种分析，如结构分析、能源模拟等。

5) Siemens' Navisworks Simulate：是 Navisworks 软件系列中的一个模块，用于进行建筑性能分析和模拟。它支持结构分析、流体分析、热工分析等多种 BIM 分析任务。

6) Solibri Analysis：虽然主要以 BIM 检查和质量控制为主，但它也提供了一些基本的分析功能，如空间分析、碰撞检测等。

在选择 BIM 分析软件时，需要考虑项目的特定需求，例如，需要进行的分析类型（结构、流体、能源等）、模型的复杂性、软件的易用性及成本等因素。此外，确保所选软件与设计者的 BIM 建模软件兼容也是非常重要的，以便顺畅地进行数据交换和分析。

2.2.5 BIM 管理软件

BIM 管理软件是用于有效地管理和协调建筑项目中的 BIM 数据和流程的工具。这些软件提供了各种功能，从模型协同、数据管理、项目监控到沟通协作和报告生成等。以下是一些常见的 BIM 管理软件：

1) Autodesk BIM 360：Autodesk 的 BIM 360 平台提供了一套完整的 BIM 管理解决方案，包括模型协同、项目管理、文档管理和云存储等功能。它允许团队成员在任何地方、任何时间进行协作，并确保项目数据的实时更新和安全性。

2) Bentley ProjectWise：Bentley 的 ProjectWise 是一款强大的 BIM 项目管理软件，提供了项目数据管理和协作的解决方案。它可以帮助管理复杂的建筑项目，确保信息的准确性和一致性，提高团队的管理效率。

3) Dassault Systèmes DELMIA Apriso：DELMIA Apriso 是一款 BIM 项目管理软件，提供了从项目规划、设计、施工到维护的全生命周期管理。软件支持 BIM 数据的集成和管理，并提供高级的分析和报告功能。

4) Trimble Connect：Trimble Connect 是一个 BIM 协作平台，它简化了项目团队之间的数据共享和沟通流程。通过云平台，团队成员可以实时访问和更新 BIM，进行协同设计和施工。

5) ArchiCAD BIM Manager：Graphisoft 的 ArchiCAD BIM Manager 是一个 BIM 项目管理软件，用于管理建筑项目中的 BIM 数据和流程。它提供了数据版本控制、团队协作和文档管理等功能，以确保项目的高效执行。

在选择 BIM 管理软件时，需要考虑项目的规模、团队的需求、软件的功能和成本等因素。确保所选软件能够支持项目的协同设计、数据管理、沟通协作和报告生成等，并具有良好的用户界面和易于使用的特性。此外，与 BIM 建模和分析软件的兼容性也是选择 BIM 管理软件时需要考虑的重要因素。

2.3 BIM 硬件

2.3.1 计算机硬件

BIM 软件的硬件要求可以根据不同的软件功能需求和应用场景有所变化，表 2-1 所列为常见的 BIM 计算机硬件需求。

表 2-1 常见的 BIM 计算机硬件需求

硬件	需求
处理器（CPU）	建议使用多核处理器，如 Intel Core i5 或更高版本，以支持 BIM 软件的高效运行和处理大型复杂模型。对于更高性能的需求，可以考虑使用 Intel Core i7 或 AMD Ryzen 等更高级别的处理器
内存（RAM）	建议至少安装 16GB RAM，以确保 BIM 软件流畅运行。对于更大规模和更复杂的项目，可能需要更高的内存容量，如 32GB 或 64GB

(续)

硬件	需求
存储	BIM 软件需要足够的存储空间来保存项目文件和相关数据。建议使用至少 500GB 的硬盘或固态硬盘（SSD），以便存储大型 BIM 和相关的文件
显卡（GPU）	BIM 软件通常需要处理大量的图形数据，因此建议使用具有专用图形处理单元的显卡（GPU），如 NVIDIA 或 AMD 的专业级显卡。这将有助于加速图形渲染和提供流畅的用户界面
显示器	推荐使用高分辨率的大尺寸显示器，以便更好地查看和处理 BIM。至少需要一个支持高清晰度的显示器，以便能够清晰地显示模型的细节和图形
输入设备	鼠标和键盘是常用的输入设备，建议使用高精度鼠标和舒适的键盘，以提高工作效率和准确性。此外，对于某些专业应用，如建筑设计或结构设计，可能还需要使用绘图板或数字笔等输入设备
网络连接	对于需要与其他团队成员进行实时协作和数据交换的 BIM 项目，建议使用稳定的高速网络连接，如千兆以太网或更高级别的网络连接

需要注意的是，以上只是一些常见的需求，实际需求可能因具体软件、项目规模和硬件配置而有所不同。在选择硬件时，最好根据具体的 BIM 软件要求和项目需求进行评估和选择。

2.3.2 物联网设备

BIM 技术所需要的物联网设备主要包括传感器、RFID（无线射频识别）标签、嵌入式设备及通信设备等。

1）传感器：一种能够感知外界环境信息并进行数据采集的设备，如温度传感器、湿度传感器、位移传感器等。传感器能够将采集到的信号数据转化为电信号或其他信号，然后传递给服务器进行加工、处理、存储和显示。在 BIM 应用中，传感器是实现自动采集数据和控制的关键设备。

2）RFID 标签：一种通过无线电信号识别特定目标并读取相关数据的技术。RFID 标签可以被附着在物体上，通过 RFID 读写器进行读取，实现物体的识别和跟踪。在 BIM 中，RFID 标签可以用于标识建筑物的各个部分，方便进行信息管理和跟踪。

3）嵌入式设备：一种内置计算机系统、软件、传感器和执行器等组件的设备，具有特定的功能和应用。在 BIM 中，嵌入式设备可以用于实现各种自动化控制和监测功能，如智能照明系统、智能空调系统等。

4）通信设备：实现物联网设备之间及设备与服务器之间通信的关键设备。常见的通信设备包括有线通信设备和无线通信设备，如以太网交换机、无线路由器、蓝牙设备等。在 BIM 中，通信设备用于实现物联网设备与 BIM 的实时数据交换和通信。

除以上设备外，BIM 技术还需要高性能的计算机和网络设备来支持数据处理和传输。具体来说，中心服务器需要具有较高的处理速度和数据传输速率，以及较大的存储容量，以确保数据的快速处理和流畅传输。终端计算机则需要具有较高的配置，以满足建模、信息输入和运算等需求。

2.4　BIM 工程应用

2.4.1　概述

BIM 作为工程领域数字化设计与管理的一种工具，正在成为行业智能化变革的核心动力。BIM 技术作为工程建造实施的一种辅助工具，在整个工程项目的生命周期运行中，能在每个阶段满足不同阶段各参与者的需求，极大地提高参与者的工作效率和使用便捷性。同时，作为管理者，借助 BIM 技术不仅能很好地把握整个项目全局，还能全天候浏览具体实施细节，掌握即时的实施动态信息，从而让管理决策更加高效、可靠。BIM 应用一般遵循以下规定：

1）BIM 应用宜贯穿工程项目的全生命周期，也可根据工程实际情况应用于某一阶段或某些环节。

2）不同阶段或环节模型创建应考虑在项目全生命周期内的共享、集成和应用；不同阶段的模型宜在上一阶段模型基础上创建，也可根据已有工程项目文件进行创建。

3）在 BIM 创建、应用和管理过程中，应充分考虑并采取措施保证信息安全。

4）BIM 应用应事先制定 BIM 应用策划，并遵照策划进行 BIM 应用的过程管理。

5）项目相关方应基于信息一致的模型进行协同工作，保证各阶段、各专业和各相关方的信息规范、完整和有效传递。

6）模型的更新和维护应与工程实施同步，以保证工程全生命周期各阶段模型与相关成果的一致性。

7）BIM 应用宜与云计算、大数据、物联网、移动通信、人工智能、区块链等技术相结合，实现融合创新应用。

2.4.2　我国 BIM 工程应用现状

我国相关部门相继出台了一系列针对 BIM 推广的相关政策，以引导 BIM 技术在工程领域开展应用。从最初的探索、起步到新世纪的全面发展，伴随着一系列新政策的出台，我国建设行业在 BIM 技术领域的研发不断深入，大批技术应用不断落地深化。到如今，随着 BIM 技术应用的不断成熟和行业实施标准的日趋完善，BIM 进入行业平稳发展期，并不断尝试突破现有应用领域的束缚，与多专业进行交叉融合，全面助力工程行业数字化转型发展。

就目前行业整体发展来看，BIM 技术的应用主要体现在项目规划设计、项目招标投标、项目施工和项目运维四个阶段，特别是在前三个阶段的应用得到了建设方的普遍认可。而运维阶段的应用因各地区城市级 BIM/CIM 平台的不断建设与完善也在快速发展中。

2.4.3　BIM 在规划设计阶段的应用

规划是区域发展的龙头，是建设与管理的直接依据；建设是区域发展的基础，是规划和管理的具体实施和前提条件。两者相辅相成、相互促进，缺一不可。早在 20 世纪 90 年代，相关部门已在城乡规划管理、设计和监督部门引入地理信息系统（GIS）、计算机辅助设计（CAD）、全球定位系统（GPS）等先进信息化技术。随着 BIM 技术的引入和应用，以及以 BIM+GIS 为代表的全新规划支撑平台的创建，以 BIM 技术强大的分析功能为依托的项目策划分析系统越来越受到重视和青睐。

1. BIM 在项目场地规划阶段的应用

场地分析是研究影响区域规划功能定位的主要因素，是确定构筑物的空间方位和外观、建立构筑物与周围环境联系的基础。在规划阶段，场地的地貌、植被、地质情况、气候条件都是影响设计决策的重要因素，往往需要通过场地分析来对景观规划、环境现状、空间规划、施工配套及建成后综合使用等各种影响因素进行评价及分析。传统的场地分析存在诸如定量分析不足、主观因素过重、无法处理大量数据信息等弊端，如图 2-7 所示，通过 BIM 及 GIS 软件的强大功能，对场地及拟建的构筑物空间数据进行建模，迅速得出分析结果，帮助项目在场地规划阶段评估场地的使用条件和特点，从而做出区域最理想的场地规划、交通流线组织关系、建筑布局等关键决策。

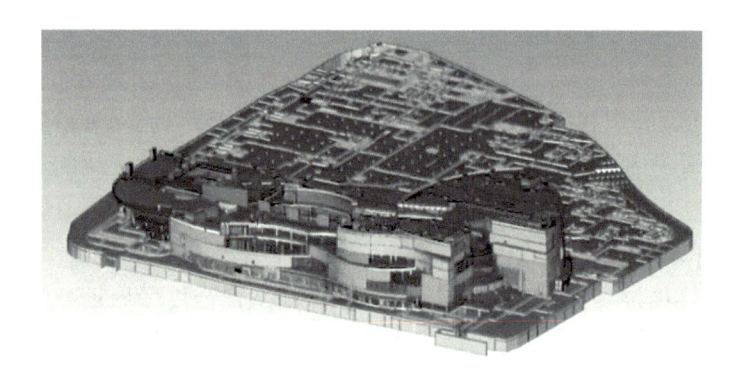

图 2-7 BIM+GIS 场地分析模型

2. BIM 在项目策划阶段的应用

相对于根据经验确定设计内容及依据（设计任务书）的传统方法（缺乏有效量化数据），依托 BIM 技术的项目策划能够利用三维信息模型技术对项目决策目标所处社会环境及相关因素进行逻辑数理分析，在获取一定翔实的计算数据基础上，支持研究项目任务书对设计的合理导向，帮助制定和论证项目策划依据，指引科学地确定后续设计的内容，促成决策目标的实现。

同时，BIM 能够帮助项目团队在项目规划阶段，通过对空间进行分析来理解有关复杂空间的标准和法规，从而节省时间。特别是在业主讨论需求、选择及分析最佳方案时，能借助 BIM 及相关分析数据，做出关键性的决定。如图 2-8 所示，BIM 在项目策划阶段的应用成果还会帮助设计师在设计阶段随时查看初步设计成果是否符合业主的要求，是否满足项目策划阶段的设计要求，通过 BIM 连贯的信息传递或追溯，大大减少以后详图设计阶段发现不合格需要修改设计的巨大浪费。

3. BIM 在方案设计阶段的应用

如图 2-9 所示，BIM 三维可视化设计软件的出现有力地扫除了业主及最终用户因缺乏对传统建筑图纸的理解而造成的和设计师之间的交流障碍，彻底摆脱了传统低维度设计理念和功能上的局限。三维可视化设计成果不论是用于前期方案推敲和论证比选，还是用于阶段性的效果图展示和任务汇报，均较传统设计有了质的飞跃。

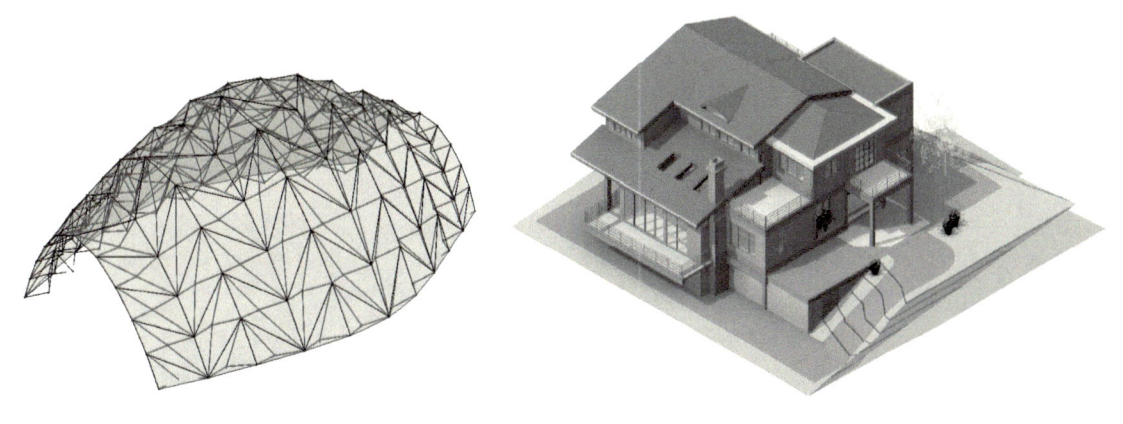

图 2-8　项目策划数据模型

图 2-9　方案设计模型

BIM 的出现使得设计师不仅拥有了三维可视化的设计工具，真正实现所见即所得，更重要的是通过工具的提升，设计师能使用三维的思考方式来完成项目的方案设计，同时也使业主及最终用户真正打破了技术壁垒，随时知道自己的投资回报。

4. BIM 在深化设计阶段的应用

在二维设计时代（CAD 时代），无论什么样的分析软件都必须通过手工的方式输入相关数据才能开展分析计算，而熟练操作和使用系列计算分析软件，不仅需要专业技术人员经过长时间的学习和摸索才能完成，而且计算分析结果较抽象，无法直接应用，需要二次转化。加之由于设计方案的频繁动态调整，造成原本就耗时耗力的数据录入工作需要经常性地重复录入和校对，致使项目设计与性能化分析计算之间严重脱节，影响设计质量和项目开展进度。

如图 2-10 所示，利用 BIM 技术，设计师在深化设计过程中创建的三维数字模型已经包含大量的设计信息（几何信息、材料性能、构件属性等），只要将模型导入相关的性能化分析软件就可以得到直观的分析结果，大大减小了性能化分析的周期，提高了设计质量，同时也使设计单位能够为业主提供更专业的技能和服务。

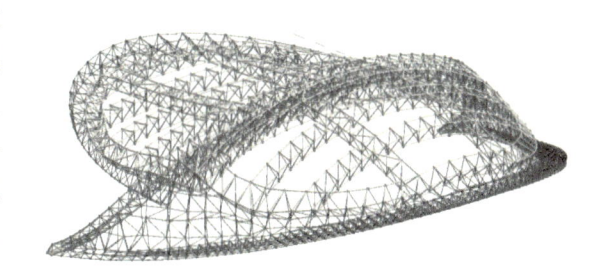

图 2-10　空间网架分析建模

5. BIM 在施工图设计阶段的应用

随着地下结构物规模和使用功能复杂程度的增加，无论是设计企业还是施工企业，甚至是业主对设计文件中的诸如全方位表达与呈现、机电集成与管线综合等成果要求愈加强烈。在 CAD 时代，受技术手段的制约与限制，以及二维图纸的信息表达缺失和没有直观有效的交流平台，导致很多设计内容和成果形式无法实现，在后续工作开展前成为让业主最不放心的技术环节。

如图 2-11 所示，利用 BIM 技术，通过搭建各专业的模型，设计师能够在虚拟的三维环境下无死角地展现全部设计细节和多样式成果表达，更方便地发现设计中的多专业碰撞冲突，从而极大提高设计师的综合设计能力和工作效率。不仅能及时解决项目施工环节中可能遇到的技术难题，排除冲突隐患，而且能减少由此产生的设计变更和资源浪费，大大提高施工现场的生产效率，降低由于施工协调造成的成本增长和工期延误。

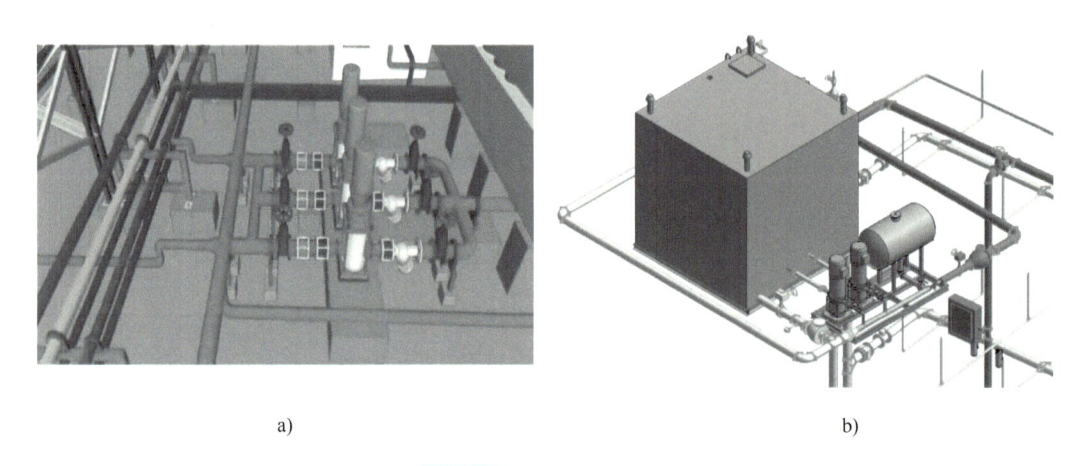

a)   b)

图 2-11　BIM 三维模型
a）机电集成模型　b）管线综合模型

2.4.4　BIM 在招标投标阶段的应用

1. BIM 在招标阶段的应用

招标人通过编制含有 BIM 招标相关标准与要求的招标文件，利用 BIM 技术的多方面优势，在提高招标活动的整体工作效率、科学选择投标单位、保障工程质量等方面发挥积极作用。

（1）帮助招标单位更好地分析投标人的报价　BIM 可以存储大量的投标报价文件信息，通过对报价模型和招标文件进行技术比对和差异分析，招标人能够全面了解、评估投标人报价情况，提高招标单位的科学选择能力。

（2）提高招标活动管理效率　BIM 技术可以帮助招标单位更好地管理投标项目，通过三维信息模型帮助招标单位更快地审核投标者的文件，推进招标进度，处理澄清答疑等情况，使得招标活动开展得更加有序和高效，从而缩短招标周期，减少招标单位的管理工作量，提高管理效率。

（3）帮助招标单位更好地管理招标项目的质量　利用 BIM 技术的全方位展示等功能，招标单位可以更加精确地定义项目的详细质量要求，更好地指导投标者制定项目质量目标，确保项目在未来实施过程中质量得到控制。

2. BIM 在投标阶段的应用

投标单位按照招标文件中 BIM 相关标准与要求，利用 BIM 技术的工艺虚拟仿真、实体多维度展示、过程数据整合分析、模型精准计量等优势,进一步优化完善投标文件内容,提高投标实施方案的可行性,降低施工风险,保障预期收益,在工程项目投标中获得竞标优势。

(1) 基于 BIM 的施工方案模拟　借助 BIM 手段可以直观地进行项目虚拟场景漫游,在虚拟现实中身临其境般地进行方案体验和论证。基于三维信息模型,对施工组织设计方案进行论证,就施工中的重要环节进行可视化模拟分析和优化。对一些重要的施工环节或采用新工艺的关键部位、施工现场平面布置等施工指导措施进行模拟和分析,以提高实施方案的可行性。

(2) 基于 BIM 的 4D 进度模拟　通过将 BIM 与施工进度计划相链接,使模型空间信息与时间信息整合在一个可视的 4D (3D+Time) 模型中,直观、精确地反映整个建筑的施工过程和虚拟形象进度。

(3) 基于 BIM 的资源优化与资金计划　将进度计划与数字模型和造价数据关联(5D),可以实现不同维度(空间、时间、流水段)的造价管理与分析,形象、直观、方便、快捷地进行资源优化、预计产值和编制资金计划等工作。

(4) 基于 BIM 的风险控制　利用 BIM 的三维可视化特点,对施工方案中的各专业阶段施工内容进行碰撞检查,发现工程中的重难点施工部位,减少未来施工中可能导致的错误损失和返工,优化施工进度,控制工期和建造成本,降低实施风险。

3. BIM 在评标阶段的应用

(1) 基于 BIM 的精准、高效评审　评标专家通过 BIM 辅助评标系统对投标递交的 BIM 标书进行评审,使评标更加直观和精准。采用 BIM 辅助评标后,专家可以借助 BIM 可视化优势,在评标中通过单体、专业构件等不同维度,对模型完整度和精度进行审查,形象展示项目的建设内容。基于进度和模型的关联(4D),动态模拟展示施工过程,方便评标专家对投标单位的施工组织进行更加精准的评审,另外将场地等措施模型与实体模型结合展示(BIM+GIS),对现场的临建设施、监控布设等文明施工要素进行可视化审查。BIM 辅助评标彻底改变了传统电子评标阅读难度大、评审不直观的问题。

(2) 基于 BIM 的一体化评审　采用 BIM 数字模型的投标文件,实现了技术标和商务标一体化评审。评标专家利用 BIM 辅助评标系统,可以根据项目周期,查看项目的资金资源需求,结合业主的资金拨付能力,评审最适合的项目进度计划。还可以通过筛选模型,查看对应部位预算文件中清单工程量及直接费,能够有效针对重点区域进行详查,辨别投标人不平衡报价,提前排除项目施工过程中因变更产生的成本超支风险。

2.4.5　BIM 在施工阶段的应用

项目建造是一个高度动态的过程,随着工程进度的推进和实施规模的不断扩大,现场复杂程度不断提高,专业交叉与协同开展越来越频繁,都使得施工阶段的项目管理变得极为困难。利用 BIM 技术进行虚拟建造,通过施工过程模拟对施工组织方案进行优化,确定科学合理的施工工期,对物料、设备资源进行动态管控,切实提升工程质量和综合效益。

1. BIM 在施工准备阶段的应用

利用 BIM 技术的三维可视化及动态模拟特点,根据项目分部分项工程特点及不同阶段的需求进行三维交互场地方案设计,综合布置和协调各功能分区,动态安排人员安置、物料进场、机械摆布、燃料存储、动力接引等工作内容,如图 2-12 所示,确保场地布置满足不同施工阶段的切实要求。同时,应用 BIM 施工模型,对施工进度、人力、材料、设备、质量、安全、场地布置等信息进行动态管理,实现施工过程的可视化模拟和施工方案的不断优化。

图 2-12 BIM 场地布置

2. BIM 在施工实施阶段的应用

(1)基于 BIM 的施工过程管理 利用 BIM 技术的三维可视化,在施工阶段通过模型提前预知施工难点,提出切实可行的施工方案;可以对一些重要的施工环节或采用新施工工艺的关键部位等施工内容的指导措施进行模拟和分析,对施工组织和施工工艺进行可视化技术交底,以提高计划的可行性和可靠性;可以利用 BIM 技术结合施工组织计划进行预演以提高复杂构筑物体系的可造性。同时,借助 BIM 对施工组织的模拟,项目管理方能够非常直观地了解整个施工安装环节的时间节点和安装工序,清晰地把握安装过程中的难点和要点,以及质量与安全薄弱点;施工方也可以进一步对原有施工方案进行优化和改善,以提高施工效率和施工方案的安全性。施工进度模拟如图 2-13 所示。

图 2-13 施工进度模拟

(2)基于 BIM 的物料跟踪 BIM 作为一个建筑物的多维度数据库,详细记录了构筑物及构件和设备的所有信息,通过与 RFID 技术的加强联合与优势互补,利用 RFID 技术的物流管理信息系统对物体的过程信息数据库记录和管理功能,进行构件成品的库存、物流运输、现场堆放、安装、验收及质量追溯等管理和可视化模拟,实现现场物料全过程追踪管理;利用现场物料信息的实时采集、感知、识别、传递和使用,实现现场物料的动态管理,极大地缓解项目施工对日益增长的物料跟踪所带来的管理压力。

（3）基于 BIM 的预制加工　通过 BIM 与数字化建造系统的结合，利用 BIM 技术的精准表达、细节呈现、数据便捷交互等特点，将部分安装构件甚至组合结构单元采用数据共享、集成优化等方式异地自动完成预制加工。通过工厂精密机械和优质加工环境制造的构件不仅降低了现场建造误差，而且大幅度提高了构件制造的生产率，使得整个施工工期得以缩短，并且使施工质量和安全管理更容易掌控。

（4）基于 BIM 的成本管理与控制　施工过程中应用 BIM 施工模型，精确高效地对实际成本的原始数据进行收集、整理、统计和分析，并将实际成本信息关联到成本管理模型，开展费用偏差原因查找，调整成本控制方案和措施，协调成本管理与进度管理、质量管理之间均衡，定期进行"三算"对比、纠偏、成本核算、成本分析、编制成本核算分析报告等工作，提高对项目成本和工程造价的综合管理能力。

（5）基于 BIM 的协同管理　BIM 不仅集成了建筑物的完整信息，同时还提供了一个三维的交流环境。与传统模式下项目各方人员在现场从图纸堆中找到有效信息后再进行交流相比，效率大大提高。BIM 逐渐成为一个便于施工现场各方交流的沟通平台（图 2-14），可以让项目各方人员方便地协调项目方案，论证项目的可造性，及时排除风险隐患，减少由此产生的变更，从而缩短施工时间，降低由于设计协调产成的成本，提高地下施工生产效率。

图 2-14　BIM 协同管理平台

3. BIM 在竣工交付阶段的应用

项目作为一个完整的系统，当完成建造过程准备投入使用时，需要对构筑物的系统功能进行必要的测试和调整，以确保它能够按照前期的规划、决策与设计实现正常运营。所以项目建成移交运营施工部门的不仅是常规的设计图、竣工图，还需要移交能正确反映真实的设备状态、材料安装使用情况等与运营维护相关的文档和资料。

如图 2-15 所示，BIM 技术能够将项目中包括的结构、机电、应急疏散、人防设备等各专业内容，包含的材料、荷载、技术参数和指标等设计信息，以及质量、安全、耗材、成本等施工信息有机地整合起来，从而为运维单位获取完整的地下空间工程全局信息提供途径。BIM 与施工过程记录信息关联，甚至能够实现包括隐蔽工程资料在内的竣工信息集成，

45

运维方可以根据各种条件快速检索到相应资料，不仅为后续的运维管理带来便利，提升了运维管理能力和水平，还可以为未来运行使用中的更新、改建、扩建提供翔实、可靠的技术信息。

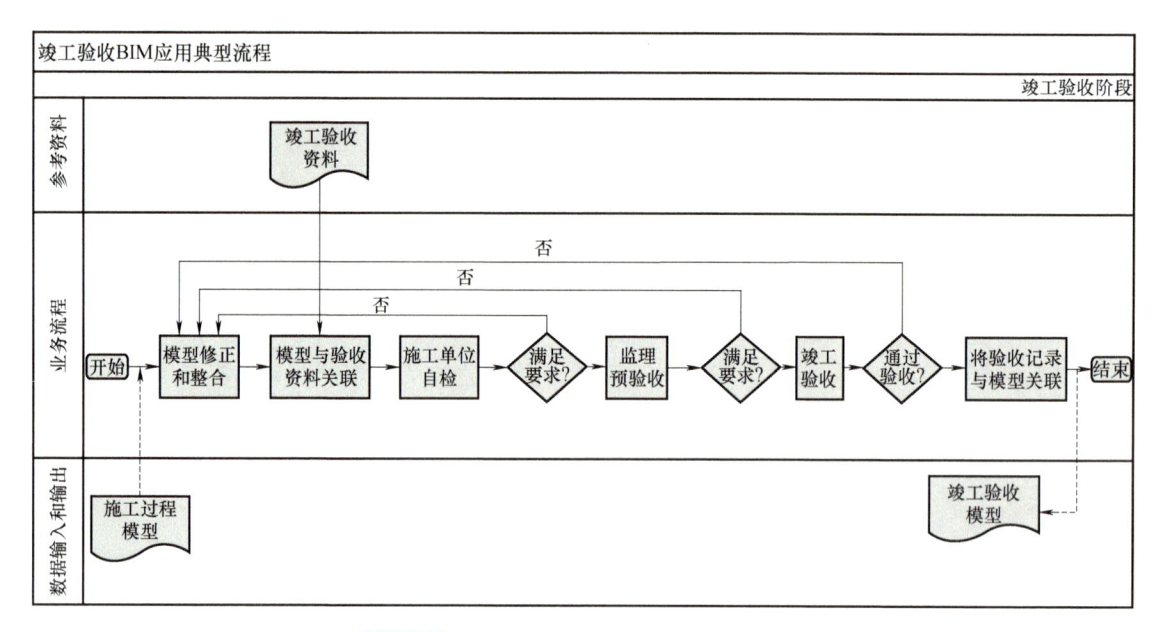

图 2-15 地下空间工程竣工验收典型流程

2.4.6 BIM 在运维阶段的应用

运维阶段是整个建筑工程项目生命周期中最长的阶段，也是经济收益不断产生的阶段。漫长的运维阶段不仅要维持整个地下空间工程的正常运营使用，还要不断挖掘其他潜在的经济价值，在建筑物整个生命周期中尽最大可能创造经济效益。目前，BIM 技术在运维阶段主要应用于空间管理、资产管理、运维管理、安全管理、环境管理和应急管理等方面。

通过 BIM 三维数字模型与物联网、大数据、数字监测、智能感知与识别等新技术的关联协同，实现智能运维管理的数字孪生，全天候搜集、整理项目的运行数据，并以此进行分析和预测，全面提高运营效率和可靠性。通过 AR/VR 技术模拟建筑体空间布局和监控各项物业设备，模拟地下结构空间安装，让运维更加方便快捷。

1. BIM 在运维管理中的应用

BIM 运维管理模型可以充分发挥空间定位和数据记录的优势，依据其涵盖的建筑、结构、给水排水、暖通空调、电气、综合智能化、消防、人防等专业的模型元素，在运维过程中通过将运维信息附加或关联到相关的模型元素上，帮助管理部门合理制定包含房屋及其设施、设备的维修保养，建筑设备运行监控，日常巡检报修，维保分析决策等内容的运行维护管理方案，分配专人专项维护工作，以降低地下构筑物在使用过程中出现突发状况的概率。对一些重要设备还可以跟踪维护工作的历史记录，以便对设备的适用状态做出预判。一个成功的维护管理方案能提高建筑物和设备的运行性能，降低能耗和修理使用费用，进而降低总体维护成本，保障项目生命周期的功能发挥与价值体现。

2. BIM 在资产管理中的应用

一套有序的资产管理体系将有效提升项目资产或设施的管理水平，BIM 运维模型中包含的大量项目信息能够顺利导入资产管理系统，大大减少了系统初始化在数据准备方面的时间及人力投入和数据准确性问题。此外，BIM 结合 RFID 技术还可以使资产在建筑物中的定位、运行状态及相关参数信息一目了然，实现快速追踪查询、实时动态监控与管理，提升资产管理水平及管理质量。

3. BIM 在空间管理中的应用

空间管理是运维部门结合生产使用需要为节省空间成本、有效利用空间、为使用部门（用户）提供良好工作生活环境而对项目空间所做的管理。BIM 不仅可以有效管理项目设施及资产等资源，还可以帮助管理团队记录空间的使用情况，处理最终使用部门（用户）要求空间变更的请求，分析现有空间的使用情况，合理分配有限的结构空间，优化空间调配方案，确保空间资源的最大利用率。

4. BIM 在应急管理中的应用

通过将 BIM 运维模型与灾害预警系统结合，在灾害发生前，模拟灾害发生的过程，分析灾害发生的原因，制定避免灾害发生的措施，以及发生灾害后人员疏散、救援支持的应急预案。灾害发生后，BIM 可以提供救援人员紧急状况点的完整信息，这将有效提高突发状况救援效率。此外 BIM 和运维监控管理系统（基于物联网技术的管理系统）结合，使得 BIM 中能清晰地呈现出建筑物内部发生紧急状况的位置，甚至能计算分析出紧急状况点最佳的救援与逃生、疏散路线，救援人员可以由此做出正确的现场处置，提高应急时间处理的成效，全面保障生命和财产安全。

2.5 BIM 工作组织与流程

2.5.1 BIM 工作组织

一般项目相关参与方应根据 BIM 应用目标和具体需求，建立相应的 BIM 应用组织架构、职责划分和工作流程，落实 BIM 应用的组织管理。同时，在 BIM 应用实施前，综合考虑使用方要求、项目需求、团队能力、资源条件、应用成本、应用风险等因素，制定与其项目整体建设与管理计划协调一致、翔实、可靠、可行的 BIM 应用策划方案，指导 BIM 应用的具体实施。方案制定完成后，项目相关参与方宜根据 BIM 应用总体要求和阶段目标，制定各自的具体实施计划，并按计划进行落实执行，见表 2-2。

表 2-2 BIM 应用策划方案的主要内容

序号	主要工作内容	备注
1	项目 BIM 应用总体目标	
2	项目相关参与方的 BIM 应用需求和应用内容	
3	组织架构及分项职责	

(续)

序号	主要工作内容	备注
4	BIM 应用流程	
5	BIM 平台及软硬件选型	
6	项目相关参与方协同工作机制	
7	信息交换与共享规则	
8	模型创建、管理和应用要求	
9	模型质量控制和信息安全机制	
10	BIM 应用环境等支撑条件	
11	BIM 应用的进度计划和成果交付及归档要求	

1. 组织架构

常见的 BIM 应用组织架构方式有以建设方或工程总承包方为主导的方式、参建方自主应用的方式等。无论选择哪种组织架构方式基本均遵循以下方式确定组织架构：

1）根据自身 BIM 应用需求、管理机制和人才体系，组建 BIM 应用团队或外聘 BIM 咨询单位。

2）BIM 应用团队可以设置独立的 BIM 业务部门，也可以在各业务部门设置 BIM 岗位。

3）自主建立 BIM 协同管理平台，为其他参建方提供信息交换和协同工作的环境。

4）提供完善的岗位设施，制定相应的管理制度和绩效考核标准。

5）设定 BIM 应用团队成员的专业岗位，并任命主要责任人。

2. 工作职责

项目各方应在合同约定范围内履行自身职责，完成项目合同中载明的对应 BIM 应用的工作内容，采取协同工作方式，保障 BIM 应用工作的顺利进行。根据项目各方在项目全生命周期中的作用和阶段任务不同，常分为主导方、协调方和参与方，其中参与方包括规划设计方、施工方、运维方等，相应各方履行的主要工作职责也不尽相同。

（1）BIM 主导方　作为 BIM 应用的重要责权方，首先，需根据项目特点与实际需要确定应用目标和要求，列支 BIM 专项费用；其次，确定工程项目勘察、设计、采购、施工、运维等相关招标文件中的 BIM 应用内容及技术指标，主导建立 BIM 组织架构、实施管理体系、协同管理平台和应用标准；最后，需要制定项目各阶段、各相关方 BIM 成果交付内容、交付要求和审核流程，并对交付成果进行审核、管理和归档。

（2）BIM 协调方　BIM 协调方根据主导方的委托组建 BIM 管理团队，主要负责指导及协调各方 BIM 工作；同时，按照主导方的要求，确定 BIM 应用方案，制定 BIM 技术要求及总体实施计划，明确各参建方职责，为各参建方提供相应的 BIM 技术支持，指导和监督各参建方按实施计划开展 BIM 工作；按照委托要求审核与验收各阶段各参建方提交的 BIM 成果，并定期组织参与方召开协调会，解决和商议阶段过程中存在的问题，形成整改方案并督促实施。

（3）BIM 规划设计方　根据主导方要求组建 BIM 团队，根据 BIM 应用方案和规划 BIM 实施计划，完成合同范围内的可行性研究与规划、设计 BIM 应用；根据合同要求完成规划与设计 BIM 的创建、更新和维护，保证模型数据的准确性和完整性；利用规划 BIM 辅助项目可行性研究、规划设计及分析，利用设计 BIM 进行设计性能分析和设计优化，辅助施工技术交底；按照合同要求按时交付可行性研究与规划、设计 BIM 成果，确保成果符合 BIM 技术要求。

（4）BIM 施工方　根据主导方要求组建 BIM 团队，根据 BIM 应用方案和施工 BIM 实施计划，完成合同范围内的施工 BIM 应用；根据合同内容要求完成施工 BIM 的创建、更新和维护，并及时反馈设计方确认，保证模型数据的准确性和完整性；利用施工 BIM 辅助施工项目及现场管理；交付施工 BIM 成果，确保成果符合 BIM 技术要求。

（5）BIM 运维方　首先，需要根据项目运营维护的实际要求，确定项目运维 BIM 实施方案；其次，依托接收的竣工验收模型，创建、更新和维护运维模型，保证模型数据的准确性和完整性；再次，建立基于运维 BIM 的项目运维管理平台，利用运维 BIM 辅助建筑设施设备的运行维护管理和服务；最后，交付运维 BIM 成果，确保成果符合 BIM 技术要求。

2.5.2　BIM 工作流程

BIM 工作流程的制定应结合项目行业传统业务流程和具体项目的 BIM 应用特点及实际需求，宜尽可能便于沟通、协调、分析及优化工作，有利于确保各阶段、各参建方、各专业信息的有效传递，确保流程中所有数据具有清晰的格式、版本、版次管理。

BIM 工作流程因参与各方的项目角色和工作职责不同而略有不同，主要流程框架包括流程任务要求、BIM 创建（BIM 关联）、BIM 符合性分析（BIM 验证）、BIM 应用（BIM 成果输出）、BIM 交付。

复习思考题

（1）请简要说明 BIM 技术的概念。
（2）BIM 的主要特征分为哪几类？
（3）BIM 的价值体现在哪几个方面？
（4）我国发布了哪些与 BIM 技术相关的标准？
（5）常见的 BIM 软件、硬件的要求有哪些？
（6）BIM 软件体系框架主要包括哪几部分？
（7）BIM 的优势体现在哪几个方面？
（8）BIM 建模软件的一般操作步骤是什么？
（9）BIM 在地下空间工程规划设计阶段、招标投标阶段、施工阶段及运维阶段的应用有哪些？
（10）简述 BIM 工作流程。

第3章 Python 语言

3.1 Python 语言概述

3.1.1 Python 语言的特点

1. 面向对象

Python 既支持面向过程的函数编程,又支持面向对象的抽象编程。在面向过程的语言中,程序是由过程或可重用代码的函数构建起来的。在面向对象的语言中,程序是由数据和功能组合而成的对象构建起来的。与其他主要语言如 C+和 Java 相比,Python 以一种非常强大又简单的方式实现面向对象编程,使得编程更加灵活。

2. 内置数据结构

数据结构由相互之间存在一种或多种关系的数据元素及元素之间的关系组成。Python 本身自带的数据结构包括列表、元组、字符串、字节、字节数组、集合、字典,且它们都是可迭代对象。

3. 简单易学

Python 的语法简单优雅,甚至没有像其他语言的花括号、分号等特殊符号,代表了一种极简主义的设计思想。同时,Python 内置多种高级数据结构,实现了列表、元组、字典和集合等高级数据结构,这些结构在传统 C 语言、Java 语言等中需要用户自定义结构。Python 非常适合阅读,并且容易理解。此外,Python 虽然基于 C 语言编写,但是它摒弃了其中非常复杂的指针,简化了 Python 语法。

4. 语言健壮

Python 提供了异常处理机制,能捕获程序的异常情况。此外 Python 的堆跟踪对能够指出程序出错的位置和出错的原因。异常处理机制能够避免不安全退出的情况,同时能够帮助程序员调试程序。

5. 可移植性

Python 的开源本质使得它已经被移植在许多平台上(经过改动使它能够在不同平台上工作)。如果在编写程序时避免使用依赖于系统的特性,那么这些 Python 程序无须修改就可以在任何平台上运行。

6. 易扩展性

Python 出于一种自由的设计思想，没有抽象类，也没有其他语言里 private、public、protect 这些设定，但在 Python 中同样也可以通过封装实现私有、公有、抽象这些设定。假如让所有默认接口 raise 异常，那么这个类就在一定意义上成为抽象类。虽然抽象类的适用范围很广，但是并不是任何情况下都优于非抽象类，Python 让用户自己选择是否使用抽象类。

7. 动态性

动态性和多态性是 Python 语言简洁灵活的基础。在 Python 中，类型是在运行过程中自动决定的，而不是通过代码声明。这意味着在 Python 中没有必要事先声明变量，变量名没有类型，类型属于对象而不是变量名。从另一方面讲，对象知道自己的类型，即每个对象都包含了一个头部信息，这一头部信息标记了这个对象的类型。Python 语言的动态性优化了人的时间而不是机器的时间，可以大幅提高程序员的生产力。

8. 解释型

大多数计算机编程语言都是编译型语言，在运行之前需要将源代码编译为操作系统可以执行的二进制格式（0 或 1 格式），因此大型项目编译过程非常消耗时间。而 Python 语言不需要编译成二进制代码，可以直接从源代码运行程序。在计算机内部，Python 解释器先把源代码转换成字节码的中间形式，再把它翻译成计算机使用的机器语言并运行。

3.1.2　Python 语言的主要应用

Python 作为一种高级通用语言，可以应用于人工智能、数据分析、操作系统管理、文本处理、图形用户界面开发、网络爬虫、金融量化、云计算、Web 开发、自动化运维和测试、游戏开发、网络服务、图像处理等众多领域。

1. 数据分析

在大量数据的基础上，结合科学计算、机器学习等技术对数据进行清洗、去重、规格化和针对性的分析是大数据行业的基石。Python 是数据分析的主流语言之一。

2. 操作系统管理

Python 作为一种解释型的脚本语言，特别适用于编写操作系统管理脚本。Python 编写的操作系统管理脚本在可读性、性能、源代码重用度、扩展性等方面都优于普通的 Shell 脚本。

3. 文本处理

Python 提供的 re 模块能支持正则表达式，还提供 SGML、XML 分析模块，许多程序员利用 Python 进行 XML 程序的开发。

4. 图形用户界面（GUI）开发

Python 支持 GUI 开发，使用 Tkinter、wxPython 或者 PyQt 库，可以开发跨平台的桌面软件。

5. Web 开发

Python 经常用于 Web 开发。通过 Web 框架库，如 Django、Flask、FastAPI 等，可以快速开发各种规模的 Web 应用程序。

6. 网络爬虫

网络爬虫也称为网络蜘蛛，是大数据行业获取数据的核心工具。网络爬虫可以自动、智能地在互联网上爬取免费的数据。Python 是目前编写网络爬虫的主流编程语言之一，其 Scripy 爬虫框架的应用非常广泛。

7. 在地下空间工程中的应用

Python 作为一种功能强大且灵活通用的编程语言，可被广泛应用于地下空间工程的诸多方面，如结构设计和分析、材料性能评估、数据处理和可视化及有限元分析等；同时，其又是诸多数值模拟软件的二次开发语言之一，如 FLAC、ABAQUS 等；也是 BIM 类软件如 Revit、Navisworks 等的二次开发语言之一；还是一些开源软件，如 FEnicsS 和 OpenSees 的开发语言。

3.1.3　Python 安装与环境配置

1. Python 安装

从 Python 官网下载与用户 Windows 操作系统位数（32 位或 64 位）相对应的版本，按照安装步骤进行安装。

2. IDLE 的使用

安装 Python 后会自动安装 IDLE，这是 Python 内置的集成开发环境，用于编写和修改 Python 代码。IDLE 有两个窗口：Shell 窗口可以直接输入并执行 Python 语句；编辑窗口可以输入和保存程序。

3. IDLE 的启动

通常在 Windows 系统的"开始"菜单中输入"IDLE"（若没有出现，在 IDLE 的后边加一个空格）就会出现 IDLE（Python 3.12.3 32-bit）或 IDLE（Python 3.12.3 64-bit），选择并按回车键或单击即可启动 IDLE。

启动 IDLE 后，进入图 3-1 所示的 Shell 窗口，也称为 IDLE Shell 命令行窗口。">>>" 是 Python 命令提示符，在提示符后面可以输入 Python 语句。窗口的菜单栏列出了常用的操作命令。

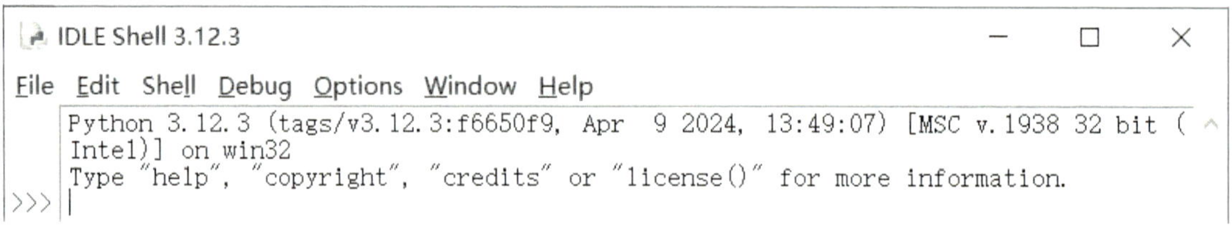

图 3-1　IDLE Shell 窗口

4. 开发和运行 Python 程序的方式

（1）交互式　在 Shell 窗口，输入 Python 代码，解释器及时响应并输出结果。IDLE Shell 命令行窗口提供了一种交互式的使用环境，但一般适用于调试少量代码。在">>>"提示符后输入一条语句，如图 3-2 所示，按回车键后会立刻执行，如图 3-3 所示。如果输入的

第 3 章　**Python 语言**

是带有冒号和缩进的复合语句（如 if 语句、while 语句、for 语句等），则需要按两次回车键。

```
*IDLE Shell 3.12.3*                                     —  □  ×
File Edit Shell Debug Options Window Help
Python 3.12.3 (tags/v3.12.3:f6650f9, Apr  9 2024, 13:49:07) [MSC v.1938 32 bit (
Intel)] on win32
Type "help", "copyright", "credits" or "license()" for more information.
>>> 3 + 2
```

图 3-2　输入"3+2"

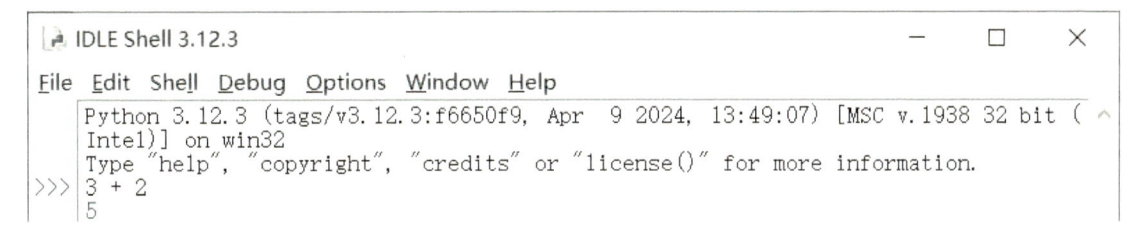

```
IDLE Shell 3.12.3                                       —  □  ×
File Edit Shell Debug Options Window Help
Python 3.12.3 (tags/v3.12.3:f6650f9, Apr  9 2024, 13:49:07) [MSC v.1938 32 bit (
Intel)] on win32
Type "help", "copyright", "credits" or "license()" for more information.
>>> 3 + 2
5
```

图 3-3　执行效果

（2）文件式　交互式 Shell 窗口无法保存代码，关闭 Shell 窗口后，输入的代码就被清除了，而文件式不存在该问题，故在进行程序开发时，文件式适用于开发较复杂应用程序。

开发文件式应用程序的步骤如下：

1）创建 Python 源文件。如图 3-4 所示，在 Shell 窗口的菜单栏中选择"File"→"New File"命令打开文件编辑窗口，在该窗口中可以直接编写和修改 Python 程序，当输入一行代码后，按回车键可以自动换行。用户可以连续输入多条命令语句。标题栏中的"untitled"表示文件未命名，带"＊"号表示文件未保存。

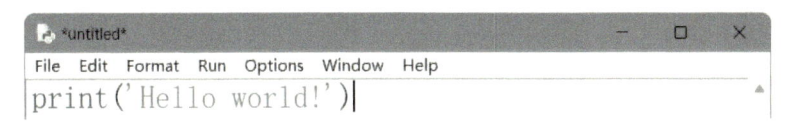

```
*untitled*                                    □  ×
File Edit Format Run Options Window Help
print('Hello world!')
```

图 3-4　创建 Python 源文件

2）保存程序文件。在"文件编辑"窗口中选择"File"→"Save"选项或者按〈Ctrl+S〉组合键会弹出"另存为"对话框，选择文件的保存位置并在文件名输入框里输入文件名，如"Exam001"，即可保存文件。Python 文件的扩展名为".py"（".py"可以不输，程序会自动添加）。如图 3-5 所示。

```
Exam001.py - Z:\jobs\Python\IDLE\Exam001.py (3.12.3)    —  □  ×
File Edit Format Run Options Window Help
print('Hello world!')
```

图 3-5　保存程序文件

3）运行程序。在菜单栏中选择"Run"→"Run Module"命令或者按〈F5〉键即可运行程序，运行结果会在 Shell 窗口中输出。

53

5. IDLE 的帮助功能

IDLE 环境提供了诸多帮助功能，常见的有以下四种：

1）Python 关键字使用不同的颜色标识。例如，print 关键字默认使用紫色标识。

2）输入函数名或方法名，再输入紧随的左圆括号"("时，会出现相应的语法提示。

3）使用 Python 提供的 help() 函数可以获得相关对象的帮助信息。例如，可以获得 print() 函数的帮助信息，包括该函数的语法、功能描述和各参数的含义等。

4）输入模块名或对象名，再输入紧随的句点"."时，会弹出相应的成员列表框。例如，输入 import 语句，导入 random 模块，按回车键执行，然后输入"random"，就会弹出一个列表框，列出了该模块包含的所有 random 函数等对象，可以直接从列表中选择需要的成员，代替手动输入。

6. 常用快捷键

在程序开发过程中，合理使用快捷键可以降低代码的错误率，提高开发效率。在 IDLE 中，选择"Options"→"Configure IDLE"选项，打开"Settings"对话框，在"Keys"选项卡中列出了常用的快捷键。

7. Python 集成开发环境 Thonny

（1）Thonny 特点

1）易于上手。Thonny 内置了 Python 3.10（Windows 8.1 以上版本）或 3.8（Windows 7 以上版本），因此只需要一个简单的安装程序（或者便携版程序），就可以学习编程了。省去了 Python 的安装与配置过程。

2）无忧变量。完成程序后，选择"查看"→"变量"，然后查看程序和 Shell 命令如何影响 Python 变量，如图 3-6 所示。

3）简单的调试器。只需按〈Ctrl+F5〉组合键，即可逐步运行程序，无须断点。按〈F6〉键表示运行一大步，按〈F7〉键表示运行一小步。步骤遵循程序结构，而不仅仅是代码行，如图 3-7 所示。

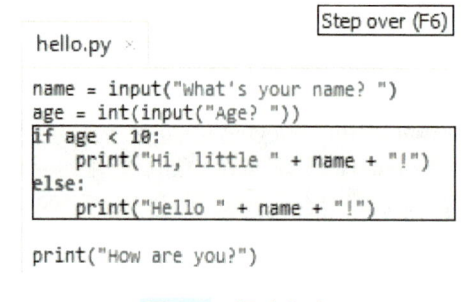

图 3-6　查看变量

图 3-7　调试程序

4）逐步完成表达式评估（图 3-8）。如果运行小步骤，那么甚至可以看到 Python 如何计算表达式。

5）忠实地表示函数调用。单步执行函数调用会打开一个新窗口，其中包含单独的局部变量、表和代码指针。充分理解函数调用的工作原理对于理解递归尤为重要，如图 3-9 所示。

6）突出显示语法错误。多或少括号是初学者最常见的语法错误。Thonny 的编辑器使这些很容易被发现，如图 3-10 所示。

7）解释作用域。突出显示出现的变量会提醒用户相同的名称并不总是意味着相同的变量，并有助于发现拼写错误。局部变量在视觉上与全局变量区分开来，如图 3-11 所示。

8）查看变量引用的模式。变量最初根据简化模型，但也可以切换到更现实的模型，如图 3-12 所示。

9）代码自动完成。可以在代码完成的帮助下学习 Python，如图 3-13 所示。

图 3-8　逐步完成表达式评估

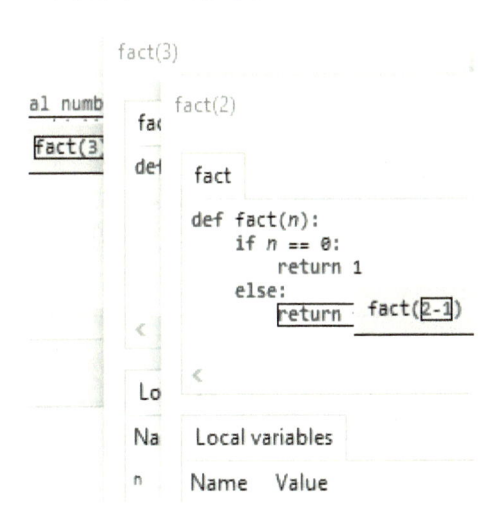

图 3-9　函数调用

图 3-10　突出显示语法错误

图 3-11　解释作用域

图 3-12　查看变量引用的模式

图 3-13　代码自动完成

10）初学者友好的系统 Shell。选择"工具"→"打开系统 shell"以安装额外的包或学习在命令行上处理 Python。PATH 及与其他 Python 解释器的冲突由 Thonny 处理。

11）简单干净的 pip GUI。选择"工具"→"管理包",能够更轻松地安装管理第三方包。

(2) Thonny 下载与安装　下载网址:https://thonny.org/。Thonny 支持 Windows、Mac 和 Linux 系统。Thonny 分为安装版 (Installer) 和便携版 (Portable),前者安装后即可运行,后者解压后即可运行。Thonny 有多个内置的 Python 版本,对应不用的系统版本。

(3) Thonny 运行　在解压后的文件夹里找到"Thonny.exe"双击即可打开 Thonny IDE 开发环境。单击"文件"按钮→"新建"(Ctrl+N)→输入"print ('Hello world!')"→单击"运行"按钮→"运行当前脚本"(F5),即可运行程序。另外,若欲保存,单击"文件"按钮→"保存"(Ctrl+S)→弹出保存界面,选择欲保存的文件夹,然后在文件名输入框里输入文件名,如 hello.py (".py"可以不输入,保存后程序会自动添加)。

(4) Thonny 常用快捷键　为了更方便和快速地编辑、运行和调试程序,通常需要利用快捷键的方式。Thonny IDE 常用快捷键见表 3-1。

表 3-1　Thonny IDE 常用快捷键

操作名称	快捷键	操作名称	快捷键
文件菜单		编辑菜单	
新建	Ctrl+N	撤销	Ctrl+Z
打开	Ctrl+O	重做	Ctrl+Y
关闭	Ctrl+W	剪切	Ctrl+X
全部关闭	Ctrl+Shift+W	复制	Ctrl+C
保存	Ctrl+S	粘贴	Ctrl+V
保存全部文件	Ctrl+Alt+S	全选	Ctrl+A
另存为	Ctrl+Shift+S	缩进选择的行	Tab
退出	Alt+F4	反缩进选择的行	Shift+Tab
运行菜单		注释=代码	Ctrl+3
运行当前脚本	F5	注释代码	Alt+3
调试当前脚本（nicer）	Ctrl+F5	取消注释	Alt+4
调试当前脚本（faster）	Shift+F5	跳转到行	Ctrl+G
步过	F6	自动补全	Ctrl+Space
步进	F7	显示参数信息	Ctrl-Shift-space
恢复执行	F8	查找和替换	Ctrl+F
运行至光标处	Ctrl+F8	清空 Shell	Ctrl+L
步回	Ctrl+B	视图菜单	
在终端运行当前脚本	Ctrl+T	增大字体	Ctrl++
停止/重启后端进程	Ctrl+F2	缩小字体	Ctrl+-
中断执行	Ctrl+C	切换到编辑器	Alt+E
发送 EOF/软重启	Ctrl+D	切换到 Shell	Alt+S

（5）Python 包的管理　选择"工具"→"管理包"，打开 Python 包管理器界面，在这个界面里可以更轻松地安装和删除第三方的 Python 包。

3.2　Python 语言语法基础

3.2.1　编码规范

在编写代码时，遵循一定的代码编写规则和命名规范可以使代码更加规范化，并对代码的理解与维护起到至关重要的作用。Python 程序应遵循以下编码规范：

1）对关键代码可以添加必要的注释。注释是指在程序代码中对程序代码进行解释说明的文字。注释不是程序，不能被执行，只是对程序代码进行解释说明，让使用者可以看懂程序代码的作用，能够大大增强程序的可读性。注释的分类如下：

① 单行注释。以"#"开头，"#"右边的所有文字当作说明，而不是真正要执行的程序，起辅助说明作用。

② 多行注释。以三对单引号或三对双引号引起来以解释说明一段代码的作用和使用方法。

2）不要在行尾添加分号"；"，也不要用分号将多条命令放在同一行，尽管这样编写程序解释器不报错。

3）语句中的所有符号都必须是半角字符（在英文输入法下输入的字符），因此需要特别注意括号、引号、逗号等符号的格式。

4）建议每行不超过 80 个字符，如果超过，建议使用圆括号"( )"将多行内容隐式地连接起来，而不推荐使用反斜杠"\"进行连接。

5）关于空行和空格的规定：

① 使用必要的空行可以增加代码的可读性，一般在顶级定义（如函数或者类的定义）之间空两行，在方法定义之间空一行。另外，用于分隔某些功能的位置也可以空一行。

② 通常情况下，运算符两侧或者函数参数后逗号"，"的后边建议使用空格来进行分隔。

6）应该避免在循环中使用"+"和"+="运算符累加字符串。这是因为字符串是不可变的，这样做会创建不必要的临时对象。推荐的做法是将每个子字符串加入列表，然后在循环结束后使用 join( )方法连接列表。

7）适当使用异常处理结构以提高程序容错性，但不能过多依赖异常处理结构，适当的显式判断还是有必要的。

8）命名规范在编写代码中起到很重要的作用，使用命名规范可以更加直观地了解代码所代表的含义。

9）Python 最具特色的就是使用缩进来表示代码块，而不是使用花括号"{ }"。缩进的空格数是可变的（一般为 4 个空格），但同一个代码块的语句必须包含相同的缩进空格数。使用〈Tab〉键或空格键时，不要将两者混合使用。

3.2.2 基本输入和输出

Python 提供了输入输出函数进行人机交互，即 input() 函数接收键盘的输入，print() 函数输出信息（通常输出到屏幕）。

1. input() 函数

输入语句可以在程序运行时从输入设备获得数据。标准输入设备就是键盘。在 Python 中可以用 input() 函数通过键盘输入数据。一般格式为：

```
string=input([prompt])
```

input() 函数首先输出提示字符串 "prompt"（若有），然后等待用户键盘输入，直到用户按回车键表示输入结束后，函数返回用户输入的字符串（不包括最后的回车符），并保存于变量 string 中，系统继续运行 input() 函数后面的语句。

在 Python3.x 中，无论输入的是数字还是字符都将被作为字符串读取。如果想要接收数值，则需要把接收到的字符串进行类型转换。例如，若要接收整型的数值并保存到变量 num 中，可以使用下面的代码：

```
height=int(input("请输入您的身高:"))
```

如果需要将输入的字符串转换为其他类型，如整型（int）、浮点型（float）或者 eval（根据输入进行相应的类型转换）等，调用相应的转换函数即可。

在 Python 中，输入主要有以下特点：

1）程序运行 input() 函数后，等待用户输入，只有输入完成之后才继续向下运行。
2）input() 函数接收用户输入后，一般存储到变量中，以方便后面使用。
3）input() 函数会把用户输入的任意数据都当作字符串处理。

2. print() 函数

在 Python 中，使用内置的 print() 函数将运行结果输出到 IDLE 或者标准控制台上。print() 函数的基本语法格式如下：

```
print([输出值1,输出值2,…,输出值n,sep=' ',end='\n'])
```

通过 print() 函数可以将多个输出值转换为字符串并且输出，这些值之间以 sep 指定的符号为分隔符，最后以 end 指定的符号结束。sep 默认为空格，end 默认为换行。其中，输出内容可以是数字和字符串（字符串需要使用引号引起来），对此类内容将直接输出；也可以是包含运算符的表达式，对此类内容则是把计算后的结果输出。

在 Python 中，默认情况下一条 print() 语句输出后会自动换行，如果想要一次输出多个内容，而且不换行，则可以将要输出的内容使用英文半角的逗号分隔。

3. 字符串的格式化输出

字符串格式化是指字符串本身通过特定的占位符来确定位置信息，然后按照特定的格式将变量对象传入对应位置，形成新的字符串。字符串格式化主要有以下三种方法：

1）使用%格式化字符串。通过 string % values 的形式传值，其中 string 是包含%规则的字符串，values 是要传入的值（若是多个值，用圆括号把 values 括起来），传值可通过位置、字典等方式实现。常用的格式化字符串及其含义见表 3-2。

表 3-2 常用的格式化字符串及其含义

符号	含义
%s	格式化字符串
%d	格式化整数
%f	格式化浮点数，可指定小数点后的精度
%%	输出百分号

2）使用 string.format( ) 格式化字符串。其基本规则是通过 string.format(values) 的方法进行格式化，其中 string 是带有{}规则的字符串，values 是要传入的值。使用 format 方法格式化的规则与%相同。花括号内可以使用数字编号（从 0 开始）或关键字对应参数；否则，花括号的个数和位置顺序必须与参数一一对应。

string.format( ) 可通过多种方式灵活获取字符串对应的数值，具体使用方式如下：

① 通过默认位置索引获取结果。如果后续的有序列表已经按照花括号中出现的顺序排列好，那么可省略其中的索引值。

② 通过位置索引获取结果。位置索引就是通过花括号中不同位置的索引获取对应的值。

③ 通过关键字获取结果。花括号也支持通过关键字参数的方式获取结果，例如，{key}可以获取参数 key 对应的 value 值。

format 方法提供了更强大的格式输出功能，在花括号内的数字格式符前面，可以加详细的格式定义。索引或关键字与格式定义之间用英文冒号"："分隔，其格式为：

[索引或关键字]:[对齐说明符][符号说明符][最小宽度][.精度][格式符]

对齐说明符和符号说明符及其含义见表 3-3，最小宽度和精度均为整数。

表 3-3 对齐说明符和符号说明符及其含义

	符号	含义
对齐说明符	<	左对齐，默认用空格填充右边
	>	右对齐
	^	中间对齐
符号说明符	+	总是显示符号，即数字的正负符号
	-	负数显示-
	空格	若是正数，前边保留空格，负数显示-

3）使用 f-strings 格式化字符串。格式化的字符串常量（f-strings）使用 f 或 F 作为前缀，表示格式化设置。f-strings 方式只能用于 Python 3.6 及其以上版本，它与 format 方法类似，但形式更加简洁，其格式为：

```
print('age={0},y={1:.1f}'.format(age,score))
```

还可以表示为：

print(f'age={age},score={score:.1f}')

3.2.3 基础数据类型

数据类型用来解决不同形式的数据在程序中的表达、存储和操作问题。Python采用基于值的内存管理模式，变量中存储了值的内存地址或者引用，因此随着变量值的改变，变量的数据类型也可以动态改变，Python解释器会根据赋值结果自动推断变量类型。

1. 基础数据类型的种类

Python 3中有七种标准的数据类型：number（数字型）、bool（布尔型）、string（字符串型）、list（列表）、tuple（元组）、set（集合）和dictionary（字典）。其中，不可变数据类型有number、string、tuple；可变数据类型有list、set、dictionary。使用type()函数可以查看对象的数据类型。

（1）数字型　Python 3数字类型有整数（int）、浮点数（float）、复数（complex）。在Python 3里，只有一种int类型，表示为整型，且没有大小限制；float就是通常所说的小数，可以用科学记数法来表示；complex由实部和虚部两部分构成，用a+bj或complex（a,b）表示，实数部分a和虚数部分b都是浮点型。

（2）布尔型　Python逻辑类型（bool）只有True和False，分别对应的值为1和0，并且可以与数字进行运算。另外，空值None、整型0、浮点型0.0或0.00等、复数0j或0.0+0.0j或0.00+0.0j等、空字符串''或""、空对象、空列表[ ]、空元组( )、空字典{ }和空集合set()，这些对象的布尔值均被认为是False，除此之外的其他所有对象的布尔值均被认为是True。

（3）字符串型

1）字符串的创建。Python中的字符串类型（str）是用一对单引号（'）、双引号（"）或者三引号（'''或"""）作为定界符引起来的数值类型，而且引号必须配对使用，即字符串开始和结尾使用的引号形式必须一致。当需要表示复杂的字符串时，还可以嵌套使用引号。不同形式的引号可以嵌套，但是最外层作为定界符的引号必须配对，即必须使用同一种引号形式。

'This is a string.'
"This is a string."
'''
This
Is
a
string.
'''
"""
This

```
Is
a
string.
"""
```

2) 转义字符。当 Python 字符串中有一个反斜杠时,表示一个转义序列的开始,称反斜杠为转义字符。所谓转义字符,是指那些字符串中存在特殊含义的字符。表 3-4 列出了常用的转义字符。

表 3-4 常用的转义字符

转义字符	说明	转义字符	说明
\n	换行	\"	双引号
\r	回车	\'	单引号
\b	退格（Backspace）	\\	反斜杠
\t	制表符	\(在行尾时)	续行符
\f	换页	\0	空

注：Python 允许用 r""或者 r'' (这两个 r 也可以换成 R) 的方式表示引号内部的字符串,默认为不转义。

转义字符使用举例如下：

```
print('a\nb')
```

运行结果如下：

```
a
b
```

3) 字符串的存储方式。若字符串 s = 'abcdefg',则其存储方式如图 3-14 所示。

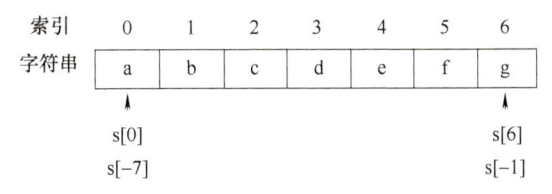

图 3-14 字符串的存储方式

4) 字符串的访问方式。

① 索引方式访问。如图 3-14 所示,Python 的索引规则：第一个字符的索引是 0,后续字符的索引依次递增 1,或者从右向左编号,最后一个字符的索引号为-1,前面的字符依次递减 1。利用索引方式访问图 3-14 的结果如下：

```
s = 'abcdefg'
s[0]                # 获取'a'
s[6]                # 获取'g'
```

```
s[-1]                    # 获取'g'
s[-7]                    # 获取'a'
```

② 切片方式访问。切片方式访问可以一次操作多个字符，其语法格式如下：

```
[start:end:step]
```

其中，切片区间从 start 索引开始，到 end 索引前一位结束（即不包含 end 索引本身），当 step 省略时，默认为 1。若出现负索引，则表示离末尾相应距离的元素。利用切片方式访问图 3-14 的结果如下：

```
s='abcdefg'
s[0:4]                   # 获取'abcd'
s[0:6:2]                 # 获取'ace'
s[4:]                    # 获取'efg'
s[:3]                    # 获取'abc'
s[::3]                   # 获取'adg'
s[::-3]                  # 获取'gda'
s[4:-1]                  # 获取'ef'
s[::-1]                  # 获取'gfedcba'
```

5）字符串运算符。常用字符串运算符及其含义见表 3-5。

表 3-5　常用字符串运算符及其含义

运算符	名称	含义
+	连接运算符	用于拼接字符串
*	重复运算符	用于重复拷贝字符串
[ ]	访问运算符	通过索引访问字符串中的字符
[::]		用于截取字符串的一部分
in	成员运算符	若字符串中包含给定字符，则返回 True，否则返回 False
not in		若字符串中不包含给定字符，则返回 False，否则返回 True

6）字符串内置函数。Python 常用的字符串内置函数及其含义见表 3-6。列表、元组、字典和集合这些对象类型的详细介绍和使用请参见后面的基础数据结构部分。

表 3-6　常用字符串内置函数及其含义

类别	函数名	含义
字母处理	upper	将字符串中所有的小写字母转为大写
	lower	将字符串中所有的大写字母转为小写
	capitalize	将字符串中第一个字符转换为大写字母
	title	将字符串中所有的单词首字母转换为大写，其余字母为小写
	swapcase	对字符串的大小写字母进行互换

(续)

类别	函数名	含义
搜索	find	检测字符串中是否包含子串，若没有则返回-1
	Index	检测字符串中是否包含子串，若没有则会报错
统计	len	计算字符串长度，即包含单字符的个数
	count	统计字符串中指定子串出现的次数
格式化	ljust	原字符串左对齐，并以特定子串填充至指定长度
	rjust	原字符串右对齐，并以特定子串填充至指定长度
	center	原字符串居中对齐，并以特定子串填充至指定长度
替换	replace	新子串替换旧子串，且次数不超过指定次数
去掉指定字符	lstrip	删除字符串左边指定字符
	rstrip	删除字符串右边指定字符
	strip	删除字符串左右两边指定字符
	split	按照指定次数，以特定字符分割字符串
判断	startswith	检测字符串是否以指定子串开头
	endswith	检测字符串是否以指定子串结尾
	isalnum	检测字符串是否由字母和数字组成
	isalpha	检测字符串是否只由字母组成
	isdigit	检测字符串是否只由数字组成
	isupper	检测字符串中所有字母是否均为大写
	islower	检测字符串中所有字母是否均为小写
	istitle	检测字符串中所有单词首字母是否为大写，且其他字母为小写
	isspace	检测字符串是否只由空格组成

2. 数据类型的判断方法

在 Python 中处理的一切都是对象，每个对象都有其数据类型。不同类型的对象可以用于存储不同形式的数据，支持不同的操作。

Python 采用基于值的内存管理模式，变量中存储了值的内存地址或者引用，因此随着变量值的改变，变量的数据类型也可以动态改变，Python 解释器会根据赋值结果自动推断变量类型。要判断对象的类型，可使用 type() 或 isinstance() 函数。

1) type() 的用法是 type (object)，该方法直接返回对象的类型值。

2) isinstance() 的用法是 isinstance (object, class_or_tuple)，其中 class 是 object 的类型，tuple 是类型构成的元组。该方法判断对象 object 是否为 class 指定的类型或 tuple 这个元组中的某一个对象类型。是，则返回 True；不是，则返回 False。该方法的返回值类型为布尔型。

3. 数据类型的转换

Python 是强类型语言。当一个变量赋值后，这个对象的类型就固定了，不能隐式转换成另一种类型。当需要时，必须使用显式的类型转换。而且变量的类型转换并不是对变量原地进行修改，而是产生一个新的预期类型的对象。

Python 提供的类型转换内置函数有以下几种：

1）int( )函数：将其他类型数据转换为整型。

2）float( )函数：将其他类型数据转换为浮点数。

3）str( )函数：将其他类型数据转换为字符串。

4）round( )函数：将浮点型数值转换为整型。

5）bool( )函数：将其他类型数据转换为布尔型。

6）chr( )和 ord( )函数：进行整数和字符之间的相互转换。chr( )函数将一个整数按 ASCII 码或 Unicode 值转换为对应的字符；ord( )函数是 chr( )函数的逆运算，把字符转换成对应的 ASCII 码或 Unicode 值。

7）eval( )函数：计算字符串表达式并根据值的结果转换成相应数据类型。

3.2.4 变量和赋值

变量是指其值可以改变的量。编写程序时，需要使用变量来保存要处理的各种数据。与变量相对应的是常量，其是指不需要改变也不能改变的量，但 Python 中没有真正的常量，也就是说，只有形式上的常量（通常全部字符大写），即可以被修改。

1. 变量的创建与赋值

Python 中的变量通过赋值方式创建，并通过变量名标识：

```
var=value
```

变量创建时不需要声明数据类型，变量的类型是被赋值对象的类型。同一变量可以反复赋值，而且可以赋不同类型的值。

Python 允许同时为多个变量赋值（多重赋值）：

```
var1,var2,var3,…=value1,value2,value3,…
```

程序代码按照书写顺序依次执行。所有变量必须先定义后使用，否则会报错。

2. 变量的命名

变量命名应遵循以下五条规则：

1）变量名只能由字母、数字和下划线组成，且不能以数字开头。例如，name1 为合法变量名，而 1name 或 name$1 为不合法变量名。

2）变量名不能是 Python 的保留字。例如，import 不能作为变量名。

3）变量名区分大小写。例如，Name 和 name 是两个不同的变量。

4）变量名应望名知义，从而提高代码的可读性。例如，用 age 表示年龄。

5）慎用小写字母 l 和大写字母 O，否则不方便辨识，因为其分别与数字 1 和 0 相似。

3.2.5 运算符和表达式

1. 运算符

程序语言中参与运算的数据称为操作数，表示运算的符号称为运算符。例如，在加法运算"1+2"中，"1"和"2"称为操作数，"+"称为运算符。

Python 支持算术运算符、关系运算符、逻辑运算符及位运算符，还支持特有的运算符，如成员运算符、对象运算符。某些运算符对于不同类型数据具有不同的含义和操作，比如"+"对于数值类型和字符串类型操作就不同，前者表示相加，后者表示连接。表 3-7 给出了运算符及其功能。

表 3-7 运算符及其功能

运算符	功能
+、-、*、/、%、//、**	算术运算符：加、减、乘、除、求余、取整、幂
=、+=、-=、*=、/=、%=、//=、**=	赋值运算符和复合赋值运算符
<、<=、>、>=、==、!=	关系运算符：小于、小于或等于、大于、大于或等于、等于、不等于
and、or、not	逻辑运算符：与、或、非
&、|、^、~、<<、>>	位运算符：位与、位或、位异或、位非、左移、右移
is、is not	对象运算符
in、not in	成员运算符

2. 表达式

表达式是用运算符把变量、常量和函数等操作数按照一定的规则连接起来的式子。当多个运算符同时出现在一个表达式中时，需要根据运算符的优先级顺序决定表达式中运算的执行顺序。表达式中运算符的优先级规则：算术运算符的优先级最高，其他运算符优先级顺序为位运算符、成员运算符、关系运算符和逻辑运算符等。为了避免出现优先级错误，最好使用圆括号明确表达式的优先级，同时也能提高代码的可读性。

3.2.6 基础数据结构

基础数据结构主要包括列表、元组、字典和集合。

1. 列表的创建与操作

Python 中没有数组，而是用列表代替数组。列表是一个可变的有序集合，列表内部可包含任何数据类型。可变意味着列表内元素可以发生改变，支持在原处修改；有序意味着列表内的元素都有先后顺序。

（1）创建列表 创建列表可通过两种方式：使用中括号"[ ]"或 list( ) 函数。示例如下：

1）使用[ ]方法创建列表。使用[ ]方法创建列表的语法格式如下：

```
lst=[e1,e2,…,en]
```

其中，"lst"表示列表的名称，可以是任何符合 Python 命名规则的标识符。"e1，e2，…，en"表示列表中的元素，元素的个数没有限制，元素的数据类型可以相同也可以不同，只要是 Python 支持的数据类型即可。一般情况下，一个列表中只存放一种类型的数据，因为这样可以提高程序的可读性。

2）使用 list( ) 函数创建列表。使用 list( ) 函数创建列表的语法格式如下：

```
lst=list(iterable)
```

其中,"iterable" 表示一个可迭代对象。

使用 list() 函数创建列表常见问题如下:

```
lst=list((2,3))   # 把一个元组转换为列表[2,3]
lst=list(2)       # 错误,因为"2"是一个整数,而不是可迭代对象
lst=list((2))     # 错误,因为"(2)"也是一个整数,而不是包含一个元素的元组,
                  # 要创建只包含一个元素的元组,需要在"2"的后面添加一个逗号","
```

创建一个空列表

```
lst=[]
```

等价于

```
lst=list()
```

列表也可以嵌套使用,如:

```
lst=[1,2.0,'string',False,[5,8],True]
```

(2) 访问列表元素　列表是有序序列,其存储方式类似前面介绍的字符串存储方式,所以其也支持以双向索引和切片作为下标访问列表中的元素。

1) 索引访问:

```
lst=['a','b','c','d','e','f','g']
lst[0]        # 获取'a'
lst[6]        # 获取'g'
lst[-1]       # 获取'g'
lst[-7]       获取'a'
```

2) 切片访问:使用切片方式截取列表,返回的是一个子列表,该子列表可以包含多个元素。如果下标出界,则不会抛出异常,而是在列表尾部截断或者返回一个空列表,使代码具有更强的健壮性,如:

```
lst=['a','b','c','d','e','f','g']
lst[0:4]        # 获取['a','b','c','d']
lst[0:6:2]      # 获取['a','c','e']
lst[4:]         # 获取['e','f','g']
lst[:3]         # 获取['a','b','c']
lst[::3]        # 获取['a','d','g']
lst[::-3]       # 获取['g','d','a']
lst[4:-1]       # 获取['e','f']
lst[::-1]       # 获取['g','f','e','d','c','b','a']
```

（3）列表常用的操作方法

1）列表对象所支持的运算符。列表是可变序列，可以通过赋值运算符直接修改或删除列表元素。列表对象所支持的运算符见表 3-8。

表 3-8　列表对象所支持的运算符

运算符	功能	说明
=	赋值	实现赋值运算
+	合并	合并列表的元素，得到一个新列表
*	重复	重复列表元素
in	成员运算符	一个元素包含在列表中，则返回 True，否则返回 False
not in	成员运算符	一个元素不包含在列表中，则返回 False，否则返回 True

2）列表对象常用的内置函数。列表对象常用的内置函数见表 3-9。

表 3-9　列表对象常用的内置函数

内置函数	功能	说明
sorted( )	排序	对列表元素进行排序，得到一个新列表
max( )	求最大值	返回列表中元素的最大值
min( )	求最小值	返回列表中元素的最小值
sum( )	求和	返回列表中元素之和
len( )	求个数	返回列表中元素的个数
zip( )	打包	把多个列表元素组合为元组，并返回包含这些元组的可迭代对象
enumerate( )	列举	返回包含索引和值的可迭代对象
map( )	映射	把指定函数作用到列表中的每个元素
filter( )	过滤	根据指定函数的返回值对列表元素进行过滤

3）列表对象的常用方法。在 Python 中可以利用对象的属性和方法进行操作，其调用格式为：

```
object.property
object.method(arguments)
```

在 Python 中，有些功能既可以使用函数实现，又可以使用对象方法实现。列表对象的常用方法见表 3-10。

表 3-10　列表对象的常用方法

方法	功能	说明
append( )	追加	追加单个元素到列表的尾部
clear( )	清空	清空整个列表
count( )	统计个数	统计指定元素出现的次数
copy( )	复制	复制列表为新列表

（续）

方法	功能	说明
extend( )	批量追加	把一个列表批量追加到另一个列表；用于列表的扩展
index( )	查询	查询列表中某个值的第一个匹配项的索引值
insert( )	插入	把对象插入列表的指定位置
pop( )	按索引删除	移除列表中的一个（默认最后一个）元素，并返回该元素
remove( )	按值删除	移除列表中指定值的第一个匹配元素
reverse( )	反转	把列表元素进行反转
sort( )	排序	在原列表中对列表元素排序；与 sorted( ) 不同，没有生成新列表

4）从内存中删除整个列表。用 del 语句可从内存中删除整个列表，其语法格式如下：

　　del lst

删除后 lst 在内存中已经不存在，若要再访问 lst，则报错。此时，若想再使用 lst，则需重新创建 lst。

此外，del 语句还可以删除元素，此时列表仍然存在，可以继续进行访问等操作。其语法格式如下：

　　del lst[index]　　　　# 删除单个元素
　　del lst[::]　　　　　# 删除多个元素

2. 元组的创建与操作

由于列表可以修改，因此适用于存储在程序运行期间元素可能变化的数据。然而有时在程序中需要创建一系列不能修改的元素，因此 Python 提供了元组数据类型。元组与列表类似。

（1）创建元组　创建元组可通过两种方式：使用圆括号"( )"或 tuple( ) 函数。

1）使用圆括号"( )"创建元组。在 Python 中，可以直接通过圆括号创建元组。创建元组时，圆括号内的元素用逗号分隔，其语法格式如下：

　　tpl=(e1,e2,…,en)

或

　　tpl=e1,e2,…,en　　　　# 等号右边相当于一个元组

其中，"tpl"表示元组的名称，可以是任何符合 Python 命名规则的非关键字标识符；"e1，e2，…，en"表示元组中的元素，元素个数没有限制，并且其数据类型只要是 Python 支持的即可。若创建的元组只包括一个元素，则需要在定义元组时，在元素的后面加一个逗号。

2）使用 tuple( ) 函数创建元组。在 Python 中，可以通过 tuple( ) 函数将可迭代对象转化为元组，其语法格式如下：

　　tpl=tuple(iteralbe)

(2) 访问元组元素　在元组中访问元素的方法与列表相同，支持索引访问和切片访问。

1) 索引访问：

```
tpl=('a','b','c','d','e','f','g')
tpl[0]                  # 获取'a'
tpl[6]                  # 获取'g'
tpl[-1]                 # 获取'g'
tpl[-7]                 # 获取'a'
```

2) 切片访问：

```
tpl=('a','b','c','d','e','f','g')
tpl[0:4]                # 获取['a','b','c','d']
tpl[0:6:2]              # 获取['a','c','e']
tpl[4:]                 # 获取['e','f','g']
tpl[:3]                 # 获取['a','b','c']
tpl[::3]                # 获取['a','d','g']
tpl[::-3]               # 获取['g','d','a']
tpl[4:-1]               # 获取['e','f']
tpl[::-1]               # 获取['g','f','e','d','c','b','a']
```

(3) 元组的操作　元组的不可变性使其无法像列表一样可以实现对象的追加、删除和清空等操作，而只能够进行与查看相关的操作。

与列表类似，元组对象也支持"+""*""in""not in"等运算符。"+"运算符用来执行合并操作；"*"运算符用来执行重复操作，结果都会生成一个新元组；"in"和"not in"运算符用于测试元组中是否包含某个元素。

元组也支持 len( )、max( )、min( )、sum( )、zip( )、enumerate( )等内置函数，以及 count( )和 index( )等方法，但由于元组属于不可变序列，因此不支持 append( )、extend( )、insert( )、remove( )、pop( )等修改元素的操作方法。

3. 字典的创建与操作

在列表中对某个特定元素进行操作时，需要利用索引获取该元素。但是当该元素位置发生变化时，其索引也会发生变化，此时需要首先修改程序中该元素的索引，才能够对该元素进行操作。Python 提供了字典数据类型，不再需要通过索引访问元素，并且元素位置改变时，也不再需要修改索引，就能够快速定位到该元素。

字典是由键-值对组成的非序列可变数据结构。字典内部的数据存储是以 key：value（键值对，中间是冒号）的形式表示数据对象的映射关系的。在一个字典中，键必须是唯一的，而值可以重复。

(1) 创建字典　创建字典可通过两种方式：使用花括号"{ }"或 dict( )函数。

1) 使用花括号"{ }"创建字典。用花括号"{ }"创建字典的具体语法格式如下：

```
dct={key1:value1,key2:value2,…,keyn:valuen}
```

其中，"dct"表示字典的名称，可以是任何符合 Python 命名规则的非关键字标识符；"key1：value1，key2：value2，…，keyn：valuen"表示字典中的元素，元素个数没有限制，并且其数据类型只要是 Python 支持的即可。键值对用冒号分隔，而各个键值对之间用逗号分隔，所有元素都包括在花括号"{}"中。字典中的键值对是没有顺序的。

2）使用 dict( )函数创建字典。使用 dict( )函数创建字典语法格式如下：

dct=dict(sequence)

举例如下。

方法①：

zp=([1,'a'],[2,'b'],[3,'c'])
dict(zp)

方法②：

zp=zip((1,2,3),('a','b','c'))
dict(zp)

由于方法①输入不方便，通常采取方法②的形式创建字典。

（2）访问字典元素　字典内元素的获取与元素和列表不同，它不是通过索引实现的，而是通过 key 实现的。由于字典属于无序序列，因此不支持索引访问。字典中的每个键-值对形式的元素都表示一种映射关系，可以根据键获取对应的值，即按键访问，其语法格式如下：

dct[key]

另外，Python 还提供了多种获取字典 key 和 value 的方法，其常用获取 key 和 value 的方法及描述见表 3-11。

表 3-11　字典常用获取 key 和 value 的方法及其描述

方法	功能	描述
get(key,[default])	返回指定键的值	如果值不存在，则返回 default
items( )	返回所有元素	返回字典所有元素并以（key,value）构成的可遍历对象
keys( )	返回所有键	返回字典中的所有键
values( )	返回所有值	返回字典中的所有值

（3）添加和修改字典元素

添加和修改字典元素格式如下：

dct[key]=value

若 key 在字典中不存在，则实现往字典里添加功能；若 key 在字典中存在，则修改该对应 key 的键，实现修改字典功能，修改格式如下：

```
dct={1:'a',2:'b',3:'c'}
print('原字典',end=':')
print(dct)
dct[4]='d'
print('添加后',end=':')
print(dct)
dct[1]='e'
print('修改后',end=':')
print(dct)
```

输出结果如下:

原字典:{1:'a',2:'b',3:'c'}
添加后:{1:'a',2:'b',3:'c',4:'d'}
修改后:{1:'e',2:'b',3:'c',4:'d'}

可以看出,开始时关键字"4"不存在,所以执行完"dct[4]='d'"后,添加了元素"4:'d'"到字典中;继续执行"dct[1]='e'"后,由于关键字"1"已存在,所以把该关键字所对应的值进行修改,变成了新值"'e'"。

(4) 删除字典元素　Python 提供了三种方法删除字典中不再需要的元素。

1) clear()方法:用于一次性删除字典中所有元素,即字典仍然存在,只不过该字典成为空字典,其语法格式如下:

```
dct.clear()
```

2) pop()方法:若要删除某个元素,可以使用 pop()方法,其语法格式如下:

```
dct.pop(dey,[default])
```

如果 key 存在,则删除指定 key 对应的元素,并返回被删除的值;如果 key 不存在,则返回 default。

3) del 方法:用法与列表类似,既可以删除整个字典(del dct),也可以删除字典中某个元素(del dct[key])。

(5) 字典常见的其他操作方法　字典常见的其他操作方法主要包括 update()方法、setdefault()方法和 copy()方法。这些方法的功能及其描述见表 3-12。

表 3-12　字典常见的其他操作方法功能及其描述

方法	功能	描述
update(dct)	更新字典	把另一个字典中的元素按照其 key 更新到现有字典中
setdefault(key,[default])	设置键-值或查看 key	若 key 不存在,则设置并返回 default;若 key 存在,则该 key 所对应的元素不变并返回其所对应的值
copy()	字典复制	复制字典,得到该字典的一个拷贝

4. 集合的创建与操作

集合是一个由唯一元素组成的无序数据结构,也就是说,集合中的元素没有特定的顺序且不重复,因此集合不支持索引和切片访问。

(1) 创建集合　创建集合可以通过两种方式:使用花括号"{}"或 set() 函数。

1) 使用花括号"{}"创建集合,其语法格式如下:

```
st={e1,e2,…,en}
```

其中,"st"表示集合的名称,可以是任何符合 Python 命名规则的非关键字标识符;"e1,e2,…,en"表示集合中的元素,元素个数没有限制,并且其数据类型只要是 Python 支持的即可。

2) 使用 set() 函数创建集合,其语法格式如下:

```
st=set(iterable)
```

3) 创建空集合。要创建一个空集合必须使用 set() 函数,因为使用花括号创建的是空字典。示例如下:

```
st=set()          # 创建空集合
st={}             # 创建的是空字典,而不是空集合
```

(2) 添加和删除集合元素　向集合添加元素可以使用 add() 方法实现,其语法格式如下:

```
st.add(element)
```

要添加的元素内容只能使用字符串、数字及布尔型的 True 和 False 等,不能使用列表、元组等可迭代对象。

删除集合中的元素可以用 pop() 或者 remove() 方法。也可以用 clear() 方法清空整个集合,但集合仍然存在,只不过是空集合而已。要从内存中删除整个集合可以用 del 语句。这些的语法格式如下:

```
st.remove(element)
st.pop()
del st
```

(3) 集合的运算操作方法　Python 提供了求并集、交集、差集和对称差集的运算操作方法及其描述,见表 3-13。

表 3-13　集合的运算操作方法及其描述

方法	运算符	功能	描述
union()	+	并集	返回两个集合的并集
intersection()	&	交集	返回集合的交集
difference()	-	差集	返回多个集合的差集
symmetric_difference()	^	对称差集	返回两个集合中不重复的元素集合

（4）集合常用的其他操作方法及其描述　集合常用的其他操作方法及描述见表 3-14。

表 3-14　集合常用的其他操作方法及描述

方法	功能	描述
copy( )	拷贝	拷贝一个集合
discard( )	删除	删除集合中指定的元素
isdisjoint( )	判断	判断两集合是否包含相同元素，如果没有返回 True，否则返回 False
issubset( )	判断	判断指定集合是否为该方法参数集合的子集
issuperset( )	判断	判断该方法的参数集合是否为指定集合的子集
update( )	更新	给集合添加元素

3.3　Python 语言程序基本控制结构

程序总体上通常都是从上往下依次执行，即顺序结构。但有些情况需要让程序在总体顺序执行的基础上，根据所要实现的功能选择执行或者不执行一些语句，即选择结构，或者反复执行某些语句，即循环结构。

3.3.1　选择结构语句

选择结构又称为分支结构，根据判断条件表达式是否成立（True 或 False）决定下一步选择执行特定的代码。在 Python 语言中，条件语句使用关键字 if、elif、else 来表示。

选择结构分为单分支结构、双分支结构、多分支结构、嵌套分支结构等多种形式。

选择结构语句

1. 单分支结构

单分支结构的语法格式如下：

```
if 条件表达式：
    语句块
```

单分支结构中只有一个条件。如果条件表达式的值为 True，则表示条件满足，执行语句块；否则不执行语句块。一个语句块中可以包含多条语句。

Python 程序是依靠语句块的缩进体现代码之间的逻辑关系的。if 行尾的冒号表示缩进的开始，缩进结束就表示一个语句块结束了。整个 if 结构就是一个复合语句。同一级别的语句块的缩进量必须相同，如：

```
age=18
if age>=18:
    print('已是成年人了!')
```

当条件成立，即年龄大于或等于 18 岁时，输出"已是成年人了!"，否则不输出。

2. 双分支结构

双分支结构的语法格式如下：

```
if 条件表达式：
    语句块 1
else：
    语句块 2
```

双分支结构可以表示两个条件。如果条件表达式的值为 True，则执行语句块 1；否则执行语句块 2。

注意：一个 if 语句最多只能有一个 else 子句，且 else 子句必须是整条语句的最后一个子句，else 没有条件。其中 else 不能单独使用，它必须与保留字 if 一起使用。

在程序中使用 if…else 语句时，如果出现 if 语句多于 else 语句的情况，那么该 else 语句将会根据缩进确定其属于哪个 if 语句。

```
age=18
if age >=18:
    print('已是成年人了!')
else:
    print('还是未成年人!')
```

当条件成立，即年龄大于或等于 18 岁时，输出"已是成年人了!"，否则输出"还是未成年人!"。

3. 多分支结构

多分支结构的语法格式如下：

```
if 条件表达式 1：
    语句块 1
elif 条件表达式 2：
    语句块 2
    ……
elif 条件表达式 n：
    语句块 n
[else：
    语句块 n1]
```

使用 if…elif…else 语句时，如果条件表达式为真，则执行语句块 1；如果条件表达式为假，则跳过语句块 1，进行下一个 elif 的判断；只有在所有条件表达式都为假的情况下，才会执行 else 中的语句。

需要注意的是，if 和 elif 都需要判断条件表达式的真假，而 else 不需要判断；另外，elif 和 else 都必须与 if 一起使用，不能单独使用。

```
score=80
if score>=90:
    print('优秀')
elif score>=80:
    print('良好')
elif score>=70:
    print('中等')
elif score>=60:
    print('及格')
else:
print('不及格')
print('分支结构结束')
```

程序首先判断分数是否大于或等于 90，若成立，则输出"优秀"，后续的分支结构不再执行判断，跳至"(print'分支结构结束')"。否则继续判断分数是否大于或等于 80，若成立，则输出"良好"，后续的分支结构不再执行判断，跳至"(print'分支结构结束')"。若所有条件都不成立，则执行 else 语句块，输出"不及格"，再执行"(print'分支结构结束')"。

4. 嵌套分支结构

分支结构的语句块中再包含分支结构，即称为嵌套分支结构，或称为分支结构嵌套。类似的语法格式如下：

```
if 表达式 1:
    语句块 1
    if 表达式 2:
        语句块 2
    elif 表达式 3:
        语句块 3
    else:
        else 语句块 1
elif 表达式 4:
    语句块 4
else:
    else 语句块 2
```

注意：代码的逻辑级别是通过语句块的缩进量控制的，同一级别的语句块的缩进量必须相同，如：

```
num=12
if num%3==0:
    if num%5==0:
```

```
        print(f"{num}能被 3 和 5 整除")
    else:
        print(f"{num}能被整除 3,但不能被 5 整除")
else:
    if num % 5==0:
        print(f"{num}能被 5 整除,但不能被 3 整除")
    else:
        print(f"{num}不能被 3 和 5 整除")
```

3.3.2 循环结构语句

循环结构是指在满足一定条件的情况下,重复执行特定代码块的一种编码结构。其中,被重复执行的代码块称为循环体,判断是否继续执行的条件称为循环条件。Python 提供了 for 语句和 while 语句两种循环结构。

1. for 循环

for 循环可以遍历任一序列或可迭代对象,主要包括:①序列(sequence),如字符串(str)、列表(list)、元组(tuple)等;②字典(dict);③文件对象;④迭代器对象(iterator);⑤生成器函数(generator)。for 循环的语法格式如下:

```
for 循环变量 in 序列或可迭代对象:
    循环体
```

for 循环依次从序列或可迭代对象中取出一个元素并赋给循环变量,然后执行循环体代码,直到序列或可迭代对象为空为止。使用 for 循环遍历字符串,示例如下:

```
s='abcdefg'
for v in s:
    print(v)
```

上述示例中,字符串 s 的长度为 7,因此循环执行了 7 次,按顺序每次输出其中一个字符,最终将字符串中的每个字符逐一显示。

Python 提供了一个 range()内置函数来生成一个可迭代对象,语法格式如下:

```
range(start,end,step)
```

其中,"start"为指定计数的起始值,可以省略,若省略,则默认值为 0;"end"为指定计数的结束值(但不含该值),不可默认;"step"是指定计数的步长,即两个数之间的间隔,可以省略,若省略,则默认值为 1。

range()函数的功能是产生以 start 为起点,以 end 为终点(不包括 end),以 step 为步长的整型列表对象。这里的 3 个参数可以是正整数、负整数或者 0。

在使用 range()函数时,如果只有一个参数,那么表示指定的是 end;如果有两个参数,则表示指定的是 start 和 end;当 3 个参数都存在时,最后一个参数才表示步长。

使用 range( ) 内置函数，计算 1+2+…+100 的和，代码示例如下：

```
sum = 0
for i in range(100 + 1):     # 注意不包含 end,所以要 100+1,当然也可以直接
                               写成 101
    sum += i

print(sum)
```

2. while 循环

通常当事先不知道循环的次数时，可使用 while 循环。while 循环的语法格式如下：

while 条件表达式：
　　循环体

当条件表达式的值为 True 时，执行循环体，否则退出循环。while 语句中必须有能改变循环条件的语句（也就是把循环条件变为 False 的代码），否则会进入死循环。完成 1+2+…+100 的示例代码如下：

```
sum = 0
i = 1
while i <= 100:
    sum += i
    i += 1

print(sum)
```

3. 循环嵌套

在 Python 中，允许在一个循环体中嵌入另一个循环。for 循环嵌套的一般语法格式如下：

for 循环变量 1 in 序列或可迭代对象 1：
　　语句块 1
　　for 循环变量 2 in 序列或可迭代对象 2：
　　　　语句块 2

while 循环嵌套的语法格式如下：

while 循环条件 1：
　　语句块 1
　　while 循环条件 2：
　　　　语句块 2

另外，可以在 for 循环体中嵌套 while 循环；反之，也可以在 while 循环体中嵌套 for 循环。

编写九九乘法表的示例如下:

```
for row in range(1,10):
    for col in range(1,row + 1):
        print(f'{col:1}×{row:1}={col * row:2}',end='')
    print()
```

代码运行结果如下:

```
1×1=1
1×2=2 2×2=4
1×3=3 2×3=6 3×3=9
1×4=4 2×4=8 3×4=12 4×4=16
1×5=5 2×5=10 3×5=15 4×5=20 5×5=25
1×6=6 2×6=12 3×6=18 4×6=24 5×6=30 6×6=36
1×7=7 2×7=14 3×7=21 4×7=28 5×7=35 6×7=42 7×7=49
1×8=8 2×8=16 3×8=24 4×8=32 5×8=40 6×8=48 7×8=56 8×8=64
1×9=9 2×9=18 3×9=27 4×9=36 5×9=45 6×9=54 7×9=63 8×9=72 9×9=81
```

3.3.3 break、continue 和 else 语句

在循环过程中,有时可能需要提前跳出循环,或者跳过本次循环的剩余语句以提前进行下一轮循环,在这种情况下,可以在循环体中使用 break 语句或 continue 语句。如果存在多重循环,则 break 语句只能跳出其所属的那层循环。break 语句和 continue 语句通常与 if 语句配合使用。

1. break 语句

break 语句用于终止当前整个循环,不再执行循环中剩余的语句块。其语法格式如下:

```
break
```

输出 10 以内且小于 5 的整数的代码示例如下:

```
for i in range(10):
    if i >= 5:
        break
    print(i)
```

2. continue 语句

continue 语句用来跳出本次循环而提前进入下次循环,而 break 是跳出整个循环。其语法格式如下:

```
continue
```

输出 10 以内的偶数的代码示例如下:

```
for i in range(10):
    if i % 2 !=0:
        continue
    print(i)
```

3. else 语句

while 循环和 for 循环的后边还可以带有 else 语句。其在循环结构中使用时，只在循环正常完成后执行，即当循环因为执行了 break 语句而使得循环提前结束时，不会执行 else 语句块。

在 for 循环中的一般形式如下：

```
for 循环变量 in 序列或迭代对象:
        循环体
else:
        else 语句块
```

在 while 循环中的一般形式如下：

```
while 条件表达式:
        循环体
else:
        else 语句块
```

3.3.4 pass 语句

Python 还提供了一个 pass 语句，表示空语句，它将不做任何事情，一般起到占位符的作用，用于保持程序结构的完整性。其语法格式如下：

```
pass
```

输出 10 以内的偶数的代码示例如下：

```
for i in range(10):
    if i % 2 ==0:
        print(i)
    else:
        pass
```

3.4 Python 语言函数

函数是一段封装好的、实现特定功能的代码段，用户不需要关心程序的实现细节，可以通过函数名及其参数直接调用。Python 内置了丰富的函数资源，称为内置函数或内建函数，用户可以在程序中直接

Python 语言函数

调用这些内置函数。另外，程序开发人员也可以根据实际需要定义函数（自定义函数），从而方便随时调用，以提高应用程序的模块性、可读性和可维护性。

3.4.1 内置函数

内置函数是 Python 自带的，是开发人员可以直接使用的基本函数，可以用来进行数据类型转换与类型判断、统计计算、输入/输出等操作。其语法格式如下：

```
func(arg1,arg2,arg3,…)
```

内置函数说明如下：

1）调用函数时，函数名 func 后面必须加一对圆括号。
2）函数通常都有一个返回值，表示调用的结果。
3）不同函数的参数个数不同，有的是必选的，有的是可选的。
4）函数的参数值必须符合要求的数据类型。
5）函数可以嵌套调用，即一个函数可以作为另一个函数的参数。
Python 中常用的内置函数见表 3-15。

表 3-15 Python 中常用的内置函数

函数	描述	函数	描述
abs(x)	返回 x 的绝对值	max()	返回最大值
len(s)	返回对象的长度（个数）	min()	返回最小值
sum(seq)	求 seq 的和	bin()	把整数转换为以"0b"开头的二进制字符串
pow(x,y)	x 的 y 次幂	int(str)	转换为整数
round(x,n)	获取指定位数的小数，x 表示浮点数，n 表示保留的位数	float(str)	转换为浮点数
help(s)	获取 s 的帮助	str(num)	转换为字符串
sorted(list)	对列表进行排序并返回排序后的 list	eval(exp)	返回表达式的数值

3.4.2 自定义函数

Python 不仅可以直接使用内置函数，还支持自定义函数，即通过将一段实现单一功能或相关联功能的代码定义为函数，来达到"一次编写，多次调用"的目的，从而提高代码的重用率和维护性。

1. 函数的定义

（1）def 定义函数　def 定义函数的语法格式如下：

```
def func_name(args):
    func_block
    [return [exp]]
```

函数定义的规则说明如下：

1)函数代码块以"def"关键词开头,后接函数名称和圆括号。

2)"func_name"是用户自定义的函数名称。

3)"args"是零个或多个参数,且任何传入参数必须放在圆括号内。如果有多个参数,则参数之间必须用英文逗号分隔。即使没有任何参数,也必须保留一对空的圆括号。圆括号后边的冒号表示缩进的开始。

4)"func_block"是实现函数功能的语句块。

5)在函数体中,可以使用 return 语句返回函数代码的执行结果,返回值可以有一个或多个。如果没有 return 语句,则默认返回 None(空对象)。

6)如果想定义一个空函数,则可以使用 pass 语句作为占位符。

使用 def 自定义函数计算矩形面积的代码示例如下:

```
def rectangle_area(length,width):
    return length * width
```

(2)lambda 定义函数　lambda 函数又称为匿名函数,它没有复杂的函数定义格式,仅由一行代码构成,其语法格式如下:

```
[res=]lambda [arg1,arg2,…,argn]:exp
```

其中,"res"为可选项,若有,则用于接收 lambda 函数的结果;"[arg1,arg2,…,argn]"为可选项,用于指定需要传递的参数列表,参数之间用逗号","分隔;"exp"为必选参数,是一个表达式,用于实现函数功能,如果有参数,则在该表达式中使用。可见 lambda 函数免去了普通函数使用 def 关键字定义的麻烦,也不用 return 关键字表明返回值。

使用 lambda 自定义函数计算矩形面积的代码示例如下:

```
rectangle_area=lambda length,width:length * width
```

需要注意的是:

1)在使用 lambda 函数时,参数可以有多个,但表达式只能有一个。而且在表达式中不能出现 if、for、while 这类非表达式语句。

2)lambda 函数中的所有参数均为临时参数,即局部参数,lambda 函数结束即被全部释放,不可再被访问和使用。

3)lambda 函数可以声明没有函数名称、临时使用的匿名函数,尤其适用于作为一个函数的参数的情形。

2. 函数的调用

(1)def 函数的调用　调用函数也就是执行函数。定义一个函数后,若不调用该函数,则其中的代码就不会被执行。调用函数的语法格式如下:

```
func_name(args)
```

其中,"func_name"为函数名称,即要调用的函数名称,必须是已经创建好的;"args"为可选参数,用于指定各个参数的值。如果需要传递多个参数,则各个参数之间使用逗号分隔;如果该函数没有参数,则直接写一对圆括号即可。

调用前面定义的计算矩形面积函数的代码示例如下：

```
area=rectangle_area(3,4)
print(area)
```

（2）lambda 函数的调用

1）普通调用。普通调用的形式与 def 函数类似，其语法格式如下：

```
res([arg1,arg2,…,argn])
```

调用上面定义的计算矩形面积的 lambda 函数代码示例如下：

```
print(rectangle_area(3,4))    # 输出结果为 12
```

2）作为其他函数的参数被调用，其语法格式如下：

```
fun(lambda [arg1,arg2,…,argn]:exp,args)
```

计算每个元素二次方的代码示例如下：

```
print(list(map(lambda x:x**2,range(5))))   # 输出结果为[0,1,4,9,16]
```

3. 函数的返回值

函数在运行结束后可能会返回给调用者一个结果，该结果称为返回值。该返回值可以是任意类型，若函数没有返回值，可以省略 return 语句。return 语句是函数的结束标志，无论 return 语句出现在函数的什么位置，只要得到执行，就会直接结束函数的运行。

return 语句的语法格式如下：

```
return [exp]
```

其中，"exp"为可选参数，用于指定表达式。可以返回一个或多个值。如果返回一个值，那么在 exp 中保存的值可以为任意类型。如果返回多个值，那么在 exp 中保存的是一个元组。

当函数中没有 return 语句，或者省略 return 语句的参数时，将返回 None，即返回空值。

3.4.3 函数参数的传递

1. 参数类型

在使用函数时，经常用到形式参数和实际参数，两者之间的区别如下：

1）形式参数简称形参，在使用 def 定义函数时，函数名后面的括号里的变量称为形参。

2）在调用函数时提供的值或者变量称为实际参数，简称实参。

3）函数的参数传递是指将实参传递给形参的过程。

4）定义函数时不需要声明形参的数据类型，Python 解释器会根据实参的类型自动推断形参的类型。

5）形参与实参是在调用时进行结合的，通常实参会将取值传递给形参之后进行函数过程运算，然后可能将某些值经过参数或函数符号返回给调用者。

6）函数既可以传递参数，也可以不传递参数。

根据实参的类型不同，可以分为将实参的值传递给形参，以及将实参的引用传递给形参两种情况。其中，当实参为不可变对象时，进行的是值传递；当实参为可变对象时，进行的是引用传递。实际上，值传递和引用传递的基本区别是，进行值传递后，改变形参的值，实参的值不变；而在进行引用传递后，改变形参的值，实参的值也一同改变。

2. 位置参数

按照实参与形参的位置顺序一一对应将实参传递给形参。也就是第1个实参传递给第1个形参，第2个实参传递给第2个形参，以此类推。

示例如下：

```
def character(para,value):
    print(f'Parameter:{para}')
    print(f'its value:{value}GPa')

character('弹性模量',100)
```

输出结果如下：

```
Parameter:弹性模量
its value:100GPa
```

利用位置参数调用函数时，如果实参顺序错误，则结果会和预期不符，例如：

```
def character(para,value):
    print(f'Parameter:{para}')
    print(f'its value:{value}GPa')

character(100,'弹性模量')
```

输出结果如下：

```
Parameter:100
its value:弹性模量GPa
```

显然结果与预期不符。

3. 关键字参数

为了避免位置参数因位置错误而发生传参错误的问题，Python 提供了关键字参数，其允许函数调用传参时位置顺序不一致。关键字参数用"形参名=值"的形式进行传参，从而避免用户需要牢记参数位置的麻烦，使得函数的调用和参数传递更加灵活方便。

示例如下：

```
def character(para,value):
    print(f'Parameter:{para}')
```

```
    print(f'its value:{value}GPa')
```

```
character(value=100,para='弹性模量')
```

输出结果如下:

```
Parameter:弹性模量
its value:100GPa
```

使用关键字参数时,注意以下问题:
1) 使用关键字参数传递时,必须正确引用函数定义中的形参名称。
2) 当位置参数与关键字参数混用时,位置参数必须在关键字参数的前面,关键字参数之间则可以不区分先后顺序。

4. 默认参数

按位置传参时,形参和实参的个数必须相同,否则程序会报错。在程序设计时,有些参数多数会取某个值。在这些情况下,可以使用 Python 提供的默认参数形式,即在定义函数时为形参设置默认值。调用带有默认值参数的函数传参时,若有实参,则用实参值替换默认值;若没有实参值,则使用默认值。

默认值参数的定义格式如下:

```
def 函数名(…,形参1=默认值1,形参2=默认值2,…):
    函数体
```

默认参数示例如下:

```
def character(para,value=100):
    print(f'Parameter:{para}')
    print(f'its value:{value}GPa')
```

```
print('默认参数无实参')
character('弹性模量')
print('默认参数有实参')
character('弹性模量',210)
```

输出结果如下:

```
默认参数无实参
Parameter:弹性模量
its value:100GPa
默认参数有实参
Parameter:弹性模量
its value:90GPa
```

使用默认参数时,定义函数应注意以下问题:

1)默认参数必须出现在形参表的最后,即任何一个默认值参数的右边都不能再出现没有默认值的普通位置参数,否则会提示语法错误。

2)为形参设置默认值时,默认参数必须指向不可变对象。若使用可变对象作为默认值,多次调用可能会导致意料之外的情况。

5. 可变参数

如果函数在定义时无法确定参数的具体数目,则可使用可变参数实现,其形式是定义函数时在形参前面添加星号"*"或"**"。在 Python 语言中,通过 *args 和 **kwargs 两个特殊语法实现可变参数。其中,*args 表示元组变长参数(参数名的前面有一个星号"*"),可以以元组形式接收不定长度的实参;**kwargs 表示字典变长参数(参数名的前面有两个星号"**"),可以以字典形式接收不定长度的键值对。如果在函数中,既有普通参数,又有可变参数,通常可变参数会放在最后。其语法格式如下:

```
def func(common_args,*args,**kwargs):
    func_block
    return [exp]
```

在定义与调用可变参数的函数时注意:①如果要使用一个已有列表或元组作为函数的可变参数,则在列表或元组的名称前加一个星号"*";②如果要使用一个已有字典作为函数的可变参数,则在字典的名称前加两个星号"**"。

下面举例说明可变参数的使用方法:

```
def character(para,value,*args,**kwargs):
    print(para,':',value,sep='')
    print(args)
    print(kwargs)


character('弹性模量',100)
```

输出结果如下:

```
弹性模量:100
()
{}
```

传入两个参数时,前两个参数为位置参数,故从左到右按顺序依次匹配给形参 para 和 value,而可变参数 args 和 kwargs 均没有接收到数据,所以分别输出为一个空元组和一个空字典。

```
def character(para,value,*args,**kwargs):
    print(para,':',value,sep='')
    print(args)
```

```
print(kwargs)
```

character('弹性模量',200,'抗压强度',150)

输出结果如下:

弹性模量:200

('抗压强度',150)

{}

传入多于两个参数时,前面的两个实参仍与两个普通形参无一匹配,而多余的实参则组成一个元组。

```
def character(para,value,*args,**kwargs):
    print(para,':',value,sep='')
    print(args)
    print(kwargs)
```

character('弹性模量',200,'抗压强度',150,泊松比=0.2)

输出结果如下:

弹性模量:200

('抗压强度',150)

{'泊松比':0.2}

这次传参普通形参仍按序与相等数量的实参匹配;多出来的实参如果只传递值,则会归入 args 元组中;如果传递的不仅有值还有名称,则会归入 kwargs 字典中。

3.4.4 变量的作用域

变量的作用域是指程序代码能够访问该变量的区域,如果超出变量的有效范围,访问时就会出现错误。根据变量的作用域把变量分为局部变量和全局变量。

1. 局部变量

局部变量是指在函数内部定义并使用的变量,它只在函数内部有效。即函数内部的变量只在函数运行时才会创建,在函数运行完毕之后,局部变量将无法进行访问。所以如果在函数外部使用函数内部定义的变量,会显示 NameError 异常。示例如下:

```
def rectangle_area(length,width):
    area=length * width       # 此 area 为局部变量,只能在 rectangle_area
                              内部访问
    return area

print(rectangle_area(3,4))
```

```
    area                              # 此处的 area 已超出局部变量 area 的作用范围，
                                        因此报错 NameError
```

2. 全局变量

与局部变量相对应，在函数外部定义的变量称为全局变量，其作用范围是整个程序，包括函数内部。

全局变量可以在当前程序及其所有函数中被引用。全局变量可通过以下两种方式定义：

1）如果一个变量在函数外定义，那么不仅在函数外部可以访问，在函数内部也可以访问。

2）在函数体内定义并使用 global 关键字修饰后，该变量才变为全局变量。在函数体外也可以访问到该变量，并且在函数体内还可以对其进行修改。示例如下：

```
def rectangle_area():
    local_length = 3
    area = local_length * global_width
    return area

global_width = 4
print(rectangle_area())
print(global_width)
print(locals_length)
```

当函数内的局部变量和全局变量重名时，该局部变量会在自己的作用域内暂时隐藏同名的全局变量，即只有局部变量起作用。

```
def rectangle_area():
    local_length = 3
    global_width = 5
    area = local_length * global_width
    return area

global_width = 4
print(rectangle_area())           # 输出 15
print(global_width)               # 输出 4
```

通过 global 关键字可以在函数内定义或者使用全局变量。如果要在函数内修改一个定义在函数外部的变量值，则必须使用 global 关键字将该变量声明为全局变量，否则会自动创建新的局部变量。

3.4.5 函数的递归与嵌套

1. 函数递归

程序调用自身的编程方法称为递归。递归函数会一直不停地调用自身，直到某个条件满

足为止,然后返回得到的结果。例如,使用递归计算 5 的阶乘,代码如下:

```
def factorial(n):
    if n==1:
        return 1
    else:
        return n * factorial(n-1)

print(factorial(5))    # 输出 120
```

递归函数在定义时必须有一个明确的结束条件,即递归停止的条件,否则函数将永远无法跳出递归,陷入死循环。另外,递归函数往往消耗内存较大,因此能用迭代解决的问题尽量不要用递归。

2. 函数嵌套

函数嵌套是指在函数体内定义另外的函数。函数嵌套保证了代码的模块化、复用性和可靠性。函数嵌套示例如下:

```
def func1():
    m=3
    def func2():
        n=4
        print(m + n)
    func2()

func1()
```

定义嵌套函数时注意以下问题:

1) 函数内定义的函数只能在函数内调用,像函数内定义的变量一样,外面无法调用。

2) 内嵌函数不能改变外部函数的值。若想改变,则需要使用关键字 nonlocal。

3.5 Python 库

Python 中的库是借用其他编程语言的概念,Python 库着重强调其功能性。在 Python 中,具有某些功能的模块和包都可以被称为库。模块由诸多函数组成,包由多个模块组成,库中也可以包含包、模块和函数。

3.5.1 库的使用

1. Python 中使用的模块

Python 中使用的模块有以下三种:

(1) 内置模块 内置模块是 Python 语言自带的模块,也称为标准库,如数学计算的

math、随机数生成的 random、日期和时间处理的 datetime、系统相关功能的 sys 等。内置模块使用时仅需直接导入相应的模块即可。

（2）第三方模块　第三方模块是指非 Python 语言本身自带的模块，也称为扩展库。第三方模块使用的模块主要包括安装模块、导入模块。

（3）自定义模块　自定义模块是指自己编写实现特定功能的模块。自定义模块使用的模块主要包括创建模块、导入模块。

2. 模块的导入

如果欲在程序中使用某些模块，则必须通过 import 语句导入该模块。导入方式有以下三种：

（1）import 语句导入模块　import 语句导入模块的语法格式如下：

```
import module
```

通过该方式导入模块后，就可以在当前程序中使用该模块中的所有内容，但在使用其中的函数、类或属性时，需要加上该模块的名字。使用方式为"module.function/class/property"。import 语句导入模块示例代码如下：

```
import math
math.sin(math.pi)
```

使用 import 语句导入模块时注意以下问题：

1）模块名区分大小写字母，例如，模块名 math 不能写成 Math。

2）可以在一行内导入多个模块，其语法格式如下：

```
import module1,module2,…
```

（2）from…import…语句导入模块　如果在程序中只需要使用模块中的某个函数、类或属性，则可以用关键字 from 导入。该导入方式可以在程序中直接使用函数名、类名或属性名。

from…import…导入模块的语法格式如下：

```
from module import member
```

其中，"module"为模块名，区分字母大小写；"member"用于指定要导入该模块中的成员，其可以是模块中的函数、类或属性等；可以同时导入多个成员，各个成员之间使用逗号","分隔；如果想导入全部成员，则需把 member 换成通配符"*"。

from…import…语句导入模块代码示例如下：

```
from math import sin,pi
print(sin(pi))
```

（3）联合 as 语句导入模块　在导入模块或者某个具体函数时，如果出现同名的情况或者为了简化名称，可以使用关键字 as 为模块或者函数定义一个别名。其语法格式如下：

```
import module as alias
import module.member as alias
from module import member as alias
```

联合 as 语句导入模块代码示例如下:

```
import numpy as np
import matplotlib.pyplot as plt
from matplotlib import pyplot as plt
```

3.5.2 常见标准库的使用

Python 自带的模块称为标准（内置）模块，或称为标准（内置）库。用 import 语句直接导入欲使用的标准库即可。

1. math 库的使用

（1）math 库的导入　math 库是标准库，不能直接使用，需先导入再使用，其几种导入格式如下：

```
import math                  # 导入所有成员
math.member                  # 调用时需要指定 math
from math import member      # 导入指定成员,可以有多个
member                       # 调用时直接用 member
from math import *           # 导入所有成员
member                       # 调用时直接用 member
```

根据需要选择其中一种方式导入即可。math 库提供了数学函数，如三角函数、对数函数、指数函数、常数等。

（2）使用 math 库计算圆的面积　使用 math 库计算圆的面积的代码示例如下：

```
from math import pi

def circleArea(r):
    return pi * r * r

print(circleArea(1))
```

2. random 库的使用

random 库提供了生成随机数的函数，如生成随机整数、浮点数、序列等。

（1）random 库的导入

random 库的导入格式如下：

```
import random                # 导入所有成员
random.member                # 调用时需要指定 random
```

```
from random import member          # 导入指定成员,可以有多个
member                             # 调用时直接用 member
from random import *               # 导入所有成员
member                             # 调用时直接用 member
```

（2）random 库的随机数函数

random 库的随机函数及其描述见表 3-16。

表 3-16　random 库的随机函数及其描述

函数	功能	描述
seed(a=None)	随机种子	初始化随机数种子,默认值为当前系统时间
random()	随机小数	生成一个 [0.0,1.0] 之间的随机小数
randint(a,b)	随机整数	生成一个 [a,b] 之间的整数
getrandbits(k)	随机整数	生成一个 kbit 长度的随机整数
randrange(start,stop[,step])	随机整数	生成一个 [start,stop] 之间以 step 为步数的随机整数
uniform(a,b)	随机小数	生成一个 [a,b] 之间的随机小数
choice(seq)	随机选择	从序列中随机返回一个元素
shuffle(seq)	随机排列	将序列中的元素随机排列,返回打乱后的序列
sample(pop,k)	随机采样	从 pop 类型中随机选取 k 个元素,以列表类型返回

（3）基于蒙特卡洛方法计算单位圆面积　基于蒙特卡洛方法计算单位圆面积的代码示例如下：

```
from random import uniform
from math import hypot
count=1000000
hits=0
for i in range(1,count+1):
    x,y=uniform(0,1),uniform(0,1)
    if hypot(x,y)<=1:
        hits+=1
area=4*(hits/count)
print(area)
```

3.5.3　常见第三方库的使用

1. 第三方库的安装、升级及卸载

Python 语言有数十万的第三方库,这些第三方库需要先安装才能使用。

1）第三方库的安装：可以使用 Python 提供的包管理工具 pip 命令来实现。pip 命令的语法格式如下：

```
pip <command> [module]
```

其中,"command"为指定要执行的命令。常用命令有 install(用于安装第三方库)、uninstall(用于卸载已经安装的第三方库)、list(用于显示已经安装的第三方模块)等;模块名为可选参数,用于指定要安装或者卸载的模块名,当命令为 install 和 uninstall 时不能省略。另外,为了加快安装或者更新第三方库的速度,在国内通常使用国内的镜像网站,如清华大学的镜像网站。此时,可在该命令的后边加上"-i https://pypi.tuna.tsinghua.edu.cn/simple"。

安装第三方的 numpy 模块,在命令窗口里,输入如下的命令:

```
pip install numpy -i https://pypi.tuna.tsinghua.edu.cn/simple
```

执行上述代码时,即可在线完成 numpy 模块的安装。

2)升级第三方库:可以使用--upgrade 语句,其语法格式如下:

```
pip install --upgrade numpy -i https://pypi.tuna.tsinghua.edu.cn/simple
```

3)列出已安装包:

```
pip list
```

4)卸载已安装包:

```
pip uninstall numpy
```

5)导出包到文本文件:

```
pip freeze > requirements.txt
```

在其他地方再导入:

```
pip install -r requirements.txt
```

2. 第三方库简介

(1)NumPy NumPy 是 Python 中科学计算的基础包。它是一个 Python 库,提供多维数组对象,各种派生对象(如掩码数组和矩阵),以及用于数组快速操作的各种 API,包括数学、逻辑、形状操作、排序、选择、输入输出、离散傅里叶变换、基本线性代数,以及基本统计运算和随机模拟等。

越来越多的基于 Python 的科学和数学软件包使用 NumPy 数组。虽然这些工具通常都支持 Python 的原生数组作为参数,但它们在处理之前还是会将输入的数组转换为 NumPy 的数组,而且也通常输出为 NumPy 数组。换句话说,为了高效地使用当今科学/数学基于 Python 的工具(大部分的科学计算工具),只知道如何使用 Python 的原生数组类型是不够的,还需要知道如何使用 NumPy 数组。

利用 NumPy 实现矩阵点积运算的示例代码如下:

```
import numpy as np

a=np.array([[1,2],[3,4]])
```

```
b=np.array([[5,6],[7,8]])
print(np.dot(a,b))
```

（2）SciPy　SciPy 是一个开源的 Python 算法库和数学工具包。SciPy 是基于 NumPy 的科学计算库，用于数学、科学、工程学等领域。SciPy 包含的模块有积分、插值、最优化、常微分方程求解、线性代数、快速傅里叶变换、信号处理和图像处理、特殊函数与其他科学和工程中常用的计算。SciPy 和 NumPy 的协同工作可以高效解决很多问题，在材料学、生物学、天文学、气象学和气候学等多个学科得到了广泛应用。

（3）Pandas　Pandas 是 Python 的核心数据分析第三方支持库，提供了快速、灵活、明确的数据结构，能够简单且直观地处理关系型、标记型数据。

Pandas 适用于处理以下类型的数据：

1）与 SQL 或 Excel 表类似的，含异构列的表格数据。

2）有序和无序（非固定频率）的时间序列数据。

3）带行列标签的矩阵数据，包括同构或异构型数据。

4）任意其他形式的观测、统计数据集，数据转入 Pandas 数据结构时不必事先标记。

Pandas 的主要数据结构是一维数据 Series 和二维数据 DataFrame，这两种数据结构足以处理统计、金融、工程和社会科学等领域的大多数典型问题。Pandas 基于 NumPy 开发，可以与其他第三方科学计算支持库完美集成。

创建简单的 Series 示例代码如下：

```
import pandas as pd
a=[1,2,3,4]
s=pd.Series(a)
print(s)
```

创建简单的 DataFrame 示例代码如下：

```
import pandas as pd
data=[['张三',20],['李四',21],['王五',23]]
df=pd.DataFrame(data,columns=['姓名','年龄'])   # 创建 DataFrame
print(df)
```

（4）Matplotlib　Matplotlib 是一个 Python 2D 绘图库，它以多种硬拷贝格式和跨平台的交互式环境生成出版物质量的图形。Matplotlib 可用于 Python 脚本、Python 和 IPythonShell、Jupyter 或 marimo 笔记本、Web 应用程序服务器和四个图形用户界面工具包。Matplotlib 尝试使容易的事情变得更容易，使困难的事情变得容易。只需几行代码就可以生成图表、条形图、直方图、散点图、功率谱、误差图等。

Matplotlib 简单使用示例代码如下：

```
import numpy as np
import matplotlib.pyplot as plt
```

```
x=np.linspace(-np.pi,np.pi,100)
y=np.sin(x)                    # 获取数据

plt.plot(x,y)                  # 绘制图形
plt.show()                     # 显示图形
```

(5) Scikit-learn　Scikit-learn（也称为Sklearn）是针对Python编程语言的免费机器学习库。它具有各种分类、回归和聚类算法，包括支持向量机、随机森林、梯度提升、k均值和DBSCAN，并且旨在与Python数值科学库NumPy和SciPy联合使用。

Scikit-learn提供了数十种内置的机器学习算法和模型，称为估算器。每个估算器都可以使用其拟合方法拟合得到一些数据。例如，训练RandomForestClassifier简单示例代码如下：

```
from sklearn.ensemble import RandomForestClassifier
clf=RandomForestClassifier(random_state=0)
X=[[1, 2, 3],                  # 2个样本,3个特征
   [11,12,13]]
y=[0,1]                        # 每一个样本的类别
print(clf.fit(X,y))
# print(RandomForestClassifier(random_state=0))
```

所述拟合方法通常接受2个输入：

1) 样本矩阵（或设计矩阵）X。X的大小通常为（n_samples, n_features），这意味着样本表示为行，特征表示为列。

2) 目标值y是用于回归任务的真实数字，或者是用于分类的整数（或任何其他离散值）。对于无监督学习，y无须指定。y通常是1d数组，其中i对应于目标X的第i个样本（行）。

估算器拟合后，可用于预测新数据的目标值，示例代码如下：

```
print(clf.predict([[4,5,6],[14,15,16]]))   # 输出结果为array([0,1])
```

复习思考题

(1) Python语言有哪些特点？
(2) Python语言中的列表与元组有哪些区别？
(3) 分支（选择）结构有哪几种形式？
(4) 编写程序，通过使用if…elif…else语句判断数字是正数、负数还是零。
(5) 编写程序，计算两个数的最大公约数和最小公倍数。
(6) 编写程序，求一元二次方程$ax^2+bx+c=0$的根，其中，a、b和c由用户输入。
(7) 编写程序，绘制$y=x^2+x+1$在区间$[-1,1]$的图形。
(8) 编写程序，使用NumPy模块将一个随机生成的10×2笛卡尔坐标转换为极坐标。
(9) 编写程序，举例：从NumPy数组创建DataFrame对象。

第4章
城市地下空间规划与智能设计

4.1 城市地下空间规划概述

4.1.1 城市地下空间类型

城市地下空间按使用空间可分为城市地下轨道交通、城市地下商业街、城市地下综合体、其他城市地下空间等。

1. 城市地下轨道交通

城市地下空间类型

城市地下轨道交通是城市公共交通系统中的重要组成部分，泛指在城市地下建设、沿特定轨道运行的快速大运量公共交通系统，其中包括地铁、轻轨、市郊通勤铁路、单轨铁路及磁悬浮铁路等多种类型。大多数城市轨道交通系统都建造于地底之下，故称为地下铁路，简称地铁、地下铁等。修建于地上或高架桥上的城市轨道交通系统通常被称为轻轨。

地下交通设施按其交通形态可划分为地下动态交通设施和静态交通设施。地下动态交通设施可分为地下轨道交通设施、地下道路交通设施、地下人行交通设施；地下静态交通设施可分为地下公共停车和地下配建停车两种类型。

2. 城市地下商业街

城市地下商业街又称为城市地下街，是布置在城市地下的街道，指在城市地下一定深度范围内，设置地下道路，沿道路全程或大部分路段两侧建有各式地下建筑，设有人行通道、商铺、车行道、地下广场及各种市政公用设施。城市地下商业街由地下步行系统、地下交通系统、地下商业系统、地下街内部设备设施系统及辅助系统等组成。城市地下商业街与地面街相比，具有以下特点：

1) 不受自然气候直接影响，城市地下商业街位于城市地下空间，属于室内购物环境，不受天气影响，具有冬暖夏凉、自然调节的特点。

2) 人工环境，与自然环境隔离，缺乏自然风光。为了营造更舒适的购物环境，需要对地下商业街空气流速、温度、湿度等进行调节，并设置城市雕塑、广告和展览等装饰艺术，美化环境，提高视觉效果（图4-1）。

图 4-1 城市地下商业街视觉效果设计

3) 建设难度大,且一般条件下具有不可逆性。

4) 形成完全步行的商业空间,地下商业街通过地下步行系统、地铁、快速道来运输人流,与地下停车场、地下道路空间隔离。

5) 布置在地下,既增添了神秘感,吸引顾客和商机,又具有战时防空功能,安全性高。

6) 地下空间具有封闭性,属于人工环境,通风条件不良,防火、防水等防灾困难。

3. 城市地下综合体

城市地下综合体是伴随着城市集约化程度不断提高而出现的,是城市地下空间资源集中利用的体现。具体指组合几类不同功能的城市地下空间,各类空间相互依存、相互协调,形成多层次、多功能、高效率的综合体。

(1) 交通功能系统 包括地下公共交通系统、地下步行系统及地下停车系统。地下公共交通系统包括地下机动车行系统及以地铁为主的轨道交通系统,其中,地下机动车行系统包括公路隧道等,是城市交通系统的重要组成部分。地下步行系统是立体城市空间的重要组成部分,通常包括连接商业等服务设施的通道和广场、地下过街步行通道、连接地铁车站的通道、地下建筑之间的连接通道,以及自动扶梯、楼电梯等垂直交通设施。地下停车系统是以地下车库为核心的公共停车场体系,包括公共停车库、连接通道及相应配套设施等,可缓解停车难的现状,成为城市中心区地下空间开发的重要动因。

(2) 服务功能系统 城市地下综合体是城市空间结构的重要组成部分,是城市功能在地下空间的集中体现。其涵盖多样化的城市功能,主要包括地下商业、餐饮、休闲、文化娱乐等不同业态的服务空间。其中,商业、餐饮等服务空间是城市地下综合体中仅次于交通服务空间的重要组成部分,可为城市地下综合体带来收益,反哺公共交通建设投资,并通过良好的商业运营提升城市地下综合体效益从而吸引公共交通投资。

(3) 辅助功能系统 主要包括为地下综合体提供服务、支撑其正常运转的设施,如通风、空调等设备用房,办公等管理用房,卫生间、仓库等辅助用房及地下市政基础设施(综合管廊)等。

(4) 公共活动系统 主要指交通及服务功能以外的公共空间,如下沉广场、中庭等节点空间。城市地下综合体的公共建筑属性决定了其城市属性,下沉广场、中庭等节点空间是衔接城市空间与城市地下综合体的重要元素。该类空间承载了展示、宣传、休憩等城市活动,是服务功能系统的重要补充。

(5) 地面部分　主要包括城市地下综合体出入口空间及突出地面的采光、通风井等设备。尤其是出入口空间,对于城市地下综合体来说是其唯一可见的地面元素,具有重要的标识及展示作用,如下沉广场、人行和车行出入口等。

除上述空间以外,城市地下综合体还包括仓储空间、人防空间等。

4. 其他城市地下空间

(1) 城市地下人防工程　城市地下人防工程是结合地面建筑修建的战时用于掩蔽人员和物资的民防工程。防空地下室是民防工程的重要组成部分,与其他民防工程一样,防空地下室具有国家规定的防护能力和各项战时防空功能。

防空地下室建设是指住宅、旅馆、招待所、商场、科研院所、办公及教学楼、医疗用房等民用建筑。应按照国家有关规定修建战时可用于防空的地下室。结合城市新建民用建筑修建战时可用于防空的地下室,是战时保障城市居民就近就地掩蔽、减少损失的重要途径。

(2) 地下综合管廊　地下综合管廊又称为共同沟,是指将不同用途的管线集中设置,并布置专门的检修口、吊装口、检修人员通道及监测与灾害防护系统的集约化管网隧道结构。它是实施市政管网的统一规划、设计、建设,共同维护集中管理所形成的一种现代化、集约化的城市基础设施。地下综合管廊通常由综合管廊本体、管线、通风系统、供电系统、排水系统、通信系统、监测监控与预警系统、灾害防护及其标示系统、地面设施组成。

(3) 城市地下仓储与物流空间　地下仓储空间包括地下建筑物及构筑物,二者统称为地下仓储建筑。地下建筑物通常是地面建筑的一部分或者说是地面建筑的延伸,是地下空间常见的形式之一,如地下室。地下构筑物作为单建的地下仓储空间,是地下仓储建筑的另一种形式,如地下油库、地下粮仓等。

(4) 地下物流系统　地下物流系统是指通过地下各种输送介质所进行的物质流动或流通的系统,包括各种交通工具及地下通道的物质输送系统。它由地下通道、输送介质、被传输物质、配送中心、储库和用户终端组成。广义的地下物流系统具有固态、液态和气态物质输送的多重属性。石油、天然气和水的地下管道输送及城市货物的地下输送是典型的地下物流系统。狭义地讲,地下物流系统又称为地下货运系统,是指通过各种地下运输方式及配送中心实现货物输送的系统。

4.1.2　城市地下空间规划原则

1. 开发与保护相结合的原则

保护城市地下空间资源与环境要从以下几个方面考虑:

1) 由于城市地下空间开发在很大程度上存在不可逆性,因此在城市地下空间开发时,开发强度应尽可能一次到位,避免将来因城市空间不足而再想开发地下空间时无法利用。

2) 要对城市空间资源有一个长远的考虑。在规划时,要为远期开发项目留有余地,对深层地下空间开发的出入口、施工场地留有余地。

3) 在城市地下空间规划时应尽可能地将有可能开发的地下空间尽量开发,而对容易开发的地块要适当考虑将来城市发展的需要，这也符合城市规划的弹性原则。

4）应考虑地面古建筑等人类文化遗产资源及其他建筑与市政设施的保护。在地下空间开发时，要考虑地质资源与环境的承载力，保护城市地下水资源、地热资源与环境。

2. 地上与地下相协同的原则

城市地下空间是城市大系统空间的一部分，城市地下空间是为城市服务的，因此，要使城市地下空间规划科学合理，就必须充分考虑地上与地下的关系，发挥地下空间的优势和特点，使地下空间与地上空间形成一个整体，共同为城市服务。

3. 远期与近期相统一的原则

由于城市地下空间的开发利用相对滞后于地面空间的利用，同时城市地下空间的开发利用是城市建设发展到一定水平，因城市出现问题需要解决，或为了改善城市环境，使城市建设达到更高水平时才考虑的，所以树立长远的观念尤为重要。此外，城市地下空间的开发利用必须切合实际，近期规划项目的可操作性十分重要。因此，城市地下空间规划必须坚持远期与近期相统一的原则。

4. 平时与战时相结合的原则

城市地下空间本身就具有抗震能力强、防火、通风、防风雨等防灾功能，具有一定的抗各种武器袭击的防护功能，因此城市地下空间可作为城市防灾和防护的空间，平时可提高城市防灾能力，战时可提高城市的防护能力。

城市地下空间平时与战时相结合有两个方面的含义：①在城市地下空间利用时，其功能上要兼顾平时防灾和战时防空的要求；②在城市地下防灾防空工程规划建设时，应将其纳入城市地下空间的规划体系，其规模、功能、布局和形态符合城市地下空间系统的形成。

5. 结构与功能相协同的原则

随着城市地下空间功能的增加，对城市地下空间结构的要求也越来越高。城市地下空间的功能不同，所要求的空间结构也不同。结构必须满足功能的要求，在进行城市地下空间规划和设计时，必须根据城市地下空间的功能要求来规划和设计结构。同时，结构也要满足不同功能变化的需求，在进行结构的规划设计时，尽可能满足多功能需要。城市地下空间结构不仅要满足不同功能单元的局部结构需求，而且在整体上必须协同一致，达到局部与总体的型美、稳定。城市地下空间结构与功能的协同主要表现在城市地下空间的结构形态、形体与空间功能，空间结构立面、平面布置与其功能相协同。

4.1.3　城市地下空间采光设计

尽管现在已有了可以非常接近地复制自然光光谱特征的全光谱灯泡，但是在城市地下空间设计中还是应尽量引入自然光，这不仅可以满足人的基本生理需求，而且可以加强与自然环境的接触，在视觉上和心理上减少城市地下空间所带来的不舒适感。总体来看，将自然光引入地下公共空间有直接采光和间接采光两种方式（表4-1）。其中，直接采光是通过不同类型的建筑开洞进行采光；间接采光则是利用集光、传光和散光等装置与配套的控制系统将自然光传送到需要照明的部位。

第 4 章　城市地下空间规划与智能设计

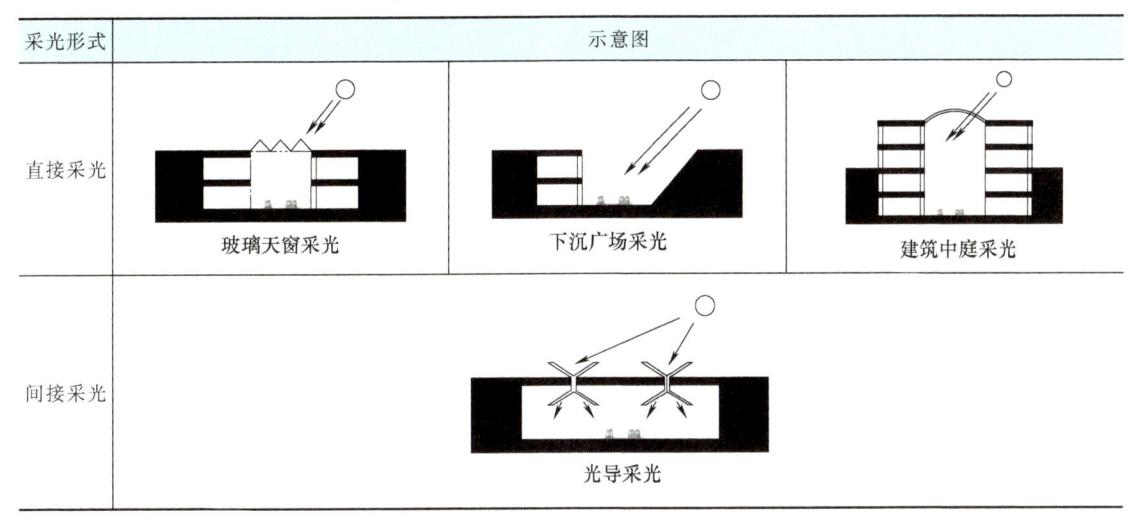

表 4-1　直接采光和间接采光示意图

采光形式	示意图
直接采光	玻璃天窗采光　　下沉广场采光　　建筑中庭采光
间接采光	光导采光

1. 直接采光

（1）玻璃天窗采光　又称为顶部采光，是通过地下空间的顶部开设与地面相通的玻璃天窗，最大限度地引入自然光，这是一种比较常用的地下空间采光方式（表 4-2）。

表 4-2　玻璃天窗采光案例

案例	图片	案例	图片
札幌站前地下街		巴黎卢浮宫入口处	
卢塞恩火车站加建		伦敦朱比利线地铁站	

（2）下沉广场采光　通常应用于用地面积较大的城市开放空间中（如市中心广场、站前交通广场、公共建筑入口广场和绿化公园等），通过地面的局部下沉，在下沉空间的边侧开设大玻璃门窗以引入自然光，这样地下空间可以得到如地面一般的柔和侧向光，有利于模糊地上、地下的区别（表 4-3）。

99

表 4-3 下沉广场采光案例

案例	图片	案例	图片
深圳华润万象城		美国芝加哥汉考克中心	
奥地利格拉茨的约阿内博物馆扩建		旧金山内河码头中心	

（3）建筑中庭采光　一般是在大型建筑综合体内通过上、下贯通的竖向中庭空间，将阳光由顶部的玻璃穹顶引入地下，这可以有效消解地下空间带来的封闭单调和压抑隔绝的不良感受（表4-4）。

表 4-4 建筑中庭采光案例

案例	图片	案例	图片
意大利柏扎诺汉娜-阿伦特学校		澳大利亚墨尔本中心	
德国国家历史博物馆新馆		蒙特利尔的地下空间	

2. 间接采光

（1）导光管采光　导光管照明系统不同于传统的照明灯具，是一种新型的高科技照明装置，它的原理是把光源发出的光从一个地方传输到另一个地方，先收集再分配，从而进行特定的照明。常用的导光管照明系统主要由聚光器、光传输元件和光扩散元件三部分构成（图 4-2）。其中，聚光器的主要用途是收集太阳光，并把它聚集到管体内，有的聚光器能够通过计算机的控制来跟踪阳光，以便能最大限度地收集太阳光；光传输元件是利用光的全反射原理在管体内部传输太阳光；光扩散元件则是利用漫反射的原理，将收集的太阳光扩散到室内。在实际项目中，如在德国柏林波茨坦广场设计中（图 4-3），导光管可以穿透各层楼板屋面将自然光引入室内的每一层直至地下层。

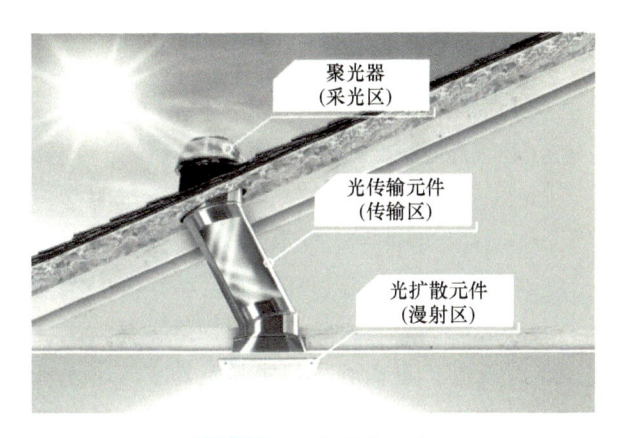

图 4-2　导光管的组成

图 4-3　德国柏林波茨坦广场导光管

（2）光导纤维采光　光导纤维采光照明系统一般由聚光器、光导纤维传光束和照明器三个部分组成（图 4-4）。对于地下空间来说，聚光器被放在楼顶，然后从聚光器下引出数根光导纤维，再通过光导纤维传光束垂直引下，使照明器发光，从而满足地下空间的采光需要。

如图 4-5 所示，纽约 Lowline 公园实现了将一个废弃的地下车站改造成世界上第一个地下公园的创想。在技术方案中，天光收集系统采用了一套装备 GPS 的光学聚光器收集太阳光，这个捕捉阳光的设备看起来像一个碟形卫星天线。集中后的阳光通过光纤传输至地面以下，利用嵌在天花板上的另一个碟形盘装置将太阳光散射出来，照亮地下公园，以促进植物的生长。

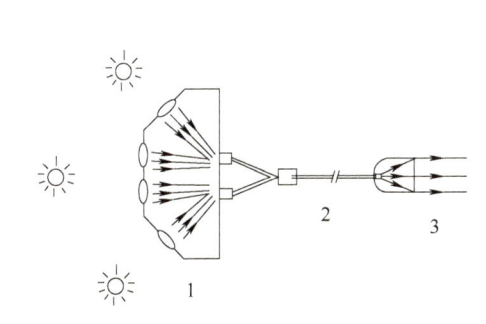

图 4-4　光导纤维采光照明系统

1—聚光器　2—光导纤维传光束　3—照明器

图 4-5　纽约 Lowline 公园天光收集系统

4.1.4 城市地下空间通风设计

1. 地下空间自然通风

（1）地下空间自然通风原理　自然通风是指通过引导空气的流动，改善室内空气质量和解决建筑内部夏季热舒适问题，从而减少空调使用以实现节能的目的。建筑自然通风根据不同动力作用可以分为风压单独作用、热压单独作用、风压和热压共同作用（图4-6）和机械辅助作用四种通风类型。此处只介绍前三者。

1）风压单独作用。风压是风吹向建筑物时，由于空气的流动受到建筑物的阻挡，建筑的迎风面上所受压力增大进而形成正压区；风受阻后从建筑两侧绕过，在建筑的两侧及背风面形成负压区。若建筑物上设有开口，气流就会从正压区流入室内，再从室内流向负压区，形成风压通风。空气的流动速度越快，建筑表面产生的压力就越大，风压作用就越明显；当风压的作用远大于热压作用时，可以只考虑风压作用，如图4-6a所示。

2）热压单独作用。当室内外空气存在密度差时，密度小的空气向上运动，密度大的空气向下运动而形成的自然通风称为热压通风。人的活动、灯光设备、太阳辐射等都会在建筑内部产生大量的热量，导致室内温度比室外空气温度高，进而利用热压将室外空气引入室内形成热压通风。建筑设计中根据热压原理有意识地将进、排气口间落差增大，可有效改善室内通风效果。地下空间的恒温特性也有利于实现热压通风，如图4-6b所示。

3）风压和热压共同作用。实际的建筑环境非常复杂，单一的通风方式往往不能满足人们的需求，因此建筑中的自然通风往往是风压与热压共同作用的结果。风压作用受到天气、环流、建筑形状、周围环境等因素的影响，具有不稳定性，当风压作用下的风的流向与热压作用的流线相同时，自然通风将相互促进，反之则相互减弱，如图4-6c所示。

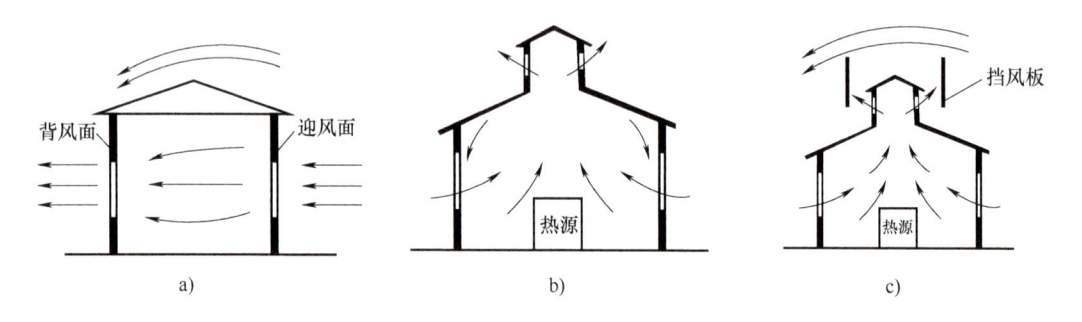

图4-6　自然通风原理示意图
a）风压通风原理示意图　b）热压通风原理示意图　c）风压和热压共同作用原理示意图

（2）地下空间自然通风设计基本方法

1）合理设计风路，引导地下空间中自然风的流动。风路是指风经过的道路，风路的设计要能够引导风的流向，使风尽可能通过地下空间的每一个位置；此外，在设计时要引导空气有规律地流动、汇合和排出，避免发生空气滞流、倒流等现象。

风路又可以分为串联风路和并联风路，其中串联风路只有一条通风路线，风从进风口进入通过一个用风点后不经过回风系统直接进入下一个用风点。并联风路是指有两条或两条以上的独立通风路线，风从某一点分开后从另一点汇合。与串联风路相比，并联风路的每条路线都是独立的，这保证了通过每条线路的风都是新鲜空气，也更加经济实惠，地下空间自然通风风路设计时应尽可能选择并联风路设计。

2）充分利用地下空间的中庭和下沉广场。中庭和下沉广场设计在地下空间设计中是较为常见的设计手法，结合中庭和下沉广场来组织地下空间自然通风不仅可以改善室内环境，还可以大大降低开发成本。在组织地下空间自然通风时，下沉广场通常作为进风口来设计，而中庭则通常作为排风口来设计。这是因为地下空间的中庭通常会和自然采光相结合来设计，由于光照的原因，中庭的空气温度较高，不利于空气的流入。下沉广场的通风口则通常设在城市主导风向的迎风面上，这样有利于利用风压作用引入自然风。

3）合理布置进风口和排风口。地下空间自然通风设计时还要考虑进风口和排风口的设计。首先是进风口和排风口的位置设计，进风口和排风口在水平和垂直方向上都必须间隔一定距离，通常来说，在垂直设计上排风口要高于进风口，这样才有利于空气的流动并且可以预防回吸的产生。其次进风口的设计应避开空气污染严重的区域，这样才能确保改善地下空间室内的空气质量。最后要根据实际的地下空间的规模和对风速的要求，合理设置通风口和排风口的大小。

2. 地下空间机械通风

自然通风依靠空气的自然流动，通过合理布置进风口和排风口来实现空气交换。其优点在于节能环保，维护成本低，但受外界气候条件的影响较大，通风效果不够稳定。机械通风则通过风机、空气处理机组等机械设备强制进行空气流通，适用于大规模、多层次的地下商业空间。机械通风系统提供稳定、可控的通风效果，但需要较高的能源消耗和维护成本。为了提高通风系统的运行效率，可以引入智能控制系统，实时监测空气质量，根据需求自动调节通风设备的运行状态，提供数据分析和报告，优化运行策略。

4.1.5　城市地下空间防火设计

由于地下空间封闭性的环境特点，因此地下空间火灾危害比地面建筑严重。地下空间的防火应以预防为主，火灾救援以内部消防自救为主。在城市地下空间防火设计时应该注意以下几点。

1. 确定地下空间分层功能布局

明确各层地下空间功能布局。地下商业设施不得设置在地下三层及以下。地下文化娱乐设施不得设置在地下二层及以下。当位于地下一层时，地下文化娱乐设施的最大开发深度不得深于地面下10m。采用明火的餐饮店铺应集中布置，重点防范。

2. 合理进行地下空间布局设计

地下空间布局要尽可能简单、清晰、规则，避免过多的曲折。每条通道的转折处不宜超过3处，弯折角度大于90°，便于识别。通道避免不必要的高低错落变化。

3. 设置防火防烟分区及防火隔断装置

防烟分区不大于、不跨越防火分区，且必须设置烟气控制系统控制烟气蔓延，排烟口应设在走道、楼梯间及较大的房间内。

103

4. 设置火灾自动报警和自动喷水灭火系统等消防设施

火灾自动报警系统除了能显示火灾报警、故障报警部位，保护对象的重点部位，疏散通道及消防设备所在位置的平面图，系统供电电源的工作状态等信息外，还能与其他消防系统及设备进行联动控制。地下空间火灾主要依靠其自身的消防设施控制并扑灭，应全面设置火灾报警系统，并利用联动响应的灭火设施和排烟设备控制火势蔓延和烟气扩散。

5. 设置合理的出入口保证人员安全疏散

地下商业空间安全疏散的时间不超过 3min，因此必须设置数量足够、布置均匀的出入口。地下商业空间内任何一点到最近的安全出口的距离不应超过 30m，每个出入口所服务的面积大致相当。出入口宽度要与最大人流强度相适应，以保证人员快速通过。

6. 设置可靠的应急照明装置和疏散指示标志

地下空间设计应按照消防设计法规进行应急照明系统、应急疏散指示标志、火灾自动报警系统等消防设施配置，确保火灾时正常使用。可靠的应急照明装置和完整的疏散指示标志能够大大提高火灾时人员的安全逃生系数，并应采用自发光和带电源相结合的疏散标志。应急照明装置除有保障电源外，还应使用穿透烟气能力强的光源。此外还应配有完善的广播系统。

7. 内部建设与装修选用阻燃材料及新型防火材料

城市地下空间装修材料应选用阻燃无毒材料，禁止在其中生产或储存易燃、易爆物品和燃烧后大量释放有毒有害烟气的材料，严禁使用液化石油气和闪点低于 60℃ 的可燃液体。

4.2 城市地下轨道交通规划与智能设计

4.2.1 城市地下轨道交通类型

城市地下轨道交通站点根据不同的分类方式可以进行多种划分，包括按埋深、结构断面形式、站台位置、换乘方式进行分类，这些类型的站点形式对空间环境有不同的要求。

1. 按埋深分类

根据埋深不同车站分为浅埋车站和深埋车站，见表 4-5。从空间环境角度出发，站点的埋深不直接影响站点的空间环境，但埋深会对车站结构形式有一定的要求，所以说埋深也间接影响站点的空间环境。

表 4-5 站点按埋深分类

分类标准		类型
车站轨顶到地表距离	20m 以内	浅埋车站
	超过 20m	深埋车站

2. 按结构断面形式分类

车站按结构断面形式分为矩形断面、拱形断面、圆形断面，如图 4-7 所示。

（1）矩形断面车站结构　是站点中最常用的结构形式，多用于浅埋车站，可以设计成单层、双层或多层，跨度可根据站点空间需要设计成单跨、双跨或多跨。

（2）拱形断面车站结构　多用于深埋车站，有单拱和多跨连拱形式。拱形断面的站点因中间部位起拱，高度较高，两侧低，在进行站点空间营造时可利用结构自身的美感进行整体组织，以实现良好的空间效果。

（3）圆形断面车站结构　深埋或用盾构法施工的站点与拱形断面车站相似，空间结构本身有不同的利用方式，空间设计时对结构进行良好的把控会带给人不一样的空间体验。

矩形断面　　　　　拱形断面　　　　　圆形断面

图 4-7　站点结构断面形式

3. 按站台位置分类

按地铁车站站台与轨道相对位置，站台可以分为岛式站台、侧式站台、岛侧混合式站台，见表 4-6。

表 4-6　按站台位置分类

站台类别	图例
岛式站台	轨行区 / 站台 / 轨行区
侧式站台	站台 / 轨行区 / 站台
岛侧混合式站台	站台 / 轨行区 / 站台 / 轨行区 / 站台 / 轨行区 / 站台 / 轨行区 / 站台 / 轨行区

（1）岛式站台　地铁站台介于两个方向行车轨道之间，岛式车站具有站台宽、两个方向均可候车的特点，站台利用率较高，可以灵活分配客流，适用于客流量较大的站点，如图 4-8a 所示。

（2）侧式站台　地铁站台位于两个行车轨道的外侧，这种布局站台面积不受轨道限制，可实现站台的灵活扩建，但受经济技术指标的限制一般空间不会做得过大，大都整体狭长，如图 4-8b 所示。

（3）岛侧混合式站台　站台达到三个或三个以上时可以采用双岛式站台、双侧式站台、完全混合式站台三种形式。岛侧混合式站台大都处于换乘站，实施分期进行，在进行设计时需要做好总体规划思路，避免因前后期实施风格不一致造成空间不协调。

图 4-8　岛式站台与侧式站台
a）岛式站台　b）侧式站台

4. 按换乘方式分类

换乘站按换乘方式分为同站台换乘、平行换乘、T 型换乘、十字换乘、L 型换乘、通道换乘，见表 4-7。

城市地下轨道交通换乘方式

表 4-7　换乘站分类

换乘类别	图例	换乘类别	图例
同站台换乘	轨行区　线路a／站台／轨行区　线路b	十字换乘	
平行换乘		L 型换乘	
T 型换乘		通道换乘	

（1）同站台换乘　是指通过同一站台完成换乘，分为同向换乘和不同向换乘两种方式，乘客下车后在站台的另一侧上车，即可换乘其他线路，无须上下楼层，行走和等待的时间最少，这种站台模式也属于岛侧混合式站台的一种形式。同站台换乘是最为先进的换乘方式，换乘路线最短。

（2）平行换乘 是指站台相互平行的不同线路，通过同一站台或楼（扶）梯和站厅完成换乘，包括相互平行的不同线路同层设置或上下层设置两种类型。平面平行时站台通过天桥或通道连接，上下平行时站台上下对应，采用楼（扶）梯进行换乘。

（3）T型换乘 是指站点上下立交，其中一个站点端部与另一个站点中部相连，在平面上形成T型组合，采用站台换乘方式。

（4）十字换乘 与T型换乘类似，两个站点中部相互立交，可通过楼梯或自动扶梯换乘，在平面上构成十字形组合；换乘采用站台直接换乘的方式，使用方便，步行距离短。如北京地铁二里沟站换乘空间（图4-9）、德国柏林中央火车站换乘空间（图4-10）。

（5）L型换乘 两个站点上下立交，站点端部相互连接，在平面上构成L型组合，采用站厅换乘，乘客由站台经楼梯、自动扶梯到达另一站点站厅付费区，再经楼梯、自动扶梯到达站台乘车，这种换乘路线相对较长。

（6）通道换乘 是指两条及以上轨道交通线路立体交叉，在其站厅付费区、站台、出入口间以通道相连的换乘，这种换乘方式线路长、费时。

图4-9 北京地铁二里沟站换乘空间　　图4-10 德国柏林中央火车站换乘空间

4.2.2 城市地下轨道交通规划设计

1. 地下轨道交通规划原则

1）地下轨道交通规划必须与城市总体规划相结合，与城市未来发展相适应，应对以下几个问题做重点考虑：①地下空间规划中，要为轨道新线路预留空间；②尽量沿交通主干道设置，其目的在于接收沿线交通，缓解地面压力，同时也较易保证一定的客运量；③避免与地面路网规划过分重合；④城市干道下，要为可能引入的新轨道设施预留相应的空间；⑤对需要进行大深度开发的地铁建设，应为其在浅层空间预留出入口。

2）地铁选线应避开不良地质现象或已存在的各类地下埋设物、建筑基础等，并使地铁隧道施工对周围的影响控制到最小范围。

3）车站定位应充分考虑地铁与公交汽车枢纽、轮渡和其他公共交通设施及对外交通终端的换乘，应充分考虑地铁站之间的换乘。车站定位要保证一定的合理站距，原则上城市主要中心区域的人流应尽量予以疏导。地铁车站的规模可因地而异，应充分节约土地资源。

4）地下轨道建设贯穿城市中心区，分散和力求多设换乘点并提高列车的运行效率。

5）地下轨道建设要与其他地下设施建设结合，进行综合开发。

2. 地下轨道交通车站规划设计

车站位置应结合城市地上地下的总体规划进行。为了最大限度地发挥车站的功能，应确定合适的站距。站距太远对乘客换乘不便，太近影响运营速度。我国的车站设计通常采用市区站距离为1km，郊区站距离不宜大于2km。车站应设在如下位置：

1）城市交通枢纽中心，如火车站、汽车站、码头、空港、立交中心等。

2）城市文化娱乐中心，如体育馆、展览馆、影视娱乐中心等。

3）城市中心广场，如游乐休息广场、交通分流广场、文化广场、公园广场、商业广场等。

4）城市商业中心，如大型百货商场集中地、购物市场、批发市场等。

5）城市工业区、居住区中心，如住宅小区、厂区等。

6）同地面立交及地下商业街中心结合，出入口常设在地面街道交叉口、立交点、地下商业街中心或地下广场等地。

7）车站最好设置在隧道纵向变坡点的顶部，这样有利于机车车辆的起动与制动。

3. 地下轨道交通公共空间设计

地下轨道交通公共空间是一种重要的地下空间节点，发挥着人流集散的功能。不论地下轨道交通车站的规模大小，主要空间构成有地面出入口空间、中间站厅空间、垂直交通联系空间和站台空间等。设计艺术的表达主要体现在这些组成空间的形态、色彩、肌理等要素中。

（1）地面出入口空间设计 出入口是乘客从地面进入地铁车站的主要渠道，故首先应使乘客容易在地面上找到，然后能比较快捷地进入站厅和站台；尽量减少转折次数，扩大通视距离。出入口的数量和宽度除应保证客流通畅外，还应满足防灾疏散的要求。

出入口的外观造型、色彩、材料等方面更接近城市地面建筑空间，成为城市建筑材料与建筑技术发展的见证。地铁车站出入口的设计不仅要求在整体性上要融入城市空间设计艺术，而且要具有其独特的造型艺术，达到吸引人们视觉上焦点的作用。因此，出入口的设计应符合整体性和特色性的要求，在保持城市原有节点功能的基础上结合城市广场、城市建筑底层空间、街道两侧、城市公园等空间要素，进行有效整合。图4-11和图4-12分别是德国法兰克福的波肯海曼·瓦特地铁站出入口和西班牙巴斯克地区的毕尔巴鄂地铁站出入口设计。

图4-11 德国法兰克福的波肯海曼·瓦特地铁站出入口

图4-12 西班牙巴斯克地区的毕尔巴鄂地铁站出入口

（2）中间站厅空间设计　中间站厅是用于把乘客从地面出入口引向车站站台的过渡性大厅，其竖向标高一般介于地面和站台面之间，而且净高一般较小。在类型上，中间站厅有楼廊式站厅、楼层式站厅、夹层式站厅及独立式站厅等，无论哪种类型站厅，其最主要功能是满足乘客购票和检票的需求。中间站厅在空间上处于城市地面与地车车站站台之间的过渡位置，站厅内一般布置较少的商业服务设施，其空间界面往往是设计师极力发挥艺术灵感的最佳选择，在设计艺术风格上可充分利用室内装修与装饰的材料、色彩、照明等，突出设计主题，为乘客创造愉悦的感受。图4-13和图4-14分别是葡萄牙里斯本奥莱尔斯地铁站和南京地铁一号南延线花神庙站。

（3）垂直交通联系空间设计　垂直交通联系空间主要是指楼梯、自动扶梯及电梯等设施空间。从功能上来说，垂直交通空间应具有与车站出入口、门、厅等相等的通过能力，并满足地铁车站空间防灾救灾的通行需要。在满足功能性要求的前提下，运用先进的科学技术创造有声音、有色彩、有韵律的空间环境，极大地消除这类空间给乘客带来的单调、无趣的感觉。图4-15是瑞典斯德哥尔摩奥登普兰地铁站的入口处设计了一处钢琴键盘楼梯。

图4-13　葡萄牙里斯本奥莱尔斯地铁站彩色方砖墙面

图4-14　南京地铁一号南延线花神庙站壁画

图4-15　瑞典斯德哥尔摩奥登普兰地铁站钢琴键盘楼梯

（4）站台空间设计　站台是地铁车站的最主要部分，是满足乘客等候和上下车的重要空间。站台空间的设计，除应考虑站台的长度、宽度和高度等空间尺寸外，还要力求站台空间标识清晰、视觉效果突出、艺术特色鲜明，使乘客在候车过程中时刻体会到环境艺术所带来的趣味性、地域性或教育性效果。图4-16和图4-17分别是瑞典斯德哥尔摩的T-Centralen地铁站及德国慕尼黑的U-Bahn地铁站。

图4-16　瑞典斯德哥尔摩的T-Centralen地铁站

图4-17　德国慕尼黑的U-Bahn地铁站

4.2.3 城市地下轨道交通智能设计

1. 基于 BIM+GIS 集成系统的智能设计——以深圳市城市轨道交通 6 号线支线二期项目为例

（1）工程概况 深圳市城市轨道交通 6 号线支线二期工程位于光明区，途径光明中心区、凤凰城片区。该线全长 4.944km，设站 3 座，总投资约 43 亿元。该项目采用高架+地下敷设方式，其中高架段 0.359km、地下段 4.585km，采用全自动无人驾驶技术。该项目结构体系复杂，工法多样，存在高架桥梁、明挖暗埋段、盾构区间、暗挖区间等，设计难度大。

（2）基于 BIM+GIS 集成系统的智慧建造

1）BIM+GIS 集成系统特点。实现了多个建模软件平台的设计协同：该系统可兼容多种 BIM 数据格式，进行自动化合模，可将 BIM 快速轻量化为较小的模型，实现 BIM 与 GIS 的交互，以及多源数据无缝对接和协同，提高协同性、轻量化的运行处理效率，如图 4-18 所示。实现了多样插件的全面开发和设计提速增效：自主研发大量的参数化建模与合规性检查插件，通过输入必要参数，可实现土建、机电系统等模型的快速生成，并通过参数进行调节，自动核查设计的合理性，整体提高了设计效率和出图效率。同时，开发三维配筋插件，实现 BIM 直接进行受力计算和三维钢筋配筋功能。

图 4-18 BIM+GIS 集成系统

2）利用 BIM 进行智慧模拟。该项目地处市中心，下穿光明城核心地块，在方案设计初期必须考虑整体方案与城区的布局设置、线路走向与周边用地规划属性的匹配，对车站效果与城市景观的融合等方面提出更高要求。敷设方式灵活多样，预留工程规划。该项目线路敷设方式多样，车站及区间类型各异，线路空间关系复杂，除预留车辆基地接轨条件外，还需预留其余工程接口。该项目正线暗挖段在下穿综合管廊、附属下穿综合管廊和 220kV 电力线区间中，通过 BIM 技术实现精准模拟、巧妙避让。

（3）基于 Revit Server 的协同设计 为解决传统 BIM 设计模型创建效率低、多源数据融合慢、各专业间协同难、出图效率低等痛点问题，该项目制定了协同设计标准流程。基于地铁设计所含 21 个专业的特点，经过充分调研，确定点状工程专业采用 Autodesk 平台，线性工程专业采用其他平台（图 4-19）。中铁第四勘察设计院集团有限公司自主开发了协同设计系统，实现数据无缝融合、成果协同优化、信息沟通及时，最终成果在 GIS 中进行集成应用。BIM 协同设计平台与中铁第四勘察设计院集团有限公司的计划管理平台实现无缝对接，确保工程进度、质量、安全完全可控、可追溯。

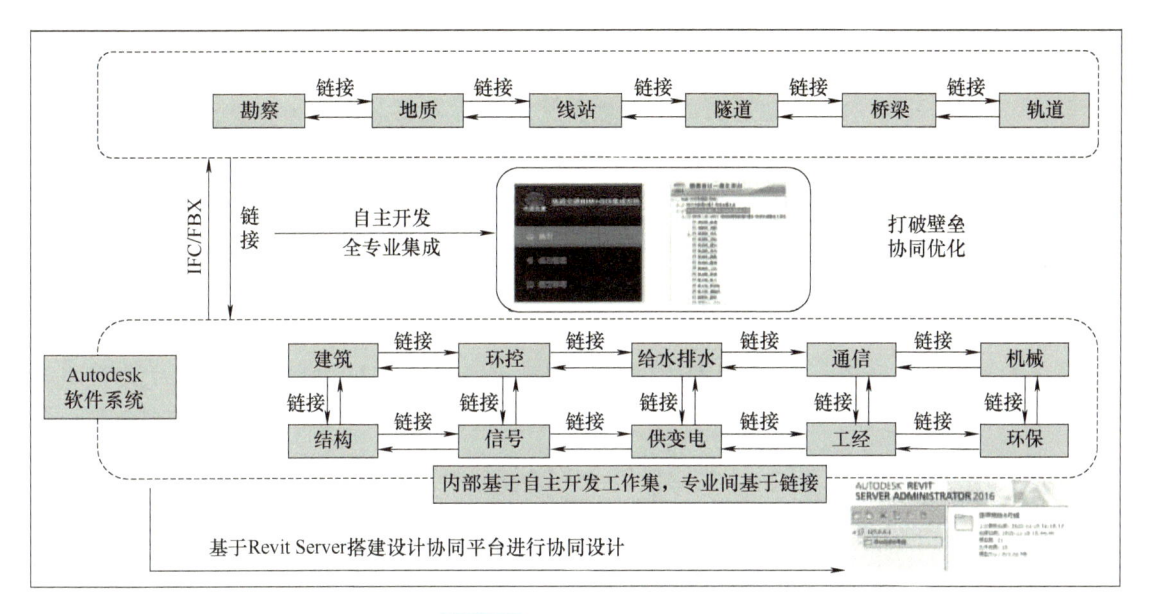

图 4-19 全专业协同流程

前期勘察利用倾斜摄影、激光雷达等测绘新技术，快速获取大范围三维空间数据，实现多源数据联合建模，自动化生成实景模型，为后续的设计应用提供基础模型。在地质方面，根据钻孔勘察数据进行批量导入和管理，在图形端沿线路纵断面自动生成地层信息，创建地质钻孔三维地质体，并可查询地质数据及相关属性信息，实现了 BIM 从地形选线到地质选线的突破。

基于勘察成果，利用自主开发选线平台，深度挖掘数据价值。创建周边建筑、地块、管线等三维环境实体模型，融合实景模型，多角度进行线路方案设计，利用模型数据辅助方案决策。在选线平台中，针对不同方案的工程难度、征地拆迁、用地影响，确保各项情况一目了然，降低政府及业主部门的决策难度，推进方案快速稳定实施。

（4）参数化与智能化设计

1）区间参数化设计。利用自主开发插件进行参数化设计和调整，快速完成梁、墩、桩的设计，并叠加 GIS 核对、优化和景观的融合度。在进行快速参数化的同时，增强了景观优化效果。

2）环保参数化设计。利用 Dynamo 编程，自动生成声屏障设计方案。接触网、声屏障BIM 协同设计，通过节点驱动，将接触网与声屏障进行融合，降低了声屏障高度，节省了18%的投资。

3）车站参数化设计。对车站进行全参数化设计，自动生成梁、柱模型及站内设施，直观预览、对比不同方案的空间效果。结合车站是文旅项目门户的功能定位，最终决定采用无柱方案，营造大空间的公共区效果。通过 GIS 结合 BIM 建模，快速完成不同附属方案用地影响、实施难度、工程造价的分析比较。

4）客流智能化模拟。通过 BIM 客流模拟的二次开发，实现模拟到客流数据的应用，以及基于 BIM 的三维客流仿真。

5）设备运输路径智能化模拟。开发了基于 BIM 可视化虚拟建造仿真平台，实现对扶梯等大型设备运输过程进行数模计算求解，得出最优运输方案，并验证了出入口通道设计的合理性。

2. 基于 BIM 技术的城市轨道交通全生命周期智能运维管理平台——以上海市轨道交通 17 号线工程为例

（1）工程概况　上海市轨道交通 17 号线是一条贯穿于青浦区东西向的区域级轨道交通线，西起历史文化古镇朱家角镇（东方绿舟），东至上海市规划的重要交通枢纽——虹桥枢纽。线路全长约为 35.341km，采用高架和地下结合的敷设方式，沿线共设置车站 13 座。在上海市轨道交通 17 号线建设项目启动之初，就确定了在设计、施工、运维全过程中应用 BIM 技术的目标，实现基于 BIM 技术的城市轨道交通全生命周期信息管理，优化设计方案和设计成果，控制施工进度，减少工期，降低成本投入，提高设计质量和施工管理水平，保障工程项目的顺利完成，同时在运维阶段通过 BIM 应用提高运维管理水平。

根据上海市轨道交通 17 号线建设范围，制定 BIM 技术应用的建模范围，见表 4-8。

表 4-8　BIM 技术应用的建模范围

序号	建模范围	模型主要内容
1	周边环境	周边地表场景、地下建构筑物、地下管线等
2	车站及附属设施	建筑、结构、环控、给水排水、动力照明、AFC、通信、信号、装修、屏蔽门、电扶梯等专业
3	区间	高架段、明挖敞开段、盾构段、旁通道、中间风井等
4	车辆基地	土建、机电设备、装修装饰等
5	独立主变	土建、机电设备、装修装饰等
6	桥梁改造	桥梁上部结构、桥梁下部结构

本项目 BIM 技术应用采用以业主方为主导，委托 BIM 总体管理方全过程管理，各参建方实施的组织模式，如图 4-20 所示。

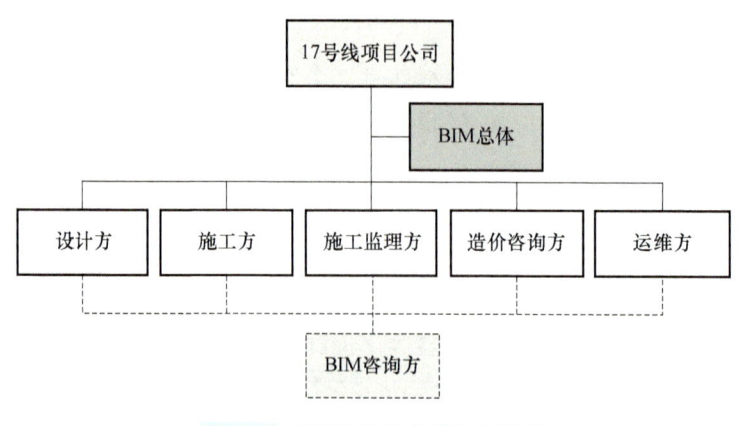

图 4-20　BIM 技术应用组织模式

（2）总体策划与统一标准　在项目前期准备阶段，业主方和 BIM 总体管理方共同规划确定了本项目 BIM 应用的总体目标和实施计划，确定了各阶段 BIM 的深度和精度要求、各阶段 BIM 应用成果的要求及最终竣工交付要求。本项目的 BIM 总体管理方结合 17 号线工程建设特点，将 BIM 标准与实际应用相结合，编制了针对 17 号线项目的 BIM 应用实施导则、重要应用点的技术要求、各专业的模型交付要求、竣工模型复核和交付要求等技术指导文件，进一步推进了 BIM 应用落实，统一各方成果质量要求，提高模型传递共享的效率和准确性。车站装修模型效果与实际效果如图 4-21 所示。

图 4-21　车站装修模型效果与实际效果

（3）管线综合设计优化　17 号线探索了 BIM 技术如何深度融入传统设计。在 BIM 工程师依据设计图建立各专业模型后，不同于传统的将管线碰撞报告反馈给各专业设计修改的模式，17 号线 BIM 工程师直接在三维模型中进行管线碰撞调整及综合设计优化，各专业设计负责成果审核，最终在 BIM 中形成优化后的管线综合设计方案，如图 4-22 所示。在车站二次结构空洞预留和预埋件设置时，同样采用在三维模型中直接调整优化的模式。利用 BIM 直接输出二维图，确保三维管线综合设计优化的成果通过施工图传递到施工阶段。

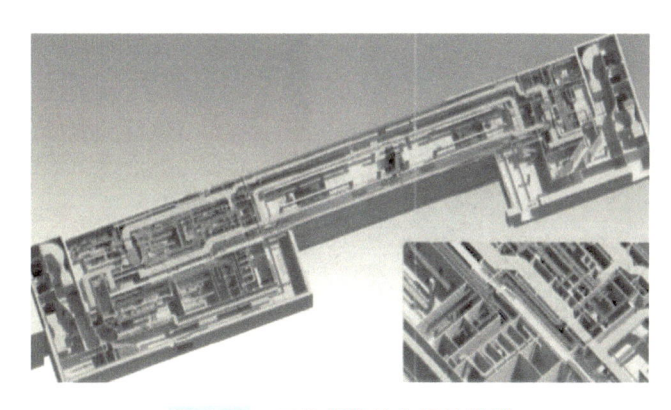

图 4-22　三维管线综合设计模型

（4）三维模型出图　在完成三维管线综合设计优化后，为了保证图纸和模型的一致性，确保三维管线综合优化结果能准确地通过图纸传递到施工现场，本项目实行从三维模型直接导出二维图的模式。为了提高 BIM 与机电各专业二维信息表达之间的传递效率，研究并开发了三维模型转二维图的插件,实现导出的 CAD 图满足各专业设计对图纸图层的要求。

(5) 信息化管理平台　轨道交通工程建设具有工程范围大、建设工期长、质量要求高、参与单位多等特点,建设全过程会产生大量的建设信息,但过程中各方往往存在信息不对称、传递不流畅、共享不高效等问题。因此在 17 号线建设过程中,开发应用了三个基于 BIM 的信息化管理平台,充分利用 BIM 的整合、传递、共享的特点,提高信息利用效率和准确性,全面提升了工程建设的信息化水平,如图 4-23 和图 4-24 所示。

图 4-23　预制外立面点云模型

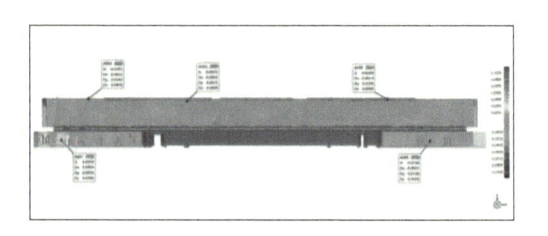

图 4-24　预制外立面点云模型与设计 BIM 点位误差对比

(6) 基于 BIM 的车站智能运维管理平台　为了将 17 号线建设阶段形成的 BIM 和信息传递应用于地铁运营维护阶段,本项目开发了基于 BIM 的车站智能运维管理平台。该平台是车站运维管理的每日工作入口,以 BIM 数据为底,承载设备状态、人员状态、作业记录等信息的基础平台,实现基于服务场景的车站多系统智能控制。平台主要包含以下功能:

1) 车站三维可视化管理。通过虚拟巡检功能,合理安排巡检计划、巡检配置路线规划等,如图 4-25 所示;集成综合监控信息,实时查看设备运行状态;实时查看 CCTV 视频监控,虚实结合,辅助车站管理;定位车站值班人员位置,查看历史轨迹,实现人员管理可视化,如图 4-26 所示。

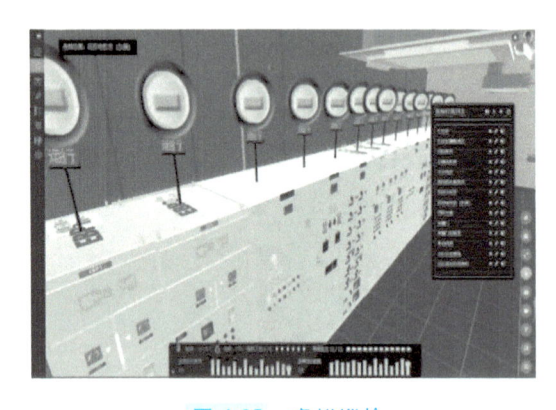

图 4-25　虚拟巡检

图 4-26　人员定位及历史轨迹

2) 综合监控管理。基于静态 BIM 数据,集成各专业动态综合监控数据,结合物联网技术实现设备的状态监控,并实时推送预警报警信息。

3) 运营维保管理。平台对突发事件、设备故障、日常管理、日常巡检等事件进行记录、跟踪、归档,也可以通过运管平台移动端 App 在现场进行事件填报提交到 Web 端进行闭环。

4）设备资产管理。设备资产管理对当前车站的设备资产清册信息进行分类、统计、分析，通过图表的形式，从多个维度对设备资产情况进行展示。

5）数据统计分析。根据运维工作需要，提供多种维度的统计图表，直观展示车站各项运维指标和情况。以运维阶段积累的大量运维养护业务数据为基础，协助运维养护单位对运维养护行为、人员绩效等进行统计分析，优化业务管理水平。

6）多终端支持。运管平台支持多终端访问，移动端 App 支持蓝牙定位、CCTV 查看、设备二维码扫描等功能，搭载设备报检修、客伤事件上报等运维业务，有效提高运维工作的效率和精细化程度。

4.3 城市地下商业街规划与智能设计

4.3.1 城市地下商业街类型

根据不同的分类标准，可以将城市地下商业街分为以下几个类型。

（1）按功能分类　主要分为地下步行系统、地下交通系统、地下商业系统、内部设备设施系统及内部辅助系统。其分类及构成如图 4-27 所示。

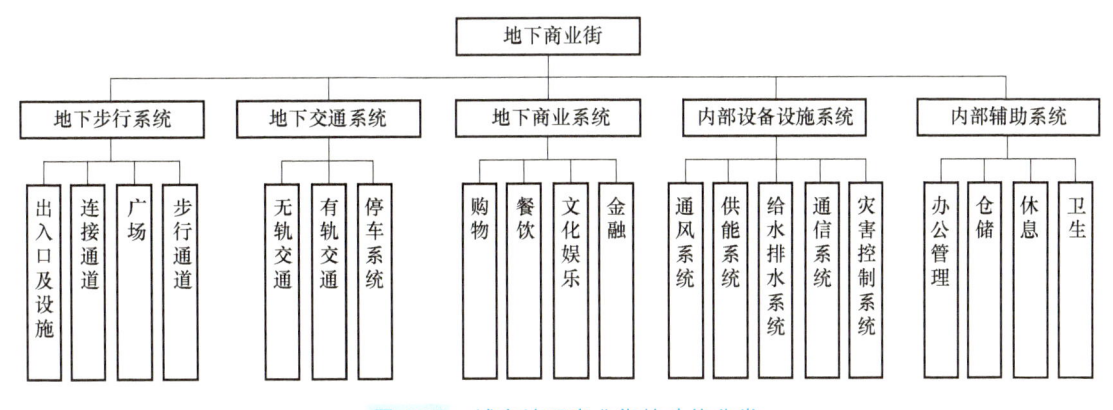

图 4-27　城市地下商业街按功能分类

（2）按规模分类　根据建筑面积的大小和其中商店数量的多少，可分为小型、中型、大型。通常小型地下商业街的建筑面积在 $0.3\times10^4 m^2$ 以下，商店少于 50 个；中型地下商业街的建筑面积在 $(0.3\sim1)\times10^4 m^2$，商店为 50~100 个；大型地下商业街则指地下建筑面积大于 $1\times10^4 m^2$，商店多于 100 个的地下空间。地下商业街发展的高级模式是地下城。

（3）按位置和平面形态分类　根据地下商业街所在位置和平面形态，可分为街道型、广场型及复合型。其中，街道型多处于城市主干道下，平面形态多为一字形或十字形。广场型多修建在火车站的站前广场或城市中心广场的地下。复合型则兼有广场型与街道型地下商业街的特点，一些大型地下商业街多属此类。

（4）按作用分类　分为通路型、商业型、副中心型和主中心型。其中，通路型主要是在接驳地铁站体通道的两侧设置商店，贩卖的商品多以一般生活用品为主。商业型地下商业街主要是强化地面商业机能的延续与扩大，主要以独立的特色店及餐厅为主。副中心型地下商业街常设在车站与车站之间，是因交通而产生的地下商业街，由于其上方与周边往往有着大量的商业建筑，并在入口或通道与其相连，因此，在经营和风格上，与地面上的商圈必须具有延续性及统一性。主中心型地下商业街主要以各类精品及奢侈品为主，综合衣食住行娱乐等以满足消费者的各项需要，这种类型的地下商业街必须与综合体进行配合。

4.3.2 城市地下商业街规划设计

1. 地下商业街规划设计原则

1）地下商业街是以公用通道或停车场为中心来修建的，为了提高其社会经济效益，还应附有必要的店铺及其他设施，店铺面积要尽量小些。

2）地下商业街是相对封闭的空间，一旦发生火灾，人不能像在地上那样，很快辨别出自己的位置而迅速避难，所以应充分考虑使用者的方便及紧急情况下的避难等问题，地下商业街内应有显著的引导标志。地下商业街与一般建筑相比防火要求较高，每 200m 内要设防火设施等。

3）为防止灾害扩大，原则上禁止地下商业街与其他建筑物的地下室相连接，当必须连接时，应设置必要的识别、排烟及联络通道等设施。

4）地下商业街规划应考虑保护其范围内的古物与历史遗迹，应按国家或当地文物保护部门的规定执行。地下商业街建设是保护城市历史及环境的好方法，有价值的街道不能用明挖法建造地下商业街。

5）地下商业街规划要考虑同其他地下设施相联系，发展成地下综合体的可能性。地下商业街与地面建筑物、地面及地下广场、地铁车站、地下车库等其他地下设施相联系，是地面城市的竖向延伸，实现多功能、多层次空间（竖向和水平）的有机组合，形成地下综合体。

2. 疏散通道设计

（1）过街通道设计　地下过街通行是城市地下商业街重要功能之一，它承担着地下过街通行和沟通联系地下商业空间的功能。因此在地下商业街平面设计中，其过街通道的布局要简单明了（图4-28），呈直线状，尽量与地面道路方向相垂直设置，以便缩短地下过街穿行的距离，提高过街穿行的效率。地下商业街尽量避免内部空间的装饰装修，除设置必要的照明和消防设施外，也应尽量将自然光线引入地下，创造良好的感知环境。

图 4-28　简单明了的过街通道

（2）内部通道设计　城市地下商业街在应对火灾事故时，应增加其空间的环境意象，突出地下商业街通道系统中的主干道，将主干道功能性设计成城市地面上的街道而不是常规的走廊；地下商业街空间的曲线通道不宜设置，加之地下商业街内部时空感不佳是造成迷失方向的主要原因。因此，地下商业街内部主干道要简单明了，呈直线状布置，其主要设计要点如下：

1）应该尽量与地面道路的方向相一致，便于参与地下商业活动的人员比较容易地构建方位感。

2）主干道内部空间的设置可以比一般的走廊更加宽敞，同时应均匀设置，防止出现疏散时的成拱现象，致使疏散滞停。

3）通道主干道尽量避免过度装修装饰，以免加重环境的火灾负荷，天花板设置更高些，也可在条件允许的情况下适当引入自然光线。

4）在适当的部位可以提供人们休息和社会交往的地方。

5）主干道应视为流通系统的命脉，次要通道尽量垂直主干道设置，保持二者相互紧密联系。

6）主干道应连接主要的空间和陆标，如下沉广场、内部中庭、避难空间等。

7）通道系统中要尽量取消无窗狭长的走廊，以便人们能直接从主干道或与主干道相连的中庭进入所有的空间，但在条件不允许时，可把走廊改为距离短却富有生气的过道。

8）从防止火灾或其他意外情况的角度考虑，主要疏散通道除要简单明了外，还要实现双向疏散的彻底化，禁止采用袋形（尽端式）布局。

3. 出入口设计

（1）出入口类型　城市地下商业街的出入口是其空间外部形象的重要表现形式，代表了城市的名片。当地下商业街发生火灾等事故时，出入口提供最为直接的逃生功能。

1）按其同地面建筑的关系分类（图4-29）。分为独立式出入口和嵌入式出入口。其中，独立式出入口表现为两种形式：①有形独立式出入口，即在地面部分有可见的构筑物；②无形独立式出入口，即地平线以上无构筑物，其建筑本身不易被人察觉。嵌入式出入口不论其主体是否附属于地面建筑，它本身必定是镶嵌在地面建筑首层的。其设计处理手法同传统商业建筑的出入口设计并无太大的区别。

图4-29　独立式出入口和嵌入式出入口
a）独立式出入口　b）嵌入式出入口

2）按其剖面形式分类。①水平式出入口：为了尽量减少进入地下建筑的消极感觉，最常用的方式就是做出一种类似于传统建筑的出入口——水平式出入口，把这种出入口设计在地面上，避免在出入口附近增设过多的踏步。②斜坡式出入口：在场地条件限制较少的情况下可采用斜坡式入口，这实质是方便残疾人的无障碍设计的一种较好的形式。③垂直式出入口：在用地紧张的地段，用楼梯或电梯将顾客由地面直接导入地下。此出入口突出的特点是占地面积小、快捷便利，是城市地下商业街最常用的类型。

（2）出入口设置原则

1）易于识别。出入口明显，易于让人们看到和接近。

2）设置外部参照物。出入口处应提供尽量多的外部视觉信息，要把握住"对比中求协调，协调中求对比"的尺度，同时还要有一定的标志性和可识别性，特别是外界的陆标等定位定向参照物。

3）恰当选择出入口的类型。根据不同出入口的作用，选择不同的布置方式并有所区别。如有些地下建筑的出入口有几种，其作用各不相同，需对这些出入口进行特别的布置和处理，使之易于被注意和区别。

4）与坡道或下沉广场配合设置（图 4-30）。出入口坡道和下沉广场的设置能够提供一个平缓过渡的中介空间，并将原有的垂直向上疏散逃逸的方式改成水平方式。

4. 中庭空间设计

城市地下商业街中庭设计是建筑设计中营造一种与外部空间既隔离又融合的特有形式，或者说是建筑内部环境分享外部自然环境的一种方式。中庭空间很好地解决了地下商业街封闭隔绝、视觉信息缺乏、空间形体单一、可读性差及缺乏自然环境和天然光线的渗透等问题。同时也为建筑物及建筑外部环境带来了完整的、富有魅力的景观。

图 4-30 某地下商业街下沉广场式入口

地下商业街中庭空间是由多种因素决定的。外部因素如自然环境、历史、地域文化、城市规划等；内部因素如建筑功能、结构等。

城市地下商业街中庭一般性设计原则如下：

1）空间的轮廓清晰明确，空间的尺度、比例适宜，具备整体感。

2）正确处理空间围、透的关系，使空间具有良好的景观和观景视野。

3）流通空间有明确的导向性，滞留空间要有较好的凝聚性和围合感。

4）空间划分应利于丰富空间的层次和变化，把握好共性空间中个性空间的设计。

4.3.3　城市地下商业街智能设计

1. 基于 AI 技术的地下步行系统可达性设计

基于 AI 技术的地下步行系统可达性设计涉及利用人工智能技术来分析和优化地下步行系统，以提高其对行人的可达性和便利性。利用机器学习和深度学习技术，开发智能路径规划和导航系统，帮助行人在地下步行系统中快速找到最优路径。融合实时数据和预测模型，考虑行人的出行目的、拥挤情况、交通状态等因素，提供个性化的导航建议。基于 AI 技术，对地下步行系统的行人流量进行实时监测和预测，识别高峰期和拥挤区域，以便采取相应的管理措施。利用数据驱动的方法，优化地下步行系统的布局和通行能力，减少拥堵和排队时间，提高可达性。

开发智能设备和应用程序，提供智能服务，如语音导航、实时信息推送等，增强行人的体验并提高满意度。将地下步行系统与其他交通方式集成，如地铁、公交、自行车等，通过AI技术实现多模态出行的无缝连接和转换，开发智能换乘方案。根据行人的出行需求和偏好，优化不同交通方式之间的换乘时间和距离，提高整体可达性。

基于AI技术，建立地下步行系统的安全监控和应急管理系统，及时发现和应对安全风险和突发事件，保障行人的安全和道路畅通，开发智能预警和紧急求助功能，提高应急响应的效率和准确性，降低潜在的安全风险。

2. 基于数字媒介技术的地下商业街智能设计

基于数字媒介技术的地下商业街智能设计是将数字化技术应用于商业街的规划、设计和管理中，以提升其效率、吸引力和可持续性。利用VR技术，设计虚拟商业街体验，让用户在未来商业街的模拟环境中进行导览和体验，利用AR技术提供商家促销信息、产品展示和导航服务，增强用户的购物体验。

部署智能感知设备，如传感器、摄像头等，实时监测商业街的人流、环境参数等信息，用于流量管理、安全监控等目的。结合定位技术，提供个性化的服务，如基于室内定位的导航、推荐系统等，提升用户体验。

收集商业街运营数据，如销售额、顾客流量、天气等信息，利用大数据分析和预测算法，优化商业街的布局、营销策略等。通过数据分析，及时发现潜在的问题和机会，提高商业街的运营效率和盈利能力。集成智能监控摄像头、人脸识别技术等，实现商业街的智能安防监控，及时发现异常情况并采取相应措施。结合预警系统，提高应急响应速度，确保商业街的安全和稳定运行。

采用数字化技术监测和管理商业街的能源消耗和环境负荷，优化能源利用和节能减排措施。利用智能照明系统、智能空调系统等，降低能耗、提高效率，推动商业街朝着可持续发展的方向发展。运用数字媒介技术设计智能营销方案，如个性化推送、虚拟试衣间、社交媒体互动等，吸引顾客，提升用户的参与度。通过数字化媒介渠道，与顾客进行互动，增强品牌影响力和用户黏性。

3. 基于可视化技术的地下商业街安全设计

可视化技术在地下商业街安全设计中发挥着重要作用，它可以帮助设计者和管理者更好地了解商业街的安全状况，及时发现潜在风险，并采取有效的措施加以应对。部署摄像头覆盖商业街的各个角落，利用视频监控技术实现实时监测和录像存储。结合视频分析算法，对监控画面进行智能分析，自动识别异常情况，如人群聚集、行为异常等，并进行预警。

利用3D建模技术对商业街的空间结构进行建模，包括建筑、通道、设施等，以便更直观地了解商业街的布局和结构。基于建模结果进行仿真分析，模拟火灾、拥挤、紧急疏散等场景，评估商业街的安全性，并进行改进设计。通过热力图分析商业街的人流密集区域，了解人群分布和流动情况，发现拥堵点和安全隐患，指导安全管理和应急处理。利用 VR 技术，设计商业街的应急演练模拟系统，模拟火灾、地震、恐怖袭击等紧急情况，进行应急演练。

建立智能化的安全管理平台，集成各类安全设备和传感器，实现对商业街安全状况的全方位监测和管理。通过可视化界面展示安全数据、警报信息等，为安全人员提供实时的决策支持，加强安全管理并提高应急响应能力。利用可视化技术设计安全教育和宣传资料，向商业街员工和顾客传递安全知识和应急处理方法。利用数字媒体平台和社交媒体发布安全提示和警示信息，提高公众对安全问题的关注度和认知度。

4. 基于物联网技术的地下商业街环境智能检测设计

基于物联网技术的地下商业街环境智能检测设计可以帮助实时监测和管理商业街的环境参数，包括温度、湿度、空气质量、光照等，以提高商业街的舒适性、安全性和可持续性。部署各种环境传感器，如温度传感器、湿度传感器、CO_2 传感器、PM2.5 传感器等，覆盖商业街的各个区域，实现全面监测环境参数。利用物联网技术将传感器连接到网络，实现数据的实时传输和共享。利用数据分析算法对采集的环境数据进行实时处理和分析，识别环境异常和潜在风险；结合历史数据和预测模型，对商业街的环境状况进行预测和趋势分析，为决策提供参考依据。

设计用户友好的可视化界面，展示商业街的环境参数和监测结果，包括实时数据、历史趋势、预警信息等。提供定制化的报表和图表，方便管理者和决策者了解商业街的环境状况和趋势。结合环境监测数据和智能算法，实现商业街环境参数的智能调控和优化，如自动调节空调温度、湿度控制、智能照明等。根据商业街的使用情况和环境需求，动态调整环境控制策略，提高商业街的能效性和舒适性。

5. 基于 VR 技术的地下商业街智能设计

基于 VR 技术的地下商业街智能设计可以提供一种高度可视化、互动性强的设计方案。利用 VR 技术创建虚拟商业街模型，包括商店、街道、景观等，让用户可以在虚拟环境中自由漫游。用户可以通过头戴式 VR 设备或 VR 眼镜体验商业街，感受商店的布局、装饰风格、商品陈列等，提前了解商业街的特色和魅力。利用 VR 技术设计商业街的虚拟导航系统，帮助用户在商业街中快速找到目标店铺或服务设施。用户可以通过手势或控制器在虚拟环境中进行导航，获取实时位置信息和路线指引，提高商业街的可达性和便利性。

商家可以利用 VR 技术创建虚拟商店展示商品，让用户通过虚拟现实环境进行商品浏览和购物体验。用户可以在虚拟商店中浏览商品、试穿衣服、体验产品功能等，提前感受购物的乐趣。

设计师可以利用 VR 技术进行商业街的虚拟布局和设计优化，实时调整商店位置、通道宽窄、景观装饰等，以提升商业街的舒适度和吸引力。用户可以通过 VR 体验商业街不同设计方案的效果，提供反馈意见，帮助设计师做出更合理的决策。

利用 VR 技术设计商业街的安全演练和应急管理系统，模拟火灾、地震、恐怖袭击等紧急情况，进行应急演练。商业街员工可以通过 VR 体验不同紧急情况下的应对方法和逃生路线，提高应急响应能力和自救意识。

6. 地下商业街智能化标识设计

地下商业街智能化标识设计需要结合商业街的特点、用户需求及智能化技术的应用，既要能够引导顾客，又要能够展现商业街的智能化和现代化形象。

设计具有数字显示屏的指示牌，显示商店名称、商品信息、活动促销等内容，方便顾客了解商业街的情况。可通过智能化技术更新内容，实时展示商店最新资讯，增加吸引力。

设计智能导航标识，结合定位技术，帮助顾客快速找到目标商店或服务设施，可使用LED灯、AR显示等技术，提供个性化的导航路线和语音提示，提升用户体验。

部署环境感知传感器感知环境信息的标识，如温度、湿度、空气质量等，帮助顾客了解商业街的舒适度。根据实时数据，调整标识显示内容，提醒顾客注意环境变化，增强商业街的智能化感知。

设计安全提示标识，提醒顾客注意安全事项，如防火、紧急疏散路线、应急设施位置等。结合数字媒体技术，制作安全教育视频或动画，通过标识展示，增强安全意识。

设计交互式体验标识，结合触摸屏、手势识别等技术，提供用户互动体验，如商店信息查询、自助购物指南等功能。通过用户反馈数据，不断优化交互体验，提升标识的实用性和吸引力。

强调地下商业街的可持续发展理念，设计环保标识，展示商业街的节能减排、绿色环保等举措和成果。可使用LED灯、太阳能充电等技术，展示可持续发展的实际效果，提升商业街的形象。设计与商业街品牌形象相符的标识，通过颜色、字体、图标等元素体现商业街的独特风格和个性。结合数字媒体技术，展示商业街的品牌宣传、活动推广等信息，提升品牌影响力。

7. 城市地下商业街智能规划设计案例分析

武汉光谷广场地下商业街智慧安全应急设计如下。

（1）数据层的防灾策略　预警系统完善化、决策系统数据化。在大数据背景下，收集相关的乘客集中区域、对各个地铁出入口的使用频率、早晚高峰的运客量等信息，提高数据的时效性。数据收集之后要进行处理与分析。首先要对收集到的属性数据和空间数据进行输入和整合，使之转化为GIS属性的数据，这类数据主要分为栅格数据和矢量数据两类。其次就是对数据进行存储，使得防灾控制部门可以快速灵活地读取这些数据。而实现这一目的的关键就是对各方面的数据建立一定的逻辑关系，利用GIS的分层处理技术，使用者可以通过简单地打开、关闭相应的图层来获取对应的信息；同时可以通过图层的属性和属性列表来进行操作，从而使系统做出正确的反应。

（2）逻辑层的防灾策略　空间疏散秩序化、防灾设施安全化。只有综合考虑地铁车站的形式、火灾场景、疏散人数、疏散路径、疏散安全区、疏散有效时间等诸多因素，才能保证空间疏散的秩序化。借鉴典型地铁疏散模拟场景（图4-31）可以发现，当灾害发生时，人流的主要交叉冲突区域为疏散通道楼梯、自动扶梯等处。因此车站在设计时应综合考虑，设置多处安全出口，并保证楼梯具有一定的宽度；同时车站的工作人员应根据灾害预警决策支持系统的提示，有效引导人群向背离火灾发生区域的最近出口进行疏散。

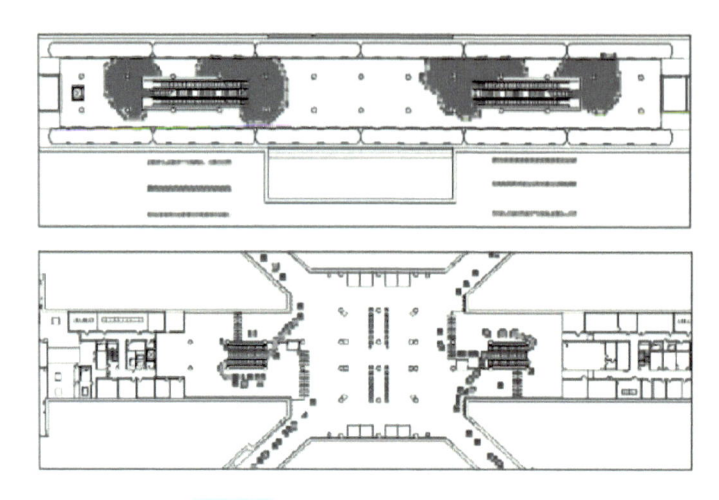

图 4-31　典型地铁疏散模拟场景

利用数据处理后的结果，在 GIS 中进行叠加操作和空间分析，对地下空间不同区域的空间面积、火灾覆盖面积、设施损毁程度等进行实时反馈，比较不同区域、不同通道的防灾应对能力，从而确定空间最大、通道顺畅、灾情较轻的疏散通道与疏散空间，及时从控制中心反馈到车站指挥人员，确保以最快的速度做出最佳的判断，引导人们向地上避难，实现秩序化的疏散策略。

有效快速进行人员疏散之后，还需要建立一套安全的防灾设施系统，来保证灾害得到及时控制。其核心思想就是通过 GIS 对数据进行处理与分析，建立车站的通信设备、防灾指挥控制中心和列车司机人员三者的联系，利用 GIS 处理后的图像数据，快速准确地在三者之间传递实时的灾情信息、人员信息等。通过大数据渠道获得实时数据，实现数据的可视化，经过 GIS 处理之后，将信息最直观地反映到车站的视频设备等地方，以引导人流，使得防灾设施的功能发挥到最大。

（3）应用层的防灾策略　救援系统标准化、信息系统数字化。当地下空间面对突发情况时，需要 GIS 对数据强大的获取、读取、分析和处理的能力，同时，这些数据的管理也尤为重要。管理包括两方面内容：一方面是数据处理的结果要及时与各个重要的管理节点进行同步更新，增加可操作性；另一方面是灾害结束后的数据再采集，及时收集管理最新的灾害属性数据。

地下空间的防灾不仅需要地下空间完善的控制管理系统，还需要地上人员的配合。灾害发生时，地下与地上的控制中心应收到相应的信息反馈。对于地上的控制指挥中心，要建立对灾情的判别系统，并与消防部门等建立密切的联系，从而标准化地组织专业的疏散救援人员。通过实时数字化的地下空间控制系统寻找相应的救援通道。

当灾害得到相应的控制后，要结合地下空间预警系统和决策支持系统，通过 GIS 等手段收集相关的地下空间属性和灾害属性的数字和图形化的数据，从而建立起地下空间属性数据库，并由相应的管理信息系统进行统筹安排。在信息系统的数据分析之后，再投入应用到灾害的安全评价体系中，从而完善整个地下空间的智慧防灾系统。

4.4 城市地下综合体规划与智能设计

4.4.1 城市地下综合体类型

城市地下综合体的分类方式多种多样，可按照其空间形态分为单体式和多体联通式，也可按照其在城市中所处的区域位置和作用分为城市中心型、交通站点型和园区景区型。还可分为新建城镇的地下综合体、与高层建筑群结合的地下综合体、城市广场和街道下的地下综合体、交通集散广场下的地下综合体。

1）新建城镇的地下综合体选址通常位于新建城镇或大型居住区的公共活动中心，将部分城市功能如交通、商业等设置在地下空间中，同时结合地面公共建筑形成布局紧凑、地上地下一体化的城市空间结构。如图4-32所示，通过开发以交通功能为主的地下综合体，实现了人车分流及地面步行系统的完善。

2）与高层建筑群结合的地下综合体多位于城市中心区，这些区域被高层建筑覆盖，地面空间拥挤、交通拥堵及人车混杂严重。利用高层建筑的地下室与街道、广场下的地下空间进行同步开发而形成大型地下综合体，进而有效改善中心区环境面貌。图4-33所示的地下综合体与地面建筑相连，形成为居民提供公共活动场所的下沉广场，以及商业、停车等空间，实现了城市空间的高效利用。

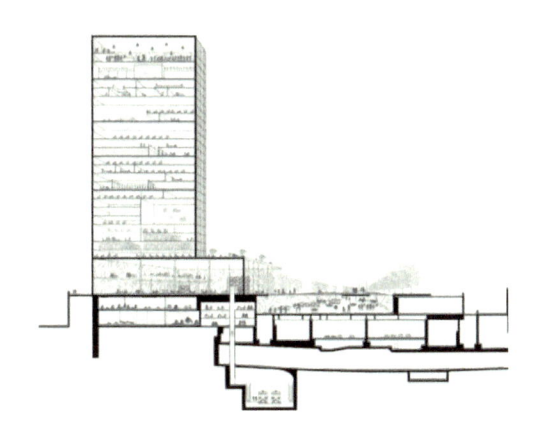

图 4-32　以交通功能为主的地下综合体　　　　图 4-33　与地面建筑相连的地下综合体

3）城市广场和街道下的地下综合体选址位于城市中心区广场，以及交通和商业集聚的街道和广场空间下。这些区域交通矛盾往往更为突出，面临城市再开发，其空间开发余地也更大。例如巴黎列·阿莱广场的地下综合体（图4-34），通过地下交通系统进行换乘，实现了地面步行化，并极大地改善了中心区交通及地面空间环境。

4）交通集散广场下的地下综合体主要包括铁路车站站前广场、大型地铁换乘站和多条线路的公共交通终始站广场下的地下综合体。该类地下综合体往往以交通功能为主导，实现不同交通体系的换乘、人车分流，并为乘客提供购物、餐饮服务等。

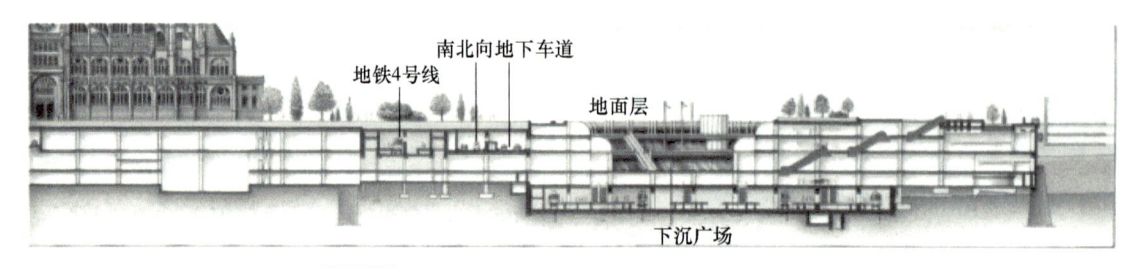

图 4-34　巴黎列·阿莱广场地下综合体剖面示意

4.4.2　城市地下综合体规划设计

地下综合体与广场、街道、绿地等城市要素的整合发展让地下综合体与城市要素由原本彼此分离的关系演变为开放地下综合体的部分空间与城市要素进行整合，并形成视觉关联及城市活动关联。地下综合体能与周边环境融为一体，使得地下综合体展现新的魅力。

1. 整合广场设计

地下综合体与广场整合的主要作用为由地面自然地将活动引入地下综合体，同时加强与城市的联系。广场能借与地下综合体的共同开发，获得商业利益。如图 4-35 所示，利用广场塑造地下综合体的出入口，能让地下综合体在城市地面环境中的存在明显，并让地下综合体与地面环境融合成为城市重要景观，满足地下综合体发生灾害时的疏散与聚集功能要求。

地下综合体与广场的整合布局因结合点的不同可分为广场与全区地下综合体整合及广场与部分地下综合体整合两种基本布局。

布局 1：广场与全区地下综合体整合布局结合点为地下综合体全区，主要使广场也能进行商业行为，有时也搭配其他目的。例如，西安市鼓楼广场便利用城市设计进行广场与全区地下综合体的整合，以下沉广场、地下通道形成钟楼与鼓楼的视觉关联，实现地下综合体与城市地面古迹结合的目标。

图 4-35　上海五角场环岛与城市广场的整合

布局 2：广场与部分地下综合体整合布局通常以地面与地下综合体交汇的下沉广场作为结合点，主要目的为引入地面活动，并作为地面与地下综合体的转换层。表 4-9 为广场与部分地下综合体因结合点位置的差异所产生的各种整合类型。

表 4-9　广场与部分地下综合体整合布局的类型比较

类型	示意图	布局特点
围合广场型		广场为地下综合体的中央，所有人行动线与活动聚集处均能由广场到达地面及地面各个区域，地下综合体能够获得最大采光面积

(续)

类型	示意图	布局特点
半围合广场型		广场位于地下综合体的端点，为地面与地下综合体活动采集处，广场作为地面与地下综合体的转换层，广场周边能引入自然光
邻接广场型		广场位于地下综合体的端点，与地面形成活动与视觉关联，广场作为地面与地下综合体的转换层，通常与地下出入口结合设计
说明	▭ 地下综合体　▭ 下沉广场　◄──► 人行动线	

近年来城市设计进行地下综合体与广场的整合，在结合点的设计有将上述两种布局结合的趋势。借由扩大下沉广场的规模，让地下综合体与广场两者在空间结构与人行动线上重新调整，使地面的步行系统集中在结合点，成为地上地下之间的重要转换空间，再以广场作为核心，向周边的重要建筑物延伸。

2. 整合街道设计

地下综合体与街道整合设计在类型上主要可以分为两种，见表 4-10，其布局形态主要分为街道与地下综合体分离和街道与地下综合体结合两种。

表 4-10　地下综合体与街道整合的类型与布局特点

类型	示意图	布局特点
空间分离型	天津于家堡地下商业空间	1）重叠处位于街道的地下综合体通道型出入口，只以出入口点状分布，形成通行的活动关联 2）直接以垂直移动的方式，形成动线连接
空间结合型	上海静安寺地下商业空间	1）重叠处位于街道或者周边建筑内部 2）街道与地下综合体的结合部分设计成下沉广场的形式 3）下沉广场形成街道与地下综合体的视觉与活动的关联

(续)

类型	示意图	布局特点
空间结合型	巴黎拉德方斯新城地下空间	1）重叠处位于建筑临街界面 2）地面活动延伸至街道与临街界面共同形成的下沉广场转换层，形成立体化的复合空间

（1）街道与地下综合体分离　仅在地下综合体出入口的通道与下沉广场处是该种模式，其优点是地下综合体与街道在各自运作时不会产生干扰，两者之间的关联比较少。

（2）街道与地下综合体结合　将街道与地下综合体结合的空间进一步划分，可以分为位于街道中央及位于街道两端的两种衍生类型。该形式通过扩大两者的结合面，以线性延伸的方式整合了街道与地下综合体，使其成为半开放的街道空间形式，进而形成立体化的城市空间。

3. 整合绿地设计

地下综合体与绿地的整合设计，主要是调整地下综合体与绿地的关系，使绿地自然景观引入地下综合体的内部（图4-36）。地下综合体与绿地的整合通常都是通过地下综合体内部的观察行为而形成的。一般来说，绿地景观需要自然光的照射，所以绿地要素与地下综合体的整合有两种基本模式，即重叠于地下综合体之上和相邻于地下空间。

图4-36　地下综合体与绿地的整合设计

（1）结合地下综合体顶部设计　当绿地在地下综合体的上方位置重叠时，绿地与地下综合体的整合分为两种：一是将地下部分的顶部开放设计，引入自然光，不仅能够改善地下的空间环境，还能减少部分的照明能耗；二是结合地下综合体设备综合设计。

（2）通过地下商业街的侧面开放或者围合于地下空间的中央设计　当地下综合体与绿地相邻时，主要是以地下综合体的侧面与绿地相邻处为结合点。通过侧面的开放，地下商业街能够引入侧向的自然光及绿化景观，一般是结合下沉广场的整合，形成良好的空间环境。

4.4.3　城市地下综合体智能设计

1. 上海世博轴地下综合体智能化系统

（1）项目概况　世博轴及地下综合体（以下简称世博轴，如图4-37所示）与两侧的中国馆、世博中心、演艺中心、主题馆构成"一轴四馆"，成为世博园区的主要核心建筑。世博轴为半开敞式建筑，是一个具备商业、餐饮、娱乐、管理服务等多功能的大型商业、交通综合体。

（2）世博轴智能化系统集成设计　世博轴智能化系统集成的目的是集成建筑中的各智能化子系统，把它们统一在单一的操作平台上进行管理，旨在使建筑中各智能化子系统的操作更简易、高效。系统提供开放的数据结构，共享信息资源，协调各子系统间的相互连锁动作及相互协作关系，提高工作效率，降低运行成本。世博轴智能化系统工程结构如图 4-38 所示。

1）信息网络系统。整个世博园区计算机网络系统由世博专网及世博办公网连通整个园区内各个单体建筑。专网用于世博一级指挥中心、分区指挥中心对各单体建筑的各种资源进行采集、控制、协调，以及实现世博园区内的语音、数据、信息发布、传输与通信。

图 4-37　上海世博轴及地下综合体

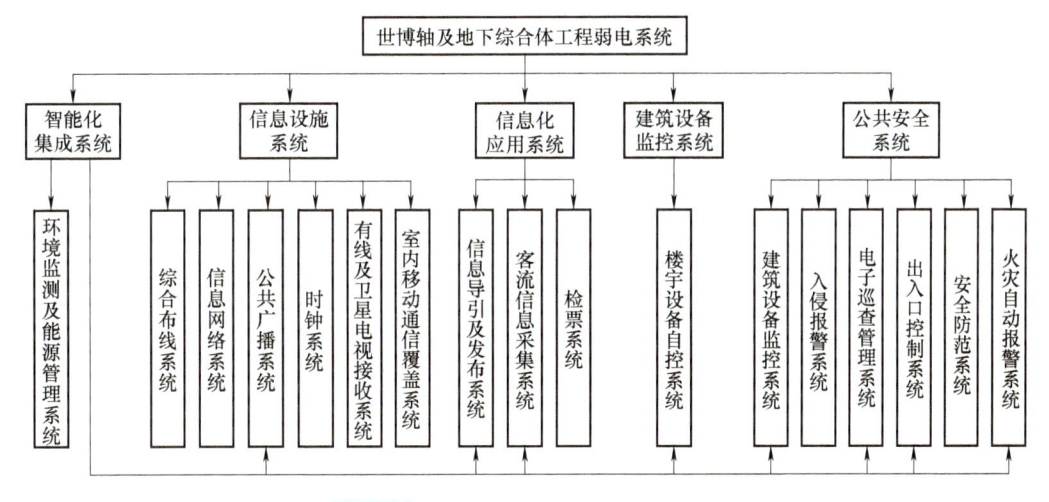

图 4-38　世博轴智能化系统工程结构

世博轴信息网络分为数据网和智能设备网。数据网为三层结构，即核心层、汇聚层、接入层。设备网为二层结构，即核心层、接入层，将广播、BAS 门禁、多媒体信息发布、视频分析等子系统纳入智能设备网中。数据网的中心机房放置 2 台核心层交换机，3 个分中心放置 3 台汇聚层交换机，16 个弱电间放置接入层交换机，形成星型双归属网络结构，保证了网络的灵活性和可靠性。数据网外网由电信提供光纤电信间接入，通过路由器及防火墙为世博轴内办公人员提供网络服务。智能设备网为二层结构核心，由接入层、2 台核心层交换机、16 台接入层交换机组成。设备网不仅为各系统提供弱电系统集成路由，实现数据交换，还为 BAS 门禁系统、广播系统、媒体发布系统、视频分析、CCTV 提供现场层的直接接入，通过系统设备对以太网的支持替代各系统独立敷设总线，以虚拟局域网将不同系统网络分开，实现不同系统共用一套网络平台，从而达到减少设备投入，简化施工，减少维护，提高系统的灵活性、可扩展性和可靠性。

2）建筑设备监控系统。世博轴建筑设备监控系统对建筑物内各种建筑机电设备进行测量、监视和控制，确保各类设备系统运行稳定、安全和可靠，并满足节能和环保的管理要求，达到营造舒适环境、节约能源、节省人力的目的。

建筑设备监控系统监控的范围包括空调系统、送排风系统、给水排水系统、雨水处理回用系统、垂直电梯系统、自动扶梯系统、常规照明系统、智能照明系统、景观照明系统、机房动力环境与环境监测系统、剩余电流火灾报警系统、应急电源系统、冷热源系统（江水源热泵机组、江水源冷水机组、地源热泵机组）、变配电监控系统（含柴油发电机）、水喷雾、水景系统、膜结构安全监测系统、燃气报警监控系统。其中水喷雾系统、智能照明系统、景观照明系统、水景系统、变配电监控系统、燃气报警监控系统的监控和膜结构安全监测自成系统，建筑设备监控系统均采用通信接口与其通信。

3）安全防范系统。世博轴的安全防范系统由以下子系统组成：视频安防监控系统、入侵报警系统（含残疾人报警系统）、无线电子巡查系统和出入口控制系统。以上各子系统单独设置，相互间可联动，构成公共安全系统的整体。商场各商家按技防部门相关要求自行设置。

4）公共广播系统。世博轴公共广播系统采用全数字技术，功能由背景音乐广播、公共广播和火灾应急广播三个部分组成。该系统的一个主要功能为公共广播功能，可以选择不同的区域进行广播或呼叫，对进园人员疏导、各场馆信息告知及服务发挥了不可替代的作用。火灾应急广播和背景音乐广播采用同一套系统设备和线路。当发生火灾时，对相应区域进行强切，发出火灾报警信号。在紧急情况发生时，系统可以通过话筒或呼叫站，以最大音量发出疏散信号。网络控制主机是基于 TCP/P 网络的，将广播系统接入世博轴设备网内，可以方便地对系统内的背景音乐和语音呼叫进行管理和使用。

5）信息导引及发布系统。世博轴信息导引及发布系统由前端显示设备、传输网络和后台组成。由于世博轴标识系统中含有智能化标志，为避免重复建设，设计时将前端显示设备与布点智能化标志相结合，系统配置充分考虑了世博会后的商业化运行。

6）客流信息采集系统。考虑到世博轴是参观人员进入世博园区的主要通道，为提高公共区域人流管理水平，合理调度引导人流，配置了基于智能视频技术的客流信息采集系统，它与 CCTV 系统有机地整合在同一平台上，共享 CCTV 硬件和图像资源，借助于在三级中心票检口和 45m、100m 标高层的 CCTV 摄像机的脸部图像，采用先进的算法进行人数的统计分析及人流密度的计算，可实现资源共享，节省投资。自运行以来，其精度可达 90% 左右。

7）环境监测及能源管理系统。世博轴是大型公共建筑，通过环境监测及能源管理系统对世博轴各大区块内的常规能源和资源（如电力、水、空调等）、可再生能源（如源热泵、雨水收集利用、杂用水回用等）和环境（温度、湿度、CO_2 浓度等）实时参数进行实时监测，对设备进行集中管理。系统主要通过设备监控系统采集信息，并通过网关接入园区世博轴二级平台服务器 EEEMS。

8）火灾自动报警系统。在世博轴主控中心和南、北区分控中心分别设置消防控制室。各消防控制室内分别设置火灾报警主机、消防联动控制屏、火灾应急广播和消防专用电话控制设备，有人值守，负责所辖区域内火灾自动报警、联动控制和手动控制。火灾自动报警系统为网络型，多套火灾报警主机采用总线连接，以网络方式形成一个相对独立、运行在同一平台上的网络结构。系统采用数字传输方式实现探测点、监控点与主机之间的通信。主控中心可对整个世博轴所有火灾自动报警系统信息进行管理和联动控制。火灾应急广播只在主控中心进行，南、北区两个分控中心报警信息可共享。世博轴火灾自动报警系统预留与上级消防中心通信接口。

2. 西安幸福林带地下空间智慧运营管理系统

（1）工程概况　西安幸福林带工程（图4-39）被誉为"世纪工程"，是西安市幸福路地区综合改造的核心工程。西安幸福林带工程践行"四个智慧"新理念的发展思路，从智慧设计、智慧建造、智慧运营、智慧服务四个方面将幸福林带工程打造成绿色的建筑、智慧的建筑，最大限度地实现历史传承、城市更新、绿色生态、科技建造、智慧运营、可持续发展的智慧城区建设愿景。通过践行"四个智慧"新理念，将西安幸福林带打造成千年古都新名片，最终实现带动周边区域的全面发展。

图4-39　西安幸福林带

（2）智慧设计

1）海绵城市设计。幸福林带规划设计中优先采用绿色措施来组织排水，下雨时吸水、蓄水、渗水、净水，同时在地下建设两个6000m³的蓄水池，地表结合景观园林设置植草沟、雨水花园、下沉式绿地等收集雨水，将收集的雨水用于植被浇灌、冲洗测试等，大大减少对地下水资源的利用。

2）业态集成设计。幸福林带涵盖了地铁、综合管廊、景观绿化、市政道路、地下建筑及点亮工程六大业态，业态综合设计难度高、专业设计协调难度大。其中，结合老旧城区各类市政管线布置集中、种类繁杂的特点，规划建设两条综合管廊和部分缆线廊；将幸福林带与西安地铁环线8号线规划协同建设。

3）景观营造设计。幸福林带景观设计保留高大乔木，保持林带特征，绿化景观与地下建筑、地铁、综合管廊有机结合。整体景观结构规划为"一带、一路、两核心节点、两门户空间、五大景观主题区、五大植物景观园",通过串联多处人文、自然节点及城市敞开空间,形成多样性和多层次的自然生态景致。

4)绿色节能设计。幸福林带采用自然通风与地道风设计,新风空调系统和自然通风系统相结合;采用屋顶绿化+墙面绿化设计,全年电耗比普通建筑降低30%;采用太阳能技术设计,广泛用于路灯照明、夜间亮化、热水利用、自然光照明等;采用蓄冷蓄热设计,利用峰谷电价调节用能负荷,节约能源。

5)立体交通设计。幸福林带结合现状道路,规划建设"两纵八横"的道路平面路网体系,采用下沉、下穿模式形成道路立体交通体系;地铁8号线从幸福林带纵贯而过,并与横穿的7号线、6号线、1号线交汇,紧密连接周边区域;规划约9000个停车位方便市民出行停车;综合设计多样的地上地下连接通道,将多种交通方式融合在一起。

(3)智慧建造

1)绿色施工建造技术。幸福林带致力于全面应用绿色施工建造技术,在扬尘控制技术、噪声控制技术、地下水资源保护与利用技术、改善作业条件、降低劳动强度、渣土利用技术等方面开展工作,并采用了建筑垃圾减量化与资源化利用技术、临时照明声光控制技术等绿色施工建造技术。

2)智慧工地建设。幸福林带智慧工地建设措施包括工地无线节能监测系统、空气检测及立体降尘喷雾联动系统、塔式起重机限位及防碰撞远程控制系统、工地电气系统无功补偿、电子旁站系统、智能广播系统、远程监控系统、临时设施空气能中央空调及热水系统、智能触控展示系统、EBIM管理平台等。

3)全生命周期BIM技术应用。幸福林带通过BIM技术的应用协同各参与方,在方案设计、初步设计、施工图设计、施工准备、施工实施、运维的全生命周期应用BIM技术,重点探索地下空间BIM技术深度应用等生态地下空间关键建造技术。

4)"咨询、投资、设计、施工、运营"五位一体模式。充分发挥中建系统全产业链优势,从配合政府单位前期项目咨询,到与政府通过PPP模式合作投资建设,再到工程设计、施工、最终的建成运营维护,集合了中建集团、中建丝路的各优势单位协同合作,同时借助中建西南院、中国建筑科研院、西安高校等外脑智库推进项目建设。

5)PPP+EPC管理模式。幸福林带是西安市PPP建设的重点项目,项目公司承担投融资、招商、运营、审计、风险把控等方面的管理职能,同时以EPC(设计+施工+采购)的承包模式承担起工程建设方面的管理职能,幸福林带工程将成为PPP+EPC这种新模式、新思路的实践者。

(4)智慧运营

1)智慧运营管理平台。幸福林带项目建成后为了降低运营成本,提高运营效率,运用智慧管理平台BIM+3S(GIS、GPS、RS)技术,使安防、消防、能源、机电设备等部件的相关信息状态三维呈现,人员定位、流动轨迹实时监控,日常巡检、突发事件通过移动终端及时共享至指挥中心,同时通过智慧化平台实现建筑能耗的节能管理,提高能源效率。

2)资产可视化管理。利用BIM建立可视化三维模型,所有数据和信息可以从模型里面调用。把建筑内部中独立运行并操作的各设备，通过移动端 App、RFID、PDA 等技术汇总到统一平台上进行管理和控制。一方面了解设备运行状况；另一方面进行远程控制。

（5）智慧服务　幸福林带项目秉承先进的城市建设理念，运用信息化智慧管理平台实现以下服务功能：视频监控信息数据管理、林带设施设备的信息数据管理、林带各种类的能源数据管理、林带内各商家完整的消费者行为数据管理、林带内店铺经营的信息数据管理等。通过大数据、智慧安全管理、智慧停车系统、移动巡检、智能管控等高智能化系统集成、多媒体导游、客流分析服务等满足智慧服务需求。

（6）火灾自动报警/智慧疏散　幸福林带的每个角落都有火灾探测器，通过总线控制系统发现并发出报警信号，通知顾客即时疏散，智能疏散系统根据起火位置设置合理的疏散路线并开启疏散指示灯引导顾客疏散至安全位置，自动通知消防值班人员并启动消防设备进行灭火处理。

（7）智能安防　幸福林带通过入侵报警系统、视频安防监控系统、出入口控制系统、BIM 建筑模型+GIS 地理信息系统、BSV 液晶拼接墙系统、门禁消防系统、防爆安全检查系统等，实现安防体系和应急指挥体系。依托 BIM 建筑模型进行可视化实现车辆布控、轨迹分析、区域碰撞、人脸识别、身份信息采集等应用。

4.5　其他城市地下空间规划与智能设计

4.5.1　地下人防工程

1. 地下人防工程概述

（1）人防工程的概念　人民防空工程简称人防工程，是防备敌人空中袭击、有效掩蔽人员和物资、保存战争潜力的重要设施，是抵抗敌人进行现代高技术局部空袭战争、保存国家战争潜力的工程保障，是战时保护城市居民生命财产和物资安全的重要手段。它是由各级指挥通信工程、防空专业队工程（含医疗救护工程）、人员掩蔽工程，以及物资储备、疏散机干道连接通道和供水供电等效能配套工程组成的防护体系，如图 4-40 所示。

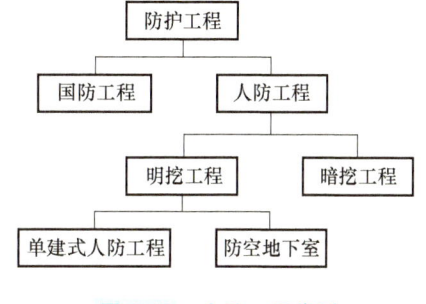

图 4-40　人防工程类型

（2）人防工程的特点　人防工程属于国防工程和社会公益工程，对质量的要求与一般地面建筑不同，具有以下重要特点：①人防工程均为地下空间工程，以钢筋混凝土结构为主；②防护部位多，除了主体结构和孔口防护外，具有防护要求的还有通风系统和给水排水系统，以及保障供电设备的系统等；③设计荷载为政策规定；④战时为短时人员避难场所；⑤设计精度和完善程度较低。

2. 地下人防工程规划

我国人防建设最根本的目的是保持战争威慑力，保存战争潜力，保卫祖国和人民生命安危。人防建设规划必须同城市地下空间及城市建设规划相统一，在总体规划指导下进行人防规划和单项工程设计。人防建设规划由城市总体防御规划、区级防御规划及单位小区防御规划等组成，充分利用现有防御规划及地下空间规划体系，进行综合规划。

（1）规划原则

1）人防建设结合城市的战略地位、现状及发展要求。战略地位是指城市在总体防御中的战略重要程度，是国家防护等级确定的重要依据，包括城市在战争中可能遭受的打击程度、平战中的重要程度，通常由上级机关确定。

2）防护工程规划同城市规划相结合，确定防护规划等级。

3）掌握水文地质、工程地质、地形条件详细情况，进行人防建筑合理选址，尽可能避开重要的军事及战略重要地段，满足人防建筑施工和运输条件。

4）人防建设必须贯彻"平战结合"的方针，应最大限度地体现经济效益、社会效益和战备效益。

5）人防建设必须与城市地下空间开发相结合，形成完善的防护体系。

（2）规划要求

1）建立街道、企业、区级的规划体系，单项规划体系服从于城市整体规划体系。

2）市级、区级、街道的人防工程体系必须设有连接通道网，既独立，又连成整体。

3）确定人防工程中重点工程的项目、等级、数量、规模及位置。这些工程通常有指挥所（省、市、区）、食品加工厂、医疗站点、电站、消防车库、贮藏库等。

4）市级、区级、街道的人防建筑整体上均应具备相应的完善系统，如具备生活、电力、抢救、医疗、指挥、动力、物资系统。

3. 地下人防工程智能设计

（1）建设的核心及总体目标 智慧人防（图4-41）的技术核心是互联网+，其基础设施是一个平台、一个中心、一个网络，即人防云平台、人防大数据中心和综合信息网络。实施智慧人防建设，是在继承以往建设发展成果的基础上，在新的、更高的技术水平和更高的应用水平上推动人防信息化建设的深入发展。狭义上是基于信息系统的人防系统能力建设的深度创新和跨越式提升。一般来说，是覆盖城市整个防空行动，整合智慧城市最新发展成果的智能保护。因此，智慧人防不是人防信息化建设的术语替代和简单复制，也不应局限于人防系统的自我完善，而应适应城市经济社会发展的新形势，关注未来城市保护的宏观体系结构，对基于信息系统的人防系统能力建设有新的认识、新的发展和新的提高。

（2）人防工程智能化的特点及原则

1）智能化的人防工程将结构、系统、服务、管理四个基本要素进行最优化组合，从而为人防指挥部、急救等机构提供快捷的信息传输，同时提供一个高效率、高经济效益、安全、舒适的工作环境，在战争中发挥更好的信息传递、人民防空的作用；智能化的人防工程可以达到更加环保、节能及降低人工成本的目的，减轻人防工程建设、管理的费用；智能化的人防工程可以增强抗灾减灾的能力，从而提高人员在战争中的生存率。

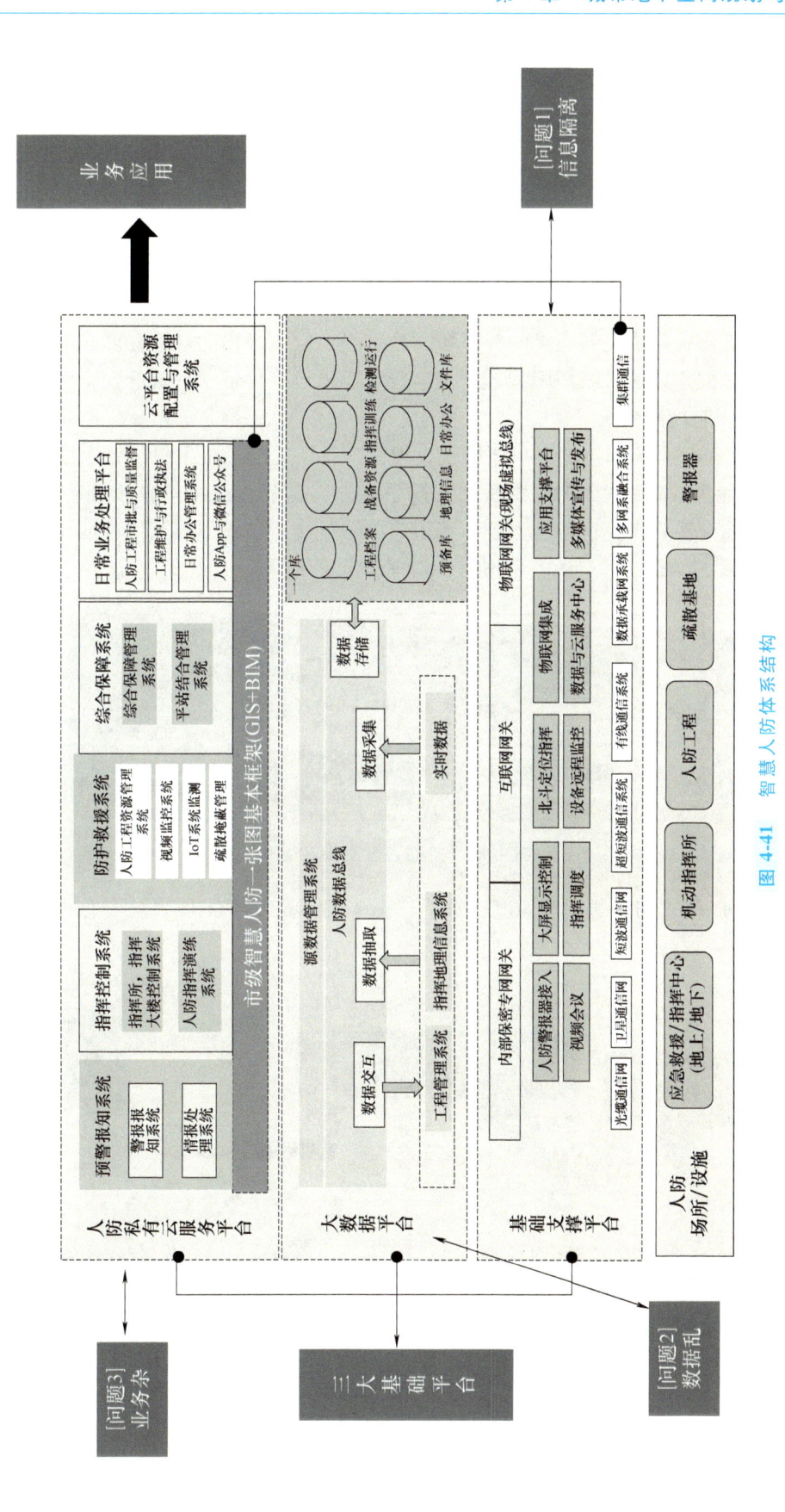

第 4 章 城市地下空间规划与智能设计

图 4-41 智慧人防体系结构

133

2）生态建筑、绿色建筑是智能人防工程中贯彻的一条基本原则。从建筑材料到建筑内外墙体结构等，均从生态的角度出发，尽量利用可再生自然资源，走一条可持续发展的良性循环道路。从技术角度来看，计算机技术、网络技术、控制技术、通信技术等各种技术的发展，为智能建筑的发展打下了坚实的基础。智能化的人防工程的最大优势就在于通过技术发展来提高人防工程的运行效率，而提高效率的最终目的在于其经济性，一次投资，统一实施，资源共享，集中管理，从而保证人们的身心健康，提供高效率的工作场所。另外，建筑设备、家具、装修、OA（办公自动化）机器及环境气氛等都必须从不同角度加以细致考虑。各种设备的智能化程度决定着建筑的视环境、声环境、空气环境的舒适程度、能源利用率和设备使用效率。安全设施、新型配线系统及事故应急电源等保证了建筑的安全性能。

（3）智慧人防控制系统

1）人防应急指挥系统。如图 4-42 所示，建立一个快速响应、平战结合、图像完整、信息畅通、指挥有力、资源保障的应急联动指挥平台，实现系统互通、信息综合、统一指挥、资源利用，重点解决看得见、连得通、叫得应等基本问题。基于一幅图快速准确定位，实现辅助决策，处置决策标绘，启动应急预案，指挥调度物资等。

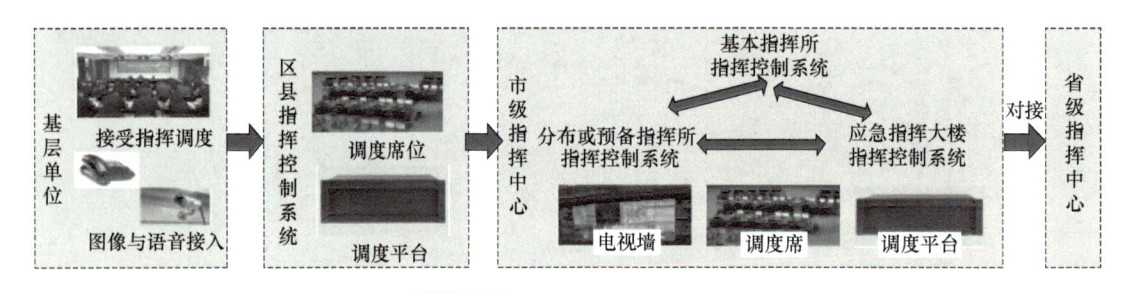

图 4-42　人防应急指挥系统

2）基于 GIS 的人防应急指挥调度。基于"一幅图"应用，实现人防应急指挥调度，如图 4-43 所示。

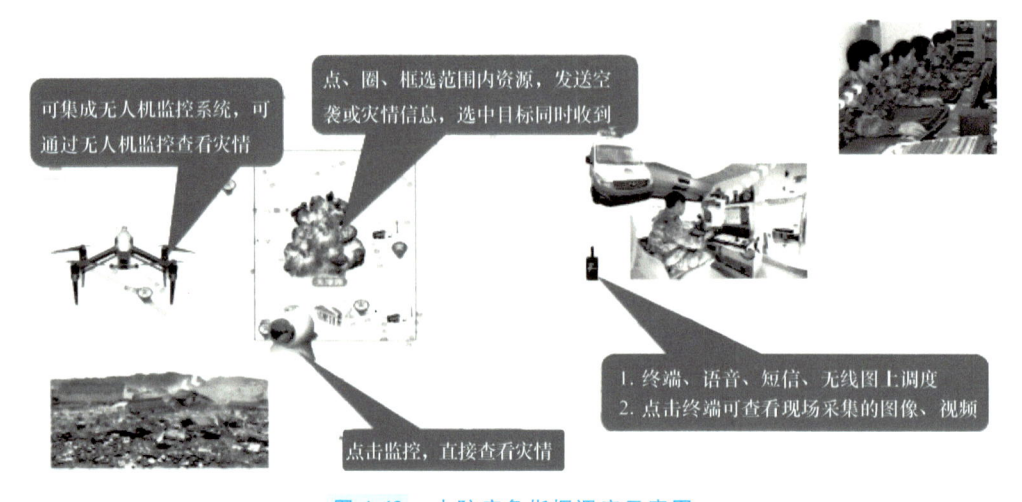

图 4-43　人防应急指挥调度示意图

第 4 章　城市地下空间规划与智能设计

3）人防视频监控与集成系统。搭建体制统一的视频监控平台，有效融入现有监控资源。人防视频监控与集成系统主要包括市人防监控平台、应急指挥平台监控信号接入、内部安全监控系统和重要经济目标监控四部分内容（图 4-44）。区域监控结合 GIS 技术实现区域视频监控的管理，室内监控结合基于 BIM 技术的三维平台，实现视频监控管理。

市人防监控平台
依托人防应急传输网络，实现全市人防重点监控信息接入，实现视频信号的集中管理和远程访问。

应急指挥平台监控信号接入
依托政务内网，引入公安天网工程监控信号、公交公司监控信号、安监局监控信号。

内部安全监控系统
建设内部安全监控系统，实现对指挥所、应急指挥大楼、疏散基地等人防工程内部重要部位进行监控。

重要经济目标监控
实现对八类重要经济目标的数据与图像的信息采集。

图 4-44　人防视频监控与集成系统

4）基于 GIS 与 BIM 的人防工程与资源的综合应用。人防工程管理：基于 GIS 和人防工程的 BIM，实现各市各类人防工程从建设、运维直至报废拆除全生命周期的信息查询与管理，为应急防护与救援提供辅助决策依据。人防资源管理：实现对疏散基地、疏散地域、报警通信设备、重要经济目标、应急物资、专业队伍等人防资源的综合查询。

5）基于 BIM 的人防工程环境监测与设备监控系统。基于 BIM 技术，在重要人防工程（特别是指挥所工程）三维 BIM 中，实现对人防工程内部环境监测的远程监管，安装温度、湿度、空气质量、灾情等环境监测传感器，配置传感信息融合处理设备和环境监测智能化管理系统，如图 4-45 所示。

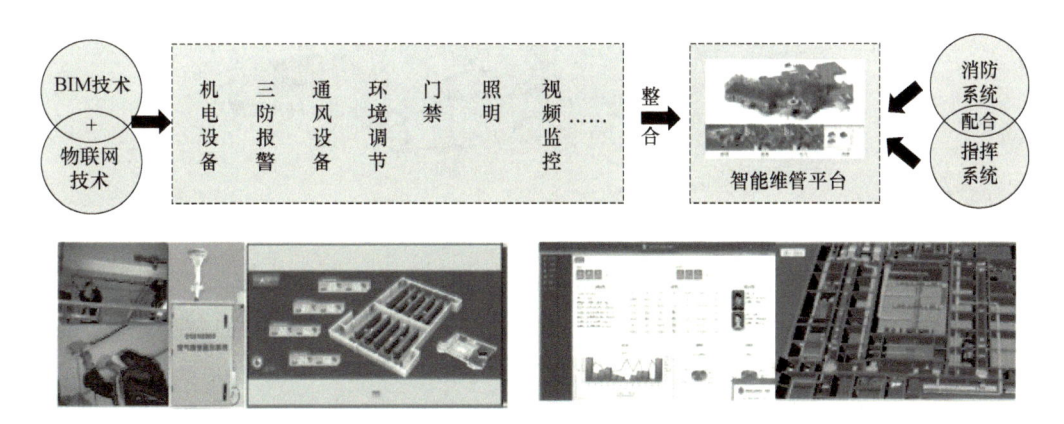

图 4-45　基于 BIM 的人防工程环境监测与设备监控系统

6）智慧人防办公系统。智慧人防办公系统基于浏览器窗口及日常办公手机 App，结合人防办日常办公的实际需求，用于在人防办内部工作人员之间实现信息共享与传达、工作流转的跟踪和督办，主要包括日程、消息传输、通知、公告、备忘录、会议提醒、文件传输、公文收发、邮件收发、内部文档资料管理与共享等，实现日常办公的统一化管理。

4.5.2 地下综合管廊

1. 地下综合管廊概述

地下综合管廊是指建于城市地下用于容纳两类及以上城市工程管线的构筑物及附属设施，如图 4-46 所示。一般情况下，地下综合管廊将设置在地面、地下或架空的各类工程管线集中容纳于一体，并留有供检修人员行走的隧道结构，设有专门的检修口、吊装口和监测系统，实施统一规划、设计、建设和管理，彻底改变以往各个管道各自建设、各自管理的零乱局面。地下综合管廊最早起源于 19 世纪的巴黎，1833 年法国巴黎修建了世界上第一条地下廊道（上、下水管+电信管线），这是现代地下综合管廊的雏形。

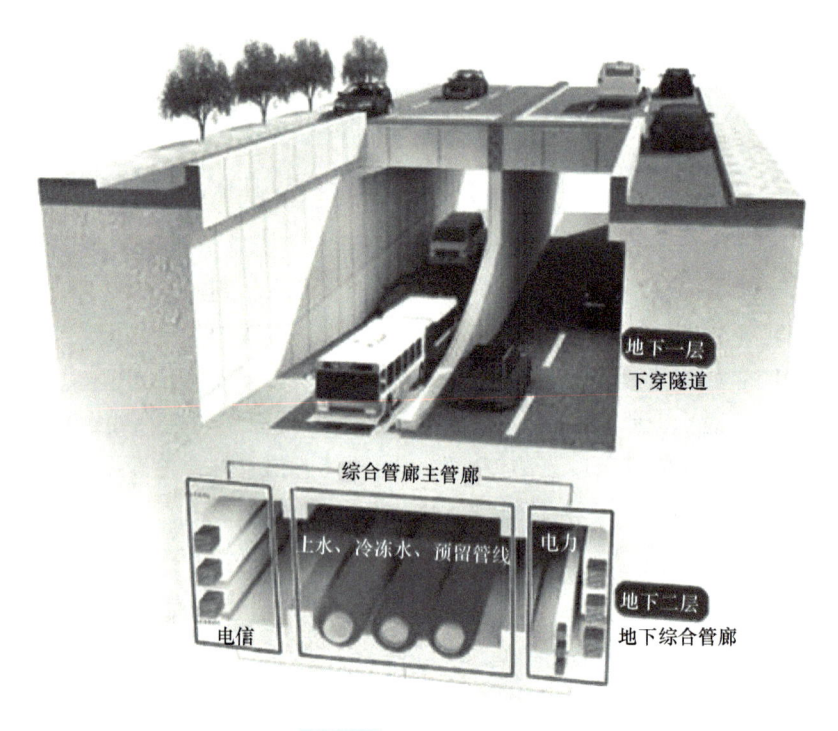

图 4-46 地下综合管廊

以地下综合管廊的形式来收容各种市政管线的主要优点是容易维修和便于更换，因而能延长市政设施系统的使用寿命，改善城市道路路面的环境状况，同时可以保护道路免遭经常性的破坏。另外，地下综合管廊的干线部分埋深可以降低到建筑物基础以下，改变市政设施管线只能沿城市道路布置的传统，可以选择最经济的走向，从而缩短地下综合管廊和管线的长度。

2. 地下综合管廊规划

地下综合管廊在规划实施过程中，应做到科学规划、适度超前，以适应城市快速发展的需要。对于不同的管线容量，需要根据当前的实际需求，结合城市开发规划，以及经济发展、人民生活水平提高的情况,预测未来某一时期的容量。

(1) 规划原则　地下综合管廊工程规划应结合城市地下管线现状,在城市道路、轨道交通、给水、雨水、污水、再生水、天然气、热力、电力、通信等专项规划及地下管线综合规划的基础上,确定地下综合管廊的布局。具体规划原则如下:

1) 地下综合管廊应与城市功能分区、建设用地布局和道路网规划相适应,宜结合城市新区、主干道改造及新建道路等大型市政基础设施建设。

2) 地下综合管廊的线路规划应符合城市各种市政管线布局的基本要求。

3) 地下综合管廊平面中心线宜与道路、铁路、轨道交通、公路中心线平行。

4) 地下综合管廊宜与城市地下轨道交通、地下商业街、地下综合体、地下人防设施、地下道路等线性地下空间整合建设,以节省经济成本,并集约化高效利用地下空间。

5) 地下综合管廊穿越城市快速路、主干路、铁路、轨道交通、公路时,宜垂直穿越;受条件限制时可斜向穿越,最小交叉角不宜小于60°。

6) 结合道路管线改迁重建,同步建设地下综合管廊设施。

7) 若城区原有早期人防干道工程,经加固改造,可重新利用为地下综合管廊,使早期人防工程重新发挥其效用,同时节省地下综合管廊建设成本。

8) 地下综合管廊管线分支口应满足预留数量、管线进出、安装敷设作业的要求。相应的分支配套设施应同步设计。

9) 应充分发挥地下综合管廊的抗灾性能,在管廊结构和管线敷设等方面加强抗震和防振能力,使之在发生自然灾害时不受或少受破坏,这样对于整个城市抗灾能力的提高和灾后的迅速恢复都有重要的意义。

(2) 地下综合管廊断面设计　断面设计(图4-47)是地下综合管廊设计最重要的内容之一,地下综合管廊断面大小直接关系到管廊所容纳的管线数量及地下综合管廊工程造价和运行成本。管廊内的空间需满足各管线平行敷设的间距要求及行人通行的净高和净宽要求,留有各管线安装、检修所需空间,同时需要对各种公用管线留有发展扩容的余地,须正确预测远景发展需求,以免造成容量不足或过大,致使浪费或在地下综合管廊附近再敷设地下管线。

原则上,所有市政工程管线均可以收容到地下综合管廊中。但是基于安全方面的考虑,煤气或天然气管线最好分舱设置,不宜与其他工程管线合舱布置。此外,重力管(污水管、雨水管)对管线的坡度有严格的要求,若在地下综合管廊中设置重力管,则对某些地形起伏较大的城市来说,其建设将受到限制,建设成本也会急剧增加。因此,在地下综合管廊中设置重力管,只适用于地形条件好的城市或城市的局部区域。而且进入地下综合管廊中的重力管的形式和位置也会受到较为严格的限制,进入地下综合管廊的排水管道应采用分流制,雨水可利用结构本体或采用管道排水方式纳入地下综合管廊。污水纳入地下综合管廊应采用管道排水方式,污水管道宜设置在地下综合管廊的底部。

(3) 管廊智能管控　管廊智能管控系统利用BIM技术绘制管廊模型,实现地下综合管廊三维可视化。基于2DGIS技术运用百度地图实现管廊平面投影与城市基础地理信息数据的融合,节省数据更新成本。基于3DGIS技术通过StampGIS实现三维定位,提升管廊运维管理水平。集 BIM、GIS 与 IoT 技术于一体实现管廊 BIM 的精准定位和动态监测。基于 BIM+GIS 的城市地下综合管廊智能管控系统的构建,实现了地下综合管廊安全、高效、智能化运维管理,为地下综合管廊的信息化管理提供有效支撑,为其安全运行、应急处置提供有力保障。同时实现了地下综合管廊信息管理数据化、设备操控远程化、运维管理可视化及应急管控智能化,有效推动了城市地下综合管廊的可持续发展。

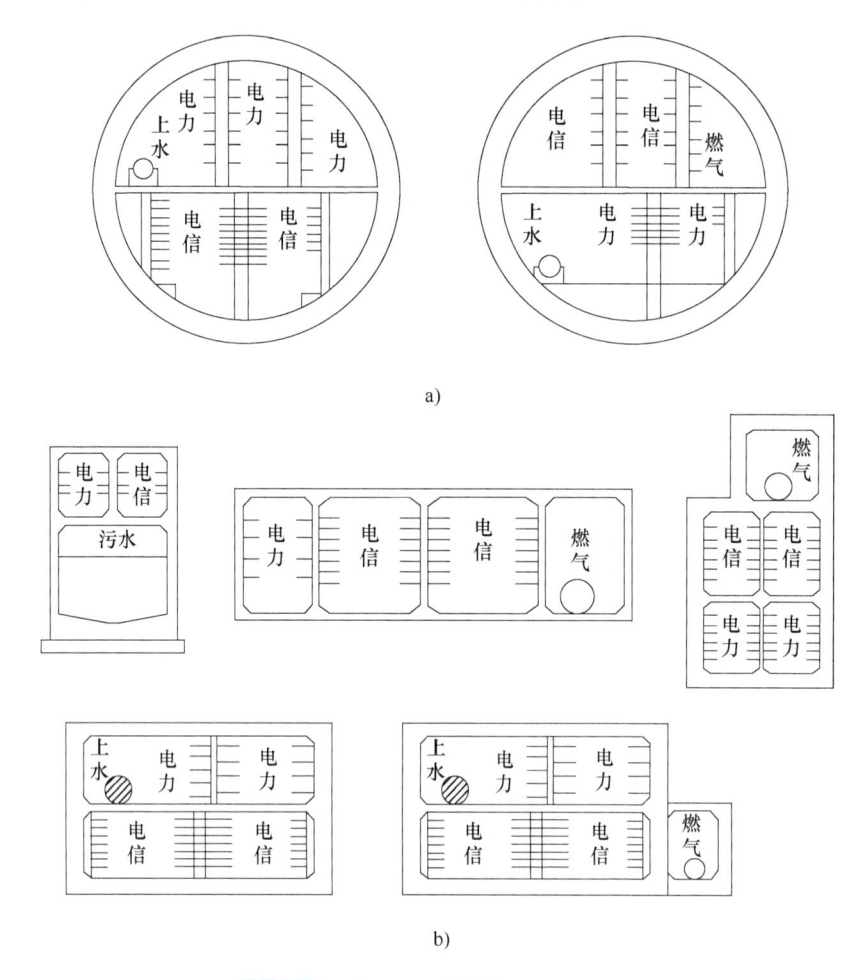

图 4-47 地下综合管廊常见断面形式

a) 暗挖式地下综合管廊断面形式　b) 明挖式地下综合管廊断面形式

3. 地下综合管廊智能设计——以南运河综合管廊项目为例

(1) 工程概况　沈阳市南运河地下综合管廊全长 12.63km,共设 7 座盾构井、22 座节点井、6 个盾构区间。沈阳市地下综合管廊(南运河段)盾构区间是国内首条贯穿老城区的地下综合管廊、国内首条使用盾构法施工的地下综合管廊、国内首条运用预埋槽道技术的盾构综合管廊、国内首个单体标段采用 8 台盾构机同时掘进。施工管理、运维管理难度极大。廊内分为水信舱、电力舱、燃气舱、热力舱和应急逃生舱。

(2) 基于 BIM+3DGIS 的系统设计　结合南运河地下综合管廊实际需求,将管廊全专业的 BIM、地表 DOM 影像图和地上倾斜摄影模型通过坐标转化和格式转变导入管廊管控系统中,实现地上倾斜摄影模型与地下综合管廊模型相结合,廊内设备与廊外影像图相结合。通过 BIM 与 3DGIS 结合,实现二三维联动、BIM 的精准化定位和精细化管理。同时可以实现廊内三维模拟巡检,有利于廊内管线的统一规划,如图 4-48 所示。

图 4-48 管廊二三维联动

1)安防子系统设计。安防子系统主要包括出入口控制系统、防入侵报警系统及视频监控系统。红外对射探测器或者双鉴探测器检测到人员入侵,通过传感器将图像数据信息反馈至平台监控中心,通过平台监控中心联动周边声光报警器进行报警,报警器将位置信息在监控中心平台上高亮显示。通过监控中心直接将画面切换至报警位置,采取下一步的解决措施。

2)消防子系统设计。消防子系统由火灾自动报警系统和可燃气体监测系统组成。系统通过传感器将数据信息传至平台监控中心进行灾情预警与报警处理。同时通过声光报警系统向地下综合管廊内的工作人员报警广播,使他们及时撤离现场,保证人身安全。

3)环控子系统设计。环控子系统主要是对廊内环境进行监控,对温湿度、氧气浓度、有害气体浓度等进行检测,保证管廊可以安全运行。当传感器监测的数据指标异常时,采取联动送风机、排风机、水泵等开启应急措施。

4)通信子系统设计。通信子系统主要采用有线和无线相结合的方式实现廊内与平台监控中心的通信。光纤电话系统:针对管廊体量超长的特点,采用 IP 技术和远距离光纤网络传输,将音频在 LAN 上传送,为管廊运维提供电话广播业务接入服务。无线语音系统:通过在廊内安装无线 AP 传感器、巡检人员配备工业智能巡检手机,可以进行语音通话、巡检人员定位等。

(3)系统应用效果

1)信息管理可视化。管廊智能管控系统通过传感器、摄像头等设备将数据信息、图片信息上传至平台监控中心,平台监控中心可以对上传的数据信息进行采集、分析、储存。系统通过 BIM 技术与 GIS 技术相结合,实现了二三维任意转化。通过平台监控中心实时查看廊内任意位置的具体情况,实现了管廊智能管控系统信息管理可视化。

2)运维管理数据化。管廊智能管控系统通过廊内传感器采集到数据,数据信息有异常联动便会进行报警，通过异常数据挖掘分析数据变化原因，发现其内在的关联，做好相应的预警措施，为管廊安全运行提供数据支撑。无论是巡检人员廊内日常巡检收集到的廊内数据，还是通过探测器收集到的廊内数据，都上传至平台监控中心数据库中，实现了管廊运维管理数据化。

3）应急管理智能化。管廊智能管控系统通过传感器将监测到的数据传至平台监控中心，平台监控中心联动声光报警器进行报警，并且结合 BIM 技术与 GIS 技术实现应急事件快速定位。通过平台监控中心调取事故周边画面，联动风机、灭火器等进行应急处理，提高了对应急事件的响应和处理能力，实现了管廊应急管理智能化。

（4）系统优化分析

1）与大数据的结合。城市地下综合管廊的安全运维是保证城市正常运行的基础，结合大数据技术从海量管廊数据中分析、提取、挖掘有用信息，进而采取相应的预警措施，为管廊安全运行提供强有力的技术保障。

通过管廊大数据与城市地下管线大数据、城市地理信息大数据相融合，实现综合管廊各方数据的互联、整合与共享，充分利用其管廊平台大数据信息，有助于实现城市地下综合管廊与智慧城市的有机衔接，打造智慧管廊运维管理新模式。

对管廊海量数据进行数据挖掘，分析历史预警信息，观察管廊监测数据走势，预估廊内数据变化情况，采取相对应的预警措施。当发生意外时，通过以往数据分析快速采取相应措施，降低管廊安全隐患发生的概率，为管廊的安全运维保驾护航。

2）与人工智能的结合。城市地下综合管廊内部环境极其复杂且使用年限为 100 年，管廊的安全运维管理成为重中之重，借助人工智能可以更好地进行全天候的运维管理巡检工作。巡检机器人在廊内巡检时可以采集廊内温湿度、氧气浓度、二氧化硫浓度等实时上传至管廊智能管控系统中，实现高效巡检与智能运维。一旦管廊发生事故借助巡检机器人可快速精准定位到故障点，从而提高运维管理的效率，减轻巡检人员的负担，降低管廊维修的风险。

4.5.3 其他地下空间

1. 地下民用建筑智能设计

地下民用建筑的智能设计是一个综合性的过程，它融合了现代科技、建筑设计和城市规划等多个领域的知识。以下是一些关于地下民用建筑智能设计的要点。

（1）结构设计与安全考虑　利用先进的结构设计技术，确保地下建筑的安全性和稳定性。考虑到地下环境的特殊性，设计时需要充分考虑地质条件、地下水位、土壤承载力等因素。引入智能监测系统实时监测地下建筑的结构安全状况，一旦发现异常立即进行预警和处理。

（2）智能化环境设计　采用智能照明系统，根据环境和使用需求自动调节照明亮度和色温，营造舒适、节能的照明环境。通过智能温控系统，实现地下空间的温度自动调节，确保室内温度适宜，提高居住和使用的舒适度。设计智能通风系统，根据空气质量和人员需求自动调节通风量，确保地下空间的空气新鲜、流通。

（3）智能化交通与停车设计 利用智能停车系统实现车辆的快速、高效停放和取出，提高停车场的利用率和管理效率。设计智能导航系统，引导车辆快速找到停车位，减少车辆在地下空间的逗留时间，缓解交通拥堵。

（4）智能化管理与服务 建立智能化管理平台，实现对地下民用建筑各项设施的统一管理和监控，提高管理效率。引入智能安防系统，通过视频监控、入侵报警等手段，确保地下空间的安全。提供智能化服务，如智能门禁、智能缴费等，方便用户的使用和管理。

（5）可持续性与节能设计 在地下民用建筑的设计中，注重可持续性和节能性，采用绿色建筑材料和节能技术，降低建筑能耗。利用可再生能源，如太阳能、地热能等，为地下民用建筑提供清洁、可持续的能源供应。

2. 地下贮库

（1）概述 地下空间开发贮库具有相当多的优越性，它可利用岩土的围护性能，因而具有保温、隔热、抗震、防护等优点，同时还使贮存的物品不易变质，能耗小，维修和运营费用低，节约材料，保护地面空间及节约土地资源。目前主要有以下几个类型：

1）地下物资库：贮存商品、成品、半成品、药品、机械、木制品、使用品等。

2）油、气贮库：贮存燃油、燃气等。

3）粮库：各种粮食贮存。

4）冷库：主要用于冷冻肉食品贮存。

由于贮存物品有差别，因而应注意其设计要求也应有所差别。

（2）地下物流仓储 地下物流系统是除传统的公路、铁路、航空及水路运输之外的第五类运输和供应系统。城市地下物流系统是基于区分城内运输和城外运输的概念下，把城外的货物运输到城市边缘处的物流基地或园区，经处理后由物流基地或园区通过地下物流系统配送到各个终端，这些终端包括超市、工厂和中转站，与城内运送货物的反向物流类似。

1）城市配送系统与智慧地下物流。城市新建商务区一般采用地上地下整体开发，地面空间开发金融商务办公、酒店、零售商业的高层办公建筑。随着未来商业快递与个人快递配送高密度叠加，为避免在新建商务区出现当前商务区快递配送的各种问题，有必要在新建商务区对传统配送进行模式和技术的双重结合创新（图4-49）。

在模式创新上，建设快递共同配送试点。快递进入区域后，各物流企业不再各自派件，统一集中至区域共配中心，由专门的末端配送公司对整个区域进行统筹和整合，实现统一配送，建立公共信息服务平台，实现物流快递各环节信息的对接与整合。从模式上看，商务区基于楼宇的快递共同配送模式已得到应用。

在技术创新上，结合新建商务区地下空间的一体化开发，引入无人舱、自动驾驶、智能自提柜等智能新技术，开展智慧配送。新建商务区一般设置完善的地下车库联络道系统将区域不同地块高效连接，这些为智慧地下物流建设提供了良好的土建基础设施条件。

系统服务区域的快递派件与揽件功能，所有快递公司进入商务区的快递集中至区域共配中心进行统一智能化分拣、集包,由专用的智能地下运输系统派送至区域不同建筑的智能末端,再由智能末端将快递送至各楼层目的地。快递到达指定接收点后,信息实时反馈至系统,通知收件人到指定地点取货。反之,系统揽件后交由智能末端,经智能运输系统返回共配中心,所有揽收件于统一时间交由各外部物流车。系统采用标准箱模块化配送,快速完成装卸货,实现快递的全程定位、跟踪和监管等功能。智能地下运输通道形式比较见表4-11。

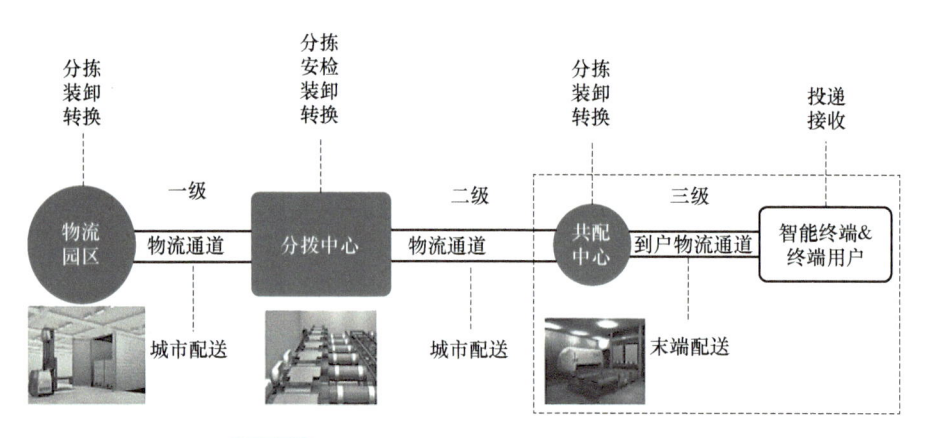

图4-49 城市配送系统与智慧地下物流设计

表4-11 智能地下运输通道形式比较

运输通道形式		运输装备	运输能力	时效性	可靠性
专用物流廊道		自动化轨道车	系统独立运输能力较强	时效性最高	封闭通道影响小
共享既有地下空间一体化布置	利用地下道路上部空间	悬挂式轨道车	系统独立运输能力满足需求	时效性较高	运输可靠
	利用地下道路车道	无人驾驶物流车	货运量大时对客运交通有影响,需要调控管制	一般	需要适当的交通管制

2) 基于"互联网+大数据"的物流模式。在经历机械设备参与的物流机械化阶段及融合计算机技术所形成的物流自动化阶段后,象征智慧时代的新兴人工智慧、物联网、大数据等现代信息技术开始在物流运输领域逐步广泛应用。根据国家统计局统计,截至2017年,我国已累计建成自动化立体库2600多座,其主要领域多为医药零售、电商、烟草。大数据技术为物流链的优化与升级提供了技术基础。电商大数据能有效提升物流的配送效率,可实时同步订单信息到配送仓库数据库。智慧仓储可根据买家地址就近检索拣选仓库位置,选取最优化配送路径的同时,还可以通过大数据分析形成物流流通数据,从过去货物由品牌商仓库发出的模式升级为厂家直接发送货物与商品到顾客手中的模式。以"互联网+"为基础而高速发展的智慧中转仓库系统也得到了高速有效的发展。利用信息软件集成应用与智慧自动化装备的组合,实现对仓内工作更加高效、更加精细化的管理。基于"互联网+大数据"的物流模式如图4-50所示。

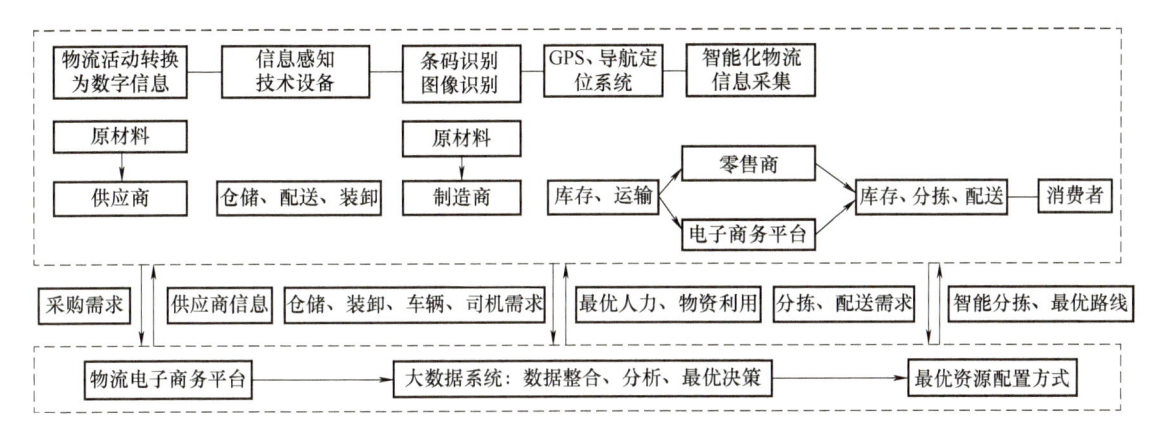

图 4-50　基于"互联网+大数据"的物流模式

复习思考题

（1）简述城市地下空间的规划原则。
（2）简述城市地下空间采光设计。
（3）简述城市地下空间防火设计要点。
（4）简述城市地下空间环境设计要点。
（5）简述城市地下轨道交通站台规划方法。
（6）举例简述地下轨道交通智能设计。
（7）简述城市地下商业街中庭设计要点。
（8）举例简述地下商业街智能设计。
（9）简述城市综合体规划设计要点。
（10）简述地下综合管廊的设计要点。

第 5 章 装配式地下建筑

5.1 装配式地下建筑概述

5.1.1 装配式地下建筑的概念

装配式建筑是一种以工厂化生产构件和现场组装为特征的建筑方式，也称为预制建筑，是一种现代化的建筑技术，它的核心在于将传统建筑过程中的大部分现场作业转移到工厂中进行。在工厂内，通过标准化的生产流程制作出各种建筑用构件和配件，然后将这些预制好的构件和配件运输到施工现场，通过可靠的连接方式组装成为完整的建筑。在地下空间工程建设中使用预制构件建造的建筑称为装配式地下建筑。与装配式地面建筑不同的是，装配式地面建筑中涉及预制的构件主要包括楼板、墙板、楼梯、阳台等常规构件，而装配式地下建筑形式多样，涉及的构件种类较多，且随着技术提升还在不断演化出新的结构体系。现阶段，装配式地下建筑主要应用场景包括盾构隧道、装配式综合管廊和装配式地铁车站三类，盾构隧道后续章节会详细介绍，本章主要介绍装配式综合管廊和装配式地铁车站。

5.1.2 发展装配式建筑的意义

近年来，我国积极探索发展装配式建筑，但建造方式大多仍以现场浇筑为主，装配式建筑的比例和规模化程度较低，与发展绿色建筑的有关要求及先进建造方式相比还有很大差距。发展装配式建筑的重要意义体现在以下几个方面。

（1）提高建筑质量　由于建筑构件是在工厂生产的，可以实现标准化、规模化生产，从而保证建筑构件的质量。

（2）提高施工效率　传统的建筑方式需要在施工现场进行大量的人工操作，而装配式建造则是将建筑构件运输到现场后进行快速组装，大大缩短了施工周期。此外，装配式建造还可以实现多项目同时进行，提高施工效率。

（3）节约资源　工厂生产的建筑构件可以根据实际需要进行精确计算，避免浪费。同时，装配式建造可以减少现场施工中的材料损耗，降低建筑成本。此外，装配式建造还可以实现建筑废弃物的回收利用，减少对环境的破坏。

第 5 章 装配式地下建筑

（4）利于环境保护 工厂生产的建筑构件可以减少现场施工过程中的粉尘、废水等污染物的排放，减轻对环境的压力。同时，装配式建造还可以降低建筑过程中的能耗，实现绿色建筑。

5.1.3 装配式建筑的发展历程

1. 国外发展历程

装配式建筑不论是地面建筑还是地下建筑，国外的起步均较早。1891 年，巴黎 Ed. Coigent 公司首次在建筑中使用装配式混凝土梁。到 20 世纪 60 年代中期，西欧、北欧各国装配式住宅的占比已达 18%~26%。美国在 20 世纪 50 年代开始大规模推广装配式建筑。日本是亚洲装配式建筑起步较早的国家，到 20 世纪 80 年代，装配式住宅占比达 20%~25%。

地下空间工程的装配式结构最早主要是盾构法隧道结构。法国工程师 M. I. Brunel 在 1818 年发明了全封闭螺旋式盾构工法，即土压平衡盾构的原型。英国工程师 J. H. Greathead 采用新开发的圆形盾构于 1869 年成功修建了穿越泰晤士河的河底隧道，这是隧道装配式衬砌的首次应用。

后期，随着盾构技术的发展，出现了采用盾构机修建地铁车站的工程案例，表 5-1 给出了国外预制装配式典型地铁车站，其中日本盾构施工地铁车站横截面如图 5-1 所示。但总体来说，装配式地铁车站的修建采用盾构技术的相对较少。

表 5-1 国外预制装配式典型地铁车站

线路	站名	结构形式	技术方法
JR 京叶线	京桥站	双圆结构	盾构法
东京 7 号线	白金台站	三圆结构	盾构法
明斯克 1 号线	列宁广场站	拱形结构	明挖法装配式
圣彼得堡 5 号线	体育馆站	拱形结构	矿山法装配式

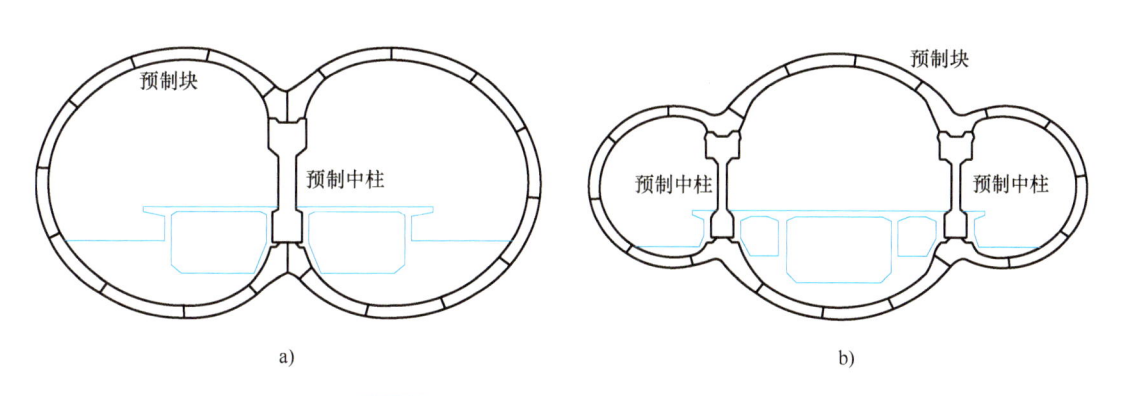

图 5-1 日本盾构施工地铁车站横截面
a）日本 JR 京叶线京桥站双圆结构 b）日本东京 7 号线白金台站三圆结构

苏联在 20 世纪 80 年代修建彼得堡体育馆地铁车站时，利用盾构技术先行掘进了左右 2 个支座隧道，并以此为基础扩挖车站主体结构区域的岩土体，最后安装预制的衬砌结构，形

145

成了最终的车站，如图5-2所示。

明挖地铁车站应用装配式技术的工程相对较多，20世纪70年代，苏联在明挖地铁车站建设中尝试使用了预制装配式技术，目的是解决冬季低温条件下混凝土结构施工的难题。

早期的装配式车站基本均采用明挖矩形装配式地铁车站结构，结构体系较为复杂，如图5-3所示，底板可以采用整体现浇的形式，有的采用现浇湿式连接的装配整体式结构，在大多数情况下，上部结构采用分块搭接的装配方式。

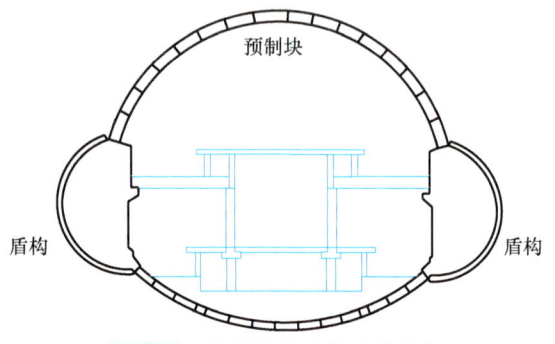

图5-2 彼得堡体育馆站横截面

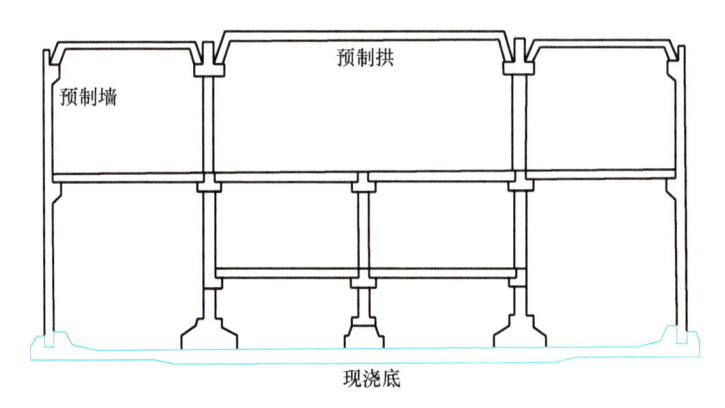

图5-3 明挖矩形装配式地铁车站结构

而有的车站，如明斯克市列宁广场站，利用大块装配式钢筋混凝土构件拼装而成，如图5-4所示，车站顶底部的大块装配式构件每排设置3个，块与块之间采用湿式连接，首先安装底部衬砌，然后利用金属模板浇筑侧墙钢筋混凝土结构，最后利用台车安装拱部的构件。上述这种复杂的结构体系存在的接头较多，并且均采用湿式连接，施工效率和施工质量难以得到较好的保障，且过多的接头非常不利于结构的防水。因此，随着技术的发展，这种复杂的装配工艺已基本不再使用。

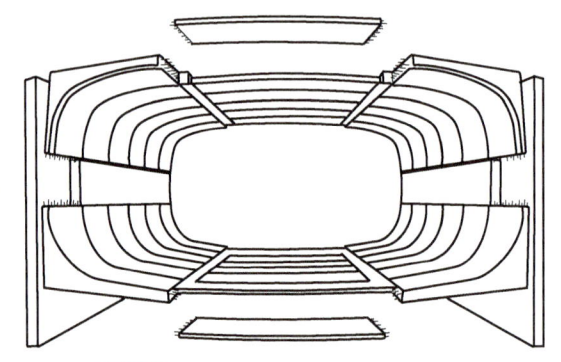

图5-4 明斯克市列宁广场地铁车站

2. 国内发展历程

我国装配式建筑起步于20世纪50年代，最早主要应用于地上建筑，以大板住宅体系为代表，同时还有内浇外挂住宅体系、框架轻板住宅体系等其他形式。但由于当时装配技术较为落后，所以在很长一段时间内，装配式建筑没有得到进一步发展。直至进入21世纪，随着装配式建筑设计和施工技术的提升，在国家政策的推动下，装配式建筑重新升温，得到了较快的发展。

第 5 章　装配式地下建筑

我国的装配式地下建筑，除盾构隧道外，起步均较晚，相关技术的发展和应用尚不成熟。2012 年，东北地区长春地铁的建设率先采用了装配式建造技术，2 号线双丰站、兴隆堡站（图 5-5）、西环城路站、建设广场站四座车站在国内首次采用装配式施工工艺，标志着我国地铁车站的建设正式进入装配式技术应用阶段。装配式技术的应用有效解决了我国东北严寒地区年施工时间短的问题。近年来，装配式技术在地铁车站的应用逐渐增多，目前北京、上海、青岛、济南等地均开展了装配式地铁车站的建设，提高了施工效率，保障了施工质量。

图 5-5　长春地铁 2 号线兴隆堡站

地下综合管廊是指在城市地下构建的市政公共隧道，专门用于集中铺设电力、通信、给水、排水、热力、燃气等多种管线的设施。地下综合管廊是新型城镇化发展下城市地下管线建设方面大力发展的地下结构，其能够有效利用城市地下空间，保障地下管线的安全，同时美化了城市环境，降低了管线维修难度。

装配式技术在地下综合管廊建设中的应用起步要稍晚于地铁车站，近年来，北京、上海、雄安新区、重庆等地均在地下综合管廊建设中成功应用了装配式技术，如北京通州文旅区地下综合管廊（图 5-6）、上海白粮路地下综合管廊（图 5-7）等。不过，目前装配式地下综合管廊技术仍处于起步阶段，研究同步于建设，尚未像地面建筑一样形成较为完整的技术体系。

图 5-6　北京通州文旅区地下综合管廊 　　图 5-7　上海白粮路地下综合管廊

147

5.2 装配式地下建筑类型

5.2.1 装配式综合管廊

1. 概述

装配式综合管廊是一种采用预制构件进行现场快速拼装的城市地下管线通道，工厂流水线生产，运输到现场拼装，它结合了现浇和预制结构的优点，能够有效提高施工效率、降低成本并减少对环境的影响。具体而言，装配式综合管廊有以下几个特点。

（1）结构形式　常见的混凝土结构综合管廊包括全预制管廊、部分预制管廊等，除此之外还有钢结构管廊、其他新材料管廊等。可以根据实际需要进行设计，以满足不同的工程要求。

（2）施工技术　包括整体预制拼装、上下分体预制拼装、分块预制拼装等。这些技术各有特点，适用于不同类型的管廊建设，如单舱、两舱或多舱管廊。

（3）施工速度　与传统的现浇管廊相比，装配式管廊可以大大缩短工期。例如，叠合装配式管廊的结构可以在5d内完成，而现浇结构可能需要15d，甚至更久。

（4）环境影响　由于装配式管廊采用的是预制构件，因此可以减少现场的湿作业和废弃物，减少对环境的影响，并且受天气影响较小。

（5）现代技术　装配式管廊的建设通常采用BIM技术和物联网技术，实现从设计、预制加工、现场吊装到后期运维的全过程管理。

全预制管廊是指所有的构件都在工厂预制，运送到现场直接安装，拼装过程也不浇筑混凝土，因此结构质量好，环境污染非常小。其可进一步细分为整体预制、上下分体预制、分块预制等不同形式。图5-8a所示为整体预制型，即将管廊沿纵向分为一个个节段，每个节段预制成一个整体，现场直接按节段顺序拼装；图5-8b所示为上下分体预制型，即将管廊结构分为上下两部分进行预制，然后在现场按顺序进行拼装，适用于多舱管廊，可以减少单次吊重，便于运输和吊装；图5-8c所示为分块预制型，即将管廊结构分块预制，例如可以分为顶板、侧墙、中隔墙、底板等块，相比于上下分体预制型，其分块较小、质量较轻，会更便于拼装施工，但相应地对结构的防水性能会存在不利影响。

部分预制管廊是一种结合现场浇筑和工厂预制的管廊施工方法，即将综合管廊的某些结构部分在工厂进行预制，然后运送至现场进行拼装、浇筑混凝土的施工技术。因此，与全预制管廊相比，该类管廊预制组件在工厂制造的同时现场可以进行其他施工活动，两者并行作业可以显著缩短工期；此外，由于部分为现浇结构，因此纵向的连接节点较少，防水薄弱部位也较少。

预制叠合装配式管廊是部分预制管廊的代表形式，如图5-9所示，以现浇底板为基础，安装工厂预制好的叠合式双层外墙板、叠合式单层顶板、中隔墙板等组件后，再以叠合板为模具浇筑混凝土，最终形成完整的综合管廊结构。

第 5 章 装配式地下建筑

图 5-8 全预制管廊
a）整体预制型 b）上下分体预制型 c）分块预制型

总体而言，装配式综合管廊的施工工艺流程可用图 5-10 表示，分为预制构件生产、施工现场准备、预制构件拼装三大环节，前两环节可以重叠开展，大致流程为综合管廊构件生产→构件运输→逐节、逐块起吊安装→接头处理→竣工验收。

我国装配式综合管廊的应用案例已有不少，采用的形式各异，各具优缺点，表 5-2 列出了一些代表性工程的具体信息。

图 5-9 预制叠合装配式管廊

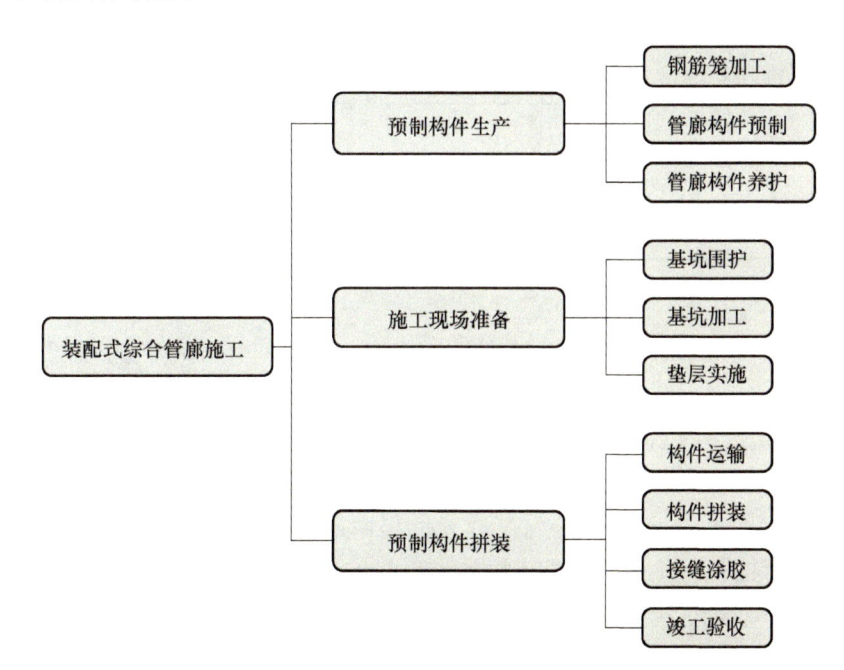

图 5-10 装配式综合管廊的施工工艺流程

149

表 5-2 国内装配式综合管廊代表性工程信息

工程名称	管廊长/km	标准断面（宽/m）×（高/m）	设计舱型	技术方法	特点	优缺点
聊城高新技术产业开发区杭州路综合管廊	1.2	7.4×3.8	矩形双舱	新型叠合预制装配式施工技术	现浇底板、预制墙板和叠合顶板	降低施工难度，缩短施工工期，节约施工成本，但涉及现浇部分较多、效率较低
绵阳科技城集中发展区核心区永青路段综合管廊	6.083	8.5×4.0	矩形三舱	分片预制综合管廊关键技术	按部位和受力特点进行分块	缩短施工工期，减少现场人工投入，但是连接部位较多
上海世博会园区综合管廊示范段	0.2	3.3×3.8	矩形单舱	整舱预制拼装	横截面方向整体预制，纵向需要划分一定长度的节段	构件尺寸精确，整体抗压能力强，但大尺寸预制构件吊装及拼接的成本高
十堰郧阳区沧浪大道综合管廊	4.16	7.95×4.0	矩形双舱	预制节段综合管廊拼装技术	纵向分段，单舱或小断面双舱管廊	施工效率高，但吊装设备受限
北京通州文旅区将军府东路综合管廊	0.326	3.1×3.5	矩形单舱	整舱预制拼装	全机械化的拼装方式	机械化程度高，施工安全性高，节地节材，适用性强，但受施工和吊装限制，整舱预制拼装仅适用于横截面尺寸不大的综合管廊
晋中市昔阳经济技术开发区综合管廊	6.53	7.7×4.4	矩形双舱	叠合装配式拼装综合管廊	工厂预制叠合底板、叠合墙板及叠合顶板在现场拼装而成	用工量少，安全可靠，但现场仍需要进行湿作业，效率较低

2. 案例 1——全预制

北京通州文旅区将军府东路综合管廊是全国第一个全机械化施工的预制装配式综合管廊，结构横断面为矩形。管廊采用全预制结构，单舱型式，设置了电力、给水、电信、再生水四类管线，结构沿纵向 2m 一个节段预制，单节段质量为 20t，因此运输到现场后进行全机械化拼装施工。3 名工人利用新研制的类似台车的运输拼装设备，逐一将吊装就位的节段向前推行对接，如图 5-11 所示，工人在施工过程中进行一些纠偏辅助调整，实现了运输、对位、拼装全流程的机械化施工。具体施工流程如下：施工准备→基础层浇筑→导轨安装→首节段固定→节段顺次拼装→底板注浆→拼缝处理。

从该工程实践中可以发现单舱综合管廊采用装配式工艺能实现高度机械化作业，有效提高施工效率。经测算，100m 长的综合管廊，按 3 名工人每天完成 6 节管廊计算，需要 10 余天完成施工，而采用现浇混凝土结构，则除了需要更多的起重机械外，大概需 30 余名工人开展一个多月的工作才能完成。在该工程中，机械化的施工方式提高了拼装精度，能够控制在 2mm 以内。施工安全性也得到大幅提升，工人可以避开危险区域，通过遥控设备完成各项工序。

图 5-11　北京通州文旅区将军府东路综合管廊

3. 案例 2——叠合装配

山西省晋中市昔阳经济技术开发区的综合管廊是山西省内首个叠合装配式管廊工程。管廊标准段断面尺寸为 7.7m（宽）×4.4m（高），采用双舱型式，如图 5-12 所示，一舱为水电舱，一舱为综合舱，主要布设通信电缆、高压电缆、给水管、污水管、中水管等重要管线。管廊采用叠合式结构，纵向 3m 为一段，现场基坑开挖、地基处理完成后，将工厂预制好的叠合板吊装就位，安装好底板、墙板并完成校正加固工作，再浇筑底板混凝土，待混凝土达到一定强度后吊装叠合顶板，完成顶板钢筋的绑扎，随后一并浇筑墙、顶板混凝土，逐段重复进行，期间穿插止水带、预埋件安装等其他工作。在该工程实践中发现，多舱管廊采用叠合式预制工艺，能够有效提高施工效率，根据测算，30m 长的该类结构管廊采用现浇混凝土施工需要约 12d 完工，而采用叠合式预制工艺施工则仅需约 5d。叠合板可以作为现浇混凝土的模具，因此减少了大量模具的使用，节约了木材，有利于环境保护。同时，人工费用和管理成本相较于传统工艺也有所下降，有较好的社会和经济效益。

图 5-12　晋中市昔阳经济技术开发区综合管廊

5.2.2 装配式地铁车站

1. 概述

装配式地铁车站是装配式地下建筑中规模较大的一种形式，是将地铁车站的预制构件在工厂内生产完成后，运输到施工现场进行快速组装的一种建造方式。与传统现浇结构地铁车站相比，它具有以下几个显著特点：

1）施工效率高：由于大部分工作在工厂内完成，现场只需进行基坑施工、构件组装、覆土回填等工作，并且可以与工厂工作同步，因此大大缩短了施工周期。

2）施工质量好：工厂化的生产环境、高精度模具可以更有效地控制材料和工艺的质量，提高整体施工质量。

3）节能环保：现场以干作业为主，显著降低了施工产生的噪声、污水、粉尘等污染，有利于环境保护。

4）施工安全：机械化施工占比高，现场作业人员少，降低了安全风险。

装配式地铁车站同装配式综合管廊一样，可以分为全预制和部分预制。全预制，即主体结构所有的构件均在工厂流水线预制生产，然后将其运输到施工现场后按顺序进行组装，构件与构件的连接采用干式连接方式。部分预制，即部分构件在工厂内预制，该分类以叠合装配式为代表，在工厂预制部分主要构件，如叠合板、叠合墙、叠合梁等，运输到现场作为模板替代现浇混凝土使用的木模板，组装完成后进而浇筑剩余结构的混凝土，如前述叠合式综合管廊结构，这种装配形式不仅可以控制质量，还能提高生产效率。但目前而言，以上所述的装配式分类方式尚不完善，关于全预制方式的界定仍然不够明确，考虑到其与叠合式存在明显的区别，因此，本章节后述内容暂且按此分类表述。

两种装配形式的存在使得装配式地铁车站的结构形式大致可分为两类：全预制单拱大跨车站和部分预制矩形单柱车站，如图 5-13 所示。前者采用多个大块预制构件直接拼装，站厅层没有中柱，空间开阔，需采用单拱形式以改善大跨度车站顶板的受力情况；后者多以现浇底板为基础，将预制叠合墙、板、柱、梁等构件进行连接，并作为模板完成剩余混凝土浇筑，因此整体结构形式与普通现浇明挖车站较为类似。

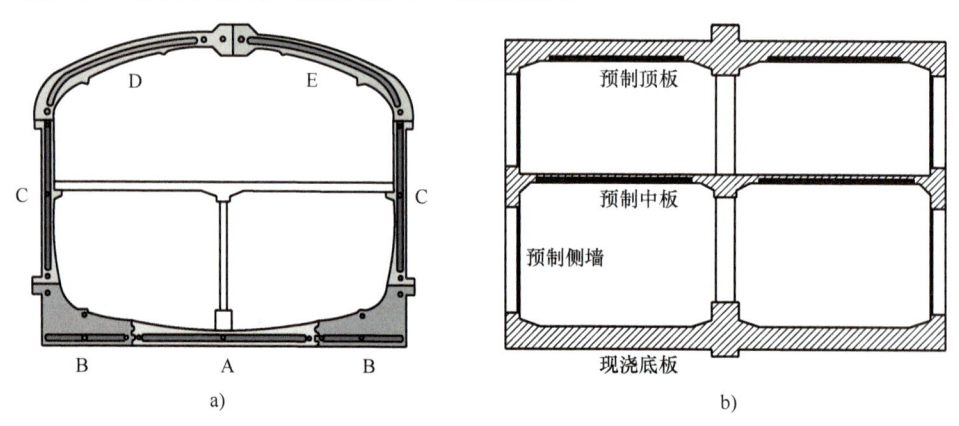

图 5-13 装配式地铁车站结构形式

a) 全预制单拱大跨车站　b) 部分预制矩形单柱车站

第 5 章　装配式地下建筑

我国多个城市根据自身的环境特点选择建造了不同形式的装配式地铁车站，并仍在不断创新出新的形式，且各具特点，表 5-3 列出了几个具有代表性的工程案例，简要介绍了各自的特点。

表 5-3　国内装配式地铁车站代表性工程案例

线路	站名	装配形式	装配段车站长度/m	特点
长春地铁 2 号线	双丰站	部分预制装配式	174	全国首座装配式车站
长春地铁 6 号线	新城西站	全预制装配式	158	全国首座"明挖现浇+明挖装配+盖挖逆作"组合式施工车站
青岛地铁 6 号线	可洛石站	全预制装配式	130	梁、板、柱、墙 100%预制装配
青岛地铁 6 号线	朝阳路站	全预制装配式	148	全国首座"普通门吊+分离式"整体拼装台车桩撑体系装配式地铁车站
深圳地铁 16 号线	龙兴站	全预制装配式	238	全国首座"内支撑+大分块+全装配式"施工车站
无锡地铁 S1 线	南门站	叠合装配式	150	唯一地下标准车站，采用"预制构件+现浇结构"相结合的叠合方案
上海地铁 15 号线	吴中路站	叠合装配式	170	全国首座大跨度无柱预制拱形顶板地铁车站，采用"预制构件+现浇结构"相结合的叠合方案

2. 案例 1——长春地铁 2 号线双丰站

长春地铁 2 号线双丰站是我国最早实践装配式设计和施工的地铁车站，车站装配段长 174m、高 17.5m、宽 20.5m，涉及 609 个预制构件的制作和拼装。车站沿纵向每一环宽度为 2m，由 7 块预制构件拼装而成，涉及 A、B、C、D、E 五个类型，如图 5-14 所示，其中 B 和 C 型有 2 块；结构的底板由一个 A 型构件和左右两侧的 B 型构件组成，B 型构件上接 C 型构件，即车站的侧墙，上部 D 和 E 构件交叉拼装（下一环 D、E 互换位置，在纵向形成错缝）形成了车站的顶板；最重单个预制块质量达到 54.5t。每一环块与块之间、沿纵向每环之间均采用榫接的方式，并以精轧螺纹钢进行拉紧固定，采用改性环氧树脂填充公母榫之间的间隙，使这些构件形成一个坚固的整体；车站的中板采用现浇钢筋混凝土结构。因此，该车站实际是外圈采用全预制构件拼装，内部采用现浇混凝土施工，与后期全预制的车站结构有所不同，也与叠合式车站存在明显区别，所以在这里归入了部分预制的车站类型中。

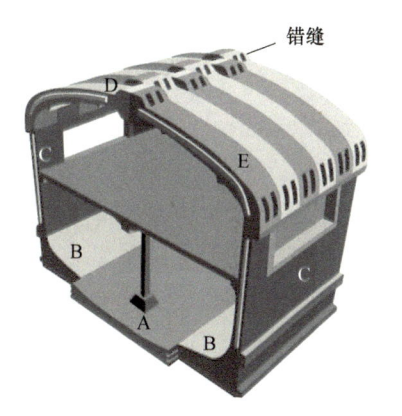

图 5-14　双丰站结构形式

(1) 工程施工重难点

1) 预制块块数较多，每环7块，如何能够实现快速拼装，保证工程进度？

2) 首次吊装该类大型预制构件至深基坑内，市面上没有合适的吊装和拼装设备，需要进行设备研发。

3) 拼装精度要求高，如何保证每一块的拼装精度，避免因为累积误差造成施工过程卡壳，无法继续拼装？

4) 连接节点的榫接结构存在空隙，需要专用的填充材料，以保证节点的抗震性能满足要求。

(2) 保证施工质量和精度的措施　针对以上重难点，该车站在施工过程中，预制构件按先底板、后侧墙、再顶板的顺序进行逐次拼装，并采取了以下一些措施来保证施工的质量和精度：

1) 拼装形式的选择。即错缝还是通缝拼装，如图5-15所示，错缝拼装虽然对接缝处的受力性能有改善，但施工难度大、测量工作量大，而通缝拼装则减少了测量工作量并降低了施工难度。研究人员分析后，认为通缝拼装能够满足受力要求，因此采用了通缝拼装形式，提高了施工效率。

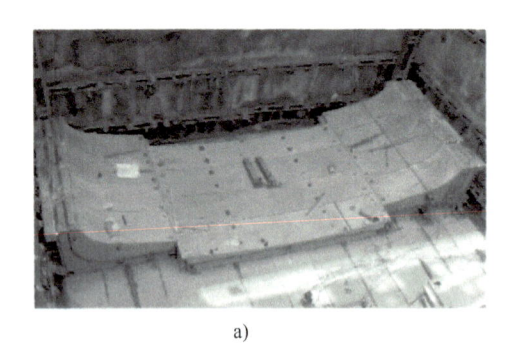

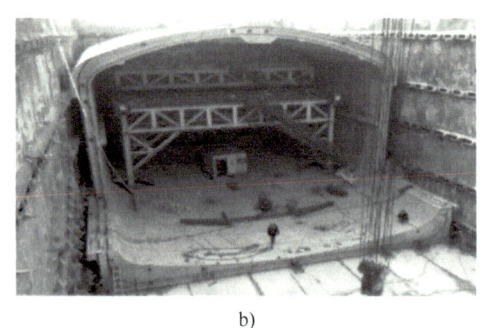

图5-15　错缝拼装与通缝拼装
a) 错缝拼装　b) 通缝拼装

2) 拼装步序的选择。是一环拼完拼下一环，还是底板、侧墙、顶板错开一定距离拼装，也就是类似于隧道台阶法施工的形式。两种方式分别被专家学者定义为成环拼装和梯次拼装。对比研究后选择了后者，即梯次拼装。首先吊运安装底板的A和B块，连续7组，随后吊运侧墙的C块，连续4组，与底板错开3环，再吊运安装顶部的D和E块，利用拼装平台调整、拼接、张拉钢筋，形成完整的一环结构。可见对于这种拼装方式，底板、侧墙、顶板的拼装互不干扰，相互较独立，所以拼装效率高。

3) 吊装技术。采用了最快吊装速度5m/min的门式起重机，并设计了5个档位，当进行拼装时，可将速度调至0.9m/min，此时具有2.5mm的安装精度，能够满足拼装精度要求。拼装装备为新研制的专用设备，为钢箱梁结构，安置了大量液压设备，主要用于完成侧墙和顶板构件的定位和拼装，能够实现构件的抬升、下降、三维平移和微量转动。

4)定位与纠偏。底板构件的定位依靠门式起重机及辅助装置完成,侧墙构件的定位依靠吊挂架、千斤顶完成,顶板依靠顶部平台和千斤顶完成精确定位。纠偏控制涉及轴线控制和调整、垂直度控制、构件端面同步控制、张拉力及接缝宽度的控制四个方面,通过以上调整保证高精度完成拼装工作。

5)节点充填。采用了改性的环氧树脂填充,能够将两侧的构件紧密黏合在一起,有效提升了节点的抗震性能。

(3)装配式地铁车站的优点 该工程实践证明,与传统现浇车站工艺相比,装配式地铁车站具有以下显著优点:

1)节能环保,作业空间大。仅木材一项材料,节约了 800m³,减少了 80% 的建筑废料。此外,施工现场的材料占用面积减少,从而扩大了施工操作的空间。

2)节约劳动力,工期显著缩短。施工现场劳动力节省 50% 以上,工期缩短 1~2 个月,满足我国北方寒冷地区的工期需求。

3)施工噪声小,安全隐患少。显著降低对周边居民生活产生的不利影响。

3. 案例 2——无锡地铁 S1 线南门站

无锡 S1 线南门站是全线 5 个地下车站之一,位于江苏省无锡市虹桥南路与规划长庆路交叉口,设计为地下双层岛式车站。车站长 198.7m,其中有 150m 左右的范围采用装配式建造,两端盾构井区段采用传统现浇施工。

该站的装配形式是叠合装配式,车站底板采用现浇混凝土完成建造,中柱采用了预制的钢管混凝土柱,其他构件如顶板、中板、侧墙和纵梁等均为叠合构件,在工厂内预制完成。该车站结构形式类似于明挖车站,为单柱双跨矩形结构,横截面形式如图 5-16 所示。沿纵向 3m 一个节段,共计 456 块,装配率为 90.2%,最重的构件约为 20t,这样能够保证每个构件的顺利运输和安装。纵梁预制构件之间利用型钢接头连接,侧墙与顶、底板预制构件之间用钢筋环扣连接,沿纵向通缝拼装,节段间采用芯笼连接,构件环缝中设置了防水嵌缝。

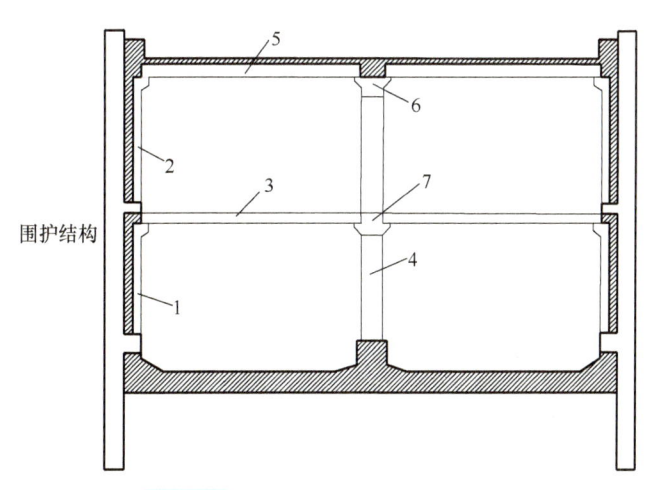

图 5-16 车站横截面及预制块编号

1—站台层侧墙叠合板 2—站厅层侧墙叠合板 3—中板叠合板 4—预制钢管混凝土柱
5—顶板叠合板 6—预制型钢顶纵梁 7—预制型钢中纵梁

（1）工程施工重难点

1）构件较重，吊运和拼装的难度较高。

2）深基坑内作业，空间较小，且内支撑会成为吊装和装配过程中的障碍物。

3）如何保证拼装精度，保障施工质量。

（2）保证施工质量和精度的措施　针对以上重难点，该车站施工过程中，在构件吊运、拼装、纠偏等方面采取了以下一些措施来保证施工的质量和精度：

1）设计了新型的多功能门式起重机、360°旋转吊具、多功能拼装机、翻板机等吊运、拼装设备。多功能门式起重机如图 5-17 所示，配备了 2 套东西向移动的小车，每个小车配 2 套 16t 和 4 套 10t 的提升系统，16t 的用于提升构件，10t 的用于平衡构件；同时配置了旋转吊具，用于旋转预制梁的角度，避开钢支撑等障碍物；还配置了 T 型起重机，将板件吊至钢支撑下方。360°旋转吊具主要用于吊装物的方向调整，实现 360°方向旋转，精度能保证在 1.5°内。多功能拼装机主要用于钢管混凝土柱、预制梁、预制墙、预制板、轨顶风道等构件的拼装和调节。侧墙翻板机如图 5-18 所示，用于将预制墙构件从水平方向调整至竖向，与水平面夹角 85°，机器采用钢箱梁结构，配备了大量的液压设备，实现了机械化施工的目标，调整过后，便可以与底板进行拼装，如图 5-19 所示。

图 5-17　多功能门式起重机　　　　图 5-18　侧墙翻板机

图 5-19　侧墙拼装

2）拼装施工的精度控制涉及多方面。在预制构件生产时，通过研发和制造高精度模具来保证构件的预制质量，提高外露钢筋的精度。更为关键的是现浇底板与预制构件连接部位的施工精度，现场使用了定制钢筋卡距，确保预留环扣钢筋的精度；采用高精度设备测量预埋混凝土、钢杯套的起点和终点,消除累积误差。

车站还采用了装配化吊顶、管线分离等装配化装修技术,图 5-20 展示了拼装后车站内部,可以明显看到装配式车站的优势,即结构表面光滑,没有蜂窝麻面,没有缺棱掉角,施工质量显著高于现浇车站。

图 5-20 拼装后车站内部

4. 其他案例

1)长春地铁 6 号线新城西站(图 5-21)为地下 2 层岛式站台车站,车站全长 238.7m,其中预制装配段总长度为 158m,位于车站中部。预制装配段车站主体宽度为 20.5m,高为 17.45m,沿车站纵向共设置 79 环,其中标准环为 71 环,附属环为 8 环。该站是全国首个"明挖现浇+明挖装配+盖挖逆作"组合式施工的地铁车站。

图 5-21 长春地铁 6 号线新城西站装配式施工

2)青岛地铁 6 号线朝阳路地下两层岛式车站,预制装配段位于车站中部,长 148m,宽 20.5m,高 18.5m,装配构件共计 74 环、410 块,最重的顶板构件长度超过 10m,质量为 67t,拼装总质量 1.66 万 t。朝阳路站是全国首座"普通门吊+分离式"整体拼装台车桩撑体系装配式地铁车站,主体结构如图 5-22 所示。

3)深圳地铁 16 号线龙兴站施工如图 5-23 所示,车站全长 298m,采用装配式施工,整体装配率达 79.5%,是目前国内最大的全装配式地铁车站,也是粤港澳大湾区首批装配式试点地铁车站。车站由 595 块"构件积木"依次拼装而成,其中顶板首次采用单块的坦拱结构,质量 128.8t,这在国内地铁装配式车站中是单块构件质量之最。该车站是全国首座"内支撑+大分块+全装配式"施工地铁车站。

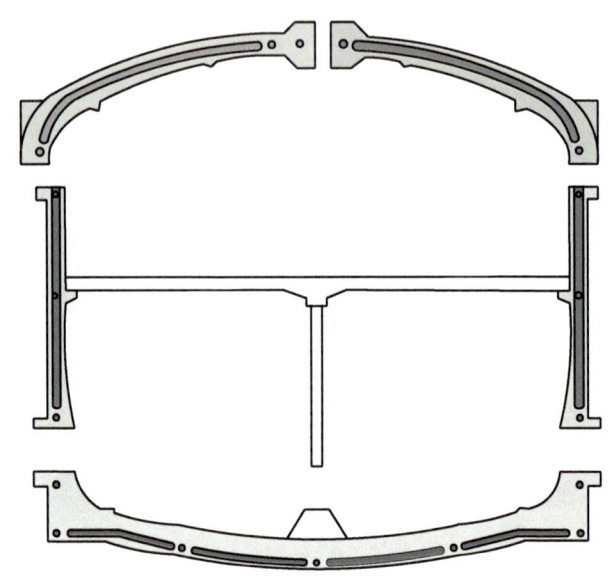

图 5-22 装配式地铁车站主体结构示意图

图 5-23 深圳地铁 16 号线龙兴站施工

4)上海地铁 15 号线吴中路站(图 5-24)位于徐汇区桂林路与吴中路交叉口附近,车站为地下二层岛式车站,规模为 170m×20m(内净)。7~18 轴为无柱大跨结构,顶板采用预制构件+现浇结构。施工中采用的新研制的运架一体机,由两台无线遥控的液压模块车和中间桁架组成,利用车站中板行走,实现了顶板高精度的移动、就位和拼装。

5)广州地铁 11 号线上涌公园站,采用了明挖矩形框架结构设计,是一座地下三层的岛式站台车站。该站顶板采用了叠合式设计,中板则采用了预制装配技术,其他部分为现浇混凝土结构。此外,该站的设计理念中融入了"永临结合"的概念,在站台板、轨顶风道等部位的建设中也广泛运用了预制装配技术。

图 5-24　上海地铁 15 号线吴中路站施工

5.3　装配式地下建筑关键建造技术

5.3.1　装配式衬砌拼装技术

衬砌拼装最关键的环节是节点的连接，常用的地下结构节点连接方式有直接灌注混凝土连接、普通螺栓连接、预应力紧固螺栓连接等。直接灌注混凝土是最简单、最经济、最可靠的传统连接方式，采用湿式连接刚性节点，这种节点在装配前不需要做很多复杂的构造，安装方便，整体性能好。普通螺栓连接如图 5-25 所示，构造简单，更多地应用于盾构隧道管片拼装，施工简便，且由于螺栓孔稍大于螺栓直径，因此能够较好地适用一定范围的误差。预应力紧固螺栓用预应力替代普通螺栓连接时的千斤顶推力，预应力的施加使得构件之间连接更加紧密，有利于拼装接缝处的防水，但必须采用特殊的连接构件，结构较复杂，连接后还需用无收缩水泥充填螺栓周边的缝隙。

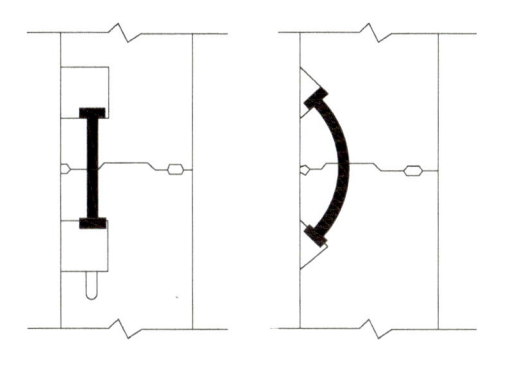

图 5-25　普通螺栓连接

除了上述的连接方式外，图 5-26 所示为一种榫槽注浆式接头，其凹凸结构在接合时相互咬合，从而提供较高的结构刚性。同时，接头设计中加入了定位销和防水密封垫，确保了结构的精确对位和密封性。还需进行接缝灌浆，以保证接缝处的防水满足要求。这种连接方式能够实现快速拼装、有效防水，在长春地铁 2 号线的建设中得到了广泛使用和实践验证。

衬砌高效拼装离不开各类适应性强、机械化程度高的拼装设备。此外，一些地铁区间暗挖隧道工程也有采用装配式施工工艺的。例如，北京地铁 6 号线西延 07 标工程起点至金安桥站区间隧道，暗挖段中有 141.10m 采用新型装配式衬砌施工技术。该区间隧道断面如图 5-27 所示，二次衬砌采用装配式结构，每环衬砌结构划分为 A~F 共 6 个预制块。

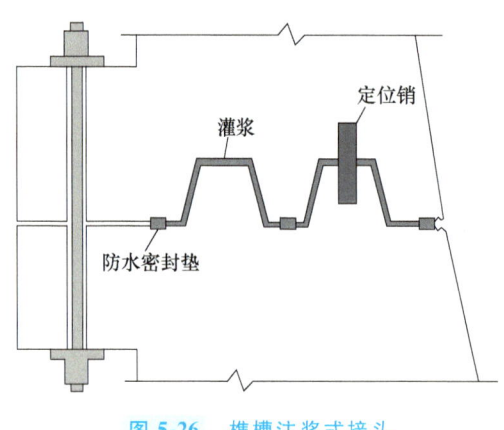

图 5-26　榫槽注浆式接头

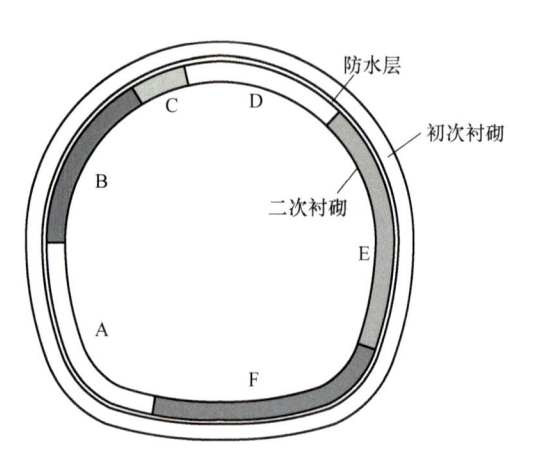

图 5-27　隧道断面及管片分块示意图

针对该类隧道，其拼装施工参考了盾构隧道，采用全机械化拼装，预制块即隧道管片，管片之间采用平直螺栓连接并拧紧。为此，特别研制了"新时代号"管片拼装机用于隧道衬砌的装配施工，如图 5-28 所示，相比于传统的二衬模筑混凝土技术，机械化拼装技术大幅度减少了现场作业人员，显著提高了施工效率。

图 5-28　"新时代号"管片拼装机

5.3.2　装配式结构防水技术

由于地下结构与土层长期接触，土中贮存的地下水对于结构耐久性存在十分不利的影响，因此传统的地下结构对于防水有着极高的要求，一旦出现渗水，就会影响地下建筑的使用，甚至发生安全事故，带来无法挽回的损失。一般地下结构的防水主要依靠钢筋混凝土结构自防水能力，在结构外表面辅以一些防水材料进行加强，沉降缝、伸缩缝等接缝区域是地下结构防水的薄弱点，通过设计不同形式的接缝结构能够较好地满足防水要求。而装配式地下结构相比于传统的地下结构存在较多的接缝，这就使得对装配式地下结构的防水要求更为严格,类似于同一条隧道采用沉管隧道的形式一定要比采用盾构隧道的形式具有更优的防水性能,这也是接缝所决定的。

针对上述情况,一般认为装配式地下结构的防水应遵循"以防为主、刚柔结合、多道防线、因地制宜"的原则,强化混凝土结构的自防水能力,确保其具有足够的抗渗性和耐久性,加强关键节点的处理,确保这些易渗漏部位的防水效果;选择刚性防水混凝土和柔性防水材料相结合的方案,通过卷材、涂料等柔性材料的复合使用,提升结构的防水性能;建立多道防线的防水体系,包括结构自防水、附加防水层和接缝防水等多个层次,以确保防水的可靠性,并制定防水失效的应急预案,包括设置排水系统、预留维修口等,以便在防水系统出现问题时及时采取措施进行修复;根据地下空间工程所在的地质条件和水文地质情况,选择合适的防水方案,同时要考虑到环保的要求,选择环保型防水材料,减少对周围环境的影响。

长春地铁装配式车站衬砌,如 5.3.1 小节所述,采用了榫槽注浆式接头(图 5-29),构件之间相互咬合,连接缝采用了密封垫、隔离海绵、遇水膨胀橡胶等材料堵水,并利用砂浆进行充填,形成了刚柔结合、多道防线的防水系统,取得了较好的防水效果。

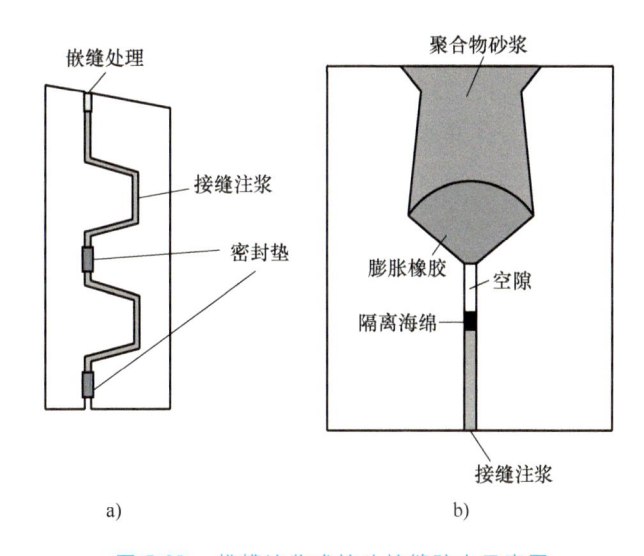

图 5-29 榫槽注浆式接头接缝防水示意图
a)接头接缝防水构造 b)内嵌缝防水构造

天津南站科技商务区综合管廊一期工程位于天津市西青区张家窝镇,在防水施工中采用 TPO(热塑性聚烯烃)自粘预铺防水卷材,TPO 片材作为主要材料,其较佳的柔韧性使得底板基坑和转角部位的铺贴工作更为便捷。此外,TPO 片材展现出极佳的尺寸稳定性,即使长时间暴露于外界环境,也不会产生显著的皱褶或变形,从而有效确保了施工质量。同时,TPO 自粘预铺防水卷材在耐候性和耐水浸泡性方面表现尤为出色。1.2mm 厚 TPO 高分子自粘胶膜预铺防水卷材就能够满足地下空间工程一级防水设防要求。此外,TPO 自粘预铺防水卷材在其他一些管廊项目也有实际应用,如雄安新区综合管廊、漳州市综合管廊等,如图 5-30 所示。

a)　　　　　　　　　　　　　　　b)

图 5-30　TPO 自粘预铺防水卷材应用

a）雄安新区综合管廊　b）漳州市综合管廊

5.3.3　装配式建造与信息化技术

随着我国建筑业工业化与信息化深度融合的趋势日益显著，装配式建造中也开始越来越多地用到信息化技术。在装配式地下空间工程建设的各个环节引入 BIM 技术，是现阶段信息化技术发展的主要方向，也是推动我国地下空间工程领域向工业化、信息化、智能化方向发展的重要支撑，为行业的进一步革新提供了可能。此外，装配式技术可以与 RFID 技术、智能机器人等技术结合，实现钢筋混凝土装配式构件从设计、制造到现场拼装施工全过程的信息化，有利于施工管理和风险防控。

1. BIM 技术

BIM 技术在装配式结构设计阶段可以用于三维模型的建立（图 5-31），实现多专业协同设计的目标，还可以进行碰撞检测，及时调整设计解决问题。此外，利用 BIM 技术进行工程量统计，尤其是当模型改变时，能够及时更新数据，提高工作效率。

BIM 技术在预制构件生产阶段能够实现生产管理的信息化，所有预制构件的模型和尺寸等数据信息都可以通过 BIM 数据库被生产厂家调取和使用。随后在生产过程中通过在构件中嵌入 RFID 标签，能够供后续环节工作人员通过专用设备读写构件信息。

图 5-31　装配式地铁车站结构 BIM

BIM 技术在施工阶段可以实现施工的信息化管理，RFID 标签能够让现场管理人员实时掌握构件的存储位置、安装信息等。同时，在 RFID 技术加持下，能够通过 BIM 软件追踪现场的施工进度，获得进度偏差，更高效、准确地进行施工进度管理。施工前，还可以通过 BIM 技术进行施工模拟，对现场的施工提供系统、具体的技术指导。施工安全方面，通过引入 BIM、AI、VR、IoT 等信息化技术手段，能够有效预判和规避各类潜在风险，提高施工过程的安全性。

5.2 节介绍的无锡地铁 S1 线南门站就很好地体现了地下空间装配式结构的智能化和信息化，施工中通过积极应用 BIM 技术和智能化虚拟建造，车站构件的整个生命周期，即从生产、出厂、运输到现场拼装施工，再到质检与整改的所有数据和模型都实现了相互关联。这使得管理过程留有可追溯的痕迹，确保了信息的可追溯性。

通过 BIM 技术对施工过程进行模拟和展示。例如，预制轨顶风道施工流程如下：中板预留接驳器凿除→中板预留环扣钢筋安装→风道侧墙及风道底板进场→吊装至底板→叉车倒运至预安位置→风道侧墙提升至安装位置→三脚架临时固定→后插钢筋安装→湿节点混凝土浇筑→固定三脚架拆除→风道底板安装，安装效果如图 5-32 所示。

预制站台板施工流程如下：预埋混凝土杯口清理→预制站台板进场→吊放至底板→预制中墙安装→门式框架安装→站台板安装→湿节点混凝土浇筑→杯口 C40 细石混凝土填充，安装效果如图 5-33 所示。

图 5-32　预制轨顶风道安装效果

图 5-33　预制站台板安装效果

预制楼梯施工流程如下：预埋混凝土杯口清理→预制梯柱进场→吊放至底板→预制梯柱安装→预制楼梯吊运至底板→预制楼梯安装→支湿节点模板→湿节点混凝土浇筑→杯口混凝土填充。

前述的广州地铁 11 号线上涌公园站，也应用了 BIM 技术，如图 5-34 所示，建立了预制构件布置的模型，也能查看预制叠合板、顶横梁、中板等结构构件的单一模型，能够高效地指导生产和施工。

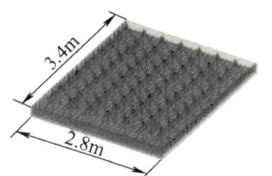

图 5-34　广州地铁 11 号线上涌公园站 BIM

2. 其他信息化技术

无锡地铁南门站建设工程中，为确保地下连续墙修筑的质量，项目测量人员定期出入现场进行监测分析，对施工精度进行及时纠偏。探索出了一套全新的工艺工法：在成槽开挖前，先使用三轴搅拌桩机，对地下连续墙两侧土壤注入水泥浆加固处理，可以有效地避免施工过程中的塌孔。在成槽后，技术团队使用数字化超声波侧壁仪器（图 5-35）对槽段壁面垂直度进行实时检测，确保地下连续墙精准成型。

图 5-35　数字化超声波测壁仪器

随后，还开展装配式地铁车站结构应力现场智能化监测，根据相关监测原则，结合南门站结构形式及受力特点，沿车站纵向共设置了 6 个特征监测横断面，并设置了混凝土应变计、钢筋应力计等传感器，对预制构件在施工运营过程中的应力响应进行了全方位监测。

地铁设施建设完成后，为在保障安全运营的基础上降低运维成本，运维工作更加离不开智能化的工具手段。例如，无锡地铁采用的智能检测平台整体架构如图 5-36 所示，核心理念依托于采集的大量数据信息，通过运用大数据和云计算技术等先进手段处理数据，综合考量设备的可靠性和经济性，旨在实现维修管理的智能化。

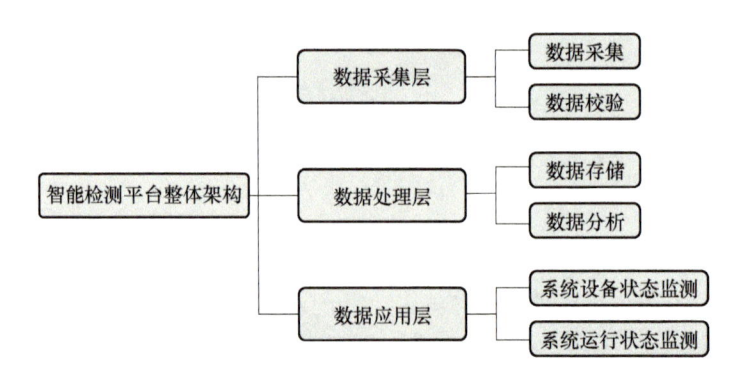

图 5-36　智能检测平台整体架构

无锡地铁融合了先进的人工智能和图像识别技术，结合行业知识、管理经验和业务流程，开发了一套面向车辆运维的智能列检系统，如图 5-37 所示，该系统显著提升了检修效率并确保了作业安全。该智能列检系统由智能检测系统、直接数字控制安全联锁监控系统、智能列检设备综合数据管理系统和工程车安全防护系统四个部分构成，借助实时监控设备，采集和分析车辆的运行、检修数据，判断设备故障趋势，完成自动化、智能化、少人化车辆检测作业。

除了地铁车站，地下综合管廊也基本实现了装配式技术与信息化技术的有机结合。

重庆市巴南区的地下综合管廊集成了物联网、大数据、数字孪生、3D建模及AI应用等多项先进技术。通过实现数据信息的一体化、运行监控的一体化及维护管理的一体化，该地下综合管廊成功地对设施设备进行了全生命周期的数字化管理。这些举措为地下综合管廊的可视化管控、智慧集成、数字运维及绿色运营奠定了坚实的基础。

为了确保各类设备的安全与高效运作，该地下综合管廊配备了普通网络摄像机和防爆网络摄像机，总计约有1.3万个设备数据采集点。一旦有人进入地下综合管廊，系统便会触发报警，并在主屏幕上实时显示入侵画面，同时在运行日志中记录这一事件。根据具体情况，管理人员可以采取

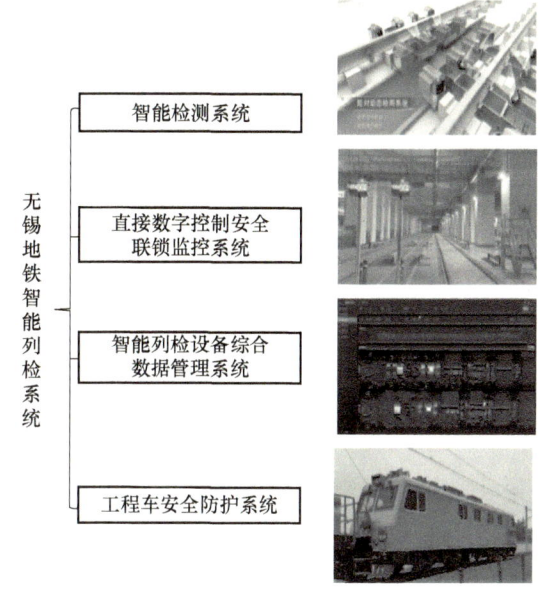

图 5-37　无锡地铁智能列检系统

适当的应对措施。如果环境监测设备采集到的数据显示地下综合管廊内氧气浓度偏低，会自动联动风机注入新风。

巴南区地下综合管廊项目按照"1234"模式推进智慧管理平台建设，即建立一张网（地下综合管廊监控与报警系统）、两个中心（监控中心与云数据中心）、三个平台（综合数据服务平台、地理信息系统平台和协同管理平台）、四个典型智慧应用（地下综合管廊三维集成与管控系统、地下综合管廊智能运维系统、地下综合管廊经营管理系统和地下综合管廊应急抢险系统），通过不断完善"管线管家"功能，为"入住新家"的管线提供更高效的运维服务。

与此同时，巴南区地下综合管廊运维人员还采用视频轮巡、机器人巡查等多种手段开展智能巡检，全力保障城市地下生命线安全，地下综合管廊自动巡检系统组成如图5-38所示。

芜湖长江隧道很好地体现了智能建造的发展趋势，其管片制作采用了第五代智慧管控生产工法，管片厂内全部工作均由成套的智能化机器人完成，主要包含喷涂机器人（图5-39a）、清理机器人、运载机器人（图5-39b）、抹面机器人和扫描机器人，其中喷涂机器人能够精准控制脱模机的厚度，运载机器人可按设计路线自动运输管片模具，扫描机器人能够准确、高效地检测构件的精度。

在整套生产工法中，运载机器人的减震设计实现模具工装背负、牵引、举升之间的软连接，保证了运输过程中管片混凝土无扰动；智能温控系统能够精准控制温度、湿度的变化，实现养护按工艺要求完成，保证管片最终无裂纹。在该套系统加持下，通过机器学习、数据挖掘、信息分析、自主决策，确保了原料、工序、设备和每块管片都受到精准控制，最终管

片内部实现无气泡，显著提高了管片的生产质量和生产效率，实现了数字建造、智能建造、绿色制造等生产目标。

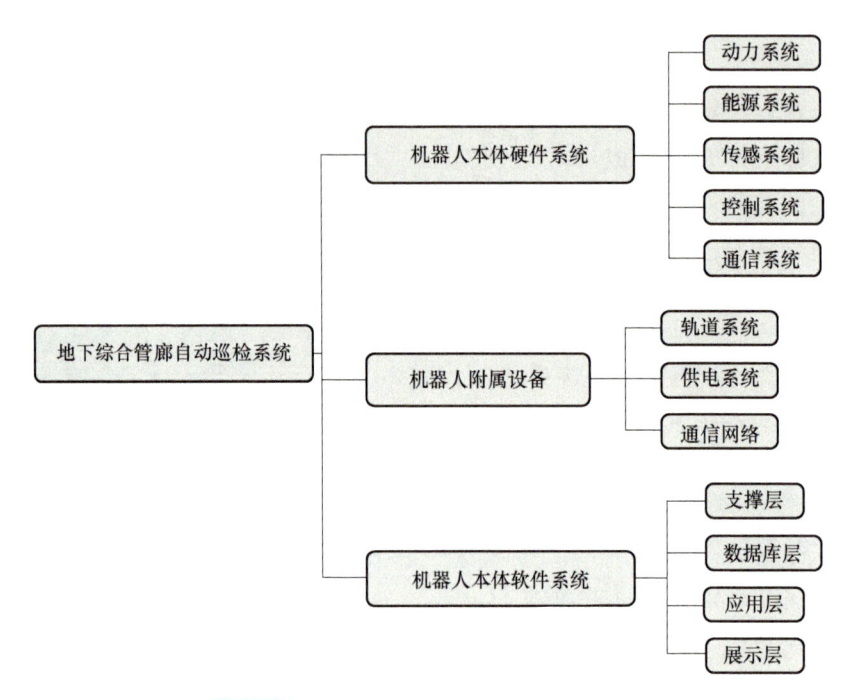

图 5-38 地下综合管廊自动巡检系统组成

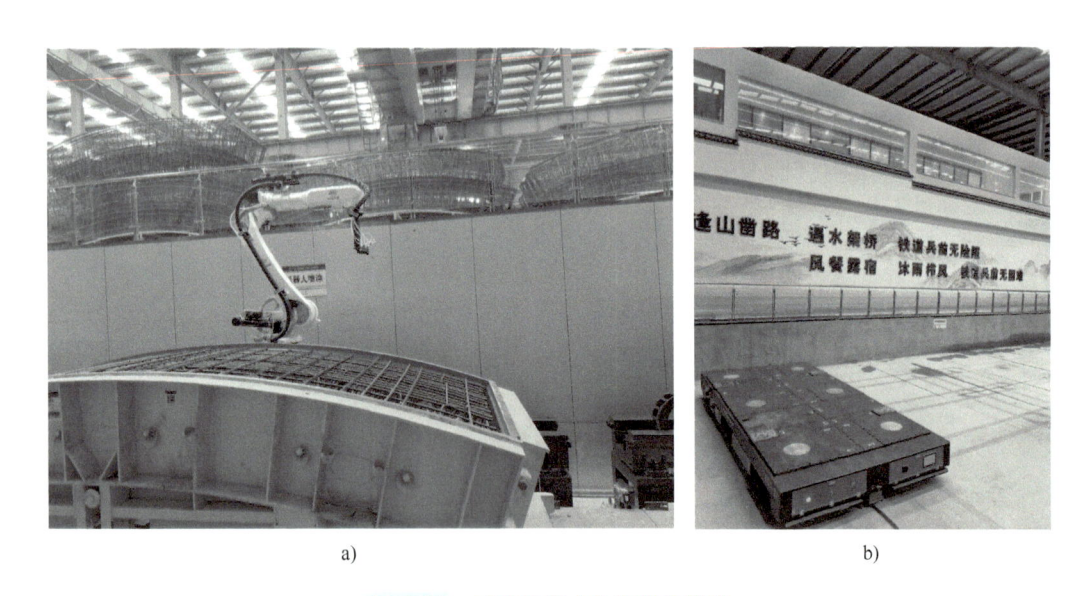

图 5-39 喷涂机器人与运载机器人
a) 喷涂机器人 b) 运载机器人

随着信息化技术的不断发展，装配式地下结构建造结合信息化技术在未来可能主要聚焦于以下几个关键领域：

1）标准化设计：通过应用 BIM 技术进行装配式建筑设计建模，实现设计的标准化和模块化，以提高设计的精确性和效率。

2）智能化管理：在生产和施工阶段引入深化设计、生产管理、质量管理等信息化应用，以提高生产和施工的效率与质量。同时，利用 BIM 协同平台保障项目各个阶段的无缝衔接，促进参建人员之间的信息交流，实现项目的智能化管理。

3）绿色化发展：基于 BIM 平台的绿色设计，结合施工阶段的碰撞检测、施工模拟及监理控制系统等的应用，推进装配式建筑的绿色化发展，符合可持续发展的全球趋势。

4）技术标准体系的完善：为了确保装配式建筑的质量与安全，需要完善的技术标准体系作为支撑。这不仅包括设计、生产和施工的标准，还包括对新材料和技术应用的标准制定。

5）跨领域合作：建筑企业、互联网企业和科研院所之间的合作将是未来发展的关键。通过跨学科的合作，可以更好地将人工智能、大数据、云计算、区块链等新一代信息技术融合应用到建筑领域中。

综上所述，装配式地下结构建造与信息化技术的未来发展将是一个多方面、多层次的综合进程。通过技术创新、政策引导、市场需求和行业协作的共同作用，这一领域有望实现更高水平的工业化、数字化和智能化。

复习思考题

（1）简述装配式地下建筑的概念。
（2）简述发展装配式建筑的意义。
（3）简述装配式地下建筑的类型。
（4）简述装配式地下综合管廊的特点。
（5）装配式地铁车站与传统现浇结构地铁车站相比具有哪些显著特点？
（6）在装配式地铁车站工程项目中引入 BIM 技术的作用主要体现在哪些方面？
（7）装配式地下结构建造结合信息化技术在未来可能主要聚焦哪些领域？
（8）在装配式地下结构施工过程中存在哪些重难点？针对以上重难点采取了哪些措施来保证施工的质量和精度？

第6章 盾构工程智能施工及新发展

6.1 盾构工程智能施工技术

6.1.1 概述

盾构机始于英国，发展于欧美等国家，现今跨越发展于中国。从最初的手掘式，到气压式和机械式、土压泥水闭胸式，再到现在的满足大直径、高智能和多样化的准智能掘进机器，如图6-1所示，盾构机的不断发展也体现了时代对于隧道行业的要求。

盾构掘进技术的发展主要分为四个阶段：

1）第一阶段以布鲁涅尔盾构为代表的手掘式盾构开始在欧美兴起，英国利用它建成了第一条盾构隧道——伦敦泰晤士河盾构隧道。

2）第二阶段以机械式和气压式为代表的盾构机开始得到大规模应用，世界各个国家的盾构技术都开始得到不同程度的发展，盾构法也成为修建地下铁道和各种大型管道的首选。

3）第三阶段以泥水压和土压式为代表的一众闭胸式新型盾构被广泛应用，较传统的盾构在地表平衡和施工效率方面有了巨大突破，适用于各种复杂环境的盾构机型不断出现。

4）第四阶段更多大直径、高智能的异形盾构得到了飞速发展，以我国为代表的发展中国家更是兴起了盾构发展的热潮，逐渐打破了欧美盾构占主导地位的局面。

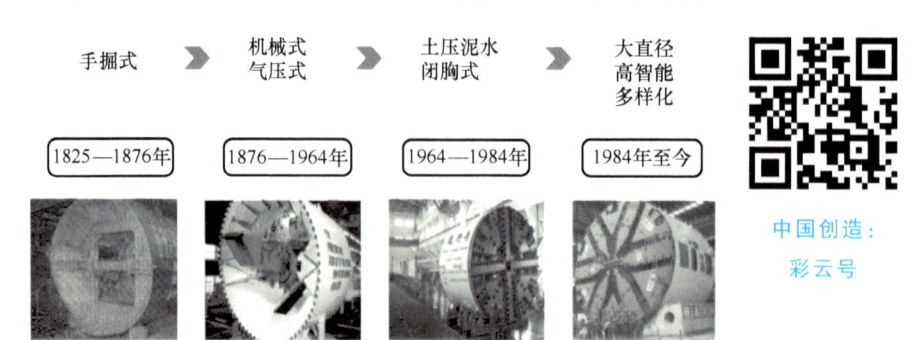

手掘式 → 机械式 气压式 → 土压泥水 闭胸式 → 大直径 高智能 多样化

1825—1876年　1876—1964年　1964—1984年　1984年至今

中国创造：彩云号

图6-1 盾构掘进技术发展的各阶段

6.1.2 盾构工程智能施工技术类型

1. 盾构隧道轨道预制拼装技术

隧道及地下空间工程施工通常面临作业空间狭小、环境差、速度慢、质量不易控制等问题，而预制拼装结构采用工厂化预制、现场拼装的施工方式，具有机械化程度高、施工速度快、施工质量高、作业环境好等特点，逐渐成为地下空间工程技术的发展方向。构件预制化的程度越高，技术水平就越高。盾构隧道实现了隧道支护结构的预制拼装施工，这也使得盾构隧道在城市地铁建设中得到了广泛的应用。

盾构隧道轨道预制拼装即盾构隧道支护结构、轨下结构和附属结构均采用工厂化预制、现场拼装机器人直接安装的技术。

（1）预制拼装结构设计　以京张高铁清华园隧道为例，清华园隧道采用单洞双线设计，盾构法施工，将盾构管片环（图6-2）划分为6个标准块、2个邻接块和1个封顶块，如图6-3所示。轨下结构采用3块独立箱涵拼装而成，包括2块边箱涵和1块中箱涵，如图6-3所示。

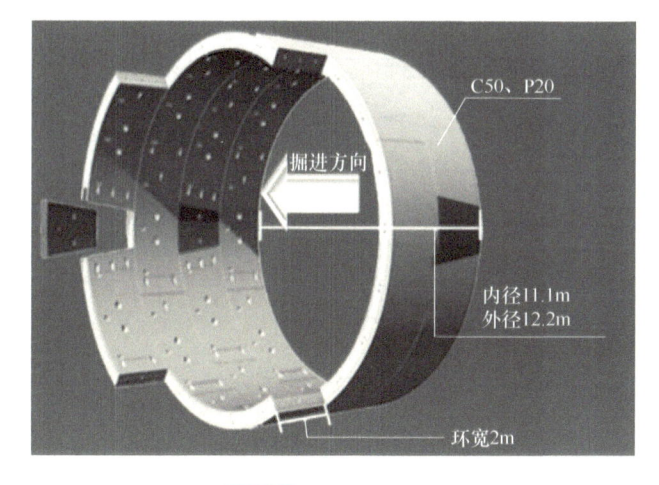

图6-2　盾构管片环

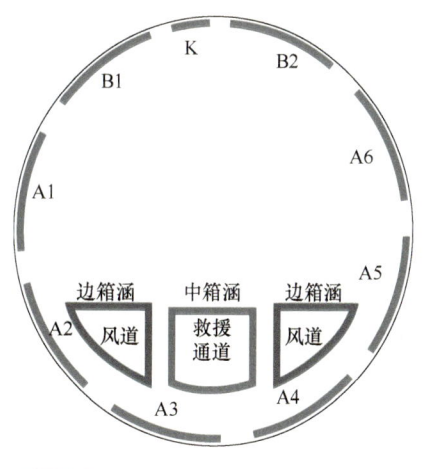

图6-3　盾构管片环及轨下结构分块

（2）预制拼装技术　如图6-4所示，隧道中箱涵与盾构随机拼装，盾构配套台车配备吊装设备。平板车开至合适位置，调整平板车高度，使起重机能吊取构件；高度调整完毕后，降低并平移吊具至箱涵下方，初步对正后，提升吊具使其恰好卡在箱涵上；到位后接近开关会给出一个信号，操作手可以夹紧夹具，提升箱涵，箱涵触到限位开关后，即可平移箱涵。如图6-5所示，为隧道边箱涵拼装研制了专用拼装机。该设备可以将边箱涵从运输车吊起，平移调整后放到指定安装位置，最终将边箱涵精确安装于隧道内，实现边箱涵快速施工。对比传统的现浇混凝土结构，全预制拼装结构具有机械化程度高、施工速度快、施工质量高、生产批量化、工序循环时间短、环境影响小、建设成本低等诸多优点。

2. 远程机器人进舱换刀技术

盾构的换刀作业空间是一个高温、高压、高湿的环境，对进入开挖舱进行换刀作业的人员有严格的时间限制，同时换刀作业人员安全风险大，换刀作业周期长，这大大增加了项目

169

施工周期和施工成本。为解决上述问题，引入机器人进行自动换刀作业。

（1）机器人进舱换刀方法　远程机器人进舱换刀技术采用全自动方式进行，机器人自动换刀流程如图 6-6 所示。

图 6-4　中箱涵拼装示意图

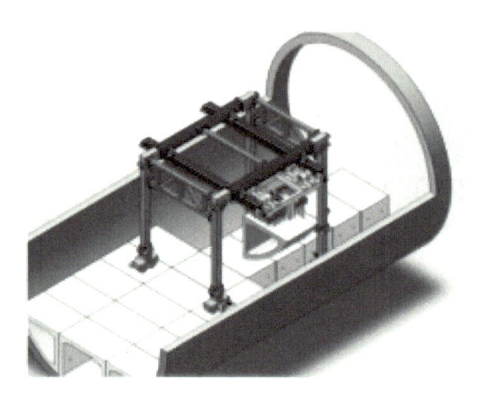

图 6-5　隧道边箱涵预制件拼装机

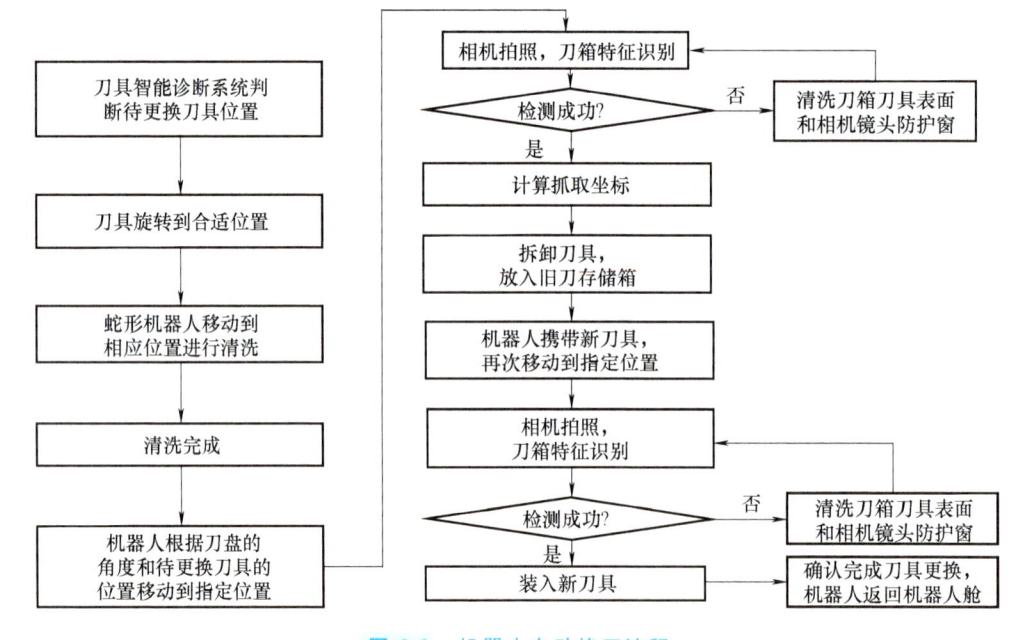

图 6-6　机器人自动换刀流程

（2）视觉导航定位

1）视觉导航定位模型。根据视觉系统中相机与机器人执行机构之间的位置关系，目前，机器人视觉导航定位主要有两种手眼模型，即 Eye-to-Hand 和 Eye-in-Hand。两种视觉导航模型示意图如图 6-7 所示。换刀机器人的作业对象是刀盘上的滚刀，滚刀在刀盘上呈多点位分布，若采用 Eye-to-Hand 方式，工业相机安装后很难保证能够清晰地看到整个刀梁方向的刀具，且相机容易出现安装误差，影响机器人识别定位精度；若采用 Eye-in-Hand 方式，相机固定于机器人末端执行器，随机器人末端执行器一起运动，只要机器人末端执行器能到达的地方，都可实现刀具系统的视觉检测定位。故换刀机器人系统的手眼模型采用的是 Eye-in-Hand 方式。

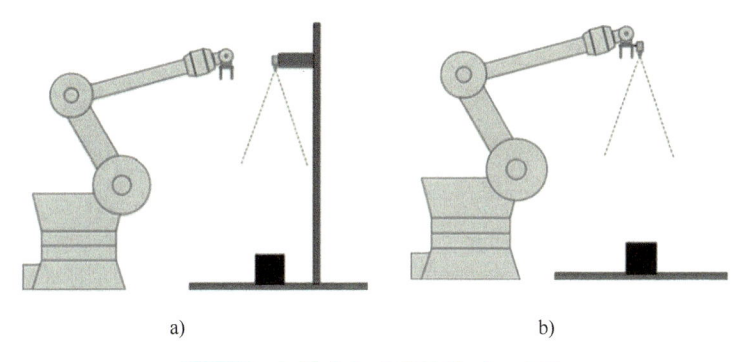

第 6 章　盾构工程智能施工及新发展

图 6-7　机器人视觉导航模型示意图

a）Eye-to-Hand 模型　b）Eye-in-Hand 模型

2）视觉导航定位系统组成。机器人视觉导航系统硬件主要包括智能相机、镜头、图像采集卡、补光灯和机器人末端执行器，如图 6-8 所示，具有多功能、模块化、高可靠性、易于实现机器视觉导航定位等优点。机器人视觉导航系统在作业时，相机到达指定拍照位置后触发相机拍照；图像采集卡对图像进行处理，获取刀具的位置信息，将位置信息通过工业以太网通信传输给机器人控制系统；机器人控制系统调整机器人到最佳位置姿态，最后引导工业机器人完成作业。机器人末端执行器上设计有一体式的相机和补光灯安装支架，相机安装于补光灯中心，尽量保证光照的均匀。

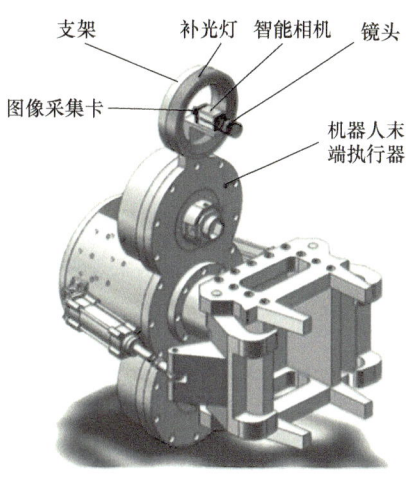

图 6-8　机器人视觉导航系统硬件组成示意图

3）视觉导航定位原理。目前盾构的滚刀采用传统拉紧块的固定方式，如图 6-9a 所示，拆刀工序复杂，很难采用机器人手抓完成拆装刀作业。为此，设计了一套既满足切削等基本功能，又便于机器人快速拆装的新式刀具系统，如图 6-9b 所示。换刀机器人视觉导航定位过程中的特征识别通过新式刀具系统刀箱上的固有特征进行定位。

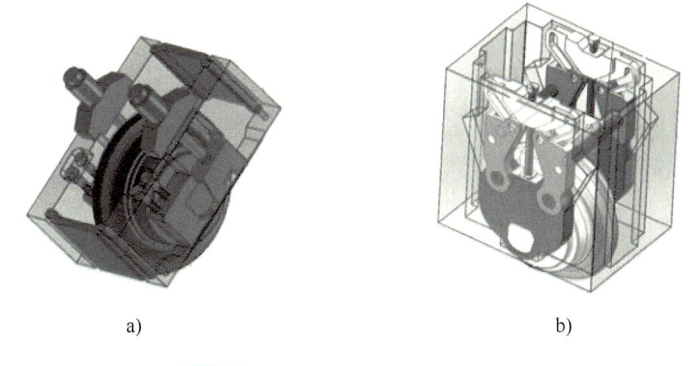

图 6-9　新旧刀具系统对比示意图

a）传统刀具系统　b）新式刀具系统

171

6.1.3　盾构工程智能化施工机型

1. 联络通道盾构机型

（1）需求背景　联络通道是两条平行隧道之间的通行隧道，随着我国地铁隧道的大量建设，联络通道的建造需求很大。传统联络通道主要采用冷冻法、注浆加固法、矿山法施工，冷冻法联络通道施工存在发生沉降、涌水塌方等安全风险，联络通道施工是地铁隧道工程的难题，一旦发生事故将影响隧道建设与运营安全。为解决联络通道施工难题，各国相继开展了联络通道盾构机的研究。

（2）技术特点　机械法联络通道施工技术是弥补传统矿山法联络通道施工不足之处的重要手段，该工法在安全性、缩短建设工期及经济性方面有较大的优势。由于盾构机在既有隧道内始发和接收，施工场地和功能的特殊性给整机设计带来诸多挑战。为此，结合盾构的技术特点及联络通道的特殊要求，对切削刀盘、管片支护系统、端头密封系统、整机集成进行针对性设计，实现产品装备研发与技术创新。

1）集约空间模块化整机集成技术。联络通道机械法施工采用全自动化盾构施工，集开挖、出渣、支护、拼装推进、密封、物料转运等功能于一身，可实现联络通道的快速机械化施工，受地质条件影响较小，工厂预制管片，质量可靠。主机模块化设计，可实现盾构、顶管两种工法的转换，并且联络通道机械法施工工序简单。

2）适应凹、凸弧形管片的刀盘针对性设计。盾构机刀盘技术的设计要点主要包括刀盘的结构形式、开口率的选取、刀具的选择和布置。隧道间联络通道的建设基于既有隧道，既有隧道的管片结构为圆形，为了适应隧道管片的曲率，满足切削管片的需要，设计了适应隧道断面的刀盘结构形式；由盾构施工经验表明，增大刀盘的开口率可以极大减小刀盘使用的扭矩；始发接收阶段，针对既有管片破除，增加了滚刀布置，还进行了针对性设计；研制出适用于弧形管片切削的锥形刀盘结构，联络通道盾构机刀盘采用4主梁+4副梁的锥形结构设计，在狭小的隧道内能够最大化地节省空间，刀盘整体开口率达50%，可预防在软土层中掘进结泥饼；联络通道顶管机采用同样的锥形刀盘结构，在锥形面板上安装滚刀后，大幅提高刀盘切削管片的效率。

3）隧道无加固环境始发与接收技术。研制出基于主隧道空间结构的始发接收套筒，防止在始发接收过程中地下水经盾体与管节之间的缝隙涌入主隧道，始发与接收端头的密封性是联络通道施工的前提，采用半套筒始发+全套筒接收保证了无加固条件下施工的安全性；在接收端设置一节接收台车集成隧道支撑体系和接收套筒，联络通道正环施工完成后，盾构机全部进入套筒，洞门止水完成后即可断开套筒，主机随接收台车运输出洞，实现盾构机的快速转场，节约施工工期。

4）可移动式管片预应力支撑及监控技术。联络通道施工时主隧道管片受力状态发生变化，为保证应力重分布过程中主隧道结构的安全稳定，研制出移动式管片预应力支撑及监控系统。设备特点为：①支撑系统与主机接收台车集成，便于隧道内运输；②采用PID（Proportional Integral Derivative，比例、积分和微分）控制技术实现无级升压、降压功能，能够适应不同地层、不同工况；③系统可实时监测受载情况，安全可控。

5）狭小空间管片半自动拼接技术。采用主梁回转式拼装机结构解决狭小空间设备布置及管片拼装难题。开发半自动拼装系统，采用无线蓝牙控制，提高了设备自动化水平。设计了T接隧道物料运输技术、始发姿态微调及导向控制技术，提升了设备掘进效率及姿态控制精度。联络通道机械法施工工法与传统矿山法施工工法相比，施工效率提高一倍以上，能有效避免传统矿山法施工联络通道工期长、沉降难以有效控制、冻融沉降周期长且沉降较大、影响后续铺轨质量等缺点。机械法施工无须冷冻，没有后期冻融沉降问题，同时隧道一次开挖成型，不用喷浆防护，改善施工人员作业环境。

（3）工程应用 联络通道盾构机（$\phi3.29m$）成功应用于宁波轨道交通3号线鄞州区政府站—南部商务区站区间联络通道，如图6-10所示。联络通道顶管机（$\phi3.29m$）成功应用于无锡地铁3号线新锡路站—高浪路东站区间联络通道。联络通道顶管机在无锡的应用填补了国内该领域的空白，联络通道盾构机在宁波的应用为世界首例。

图 6-10 联络通道盾构施工

2. 地面出入式盾构机型

常规盾构机施工除水平隧道掘进外，无法实现地面出入式掘进。地面出入式盾构法（Ground Penetrating Shield Technology，GPST）的特点导致施工过程中盾构设备需要穿越负覆土、零覆土、浅覆土及常规覆土等各种复杂多变的工况，面临施工场地狭小、施工参数调整范围大、低围压下盾构进出土困难、管片易变形、盾构姿态控制难等诸多问题。针对这些技术难题，研制相适应的盾构机是地面出入式盾构法新技术正常实施的关键，设计制造的盾构机必须要满足这种新颖的盾构施工法的需要，在总体设计、关键部件设计（如刀盘设计、管片稳定装置设计等）、姿态控制技术设计等方面有特殊的要求。

（1）总体布置 由于施工场地狭窄（始发井长30m），常规地铁盾构机有5节车架，全长近64m，因此常规盾构机无法满足目前施工场地的需求，也不能满足新工法快速施工的需求。根据新工法特点，对盾构机整体结构进行合理布置。尽量减少或者取消台车设计，通过三维空间布置，充分利用每个空间，对盾构机总体布局进行优化设计，主要在液压系统、电气系统和辅助系统上进行紧凑性设计。

（2）刀盘针对性设计 研发适用于地面出入式盾构法的盾构设备在国内尚属首次，选择合适的开口率至关重要，从了解的情况来看，日本目前使用的地面出入式盾构机基本都使用了辐条式，此类盾构机对于出土应用比较好；从国内盾构机的使用情况来看，以郑州工地盾构机和武汉2号盾构机为例，盾构机刀盘开口率的增大极大减小了刀盘使用的扭矩。当然，开口率的增大也是有限度的，还应综合考虑结构强度、刀具布置空间等。在刀具的选择和布置原则上，地面出入式盾构基本与常规盾构一致。

（3）管片稳定机构 目前国内地铁盾构隧道衬砌均采用预制钢筋混凝土管片拼装而成，衬砌环普遍采用"3+2+1"的分块模式，即3块标准块+2块邻接块+1块封顶块。管片块与块、环与环之间采用高强度螺栓连接，同时为了增加刚度，减小管片变形，环与环之间一般采用错缝拼装。

地面出入式盾构法施工中，由于在超浅覆土工况下，圆形隧道管片顶部荷载小，两侧及底部反力较大，管片容易呈椭圆变形。在始发和到达倾斜段，由于作用于管片的土压力变化不均和管片自重影响，管片更加难以保持真圆。管片稳定机构的作用就是在盾构推进过程中支撑、稳定管片，在浆液凝固前使管片保持形状，可以有效防止管片变形和错台等现象的发生。管片稳定机构由支撑环、固定环、加强梁、工作平台等部件组成。

（4）高精度控制技术　GPST盾构机是为地面出入式隧道施工而研发的，在超浅覆土施工过程中，由于盾构覆土深度不够，因此盾构姿态不易控制，隧道轴线难以保证。为使盾构掘进轨迹和开挖面的压力稳定，控制地面沉降，需开发相适应的高精度控制技术。GPST盾构机选用高精度、高灵敏度的设备，开发适应的监控软件，能够灵敏地反映土压的异常波动，反馈盾构姿态等，及时调整推进速度、推进油缸作用力分布、刀盘转速、螺旋输送机的出土量等关键参数。盾构机采用集成化控制，即集盾构机的控制系统、数据采集系统于一体进行监控，并采用地面远程监视。为保证GPST盾构机高精度控制的稳定性，对土压平衡高精度控制、推进系统控制、出土系统控制和同步注浆控制等盾构机控制系统进行针对性的设计。

（5）同步注浆控制　GPST工法工况复杂多变，不同工况对同步注浆的需求不同，应对注浆孔位分布、注浆压力、推进速度等关键数据进行研究，实现高精度控制，达到更好控制地面沉降的目的。在浅覆土区，对称注浆情况下浆液压力呈现对称分布的规律，这表明浅覆土下对称注浆能够使浆液充分填充。同时对称注浆时，注浆孔位的小幅变化对注浆效果影响不大。由于每点的注浆压力有所不同，为了更好地控制每点的注浆量精度，设计单泵单点控制系统。

3. 矩形盾构快速车站建造机型

（1）盾构隧道扩挖成站及矩形掘进机一次成站　隧道掘进机法在国内主要运用于区间隧道施工，采用掘进机法施工地铁车站还在研究阶段。在国外，曾采用过在区间盾构隧道基础上进行扩大开挖构筑车站侧站台隧道的方法。国外采用掘进机修建地铁车站的主要方法有单圆盾构与横通道结合、单圆盾构与半盾构结合、单圆盾构与矿山法结合、单圆盾构与盖挖法结合、多圈盾构、大直径单圈隧道直接作为车站主体等。采用矩形地下隧道掘进机一次性建成地铁车站（包括站台层和售票层），无疑具有更高的建造效率与施工安全性。

（2）项目研究与实施　上海轨道交通静安寺车站是地下三层站，车站跨高架路布置。地面交通繁忙，管线众多，高架下净空只有10m，存在着地下连续墙、基坑开挖等低净空施工的难题，由于该车站过高架区域，因此需要采取暗挖施工工艺，以减少管线搬迁和对道路的影响。为此必须研制矩形地下隧道掘进机，如图6-11所示，在保证地面道路畅通的情况下，在地下用矩形地下隧道掘进机分别先后施工呈品字形的3条矩形隧道，一次性建成包括站台层和站厅层的地铁车站。

图6-11　矩形地下隧道掘进机顶管法施工地铁车站

6.1.4 盾构智能化施工面临的挑战与突破

随着川藏铁路、粤港澳大湾区、长江经济带、京津冀协调发展等一系列国家发展战略规划的启动与实施，我国地下空间工程建设进入了一个高速发展期。在大量的铁路隧道、公路隧道、水工隧洞和城市地铁隧道中，出现了一批特长、超深埋、超大断面、高海拔等重大隧道工程。这些重大隧道工程的建设使得隧道修建技术在勘察、设计、施工、装备等方面取得了大批成果，同时在盾构智能化施工方面取得了重大进展。然而，越来越多穿越范围巨大且环境复杂的山脉或水域的超级隧道的出现，也使我国的隧道建设和运维，尤其是盾构智能化施工面临着极大的技术难题与挑战。

1. 盾构智能化施工面临的挑战

（1）地质勘探方面的挑战　地质勘探是对隧道周围地质环境进行勘察探测，以获取相关地质数据，从而对隧道前期规划设计和施工、中期运营和维护等进行正确指导的重要手段。例如，盾构和 TBM（Tunnel Boring Machine，隧道掘进机）的机械配置、刀盘设计都是根据地质资料来设计的。

（2）设备方面的挑战　隧道施工方法主要有盾构/TBM、钻爆法、沉管法等。随着移动互联大数据和云技术的飞速发展，盾构/TBM 数字化、智能化的需求也日益显著。如何充分利用盾构/TBM 掘进过程中产生的海量数据，为推进施工安全、高质量地进行施工提供保障，是摆在装备制造设计人员和隧道建设者面前的又一重大难题。对于沉管隧道，大型海底沉管的对接主要依赖于高精度施工定位技术，沉管法目前主要的挑战有沉管浮运中定位定姿与控制、形变动态精密测量、高精度沉放对接安装等，这就需要相应的设备具有更高程度的信息化、智能化。

（3）运营期的挑战　目前我国在建和已建隧道的里程及规模均处于世界领先地位。现今隧道已逐渐由重丘走向深山，由陆域走向水下，由山区走向城市。隧道将面对地震、火灾和暴雨等灾害的日益频发，面对活动断裂带、高地应力、高地温、高水压和岩溶富水等越来越复杂的地质条件，面对保护环境和节约资源等日益提高的可持续发展要求，面对我国跨江海重要战略通道工程的实际建设需求等，因此隧道结构长期安全、特殊环境水下隧道长期安全、城市近接工程隧道运维安全、隧道照明安全及节能减排、隧道防灾减灾（地震、火灾、水等）、隧道环境保护等问题及技术瓶颈亟待解决。隧道工程是交通运营工程的命脉，如何保障隧道工程运营的安全和高效成为未来需要解决的关键问题。尤其是北京、上海、广州、深圳等大城市，其地下轨道交通、地下道路等隧道面临着多灾害形成机制相互耦合、空间形态复杂、检测时间受限、运行状态多变，以及多学科领域知识难以融合利用和决策支持系统分散等问题。隧道运营期间时常遭遇变形、渗漏、裂损等长期性病害和火灾、爆炸、地震等突发性灾害的影响。

2. 盾构智能化施工的关键技术突破

（1）复杂地质勘探技术

1）地质超前预报技术。地质超前预报技术是在隧道开挖时，对掌子面前方及其周边的围岩与地层情况做出超前预报，为施工安全提供保障的技术，常用手段是物探。例如，山东大学基于激发极化法在 TBM 配套自动化地质预报系统的研究和应用方面取得了突破，如图 6-12 所示，激发极化和电法类超前探测以岩石导电性差异或激电效应差异为基础，对含水构造响应敏感，多应用于矿井领域。以此技术为基础研发的 TBM 机载激发极化超前地质预报仪，实现了隧道掌子面前方 40m 范围内含水构造的空间定位与水量估算。

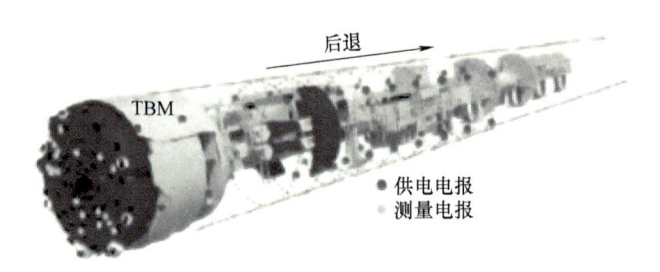

图 6-12　施工隧洞三维激发极化超前地质预报观测示意

2) 水平定向钻技术。这项技术是一种新兴的非开挖管道建设技术，通过导向、控向技术可实现精准巡线水平钻进，钻孔长度已达 5.2km。水平定向钻技术可以很好地解决传统垂直钻孔勘察技术无法在处于特殊条件（如高地震烈度、高地应力、高海拔、高地温、强活动断层、大埋深、生态脆弱区域、水域条件和地表无法到达的区域）的超级隧道中实施的难题，已经在天山胜利隧道建设中得到了成功应用。图 6-13 所示为水平定向钻进系统，图 6-14 所示为工作中的组合感知探棒。

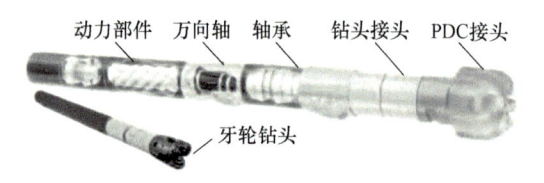

图 6-13　水平定向钻进系统

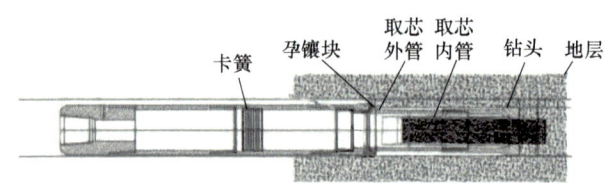

图 6-14　工作中的组合感知探棒

（2）盾构/TBM 设备智能化

1) 土/岩-机作用信息实时感知融合技术。通过研究 TBM 掘进过程中岩机相互作用的定量表达关系，建立岩机关系模型，并利用 TBM 掘进参数实时感知掘进岩体状态参数；同时，基于 TBM 自带各种传感器，实时监测推力、扭矩、贯入度等掘进参数，分析 TBM 机电液信息与岩体状态参数的关系；进而通过监测设备运行参数实现岩体状态的实时感知，提前探明前方地质信息和感知在掘岩体参数，如图 6-15 所示。

2) 掘进状态智能化控制技术。通过建立掘进过程岩机状态智能识别和专家系统，实现掘进参数与支护参数的优化决策；采用掘进机轨迹在线自主规划方法，实现掘进姿态预测控制与自动纠偏；通过刀盘驱动鲁棒自适应控制，实现刀盘荷载突变功率实时匹配。中国中铁装备集团、中国铁建重工集团、中铁隧道局集团等龙头企业均建立了具有隧道施工信息数据采集、存储、分析及应用等功能的掘进机远程信息化管理系统。

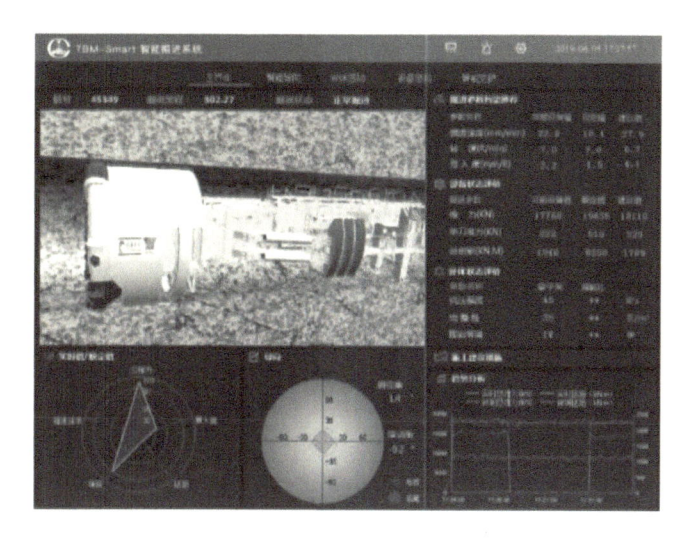

图 6-15　TBM 混合云实时监控界面

目前仍存在数字化智能建造的多学科理论融合不足，关键产品的必要引导、支持、协调相对缺乏，自主知识产权的核心软件与硬件产品欠缺，智能技术的培训和政策引导不够，以及相关建设法规不全等问题。随着掘进设备信息化程度的提高和大数据时代的来临，隧道工程可在以下几方面进一步提升：

1）精细化勘察与设计。采用高精度物探、水平定向钻等技术及各种综合分析数据方法，提高隧道地质勘探的准确性和有效性，为隧道设计提供更为准确的地质资料。获取准确、全面的工程地质和水文地质信息，并建立全域地质基础数据库，是隧道及地下空间工程合理科学开发与建设的关键。

2）不良地质环境灾害预警与控制。基于智能感知、物联网技术、云技术、5G 移动互联技术，将大数据与人工智能有机结合，掌握结构体与岩土体多场耦合理论、结构体的时效劣化与环境灾变理论，实现不良地质预报的智能化，为隧道安全、顺利掘进提供有力保障。

3）全寿命周期安全运维。智能化是隧道安全运维的发展方向，以信息化、智能化、绿色化为特征的创新技术的广泛应用，推动了隧道工程及地下空间工程规划、施工和运营水平的整体提升。

4）隧道智能建造需要电子、机械、信息、通信、土木、人工智能等多学科理论的融合。未来将以数字化信息为核心基础，以智能化施工装备为工具，以网络化信息传输和管理为手段，以现代化监控检测为辅助，进行全域感知、数据获取和深度学习，实现建造运维全过程的机械化、信息化、自动化、少人化或无人化。

6.2　盾构工程智能施工应用案例

6.2.1　概述

本节对 TBM 掘进参数智能控制系统应用、基于传感技术的盾构在线状态监测应用及基于大数据的盾构掘进与地质关联应用等方面进行介绍。通过应用案例的方式，进一步对盾构工程智能施工进行阐述。

6.2.2 TBM 掘进参数智能控制系统应用

目前 TBM 智能化作业水平较低，难以实现岩体信息实时感知及掘进参数的智能决策，影响 TBM 掘进效率，卡机、涌水突泥等安全事故也时有发生。为解决上述问题，中铁装备集团等研发了一套 TBM 掘进参数智能控制系统，通过分析岩体状态参数与 TBM 掘进参数的相关关系，采用数据挖掘的方法建立岩机信息感知互馈模型；在此基础上构建智能决策控制体系，实现掘进参数的预测及掘进状态评价；通过手动或自动控制模式对 TBM 掘进参数进行优化调整，使 TBM 保持安全高效的掘进状态。该系统软件在引松供水工程 TBM 施工中应用效果良好。

1. 岩机信息感知与互馈

（1）TBM 掘进过程分析　TBM 正常掘进过程是由一个个掘进循环组合而成的，每个掘进循环的长度为推进油缸的行程。在这个过程中，TBM 掘进参数（推力、刀盘转矩、贯入度、推进速度等）随时间呈现循环变化，其中任意一个掘进循环都可划分为上升段和稳态段，如图 6-16 所示。在 TBM 掘进循环中，从滚刀接触岩石开始，贯入度、推力、转矩等 TBM 掘进参数均逐渐增大至稳定值，该阶段称为 TBM 掘进参数上升段；TBM 各掘进参数保持平稳略有小波动的阶段称为 TBM 掘进稳态段；该循环结束后，TBM 掘进停止，各掘进参数迅速下降至 0。

上升段和稳态段是 TBM 与岩体相互作用的阶段，能够在一定程度上反映当前在掘岩体特性。上升段的掘进参数由小增大至平稳，该过程直接反映了 TBM 刀盘滚刀与岩体的相互作用状态，是观察 TBM 掘进状态、选择适应当前岩体状态的掘进参数的重要阶段；稳态段是 TBM 以安全、快速、高质量的稳定状态掘进的主要阶段，岩体条件是决定 TBM 稳态段掘进参数值的关键因素。因此，可通过上升段掘进参数变化规律来反映当前在掘岩体状态，并根据当前在掘岩体状态信息来预测 TBM 稳态段掘进参数，通过优化并调整当前掘进参数，以达到 TBM 安全高效掘进的目的。

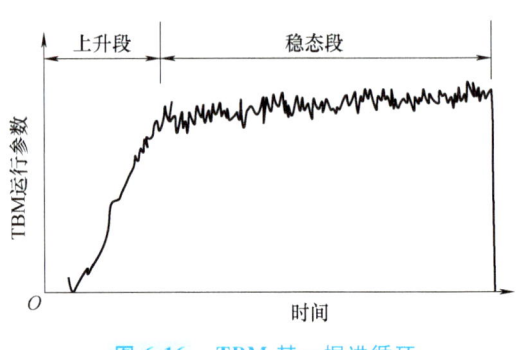

图 6-16　TBM 某一掘进循环

（2）TBM 主司机操作过程分析　TBM 刀盘转速和掘进速度是主司机控制 TBM 的主要控制参数；推力、转矩、贯入度是主司机控制 TBM 的主要运行参数，是设定 TBM 控制参数的依据。其中，掘进速度是转速与贯入度的乘积，贯入度反映的是滚刀贯入岩石的深度，在岩体状态不变的条件下，TBM 推力和转矩随着贯入度的增大而增大，而贯入度的大小是主司机通过控制掘进速度来调整的。

在 TBM 掘进过程中，TBM 主司机担负着岩体状态感知、掘进任务规划、掘进方案决策、TBM 姿态控制等大量工作，应根据实际工况和经验判断控制 TBM 的掘进状态与当前岩体条件相适应。

（3）岩机信息感知互馈模型

1）工程数据库。收集已建或在建 TBM 施工隧道项目的工程信息并存储在大数据中心，形成工程数据库，其中包括岩体状态信息数据库和对应的 TBM 设备状态信息数据库。TBM 设备状态信息数据库中包含推力、转矩、贯入度、刀盘转速、推进速度等设备运行控制参数；岩体状态信息数据库包含岩体强度、节理条件、围岩等级、地下水条件、不良地质条件等参数。工程项目现场的 TBM 运行参数数据以无线传输的方式上传至大数据中心，形成 TBM 设备状态信息数据库；岩体状态信息可从工程地质勘察报告中获取，当地质勘察报告中信息不足或不详细时，需通过原位试验、现场钻芯取样、室内试验及绘制隧道地质素描图等手段获取。

2）岩体信息感知模型。从样本数据库中提取岩体状态参数，建立岩体状态参数矩阵 N，$N=(U,J_v,W)$，其中 U 为岩石抗压强度，J_v 为岩体单位体积节理数，W 为围岩等级。通过循环均值的方法得到掘进循环上升段与稳态段的分界点，截取掘进循环上升段数据组成上升段掘进参数矩阵 M_1，$M_1=(F,T,P,R)$ 其中 F 为刀盘推力，T 为刀盘转矩，P 为贯入度，R 为刀盘转速。从样本数据库中筛选出上升段岩机信息数据，分别采用神经网络 net、支持向量机 svm 和最小二乘回归 reg 三种方法对岩机数据进行训练和预测，输入量为上升段掘进参数矩阵 M_1，输出量为岩体状态参数矩阵 N，分别得到相应的神经网络模型 Y_{net2}、支持向量机回归学习机模型 Y_{svm1} 和最小二乘回归数学模型 Y_{reg2}。

3）掘进参数预测模型。筛选样本数据库中掘进循环稳态段岩机信息，提取每个掘进循环过程的稳态段掘进参数数据并计算平均值，作为该掘进循环的稳态段掘进参数，包括刀盘推力 F、刀盘转矩 T、贯入度 P、刀盘转速 R 等，形成稳态段掘进参数矩阵 M_2，$M_2=(F,T,P,R)$。同样采用神经网络 net、支持向量机 svm 和最小二乘回归 reg 三种方法对样本数据库中岩机状态参数进行分析，输入量为岩体状态参数矩阵 N，输出量为稳态段掘进参数矩阵 M_2，建立 TBM 掘进参数预测神经网络模型 Y_{net2}、支持向量机模型 Y_{svm2} 和最小二乘回归模型 Y_{reg2}。

4）模型的自学习、自更新。工程数据样本库随着工程量的增加而不断丰富，若当前样本库数据量增幅达到一定范围后（如超过上次模型更新时数据量的 30%），可人工手动更新模型，或由系统执行自动更新程序对模型进行自动更新，以适应不同围岩、不同直径、不同性能的 TBM 或同一 TBM 全生命周期不同阶段的使用。对岩体信息感知模型和掘进参数预测模型进行更新后，为保持智能决策系统的稳定性，新旧模型同时运行，但旧模型仍占主导地位；运行一段时间后，当新模型的预测结果优于旧模型时，用新模型替代旧模型。

2. 智能决策控制体系

（1）系统总体结构　TBM 掘进参数智能控制系统软件采用 C/S 架构开发，客户端安装于 TBM 主控室上位机，服务器端分为通信服务器和后端大数据平台，位于数据中心机房。上位机通过工业以太网与数据中心服务器建立连接，通信服务器提供数据通信接口，以 TCP 套接字的方式与客户端通信，将现场采集数据传输并存储至大数据集群工程数据库，同时将服务器数据库、大数据分析等结果传送给客户端。

TBM 掘进参数数据主要由各个设备部件传感器进行采集，TBM 上位机通过工业以太网以工业控制领域常用的 OPC（OLE for Process Control，应用于过程控制的 OLE）标准访问 PLC（Programmable Logic Controller，可编程逻辑控制器），将 TBM 掘进数据缓存于本地数据库，然后定时将缓存数据分段打包上传至工程数据库，数据分类存放为不同的数据表。

数据中心服务器主要采用 Hadoop、Spark 等大数据框架，对工程数据库中的岩机数据通过使用线性回归、支持向量机、神经网络等机器学习方法来深度学习，建立岩机信息感知互馈模型。TBM 掘进参数智能控制系统结构如图 6-17 所示。

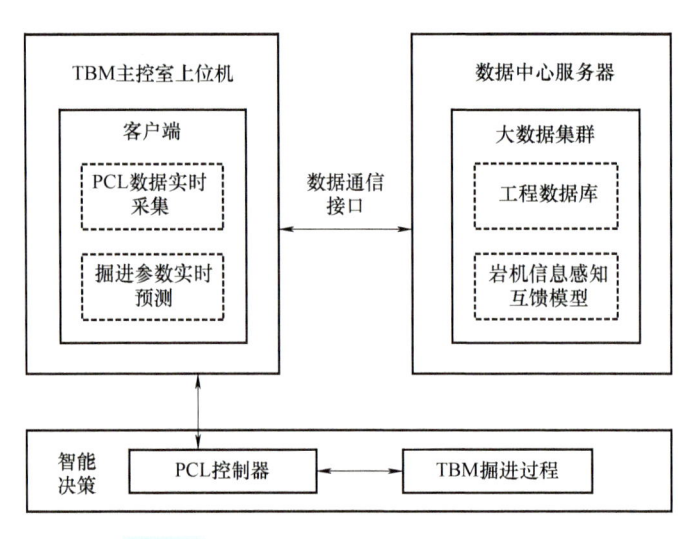

图 6-17 TBM 掘进参数智能控制系统结构

（2）智能控制方法 在 TBM 正常掘进过程中，利用岩机信息感知互馈模型预测 TBM 稳态掘进时的掘进参数，并对 TBM 当前掘进状态进行评价，通过人机交互界面实时展示 TBM 运行状态、岩体状态参数和 TBM 掘进参数等信息。系统自动对比预测值和实际值，判断是否调整当前掘进参数。

掘进参数控制方法可选择自动模式或手动模式。选择自动模式时，系统将掘进参数预测值和当前掘进参数进行比较，若偏差值超出设定界限，则系统向 PLC 发出调整相应参数的指令，控制刀盘转速和掘进速度的 PLC 控制器接收到相应调整指令并对相应参数大小进行调整，同时保证其他运行参数如推力、转矩及其他辅助设备参数不会出现报警提示；选择手动模式时，系统将掘进参数预测值和当前掘进参数的偏差比较结果输出为提示框显示在上位机上，由主司机决定是否调整掘进参数，若需调整，则通过手动控制刀盘转速和掘进速度旋钮进行调整。TBM 掘进参数智能控制过程如图 6-18 所示。

（3）智能决策策略 TBM 掘进开始后，上位机开始记录并保存当前掘进数据，同时控制系统中的智能决策模块启动数据读取功能，自动读取掘进参数，包括推力、刀盘转矩、贯入度、刀盘转速和掘进速度，并对该条数据进行判断。若该条数据中所有参数值均在设定的边界条件内，则判定其为有效数据点并进行保存；若该条数据中任一参数超出边界条件，则判定为无效值，不保存该条数据。此判定过程可过滤掉 TBM 空转或空推时的无效掘进数据，并保存有效掘进数据。保存的有效数据点按时间排序，形成一个有效数据表，每隔一定数量的有效数据点进行一次掘进参数预测，同时刷新一次客户端界面的实时输出显示数据。

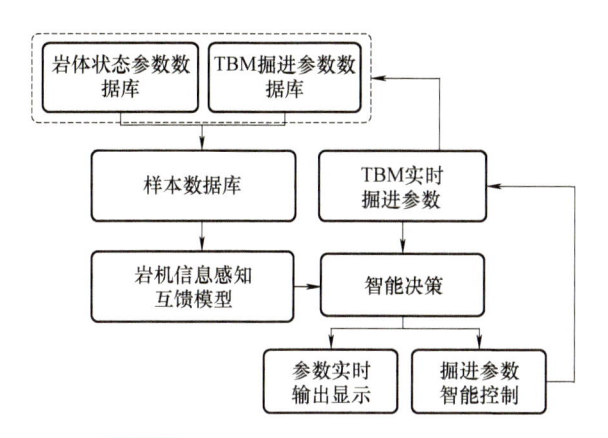

第 6 章 盾构工程智能施工及新发展

图 6-18 TBM 掘进参数智能控制过程

读取有效数据表,将相应的掘进参数代入岩机信息融合与互馈模型,进行掘进参数实时预测。先按照岩体信息感知模型预估岩体状态参数,得到相应的岩体状态参数,然后根据预估的岩体状态参数按照掘进参数预测模型对稳态段掘进参数进行预测,预测的岩体状态参数和掘进参数通过人机交互界面模块实时输出显示在主控室上位机可视化界面上,供主司机查看。

假设当前实际掘进参数为 m_k,预估岩体状态参数为 N_k,预测掘进参数为 M_k,分别计算前面 $k-2$ 到 $k-1$ 组数据的预估岩体状态参数平均值 N_s 和预测掘进参数平均值 M_s 作为累积平均预测参数。将当前预测参数 N_k 和 M_k 与累积平均预测参数 N_s 和 M_s 进行对比,若当前预测参数和累积平均预测参数偏差平均值小于 10%,则认为当前掌子面岩体状态稳定不变或变化很小,当前掘进参数平稳,掘进效果良好,无须对掘进参数进行优化调整;如果当前预测参数和累积平均预测参数偏差平均值大于 80%,则认为当前掘进参数不稳定,岩体条件变化较大,应该调整当前掘进参数以适应地层的变化,使 TBM 安全平稳掘进;若当前预测参数和累积平均预测参数偏差平均值处于 10%~40%,则认为当前岩体状态较好,掘进参数可进行微调;若当前预测参数和累积平均预测参数偏差平均值处于 40%~80%,则认为当前岩体状态较差,建议对掘进参数进行调整。当短时间内掘进参数预测值前后波动较大时,系统会发出警报,由主司机判断现场情况并采取相应措施。

3. 工程应用及效果

(1) 工程应用 吉林省中部城市引松供水工程总干线施工 4 标段全长约为 23km,该工程采用直径 7.93m 的敞开式 TBM,TBM 掘进参数智能控制系统客户端嵌入 TBM-Smart 智能掘进系统中,安装在 TBM 主控室上位机上,如图 6-19 所示。系统界面采用自适应布局,显示内容主要包括:①实时显示 TBM 状态(掘进、停机、上升段、稳态段等)、桩号及时间;②展示 TBM 当前掘进循环掘进参数的实时曲线图;③实时显示当前的岩体状态(抗压强度、完整性、围岩等级等);④实时显示 TBM 掘进参数(推力、转矩、贯入度、转速、掘进速度等)及状态评价(优、良、中、差等);⑤实时显示系统预估岩体状态参数和 TBM 掘进参数,并给出是否调整优化当前掘进参数的提示。

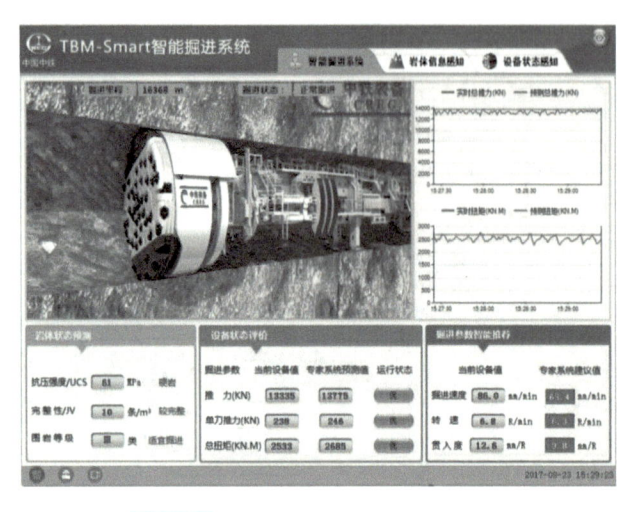

图 6-19　TBM-Smart 智能掘进系统

（2）应用效果　通过提取实际工程约 8000 个掘进循环的岩机数据对岩机信息感知互馈模型进行了验证，如图 6-20 所示，采用岩机信息感知互馈模型进行掘进参数预测，具有预测准确、实时性好和容错能力强等优点。通过对 TBM 掘进参数智能控制系统运行结果进行分析，预测值波动较小，提高了 TBM 运行的稳定性。主司机可依据预测值手动调整 TBM 掘进控制参数，也可采用自动模式，直接激励 PLC 控制器实现掘进参数的自动调整和优化，避免了主司机经验判断的不确定性。

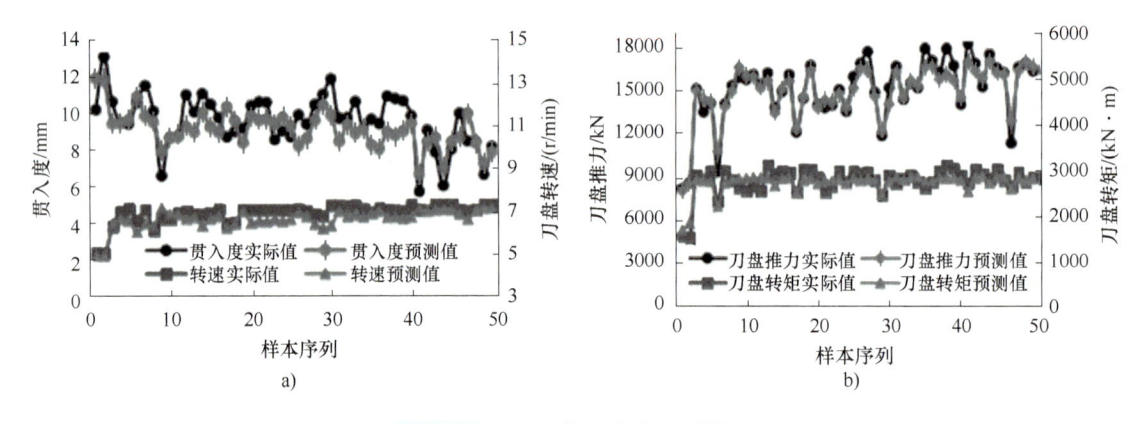

图 6-20　TBM 掘进参数预测结果
a) 贯入度和刀盘转速　b) 刀盘推力和转矩

6.2.3　基于传感技术的盾构在线状态监测应用

为解决盾构监测与调试时出现的问题，保证盾构在工作过程中的安全、稳定、可靠，蒙先君等研制出一套基于传感技术的盾构在线状态监测系统，系统采用传感监测技术，监测盾构关键部件各测点的振动速度和温度，并结合通信技术将实时监测的数据传输至控制器进行分析处理，实现盾构机械的在线监测，并对监测系统进行试验。

1. 系统结构及工作原理

（1）系统总体结构　盾构在线状态监测系统主要由盾构设备、电源模块、显示模块、振动信息采集模块、温度信息采集模块、模数转换模块及稳压模块等组成。

（2）工作原理　根据盾构设备在线状态监测的相关要求，将传感器布置在盾构的待测点位置，状态在线信息采集模块实时采集盾构主泵站、轴承及减速器等关键部件工作状态的位移、速度、加速度、温度信息的特性信息，将采集到的信息传递至单片机主控程序室，并对信息进行分析和处理，实时监测盾构的工作状态。

2. 系统主要模块设计

（1）振动信息采集模块　振动信息采集模块主要用来采集盾构在工作过程中的振动位移、速度和加速度。由于盾构的工作环境复杂（空间狭小、环境恶劣、湿度高），受污染程度大，工作过程中安装更换部件困难，对振动信息采集模块中振动传感器的灵敏度、测量范围、可靠性、精确度和响应特性要求较高，选用型号 CYT9200 的一体化振动变送器。

（2）温度信息采集模块　温度信息采集模块主要用来监测被测物体表面工作温度变化幅度，温度传感器通过测量电阻的变化监测不同时刻被测物体表面工作温度参数，根据被测对象及温度测试范围选用 K 型贴片式表端面热电偶冷压鼻探头 PT100 温度传感器。

（3）模数转换模块　模数转换模块是将振动信息采集模块和温度信息采集模块采集到的振动位移、速度、加速度和温度模拟量信息转换成数字量信息，供单片机主控程序读取。根据选用的一体化振动变送器型号、K 型贴片式温度传感器及各参数的测量范围，选用型号为 ADS1118 的 16 位模数转换器。

（4）电源模块及稳压模块　由于系统选用的供电电源为 24V，而单片机的供电电源为 5V，因此系统通过降压与单片机供电。输入直流电压为 3~35V，输出直流电压为 1.5~35V（可连续调节），且当输入直流电压超过输出直流电压的 1.5 倍时，最大输出电流不超过 3A。

（5）单片机监测程序设计　单片机监测程序结构简图如图 6-21 所示。单片机监测程序主要由单片机、一体化振动变送器、PT100 温度传感器、电源、LM2596S DC-DC 降压模块、ADS1118 的 16 位模数转换器、TTL 转 RS232 信号模块、盾构等部分组成。在线状态监测系统工作时，传感器检测到盾构关键部件（主泵站、轴承及减速器）的振动信息和温度信息，由 A/D 转换模块将采集到的模拟量转换成数字量，通过单片机的 IO 接口传递至单片机主控程序，经单片机运算处理后，再由 TTL 转 RS232 信号模块转换，将转换后的信号传送至在线监测设备。

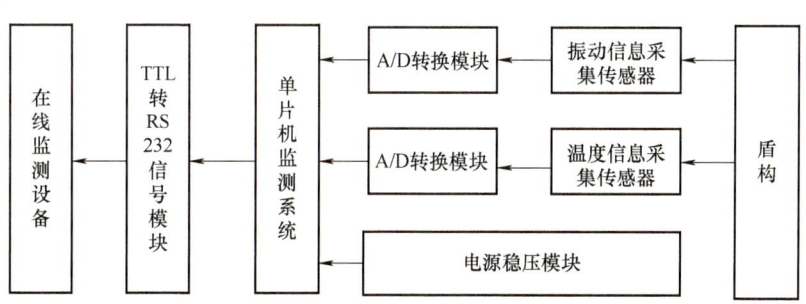

图 6-21　单片机监测程序结构简图

6.2.4 基于大数据的盾构掘进与地质关联应用

为解决盾构掘进参数设定主要依赖盾构司机的经验，且掘进过程中影响因素较多，很难做到掘进参数与地质参数有效关联的问题，依托盾构 TBM 大数据平台的海量数据，通过施工经验对关联掘进与地质的参数进行选取和分类，并确定关联参数的范围。通过参数范围界定、数据连续性分析和数据频次统计等方式进行数据的初步清洗；通过提取变量的数字特征建立分布统计算法模型库的方式，对数据库中的数据进行实时处理，去除异常数据并确定经验区间的频数分布；通过对各关联参数的组合检索，进行关联参数的可视化分析，得到不同盾构在各类地质中主要掘进参数（如刀盘转速、刀盘转矩、掘进速度、油缸推力等）的经验区间和关联关系。

1. 盾构大数据采集与数据库建立

为探索盾构掘进和地质环境间的关联关系，需要采集完备、有效可用的盾构施工数据及相应的地质环境参数数据，建立专业数据库，采集内容见表 6-1。

表 6-1 大数据平台采集内容

采集类型	采集项
设备数据	盾构 ID、盾构类型、盾构厂家、盾构规格型号、盾构直径、施工单位、工程所在地等
地质环境数据	施工线路、岩土类型等，其中，岩土类型分为岩石、土层、复合地层。每种岩土类型需要进一步细分岩土性质，如岩石主要包括火成岩、变质岩、沉积岩；土层包括黏土、砂土、软石、淤泥。岩石按抗压强度、破碎度再细分，土层按标贯值再细分
掘进参数	施工线路、掘进时间、里程环号、关键参数类别、参数值等

数据库的建立应从数据规模、计算能力、稳定性、可靠性、可扩展性和安全性等方面综合考虑。本小节对掘进参数数据的存储，选择了开源分布式 HBase 数据库，它是一种构建在 HDFS（Hadoop 分布式文件系统）之上的分布式、面向列的存储系统，是可以实现实时读写、随机访问的大规模和分布式数据集；设备和地质环境数据选择 RDMS（关系型数据库管理系统）数据库，它使用二维表结构，易于理解和操作，可以在业务上保持高一致性。

平台采用可扩展和容错性强的数据处理 Lambda 架构，综合考虑了实时数据和离线数据分析的双重需求。这个数据架构处理大批量数据时结合了批处理和流处理方法的优点，如图 6-22 所示。

2. 关联分析建模和算法

（1）关联分析的技术路线 关联分析首先要选取关联参数并分类，然后对参数进行清洗并规范采信原则，再进行大数据建模和算法选取，最后对关联分析成果指标进行可视化展示。

盾构掘进过程中，参数种类众多，为挖掘掘进参数与地质关联的经验关系，需要分析地质环境参数（地区位置、岩土类型、抗压强度、完整程度、标贯值）、盾构的设备参数（直径、盾构类型等）及掘进关键参数（掘进速度、转矩、刀盘转速、总推力等），并按照业务需要进行量化及适度分类。

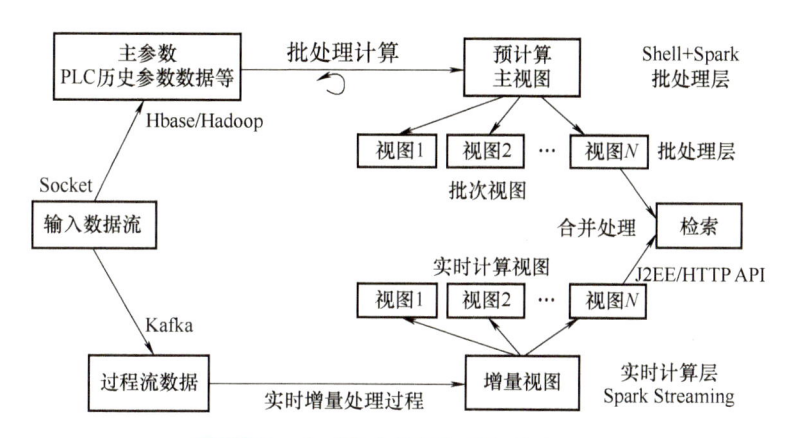

第 6 章　盾构工程智能施工及新发展

图 6-22　实时和离线数据分析技术架构

盾构掘进参数由物联网和传感网采集，但由于传感器、实际工况等存在异常，会出现部分参数点位值异常，如超大值的出现等，影响掘进指标数据的精度，因此，需要对数据库中的数据加以清洗，建立采信规范，确保结果准确。

为得到不同地质和装备类型下盾构掘进参数的经验区间，需要对不同组合的参数分别建模，适度控制组合维度。对指标数据需要采用常规分布统计算法，计算关键掘进参数值分布相关指标及常规的众数、中位数、均值等，建立核心经验区域算法。为了确保指标数据实时更新，需要采用实时和离线合一的数据分析技术架构。

根据以上建模计算，在盾构 TBM 工程大数据平台上采集相关内容（表 6-2），为客户提供优化的增值服务。

表 6-2　大数据平台采集内容

用途分类	分析统计定量	备注
整体分布度量	最大值	排除异常值
	最小值	排除异常值
	均值	排除异常值
	左偏和右偏	通过直方图目测观测
离散度量	标准差	离散程度
	极差	最大值与最小值之差
核心分布度量	中位数	概率分界值
	众数	明显集中趋势点的数值
	核心区域最小值	数据集中区最小值
	核心区域最大值	数据集中区最大值

（2）数据清洗和采信规范　对盾构采集的原始参数数据进行数据清洗、过滤，并规范采信确认的规则和方法。

1）数据清洗。根据盾构掘进模式进行初步筛选，经过分析，部分设备的掘进模式开关数据存在异常，或者进入掘进状态到正式进入掘进工作模式之间存在一个准备时间，这部分数据的存在将影响掘进指标的计算。因此，需要指定参数阈值，剔除原始数据中过小的数据，确保后续分析数据为正式掘进模式下的数据。同时，部分老旧设备采集数据时，存在 0 环号的异常情况，具体表现为不定期出现 0 的状态（尤其是每天的前期数据），第 2 线路还存在如 8000 环（相当于该线路的初始 0 环）等异常，需要过滤。部分设备采集数据存在环号异常情况，出现小数、科学计数法表示的数据等，需要进一步过滤。

2）数据采信。由于数据传感器的漂变，由传感器传回的数据有时也会存在异常。对某盾构采集原始数据的环顺序进行分析，如图 6-23 所示。方框标记的数据列为跳跃的环号，经统计这些环及对应的数据大部分都很少，可以判定为不可采信的异常数据。针对异常问题，依据按时间顺序环号只会增加不会减少的规律排除跳跃的环数据，进行过滤，不过对于其中数据量较大的（超过 100 个连续数据）要继续保留。除了环号以外，掘进参数数值也会偶然发生异常，根据分析确定数据的正常范围，在数据处理过程中应过滤掉出现频数过小的异常数据。

项目线路编码	环号	环开始的时间
17010001000101120160018	613	2017-07-30 00:00:00
17010001000101120160018	614	2017-07-30 01:13:50
17010001000101120160018	615	2017-07-30 02:20:40
17010001000101120160018	616	2017-07-30 03:14:45
17010001000101120160018	617	2017-07-30 05:41:30
17010001000101120160018	618	2017-07-30 06:12:05
17010001000101120160018	619	2017-07-30 08:15:50
17030002000101120170015	527	2017-07-30 00:00:00
17030002000101120170015	528	2017-07-30 01:19:25
17040001000101120170016	454	2017-07-30 00:00:02
17060001000101120170023	8135	2017-07-30 00:00:02
17060001000102220170022	597	2017-07-30 00:00:00
17060001000102220170022	598	2017-07-30 07:50:30
17060002000101120170027	5078	2017-07-30 00:00:00
17060002000101120170027	1420	2017-07-30 09:25:55
17060002000201120170024	266	2017-07-30 00:00:02
17060002000201120170024	513	2017-07-30 00:00:20
17060002000201120170024	267	2017-07-30 01:58:30
17060002000201120170024	268	2017-07-30 06:01:05
17060002000201120170024	269	2017-07-30 08:13:55
17060002000202220170025	266	2017-07-30 00:00:00
17060002000202220170025	513	2017-07-30 00:00:26
17060003000101120170028	25	2017-07-30 00:02:22

图 6-23 某盾构采集的原始数据

（3）大数据建模和算法

1）多维度组建模分类。依据需求分析，涉及的维度包括 7 个参数项，分别是装备类型、装备直径、地质、公司、地区、项目、装备。排除必要维度（装备类型、装备直径、地质），共可以有 16 种维度组合，支持的维度构成组合见表 6-3。其中，地质组合又由 4 级地质编码构成，也就是说，每一个原始数据参与运算后，最大可能产生或影响 64 个分析结果（假设其地质编码是 4 级）。

表 6-3 维度构成组合

维度组	维度组构成
1	按装备类型、装备直径、地质
2	按装备类型、装备直径、地质、公司
3	按装备类型、装备直径、地质、地区
4	按装备类型、装备直径、地质、装备

（续）

维度组	维度组构成
5	按装备类型、装备直径、地质、项目
6	按装备类型、装备直径、地质、公司、项目
7	按装备类型、装备直径、地质、公司、装备
8	按装备类型、装备直径、地质、公司、地区
9	按装备类型、装备直径、地质、地区、项目
10	按装备类型、装备直径、地质、地区、装备
11	按装备类型、装备直径、地质、项目、装备
12	按装备类型、装备直径、地质、公司、项目、装备
13	按装备类型、装备直径、地质、公司、地区、项目
14	按装备类型、装备直径、地质、地区、项目、装备
15	按装备类型、装备直径、地质、公司、地区、装备
16	按装备类型、装备直径、地质、公司、地区、项目、装备

2）常规分布统计算法。采用常规统计学算法计算某单项点码数据分布的相关指标，如众数、中位数、均值等。由于算法是基于大数据的计算，因此为了保障计算性能，采用分段计算、逐步汇总的分阶段计算法。计算结果取近似众数、近似中位数、近似均值，与实际精确值有微小的偏差。例如，对分时段平均值再汇总会有微小差异，不过作为参考值是足够精确的，这是一般大数据统计采用的原则。

算法过程如下：

① 计算最大值和最小值。该过程在 Spark Streaming 实时分布计算框架下执行，实时调整最大值和最小值，这 2 个值是后续计算的关键参数。

② 根据最大、最小值计算频数直方图动态步长，动态步长每天调整 1 次。

③ 根据步长将收到的每一个有效数据换算为日频数直方图上的点并累计次数。

④ 按照 16 维度组合及对应的地质编码级别分别计算每个日频数直方图的最大值和最小值，计算最大 64 个日频数直方图结果。

⑤ 每天定时通过 Spark 和 Shell 程序取得全天的直方图数据，分别汇总到累计直方图中，并归一化直方图步长，得到新的累计直方图。如果没有累计直方图，则将日直方图直接复制为累计直方图。

⑥ 通过累计频数直方图根据频数计算近似众数、近似中位数、近似均值等。

⑦ 不断重复以上过程。

3）核心经验区域算法。将直方图的数据主要分布区间算法应用于自动测量各点码参数的主要经验区间，这些经验区间值可以作为特定装备条件和地质条件下的工作参数参考范围，结合均值等统计指标可以作为完整的指标结果组合。核心经验区域算法也基于最大 64 种直方图，可以产生最大 64 种分类参考值结果。参考值范围由核心经验区域下限值和上限值构成。其算法原理为直方图将各点码参数重新归类后形成分布图，包括聚合点和频数，如图 6-24 所示。其中，45.0~57.5 的区间为数据的主要区间，其他区间分布数据较少。这个区间是某点码参数的主要经验工作参数区间，结合装备类型和地质情况后所得的参考值区间有较大的参考价值。

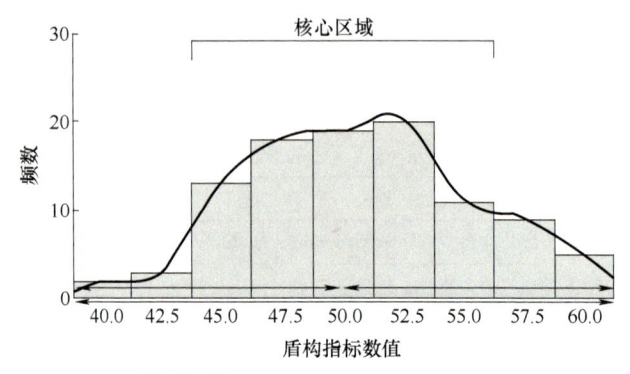

图 6-24 参数点位值频数分布图

（4）大数据关联分析算法详细流程　理论算法明确后，还需要考虑大数据环境下与常规抽样数据计算上的差异。常规抽样数据系统一般对全样本直接进行计算，但是这对于大数据的海量数据而言是不可行的，因为数据量过于庞大，会出现数据无法装载、计算时间很长等问题。同时，随着数据增长还会出现无法对增量数据合并计算、因样本抽取方法不当引起数据扭曲等问题。所以大数据分析算法流程需要专门设计，算法设计方案如下：

1）通过实时数据流对每一条数据立即分别按照各直方图当前的步长对归一化后的数据频次进行当日直方图频次汇总，到每日 24 点前完成当日的直方图所有数据频次的累计计数。首个直方图作为累进直方图。

2）将数据按照时间切片进行累进处理，例如，按日将各指标的当日直方图和累进直方图按照各指标当前步长做归一化处理。

3）将归一化后的 2 个直方图进行合并，得到新的累进直方图并保留。

4）按日展开当日的各指标直方图的维度，按照需求对项目线路上的每日装备直方图再次展开为 16 种维度，再按 4 级地质层级展开为最多 10 种地质编码组合，即可以生成最多 160 种直方图。

5）计算新得到的所有维度累进数据的以下统计指标：中位数、众数、标准差、最大值、最小值、参考均值、核心区域范围最小值和最大值。

6）第 2 天继续以上过程，不断得到新的累进直方图数据和反馈修正的统计分析指标，反馈盾构施工的最新情况。

通过以上步骤，先实时对原始数据按照合理的步长做归一化处理，减少数据量，按合理精度做就近聚集，然后对数据按时间切片累进处理并归一化合并，最后将得到的优化结果作为观测值进行统计指标分析，实现对所有原始数据的全覆盖及精度可控（误差在一个合理的步长范围内），具体计算处理流程如图 6-25 所示。

（5）掘进经验指标成果展示　根据维度组合，检索各维度组合下盾构关键掘进参数的经验区间，显示最大值、最小值、平均值等指标数据。如图 6-26 所示，通过输入地质、装备类型、直径三个维度检索，利用关联分析算法得出直径为 6~8m 的土压平衡盾构在土层的掘进经验区间。

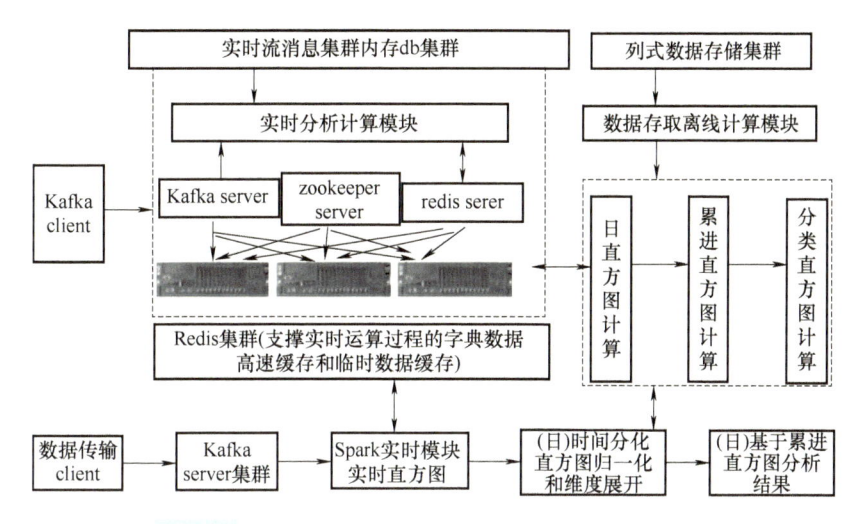

图 6-25 实时和离线数据指标分类分析处理计算流程

图 6-26 关联分析维度组合检索

盾构掘进与地质关联分析系统已应用于多个项目施工中。通过对各项目地质与掘进数据的关联分析，得出各地质条件下掘进参数的建议值，为施工提供实际的数据支撑。将盾构施工专家经验数据化，有效提高了各项目的施工水平。

当盾构施工遇到突发孤石或基岩等地质变化时，需要实时关注掘进参数变化的影响。利用地质与掘进关联分析系统就可以明确获取该地质条件下最合理的掘进参数，如汕头苏埃海湾隧道项目东线过基岩段时，利用该系统提取不同掘进参数配置数据，获取了适应于当时地质的掘进参数组。

盾构掘进与地质关联分析系统在各种地质条件下积累的数据明确了各种地质条件下盾构掘进参数的常规分布区间，为盾构订制设计提供了重要的量化数据支持，使盾构设计（如刀盘布局、开口率、功率等关键参数设计）有了实际项目数据支撑。

盾构掘进与地质关联分析系统在各项目上获取的数据一方面可以作为指导项目后续施工的经验数据；另一方面这些带有地质、项目标签的关联数据保存在大数据平台，可指导其他

189

相似地质条件的项目施工，并可作为项目施工前论证阶段的盾构施工数据参考依据。

6.2.5 盾构渣土资源化处理工艺及成套系统装备应用

在我国每年的盾构隧道施工中，渣土以亿 m^3 计的体量产生，成为经济发达城市固体废弃物的主要来源之一。盾构渣土实际为地下开掘岩土，本身由包含不同颗粒级配的土、碎石或者混合碎石土组成，有巨大的资源化利用价值，若直接弃置则与绿色发展理念和可持续发展理念相悖。因此，对盾构渣土的高效无害化、减量化、资源化处理成为当前及未来的发展必然，对城市生态文明建设具有重要意义。本小节通过深圳地铁 14 号线土压平衡盾构渣土资源化处理工程实践，介绍盾构渣土资源化处理工艺及成套系统装备应用。

盾构渣土资源化处理工艺及成套系统装备应用

1. 工程背景

在深圳地铁 14 号线土压平衡盾构渣土资源化处理工程实践中，先行投入使用的坑梓站处理场地占地面积达 $2450m^2$，处理能力约为 $1000m^3/d$ 存在占地面积过大、处理能力不足、操作复杂、设备运行稳定性及对不同地层的适应性不足等问题。在后续进行的六约北站渣土资源化处理工程中，亟须集成化、智能化程度更高及对不同地层所产生渣土适应性更强的装备系统。

2. 盾构渣土处理工艺及成套系统装备研究

（1）盾构渣土处理工艺　深圳地铁所采用的盾构渣土处理系统包括振动筛分系统、洗砂系统、絮凝系统、压滤系统及中央控制系统。基于此工艺流程，通过 BIM 建模进行建造场景构建，保证各个模块在现场拼接、安装的顺畅性，如图 6-27 所示。

（2）盾构渣土处理成套系统装备

1）振动筛分系统。振动筛分模块主要用于分离渣土中 2mm 以上的粗骨料和 2mm 以下的细骨料及细颗粒。深圳地铁 14 号线六约北站盾构渣土处理现场采用 2 台椭圆振动筛，单台长 6000mm、宽 2160mm、高 2000mm，处理能力为 $120\sim160m^3/h$。

2）洗砂系统。洗砂模块由叶轮洗砂机、水力旋流器和脱水筛组成，主要功能是将 $0.075\sim2mm$ 的细骨料和 0.075mm 以下的粉、黏粒分离。为提高洗砂模块的工作效率，对其进行优化组合

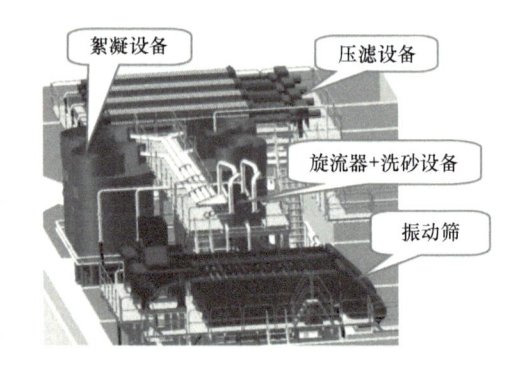

图 6-27　盾构渣土处理成套系统装备 BIM 建模

设计，采用 2 台串联叶轮洗砂机、4 台并联水力旋流器和 1 台脱水筛。

3）絮凝系统。絮凝模块用于对洗砂机溢流泥浆进行絮凝沉淀，为下一步泥浆压滤做准备。六约北站盾构渣土资源化处理现场的絮凝模块由 4 套模块化组合的絮凝罐和 1 台自动加药机组成。

4）压滤系统。压滤模块采用多台板框压滤机并联的形式，提高设备整体运行的可靠

性和连贯性，如图6-28所示。压滤机的压紧压力（18~20MPa）和固液分离压力（0.8~1MPa）均可根据土质情况调节，压滤后泥饼的含水量在40%以下，板框压滤机下部设置皮带输送机输送泥饼。压滤模块的智能化路径体现在，通过集成在压滤机上的含水量传感器进行探测，并反馈至中央控制室，实时掌控泥饼含水量变化和压滤效果。

管路系统除上述各模块之外，管路、管道的连接同样关系到整个系统的可靠性和模块化拼装的便捷性。

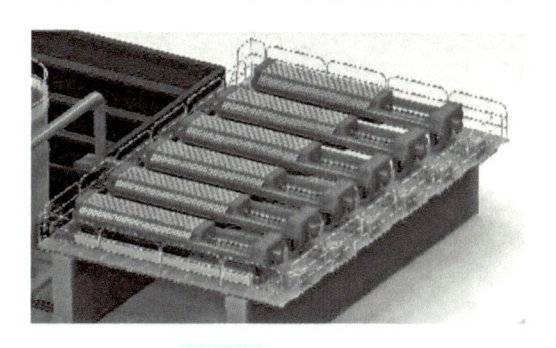

图 6-28　压滤模块

6.2.6　基于韧性理论的盾构隧道智能建造

韧性的概念最早出现在工程领域，主要是指系统恢复原状的能力，后来逐渐发展到生态、经济、社会系统、城市发展等领域，包括鲁棒性、冗余性、可恢复性、适应性和智慧性。城市韧性是指城市的一种属性，具体是指人居环境中各系统、各要素应对扰动的能力和能力范围，使得城市结构、功能和响应等方面表现为在一定范围内能吸收恢复、适应和转变等能力，并保持正常工作的能力或积极演进。城市轨道交通系统的韧性建设主要从韧性材料和韧性结构出发，材料的韧性是指在复杂地质环境作用下能够抵抗发生劣化的能力。

目前，智能化建造仍处于探索阶段，完整的智能化建造系统还未运用到盾构隧道工程中。未来的建造目标是从韧性设计着手，通过智能感知、生产和现场拼装等手段，实现隧道建设与新技术结合的智能化产业链，提升我国的隧道建设水平，推动智能建造技术行业的发展，致力于韧性城市基础设施建设。

建设一条韧性的智能化盾构隧道产业链是解决传统盾构隧道建设问题的有效途径，通过韧性设计、智能感知、智能制造、智能拼装系列措施，提升材料、结构的韧性性能，实时监测隧道各部件的工作状态，实现盾构隧道全生命周期的智能化，使得传统盾构隧道建造转型升级。

（1）韧性设计　盾构隧道的韧性设计既要考虑材料的韧性性能，也要从结构层面研究，使得盾构隧道在外荷载作用下保持其韧性功能。材料的物性研究结合结构的模态研究，指导材料、结构与传感器的适配，实现材料、结构的全链韧性设计。韧性设计主要考虑以下三个方面：

1）前瞻性。结构设计需要预测各方面因素对结构造成的不利影响，并制定相关措施以应对外界因素作用时结构产生劣化后能恢复功能，保持其正常使用状态。

2）冗余性。在隧道建设系统设计中，不同功能的设计属性叠加可以强化系统韧性，冗余性能使得结构在外界因素影响下有一定的缓冲空间，结构不会被冲破承载能力阈值。

3）恢复性。韧性结构相比传统结构的优势主要在于其在外界因素影响下产生劣化后能较容易修复，继续保持工作性能。

（2）智能感知 智能感知技术包括信息收集、识别、分析等，是隧道智能化产业链的重要组成部分，也是为盾构隧道智能化提供信息的一个环节。智能感知通过外业智能采集终端及配套软件建立与测量仪器和传感器的网络连接，自动采集数据，根据数据进行现场复原，对数据进行分析处理，给出合理的监测报告，实现数据可实时孪生，信息可高效管理，如图6-29所示。

图6-29 全域智能感知

通过全域感知技术、数字孪生及管理平台对地下结构进行实时监测，该处理方法已通过项目实例检验，如广州地铁11号线的外业采用智能采集终端，运用数字化采集器对隧道的各项数据自动采集，并通过蓝牙设备与内业相连，将采集的数据传递至内业管理平台；内业管理平台通过BIM技术、GIS技术对现场数据自动处理分析，生成报表。整个过程无须人员参与，可对隧道的沉降、变形、应力、地下水等信息进行实时监测和数据分析。一旦监测项目的数值超过设定阈值，就会发出危险预警，提示管理人员根据实况制定相应的挽救措施并实施，运用BIM、GIS、IoT、人工智能等新兴技术可实现对地下结构的科学实时监测和智能管理。BIM为建筑提供全生命周期的监测信息；GIS处理空间信息并进行信息的三维数字分析，将微观的BIM信息与宏观的GIS技术融合，就可获得完整的三维数字模型，实现多功能的数据监测和处理；IoT是将BIM和GIS综合，形成数字孪生管理平台。

（3）智能制造 在盾构隧道中，管片直接与地层接触，面临地下水、腐蚀离子、地应力等诸多环境因子作用，因此，盾构隧道管片的质量决定了隧道的安全性和耐久性。现阶段管片的预制还存在以下一些问题：

1）传统的管片生产过程通常是人为控制，制作工艺和温度的控制对管片质量影响大。

2）管片的生产信息（如管片质量、参数等）需要人工采集和整理，这样的管理方式不仅效率低下，而且在信息收集过程中会随着工人的个人素质不同存在差异或录入偏差错漏。

解决以上问题的有效方法是建立一个全自动的智能化盾构隧道管片生产和管理平台，实时对管片制作过程进行监测，根据管片所处环境进行自我调节，合理养护。如图6-30所示，在管片内部植入智能传感器，进行数据的实时采集传输；将采集信息导入智能生产管理系统，形成系统的智能分析决策；最后通过管理系统，自动调控浇筑参数、养护方式、运输状态，实现制造可自动操控、过程可全域感知。

（4）智能拼装　盾构法开挖是一边掘进开挖一边施作隧道衬砌的工法，实现了隧道掘进过程中的一次成型。对于盾构法开挖的管片拼装环节，常用的是环式管片拼装机，主要包括管片夹持系统、提升系统、平移机构、回转机构、螺栓连接装置及真圆保持系统等。我国目前管片对位拼装和螺栓连接等操作需要依靠工人的肉眼识别进行操作判断，极易造成管片磕碰、对接不紧密、螺栓连接松弛或因过紧而压碎管片等工程问题。人工指导拼装不仅易造成管片破损，而且工人的劳动强度高、管片拼装效率低。因此，智能化管片拼装技术的应用对于隧道安全、快速掘进至关重要。现阶段我国智能化拼装技术取得了一些新进展，案例如下：

1）沈阳重型机械集团有限公司研制了真空吸盘式管片拼装机，相比传统管片拼装机械，具有较高的拼装效率和精度，但是螺栓的连接需要人工进行。

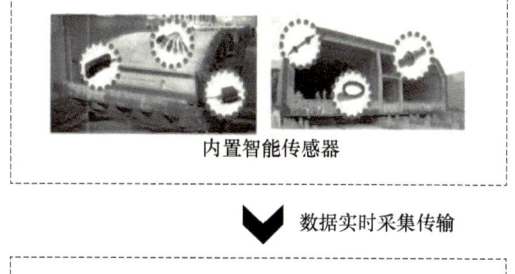

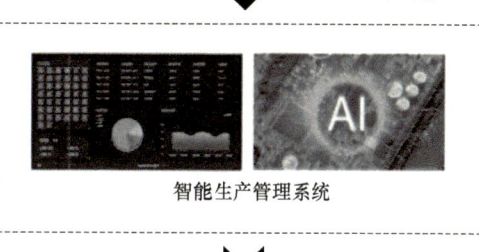

图 6-30　管片智能生产

2）清华园隧道箱涵预制件的拼装采用智能全自动化处理，拼装机各组成部分示意如图 6-31 所示，该装置运用视觉识别系统，通过将摄像机扫描并采集到的数据传递到中央控制系统进行图像数据处理，利用中央控制系统的指令信息拼装部件并调整位姿，减小误差，确保定位准确。

海底隧道具有选线不受通航限制、施工影响小、运营便利等优点，因此作为跨海工程的优先选择。目前，常采用盾构法开挖跨海隧道，如汕头苏埃海底隧道、广湛铁路湛江湾海底隧道、大连地铁 5 号线等隧道工程。海底隧道具有线路长、建造过程不需考虑地表环境等特点，采用基于韧性理论的智能化盾构隧道建设方法，既可以较快地完成隧道施工，又可以通过智能化管理平台实时监测、检测隧道各管片的工作状态。汕头至汕尾海底隧道采用了全生命周期的智能监测系统对隧道进行实时监测，如图 6-32 所示，该系统可持续动态获取结构应力、变形、裂缝发展、钢筋锈蚀程度等状态参数，为隧道维护、及时整治病害提供了可靠的数据支撑。相对内陆城市隧道，海底隧道面临的风险环境更加复杂。因此，采用全生命周期的智能化设计、施工、运维，优化海底隧道建设，既要对结构实时监测和及时风险预警，又要基于韧性的结构理念使得结构在建成使用时能有经受灾害损伤后快速修复的功能。

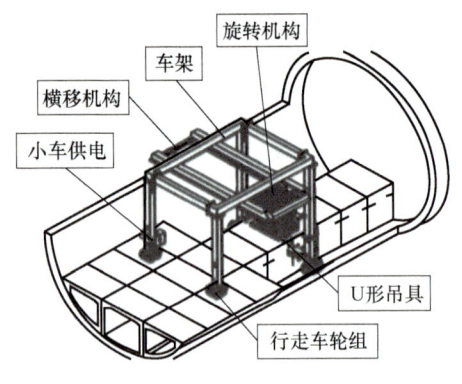

图 6-31 隧道箱涵智能全自动拼装机　　　　图 6-32 隧道实时监测界面

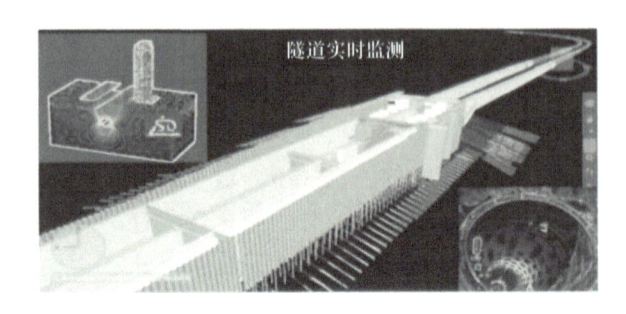

6.3 北京地铁盾构工程智能化应用系统

6.3.1 概述

本节将介绍北京地铁盾构工程智能化应用系统，包括盾构施工实时监控系统、盾构出土量监控管理系统及盾尾间隙测量系统。上述 3 套系统已成功应用于北京地铁 10 余条建设线路、200 余台盾构机设备，为北京城市轨道交通建设提供了强有力的保障。

6.3.2 盾构施工实时监控系统

1. 系统基本原理及功能

（1）数据传输　盾构始发前，将盾构施工数据由地面监控计算机实时传输至建设管理单位服务器，数据传输过程如图 6-33 所示。盾构自动采集的数据存储在盾构的工控机里。首先将盾构施工过程中自动采集的数据实时地从盾构工控机传输至施工现场项目部计算机，然后通过互联网将数据实时地从现场计算机传输至北京轨道交通建设管理公司服务器，用户通过访问服务器计算机即可实现对盾构施工数据实时读取。盾构数据传输系统分为盾构洞内有线实时数据传输系统和盾构服务器实时数据传输系统两部分。

1）盾构洞内有线实时数据传输系统。盾构洞内有线实时数据传输系统以光纤作为传输介质，采用两个光纤转换盒来实现数字信号和光学信号的转换。盾构洞内有线实时数据传输系统的数据传输过程：盾构自动采集的数据以数字信号的形式通过网线传送给光纤转换盒，光纤转换盒将传来的数字信号转换成光学信号，然后通过光纤传给地面上的光纤转换盒，地面上的光纤转换盒再将光学信号转换成数字信号，再通过网线传送给地面监控计算机，最后地面监控计算机再将传来的数据储存。

2）盾构服务器实时数据传输系统。盾构施工数据从盾构工控机传输至地面计算机后，还需要将数据从地面计算机实时地传输至服务器，盾构服务器实时数据传输系统分为数据发送软件和数据接收软件两部分，数据发送软件负责在地面计算机上将最新的数据实时地发送至服务器，数据接收软件负责在服务器上接收发过来的数据并存储。

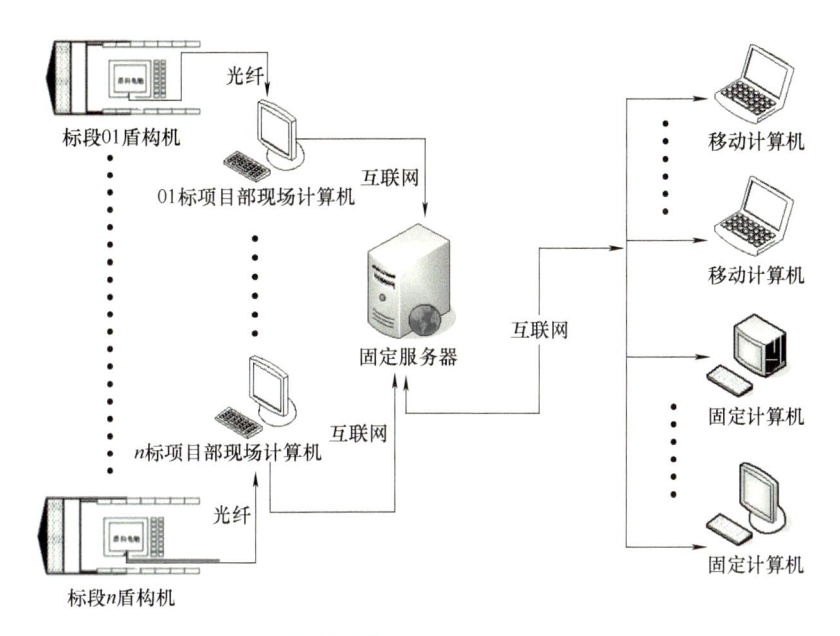

图 6-33 数据传输过程

（2）系统结构设计 盾构施工实时监控系统能够对盾构施工过程中采集的数据进行有效管理，提供形象的显示界面和图形可视化的数据分析界面，对盾构施工全过程进行远程实时监控。盾构施工实时监控系统由盾构区间风险管理、工程进度、刀盘、螺旋输送机、时间统计、进度统计、材料消耗、参数分析八个界面组成。其中盾构区间风险管理、工程进度、刀盘和螺旋输送机属于显示界面，其主要功能是显示盾构施工过程中的各项参数、盾构施工进度及施工进度与盾构区间重要风险工程的关系；时间统计、材料消耗、进度统计和参数分析属于数据分析界面，此种分析界面的主要功能是对盾构工作过程中实时参数进行统计和分析并形成图形界面，以便于施工人员进行查看、分析和管理生产。

（3）模块化设计 根据实际需要，系统应当具有结构合理、经济实用、操作简便、快速高效等特点，应当能与数据库对接。而且要使系统以后容易扩充，就要使它的结构清晰，因此在开发本系统时采用了模块化设计。在进行模块设计时，除了要考虑模块功能的合理性和结构的完备性外，还要考虑模块各功能的相对独立性，使重复度最小。另外还要考虑功能模块的可靠性和可修改性。盾构施工实时监控系统由数据库连接读取模块、数据处理模块、图形输出模块和图形操作模块组成。

2. 盾构区间风险管理系统

下面以北京地铁 17 号线盾构工程为例，详细介绍盾构区间风险管理系统各个界面的功能。进入盾构区间风险管理界面后将显示北京地铁 17 号线工程简介，如图 6-34 所示。

（1）工程进度界面 工程进度界面如图 6-35 所示，工程进度界面具备以下四项功能：
1）显示盾构隧道的平面位置和隧道总的管片数量（或隧道长度）。
2）在隧道平面图上显示目前盾构所在工作位置和正在掘进的环号。
3）显示目前盾构的工作状态。
4）显示盾构设备的基本情况。

图 6-34　盾构区间风险管理界面显示

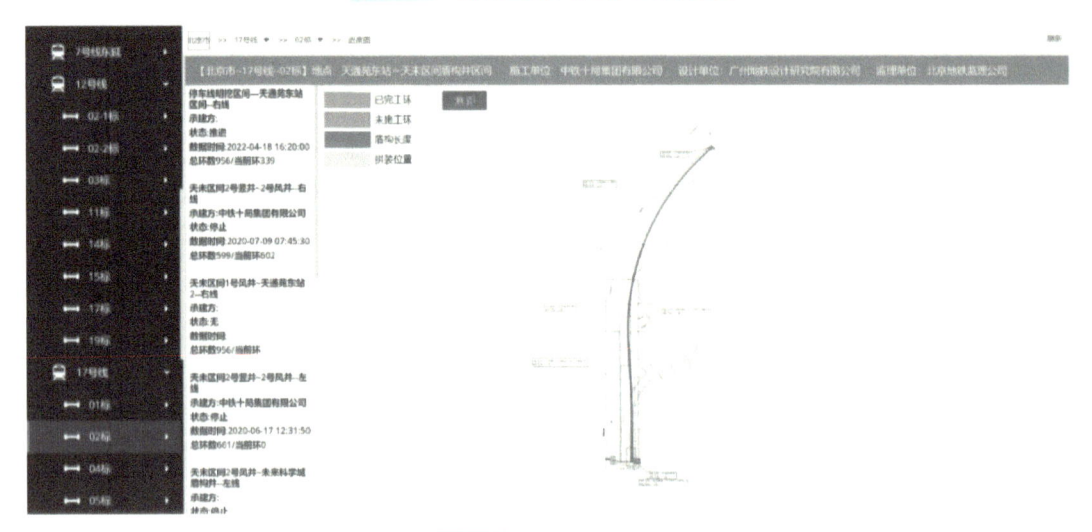

图 6-35　工程进度界面

通过工程进度界面，用户可以了解到工程的基本状况和进度情况，方便用户从总体上进行项目工期控制等。

（2）刀盘参数界面　如图 6-36 所示，单击"左线"或"右线"按钮默认进入刀盘参数界面，刀盘参数界面显示盾构掘进过程中的重要参数，可远程实时查询（根据盾构类型的不同，具体参数项目有些许差别），参数更新时间在 30s 以内（与系统的记录相一致）。同时，刀盘参数界面还能够对显示的盾构施工主要参数进行实时预警。

（3）螺旋输送机参数界面　螺旋输送机参数界面如图 6-37 所示，显示盾构生产过程中螺旋输送机及其相关系统的主要工作参数，每 10s 更新一次。

（4）导向参数界面　导向参数界面如图 6-38 所示，显示盾构导向系统的主要工作参数，更新频率按盾构机类型的不同而不同，不超过 30s 更新一次。

（5）综合查询界面　综合查询界面包含以上描述所有参数，以表格的形式展现，方便同时查询多个参数时使用。

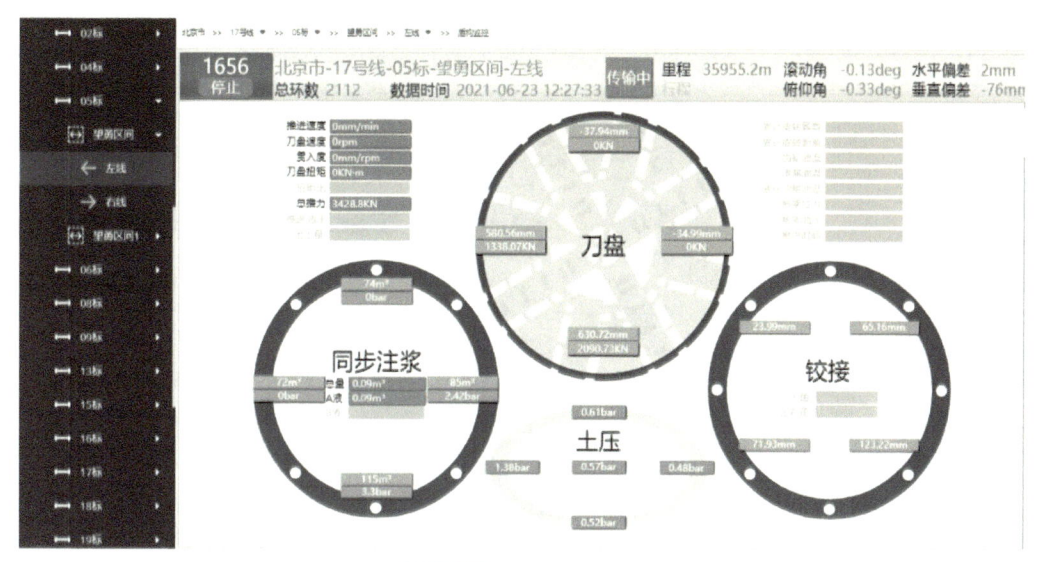

第 6 章　盾构工程智能施工及新发展

图 6-36　刀盘参数界面

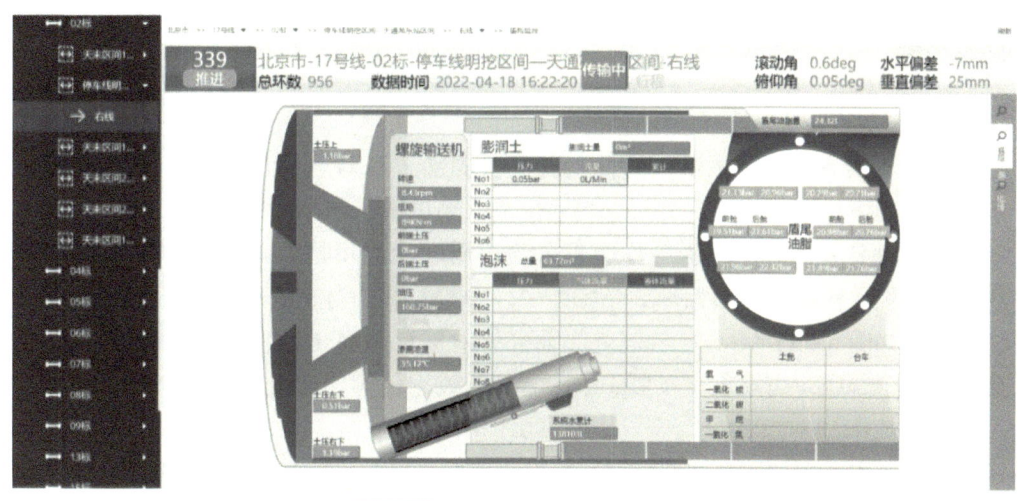

图 6-37　螺旋输送机参数界面

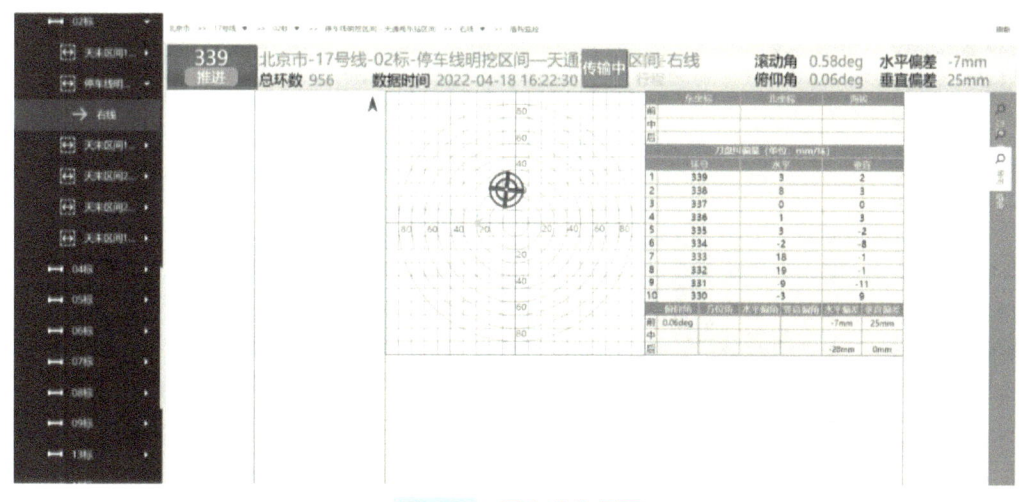

图 6-38　导向参数界面

（6）时间统计界面　单击右边栏统计报表后，再次单击窗口下边栏时间统计，进入时间统计界面，时间统计界面由总时间统计、详细时间统计和报表输出三个子界面组成，如图 6-39 所示。盾构工作时间由推进时间、安装时间和停止时间三大部分组成。

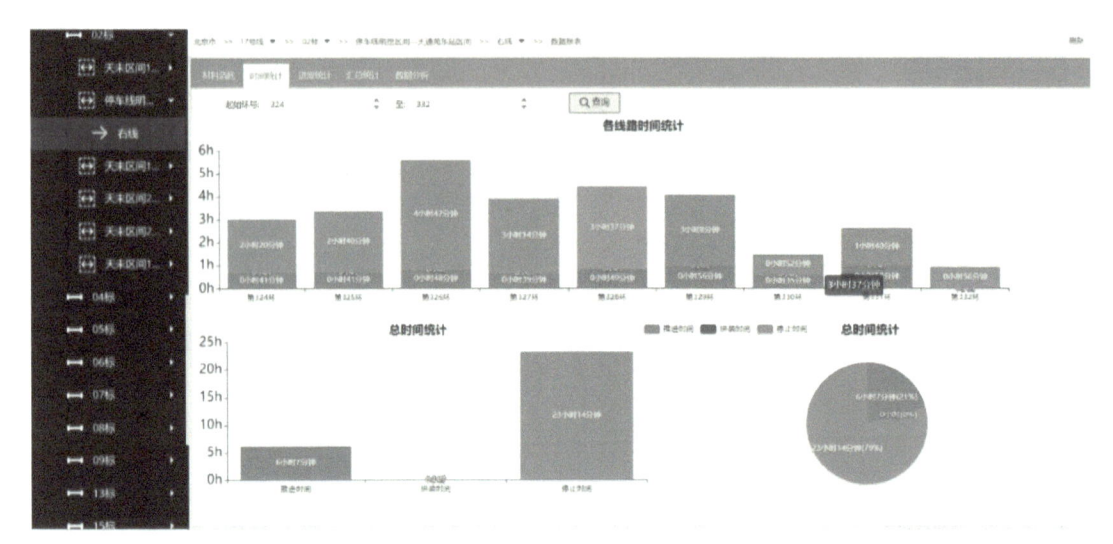

图 6-39　时间统计界面

（7）报表输出界面　报表输出界面以时间段的形式对盾构掘进过程中的材料消耗、工效、里程和推进环数进行统计和分析，自动生成报表供决策者参考。

（8）材料消耗界面　材料消耗界面可以给出盾尾油脂用量、膨润土用量、泡沫用量和同步注浆量四种材料从指定起始环到指定结束环中每一环的材料消耗量和总的材料消耗量并绘出柱状图，如图 6-40 所示。材料消耗界面能够对同步注浆量进行预警，柱状图界面会显示红色及黄色预警线，当同步注浆量小于或者大于设定值时，就会预警。

图 6-40　材料消耗界面

（9）进度统计界面　进度统计界面可以展示从指定起始日到指定结束日中每一天的推

进环数并绘出柱状图,如图 6-41 所示。

(10) 数据分析界面　数据分析界面可以分析盾构推进参数在指定起始环到指定结束环施工过程中的变化情况,并绘出相关参数变化曲线,如图 6-42 所示,并显示上土压、刀盘扭矩、总推力、盾构水平垂直偏移量等参数。

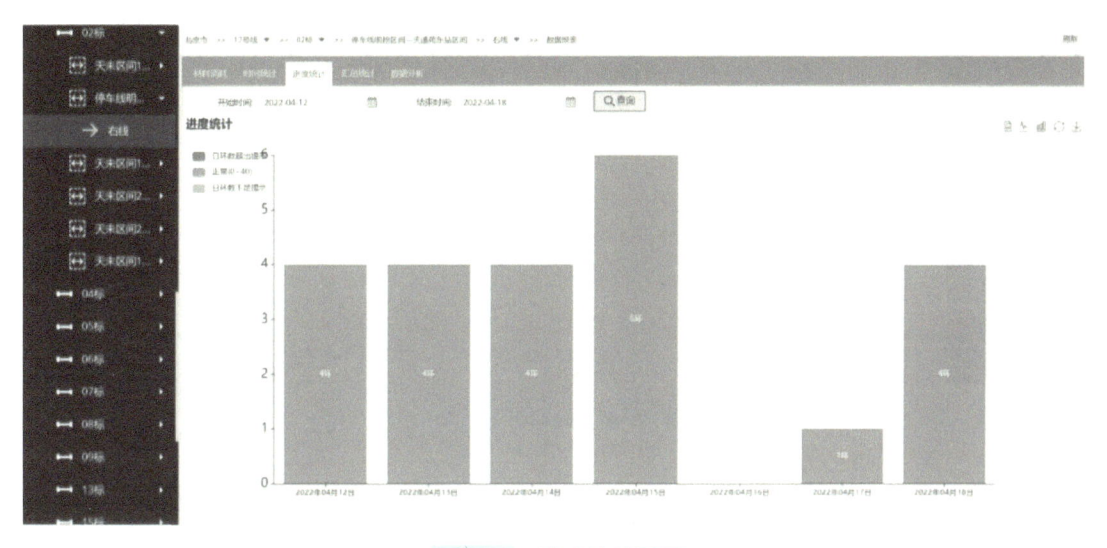

图 6-41　进度统计界面

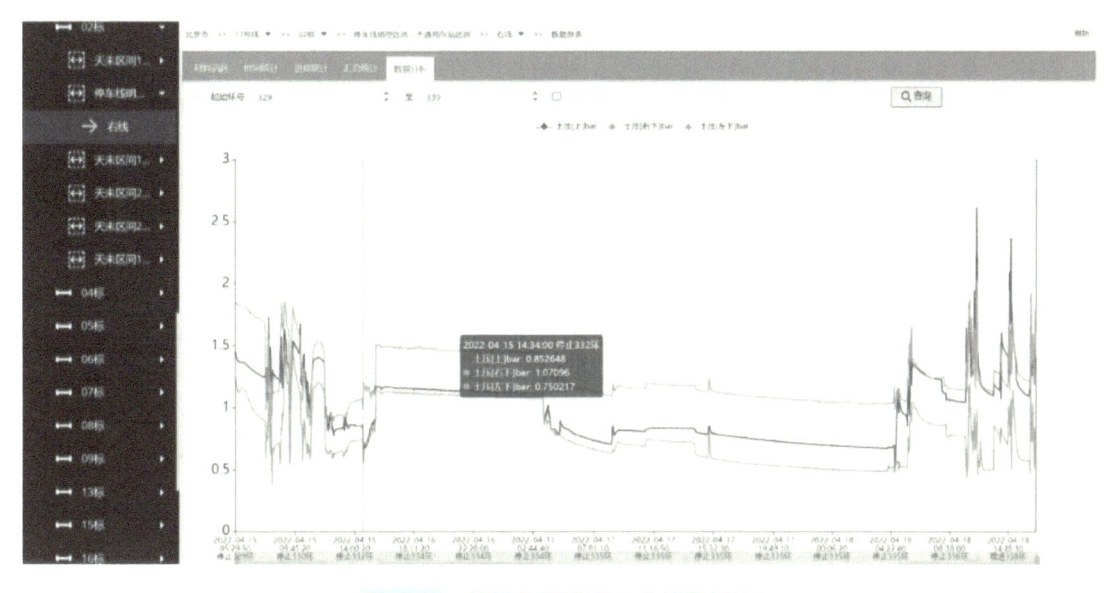

图 6-42　数据分析界面(土压及扭矩)

(11) 预警界面　在"基础功能"栏中的"预警设置"里,可以对盾构每个组段或环数的各项参数提前设置预警范围,如图 6-43 所示,预警参数包括土压力、刀盘扭矩、推力、同步注浆量、盾构姿态数据、泡沫及膨润土注入量等一系列主要施工数据。在"施工管理"栏的预警信息查询界面中,可对工程的历史预警信息进行查询,发现工程中存在的问题,为以后的施工提供指导。

图 6-43　设置预警范围

3. 系统特点

盾构施工实时监控系统能够对盾构/TBM 施工全过程进行远程实时监控，形象实时地显示盾构/TBM 施工参数，提供可视化图形数据分析界面，并对盾构施工中耗材进行统计分析，既便于分析盾构施工的全过程及其可能出现的各种问题，也可以对盾构施工成本和质量进行控制，形象地显示工程进度和盾构所处的位置。盾构施工实时监控系统具有以下几个特点。

（1）盾构/TBM 施工全过程远程实时监控　对施工管理者而言，所处的办公地点不是固定的，可能在施工现场，可能在公司总部，也有可能在外地。通过数据传输系统将各个盾构区间盾构施工数据实时传输至建设管理单位轨道公司服务器上，管理者不管所处何地只要能够上网即能通过互联网访问公司服务器读取最新的盾构施工数据，从而实现对盾构/TBM 施工全过程远程实时监控。管理者能够准确、全面地掌握最新的盾构施工情况。

（2）形象地显示工程进度　为便于管理者形象地了解工程进度，将盾构隧道平面图预先输进盾构区间风险管理界面和工程进度界面中，然后将正在掘进的环号在平面图上定位并且使其自动闪烁让管理者清楚地看到盾构正在掘进的位置，最后将盾构已开挖过的部分在平面图上涂成绿色，从而形象地显示工程的进度。通过盾构区间风险管理界面和工程进度界面管理者还可以直观地看到盾构目前的掘进方向是左转、右转还是直行，对于不同的掘进方向管理者可以调整施工参数来适应盾构的掘进。

（3）清晰地显示盾构区间重要风险工程　盾构区间风险管理界面能够清晰地显示盾构区间重要风险工程的影响区域，并与盾构工程进度相结合明确风险工程与盾构施工进度的关系，实现风险预告、风险提醒，方便管理者掌控区间整体风险分布状况，明确管控重点。

（4）直观形象的参数显示界面　盾构施工实时监控系统中的显示界面都是中文的，为了便于管理者形象地了解各个参数的意义，将盾构的主要部件如刀盘、螺旋输送机、铰接油缸等在显示界面上绘成图像，并在图像上相应的位置显示参数的数值。这样管理者不仅可以看到盾构机工作参数的数值，而且可以知道各个参数的意义。

（5）材料消耗的统计和分析及工程成本控制　在材料消耗界面经过统计分析得出盾尾油脂用量、泡沫用量和同步注浆量，这三种材料对工程成本影响较大，也是控制盾构施工质量和确保施工安全等的重要依据。统计分析得出这三种材料每一环的消耗量和从指定起始环到指定结束环总的消耗量，便于对工程各方面进行分析和控制。例如，材料消耗界面中的注浆量统计分析可以帮助管理者有效地控制工程施工安全、确保地层移动（如地面隆起和地表下沉等）在允许的范围之内，从而保证工程质量。

（6）参数分析能显示该环完整的参数变化曲线　盾构施工实时监控系统的单环参数分析可分析盾构推进参数在整环施工过程中的变化情况，并绘出相关参数变化曲线。与德国海瑞克、日本石川岛等盾构设备原有的数据分析系统相比，弥补了盾构设备系统本身数据分析功能有限不能完整反映盾构施工情况等不足。系统的单环参数分析界面的最大特点是能输出任意一环完整的参数变化曲线，图 6-44 显示的是盾构施工实时监控系统单环参数分析界面输出第 666 环的参数——土压（上）的变化曲线，盾构施工实时监控系统输出的参数变化曲线能完整地反映参数在本环施工全过程中的变化情况，完整的参数变化曲线便于分析盾构施工全过程及其可能出现的问题。

图 6-44　第 666 环土压（上）变化曲线

（7）能对两种不同类型的参数进行分析　在参数分析界面能对两种不同类型的参数进行比对分析，显示它们的变化曲线，以便于管理者分析参数间相互关系。图 6-45 显示的是第 666 环的参数——土压（上）和盾构总推力的变化曲线，通过输出的曲线管理者可以分析参数土压（上）和盾构总推力的相关关系。

（8）施工参数的实时预警　盾构施工实时监控系统能够对盾构主要施工参数进行实时监控与预警，并在数据分析时自动显示主要施工参数的控制范围，供管理者参考，这对规避盾构施工过程中由于施工参数设置或者控制不当造成的安全风险事件有着显著的效果，而且对于综合评价盾构施工实时的安全风险状态也起到很大的作用。

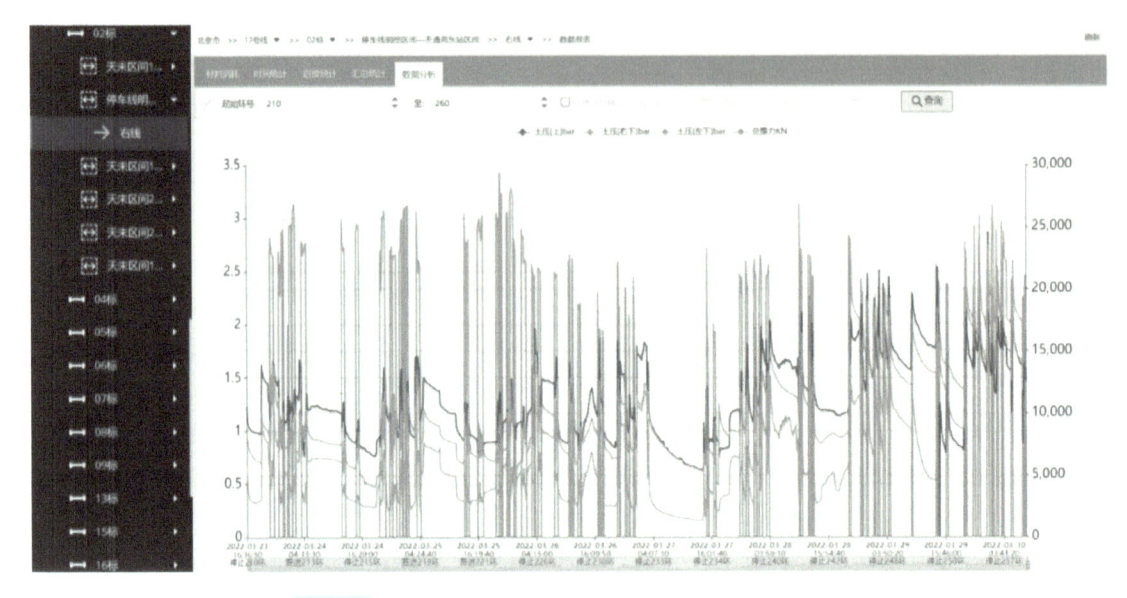

图 6-45　第 666 环土压（上）和盾构总推力变化曲线

6.3.3　盾构出土量监控管理系统

1. 系统总需求分析

盾构施工过程中出土量的控制是主要的施工环节之一，出土量控制不当，出土过多过少都会导致地表的沉降或隆起。盾构施工过程中操作不当或者判断错误会导致随时可能发生风险，因此必须在施工阶段对盾构施工过程的出土量进行有效的管理与控制。

盾构施工过程中出土量的有效管控很大程度上依赖于出土量系数的合理性和施工过程中控制的有效性。盾构出土量监控管理系统会自动采集并存储大量的出土量信息，利用这些数据信息来对盾构施工过程的风险进行控制是非常重要的。这也是参建各方建设管理人员项目质量管控的迫切需求，是为适应地铁建设大发展的形势和满足安全生产中的迫切需求应运而生的。

2. 系统流程与硬件设计

盾构出土量监控管理系统流程如图 6-46 所示，整体流程为：在盾构机皮带机上安装皮带秤，皮带秤包括称重传感器、速度传感器和积算仪，积算仪从称重传感器和速度传感器接收信号，通过积分运算得到出土瞬时流量值和累积重量值，数据通过无线通信模块转为 WiFi 信号无线传输至现场的工业平板电脑，随后工业平板电脑再传输到云服务器，实现数据共享。此外还研发增添了盾构参数的显示功能，盾构 PLC 与无线通信模块连接，依靠 PLC 与盾构出土量监控管理系统的通信协议，将数据传输并显示在系统界面中。

在皮带机上安装皮带秤测量设备前，需进行皮带机设备拆卸重组以适应现场施工状况，实施步骤如下：

1）对输送皮带进行整体测量，确定皮带秤架及仪表的安装空间和位置。
2）按原始测量数据整体建立模型，加工制造（车间完成）。

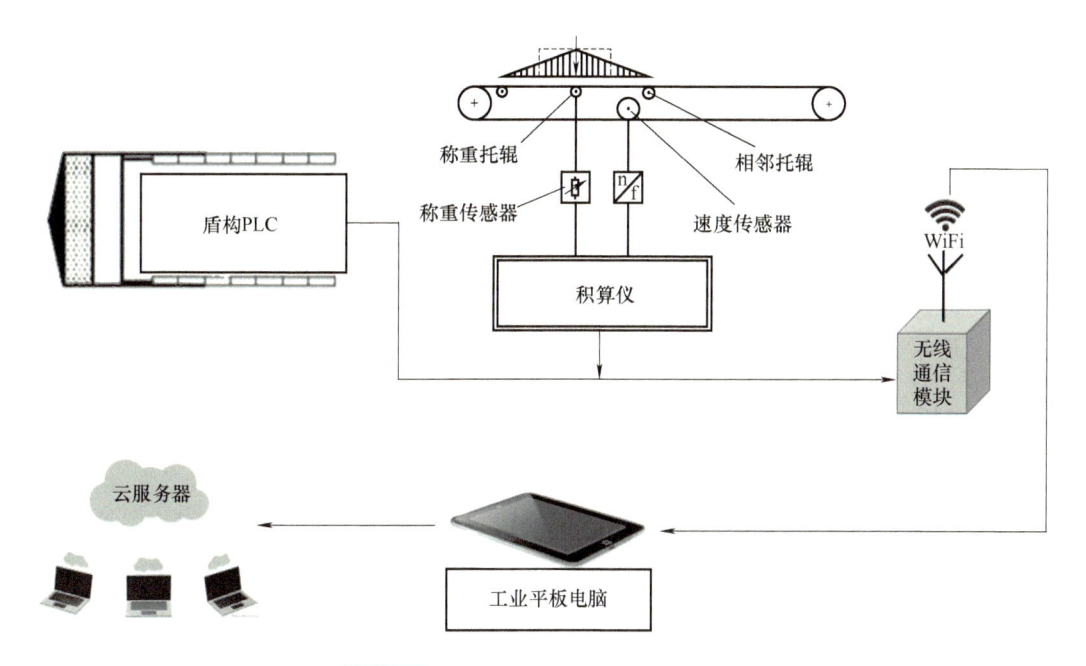

图 6-46　盾构出土量监控管理系统流程

3）将原先的托辊架进行拆卸，并保留和调整防跑偏装置。

4）开孔安装新托辊组及称重机构。

5）上下托辊调整。

6）接线盒、仪表安装。

7）布线、接线。

8）传感器电子配平、标定。

9）实物检验。

皮带秤工作原理：物料经过称重区域时，称重托辊检测到皮带机上的物料质量通过杠杆作用于称重传感器，产生一个正比于皮带荷载的电压信号，该信息需接入 AD 盒（高精度接线盒）。速度传感器直接连在大直径测速滚筒上，提供一系列脉冲，每个脉冲表示一个皮带运动单元，脉冲的频率正比于皮带速度。积算仪从称重传感器和速度传感器接收信号，通过积分运算得出一个瞬时流量值和累积重量值，称重系统硬件设计如图 6-47 所示。

盾构出土量监控管理系统的硬件工作流程如图 6-48 所示，皮带秤的称重传感器和速度传感器输出信号到皮带秤控制箱，皮带秤控制箱的 485 通信接口将其转化为 WiFi 信号，发送到工业平板电脑上。盾构出土量监控管理系统由以下几个模块组成：

1）数据采集模块：本系统选择自定义采集数据周期和订阅的方式。自定义数据采集可根据自身的需求设置数据采集的周期，满足不同工况下的需求。订阅方式则以一个固定周期，当数据产生变化时对变化数据进行订阅采集。

2）数据管理模块：系统采用队列式和事件的方式对采集的数据进行管理。本系统的数据有明显的依据时间进行队列排序的特征，故采用队列式，通过队列将原始数据存储，并通过事件将数据传递给各个数据处理分析模块，将产生的结果数据存入数据库。

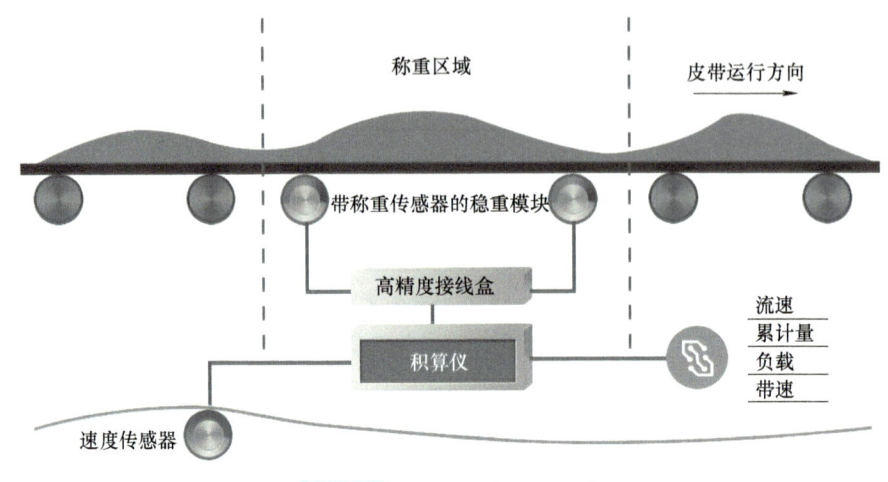

图 6-47 称重系统硬件设计

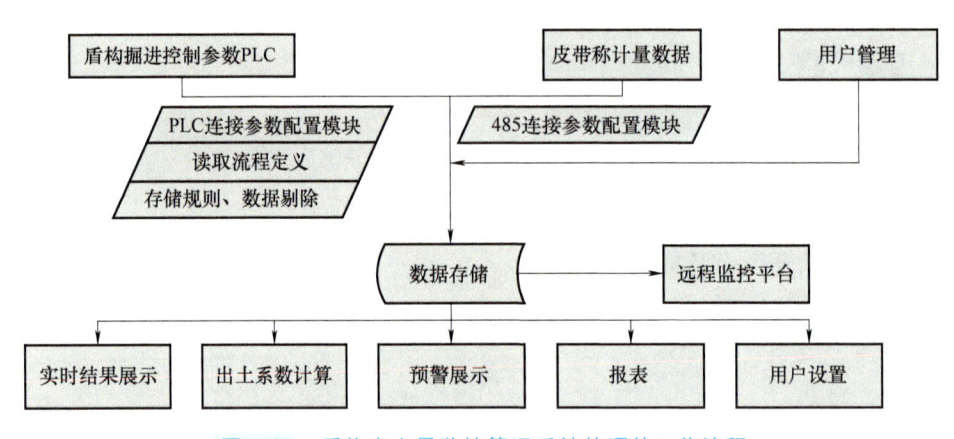

图 6-48 盾构出土量监控管理系统的硬件工作流程

3）计算分析模块：本系统涉及两类下位机，并利用下位机数据进行实时数据计算和分析。作为盾构出土量监控管理系统，主要的功能是管理和监控出土量和盾构机推进行程的关系，并进行合理性分析，以图表和数值的方式进行分析结果展现。

4）界面显示及操作模块：本系统采用 WPF（Windows Presentation Foundation）作为 UI（User Interface）框架，WPF 具有界面友好、易于设计、运行流畅的优点。系统主要的界面是对数据的展示、系统的设置和数据参数设置。数据展示以图表、列表和数据块为主。通过良好的人机交互，能够直观地展现实时监控数据和计算分析结果。

3. 系统软件设计

盾构出土量监控管理系统对盾构施工过程中出土量的数据信息及监控进行有效的管理，提供形象的显示界面和图形可视化的数据分析界面，对盾构掘进施工的全过程进行远程实时监控。盾构出土量监控管理系统界面由实时出土量系数及推进速度实时曲线、瞬时出土量、累积出土量及当前出土状态、盾构参数，以及历史出土量分析等信息栏组成。其中推进速度、瞬时出土量、累积出土量、盾构参数属于信息显示栏，其主要功能是便于施工人员对出土量进行实时监控。实时出土量系数、当前出土状态、历史出土量分析属于数据分析栏，该分析界面的主要功能是对盾构工作过程中出土量实时参数进行统计和分析并形成图形界面，以便施工人员进行查看、分析和管理生产。系统软件结构设计流程如图 6-49 所示。

4. 系统功能设计

本系统采用 C sharp 程序语言设计，能够兼容各盾构生产厂家的通信协议，基本兼容与国内外所有常用盾构的通信。本系统在操作使用方面做了优化设计，基于扁平化设计更人性化，使用功能上更加完善：①用户可根据需要选择相应盾构厂家的通信协议；②自定义主界面显示的参数，提高了系统的灵活性。

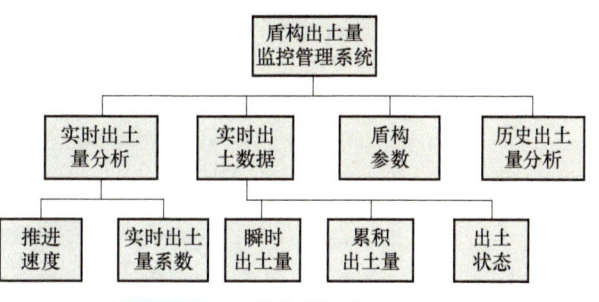

图 6-49　系统软件结构设计流程

盾构出土量监控管理系统主界面如图 6-50 所示，基本功能有以下四个：

图 6-50　盾构出土量监控管理系统主界面

1）系统自动处理出土量数据，在同一曲线图中显示出土量系数及推进速度的变化情况，根据出土量系数和推进速度的关系调整出土状态。

2）实时形象地显示皮带秤的瞬时出土量及累积出土量。

3）实时显示当前盾构参数，方便用户掌握即时信息，主要参数信息包括土压、推进速度、刀盘扭矩、刀盘转速。

4）系统存储历史环实际出土量，判断实际出土量是否合理。

5. 盾构出土量数据统计与分析

盾构出土量监控管理系统可以接入盾构监控平台，从而实现远程管理。在盾构监控平台上可以进行实时出土情况查询、历史出土量查询及出土量分析（图 6-51）。

205

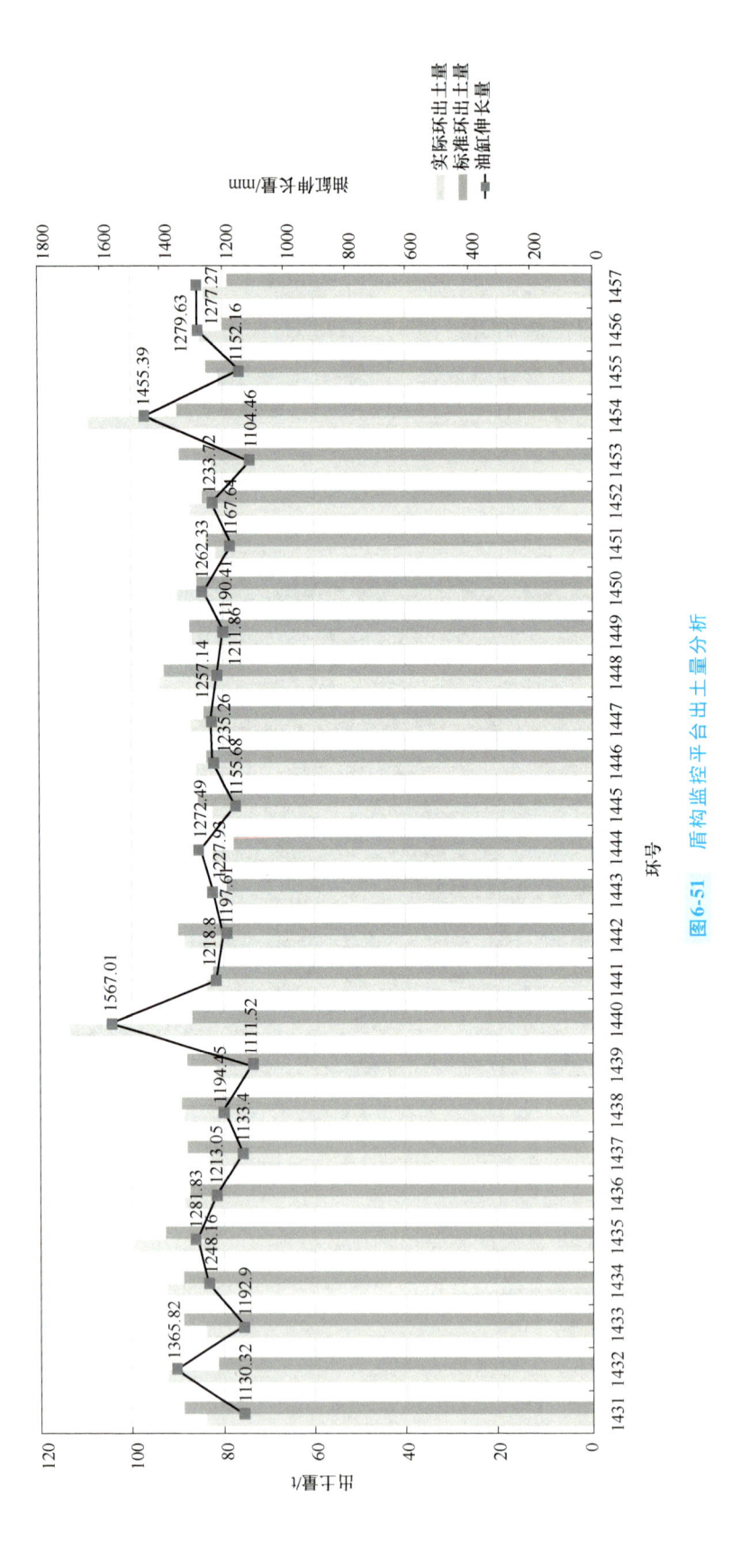

图6-51 盾构监控平台出土量分析

6.3.4 盾尾间隙测量系统

1. 盾尾间隙介绍

盾尾间隙是指盾构机盾尾内壁与管片外径之间的空隙，如图 6-52 所示。由于盾构施工的路线并非总是直线及不同的段的管片设计不同，因此盾构机的推出长度是适时调整的，无法保持一致，因而导致盾尾间隙在盾构机掘进过程中会不断地变化。当间隙变化量超出设计范围时，管片外径与盾壳内侧之间会发生相互挤压，不仅会给盾构机推进方向造成偏差，还会使管片因受到过大的挤压而损坏，同时也会加速盾尾密封刷的磨损。

2. 系统的主要结构及处理流程

盾尾间隙测量系统拓扑图采用 B/S（Browser/Server，浏览器/服务器）与 C/S（Client/Server，客户端/服务器）相结合的架构模式，数据来源于安装在盾尾前的高分辨率相机自动采集的盾尾间隙图像，经由软件系统学习、识别间隙的位置，并实时测量其宽度，系统装备于单独的工业计算机，可以通过 Vese 方式安装于控制内，方便操作和观察使用，也可以经现场局域网同步于云端的监控系统，总体拓扑图如图 6-53 所示。

图 6-52 盾尾间隙位置

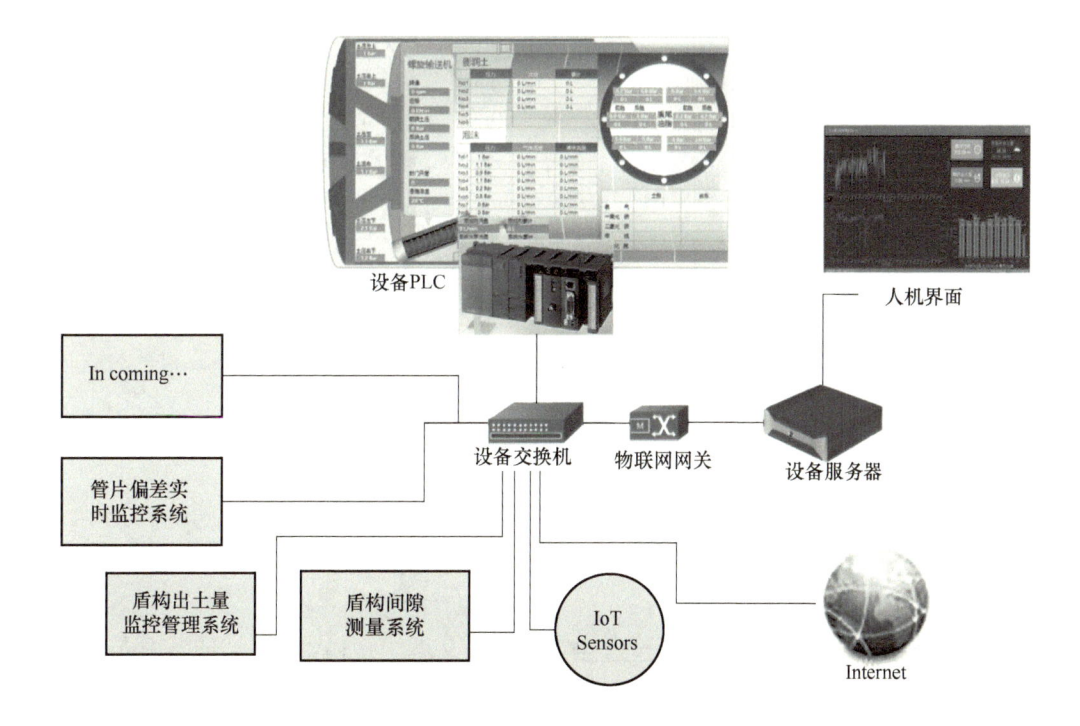

图 6-53 盾尾间隙测量系统总体拓扑图

盾尾间隙测量系统将以数字图像处理技术为基础，通过对被测盾尾间隙处的管片局部区域进行激光标定，而后进行图像采集，将采集到的带有激光标定点的管片局部图像传入计算机中，选用合适的图像处理算法对采集到的图像进行分析、处理和计算，得到盾尾间隙的大小，从而实现非接触式自动测量。本系统主要由三个部分组成，分别是图像采集端、信号传输端、图像处理控制端，系统总体处理流程如图 6-54 所示。

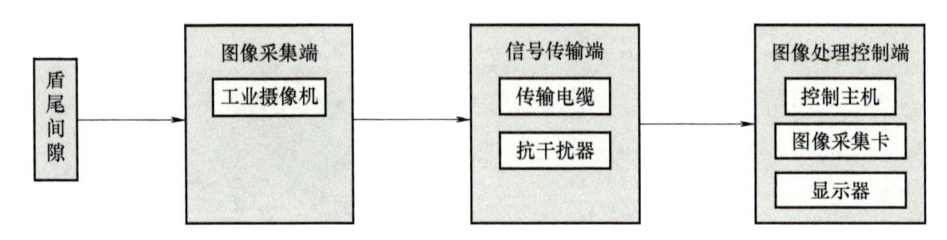

图 6-54 系统总体处理流程

（1）图像采集端 图像采集端主要设备为工业摄像机，其功能是通过工业摄像机进行图像采集。图像采集端所包含的硬件设备为系统图像采集设备，特别要对工业摄像机的位置关系进行合理的设计，对整个采集端要进行防水、防尘等密封保护，以确保系统的工作稳定性。图像采集端原理如图 6-55 所示。

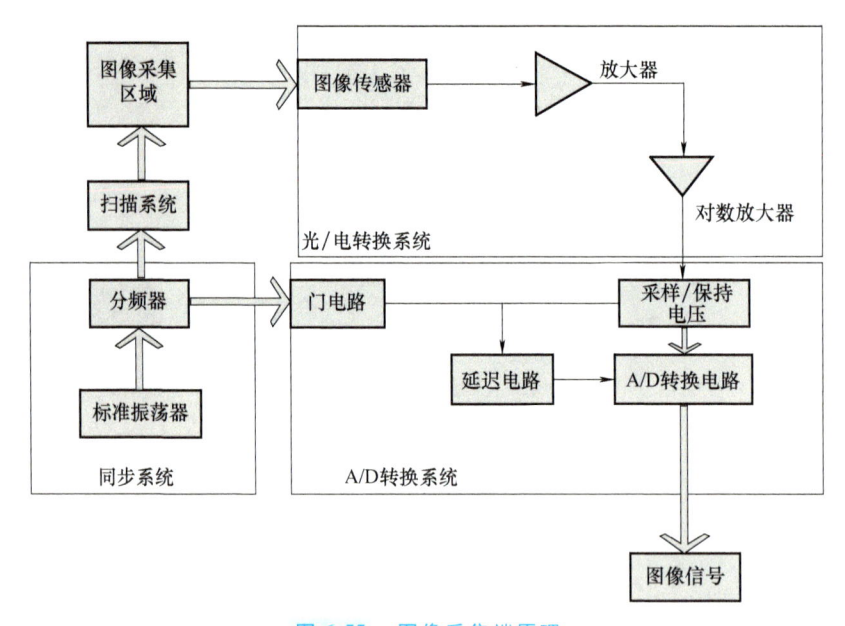

图 6-55 图像采集端原理

通过对盾构机及施工现场安装环境进行考察，依据系统本身的实际需要，盾构间隙测量系统图像采集端的设计满足如下要求：

1）能够将采集端所有硬件合理地组合在一起，且具有工作稳定性。
2）光源能够照射在图像采集区域，提供足够的照明。
3）由于盾构施工环境恶劣，采集端保护罩需具有防水、防尘等功能，并便于拆卸，以对保护罩内设备进行维护。

工业摄像机是系统图像采集端中最为关键的组件之一,其功能是实现对盾尾区域图像的采集。工业摄像机的选取是盾尾间隙测量系统硬件设计的重要环节,对系统采集图像的质量产生直接的影响。工业摄像机不同于普通相机,其特点是能够在高温、高压、高湿度等特殊环境下进行图像采集;具有精准的图像还原性;具有多种外部同步控制资源,使用寿命长且具有抗震性等特点。

(2)信号传输端 信号传输端主要由信号传输电缆和信号抗干扰器等硬件组成,其主要功能是将采集到的图像信号传入计算机中。由于盾构机内各种信号传输电缆、动力缆线、液压油管等排列复杂且为多种线路并行捆绑布置,而本系统所布置的传输电缆线要与这些线缆共同布置,因此信号传输势必会受到其他线缆产生的信号干扰,因此要对信号的输入输出端进行抗干扰处理,以减少图像信号的失真。信号传输端原理如图6-56所示。

图像信号 → 抗干扰器 → 传输电缆 → 抗干扰器 → 控制主机

图 6-56 信号传输端原理

视频传输技术是系统传输端技术组成的核心,也是盾构间隙测量系统关键技术之一。目前,国内的视频传输技术主要有两种:一种是传统的同轴电缆视频传输技术;另一种是双绞线模拟视频传输技术。这两种技术在工程上得到了广泛的应用,都有其各自的特点。同轴传输与双绞线传输的对比如下。

1)传输设备:使用同轴传输设备进行视频信号传输时,对单程末端补偿,最大的补偿距离是75-7电缆大于3km,两端补偿可达到5km;对视频信号能够实现连续可调,具有其独特的高频提升和轮廓增强等改善图像功能。对于双绞线传输设备,单程两端传输最大补偿距离为1.2~1.5km;其对于所传输的视频恢复水平和图像质量还有待提高。

2)传输技术:同轴传输的失真度和衰减度远小于双绞线传输,双绞线传输不仅存在欧姆衰减,还会产生辐射衰减、回波衰减、线间互串、护套容易老化等问题。屏蔽双绞线其屏蔽层会对双绞线产生耦合影响,会引起更大程度的衰减,而且靠近双绞线的外部金属物体还会产生无规律的破坏平衡传输特性的影响,因此工程规范规定强干扰环境下不能使用双绞线。同轴电缆虽为传统传输线,但其宽带性能是双绞线不能比的,而且外界电磁干扰并不是电磁透过屏蔽层传到同轴电缆芯线上才形成干扰的,而是因为线缆太长引起的,如今在包括移动通信、网络短干线通信、有线电视、雷达系统、视频监控等许多领域里,仍然大量应用同轴电缆。

(3)图像处理控制端 图像处理控制端是盾尾间隙测量系统数据处理计算的核心组成部分,主要由控制主机、图像采集卡等硬件组成,其主要功能是将所采集到的图像进行数字化处理传入,通过数字图像处理技术和算法对数字图像进行不同层次的处理,对图像特征进行提取,并对其所包含的像素进行定位,找到目标像素之间的位置关系,之后通过一系列机内运算得到盾尾间隙值,显示在显示器界面上,实现人机交互。图像处理控制端基本原理如图6-57所示。

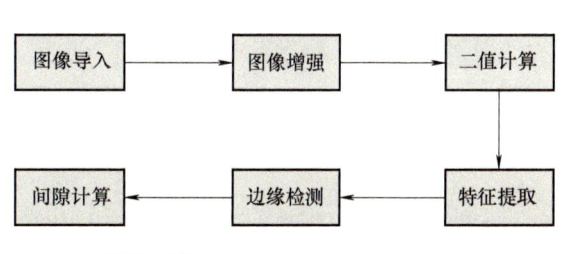

图 6-57 图像处理控制端基本原理

1）控制主机：盾尾图像处理控制端的核心构成，其主要功能是对所采集到图像进行数字图像处理和间隙计算。考虑到控制主机安装在盾构施工环境中，因此所选用的控制主机应达到工业级标准，具有抗震、防尘、防潮湿等工业特性。

2）显示器：图像处理控制端的主要组成部分，其主要功能是输出图像处理后的计算数据、软件数据的设定等。由于盾构机内工作环境较差，因此所选用的显示器应有防尘、抗震等特点，需选用工业级显示器。

3）图像采集区域的选定：在盾构施工中，随着盾构机向前掘进，推进油缸推出长度不能时刻保持一致，必然会导致盾构机姿态不断地变化，因此，盾尾间隙也会随之变大或变小，在盾壳圆周方向上，盾尾间隙不是处处相同的。根据以上盾尾间隙变化特点及盾构机内安装环境特点，本系统将在圆周方向上设置3个图像采集设备，最理想的情况是安装在左右两侧和隧道拱顶，实际安装过程中会存在安装误差，这一误差能通过校准消除。

3. 系统软件设计

（1）数据展示　盾尾间隙测量系统可以同步显示图形信息和间隙的大小，并在不同的距离下动态生成虚拟标尺，如图6-58所示，同时拟合出标准的上下左右的间隙值，并可以通过曲线形式展示该环盾尾间隙的变化情况。实时动态的图形界面可以为盾构操作手提供直观的操作反馈，更方便在掘进过程中的间隙控制，避免发生极端情况。

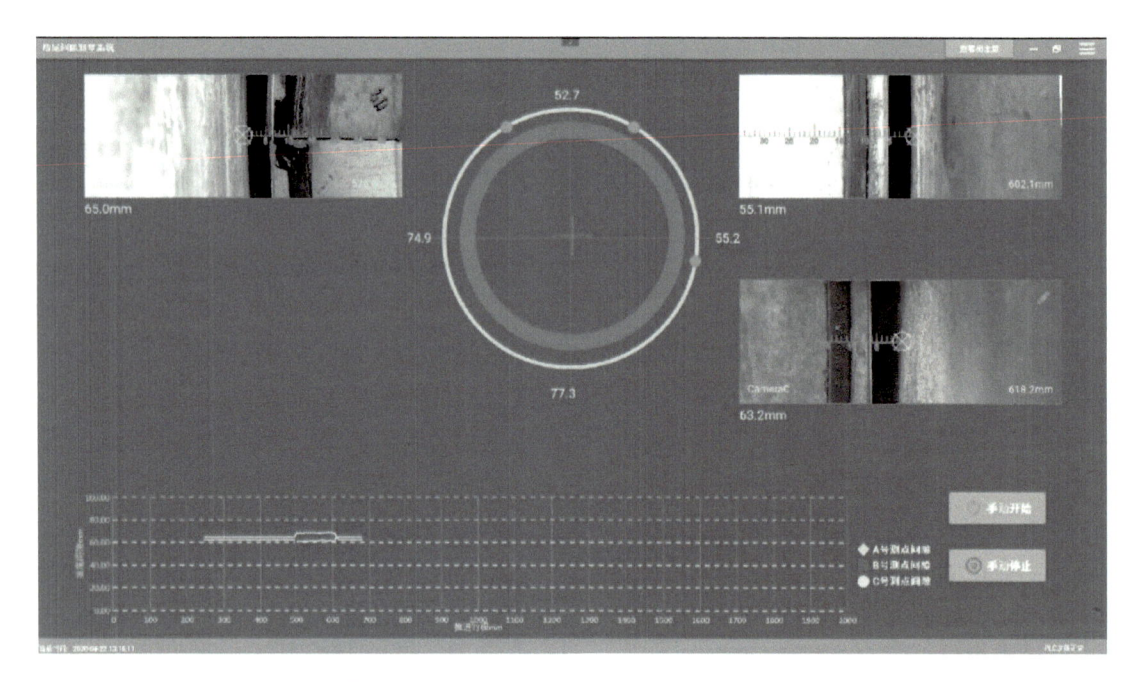

图 6-58　盾尾间隙测量系统生成的虚拟标尺

（2）平台扩展接口　盾尾间隙测量系统可以向远程施工监管平台实时推送间隙的测量结果，如图6-59所示，建设单位或监管单位可以通过远程平台对间隙控制情况实现监管，从而真正实现盾尾间隙测量的信息化管理。

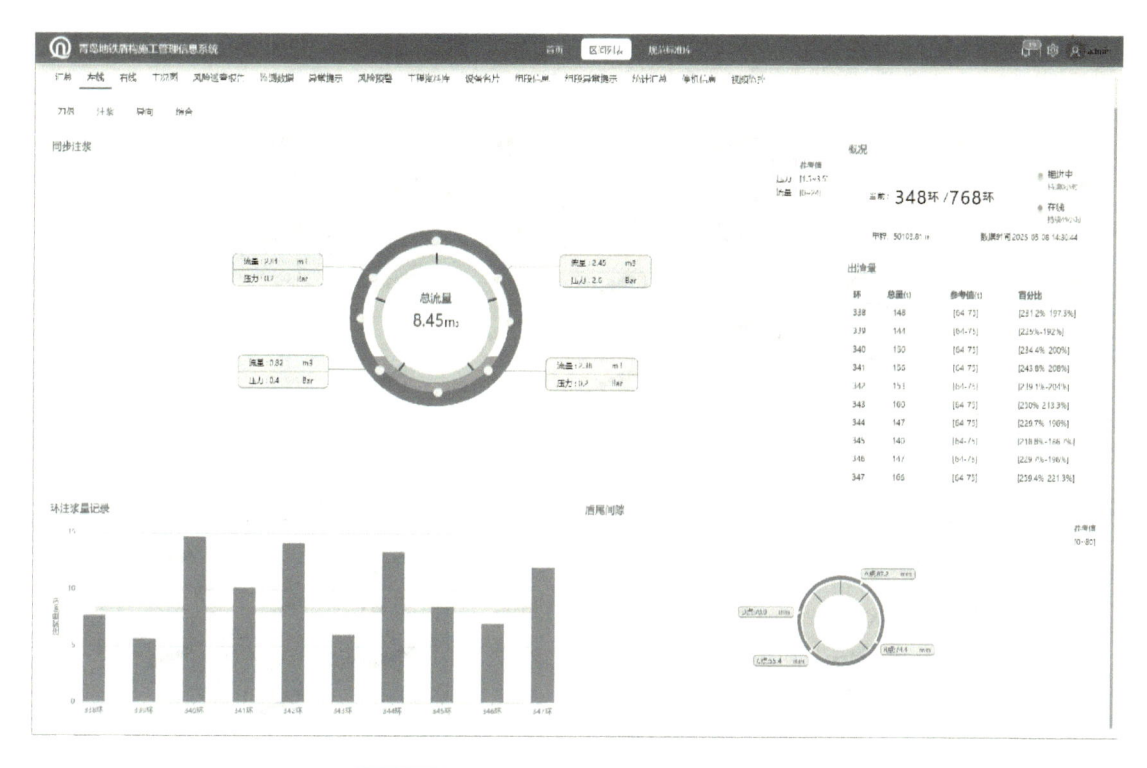

图 6-59　盾尾间隙测量系统平面监控界面

6.4　盾构工程智能化管控新发展

6.4.1　概述

近 20 年来，随着物联网技术、图形识别技术、大数据分析技术、人工智能技术等的飞速发展，实现盾构法隧道无人化施工的基础条件已经基本成熟。图像识别、智能感知、大数据等应用实现了装备的集成化、数字化、可视化、远程化。如何将这些智能互联技术应用于盾构装备及其施工环境，实现隧道施工的无人化，成为盾构法隧道工程领域的重大技术挑战和未来行业的竞争热点。

6.4.2　盾构工程三维管控发展

1. 盾构穿越地质剖面图升级技术

目前北京地铁盾构施工实时监控系统已实现全部在施盾构区间穿越地层二维展示，并对不同地层通过二维图形填充进行标识。但二维地质剖面图仅能展示沿盾构隧道方向单一断面地层的情况，无法全面展示地层结构的复杂性，要做到盾构穿越地层的全方位把控，还需要基于 BIM 和 3D 模型等技术对盾构穿越地层进行三维展示（图 6-60），同时添加简化的盾构机模型、管片等构成三维地质剖面图（图 6-61），实现穿越地层三维展示。

地下空间工程智能建造概论

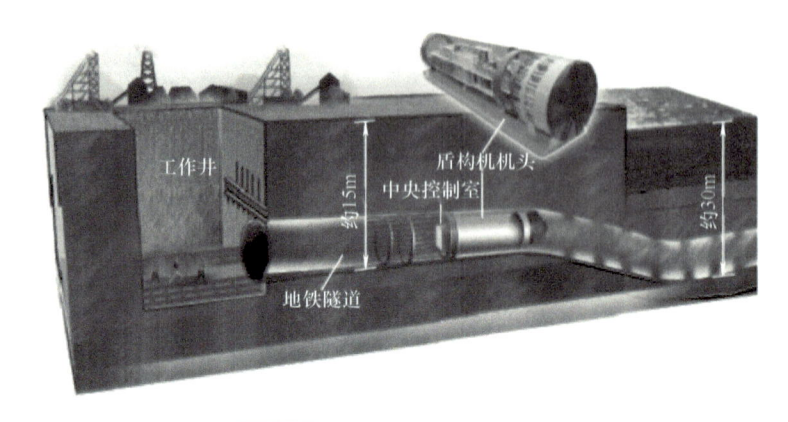

图 6-60　盾构隧道三维模型

2. 盾构机主机三维展示技术

盾构机刀盘、导向、注浆系统等均已实现二维展示，并可实时显示盾构机相关参数，但无法准确表达盾构机主机各设备空间位置关系。基于二维展示，实现盾构机模型（土压平衡盾构、泥水平衡盾构）、盾构机主机（前盾、中盾、尾盾）及盾构机功能模块（盾壳、刀盘、注浆系统、主驱动、螺旋输送机、铰接千斤顶、推进千斤顶、盾尾密封、管片）等三维实时展示，并开发单独高亮显示、异常

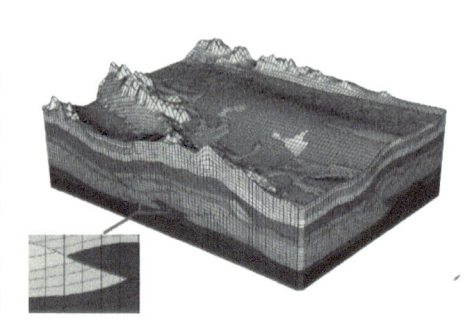

图 6-61　三维地质剖面图

部位预警及独立动画功能。盾构机主体三维模型可通过鼠标放大、缩小、自由拖动，并支持后期新增盾构机模型修改且使其具有同样显示功能。最终实现盾构机主体施工三维动态展示全过程管控，如图 6-62 和图 6-63 所示。

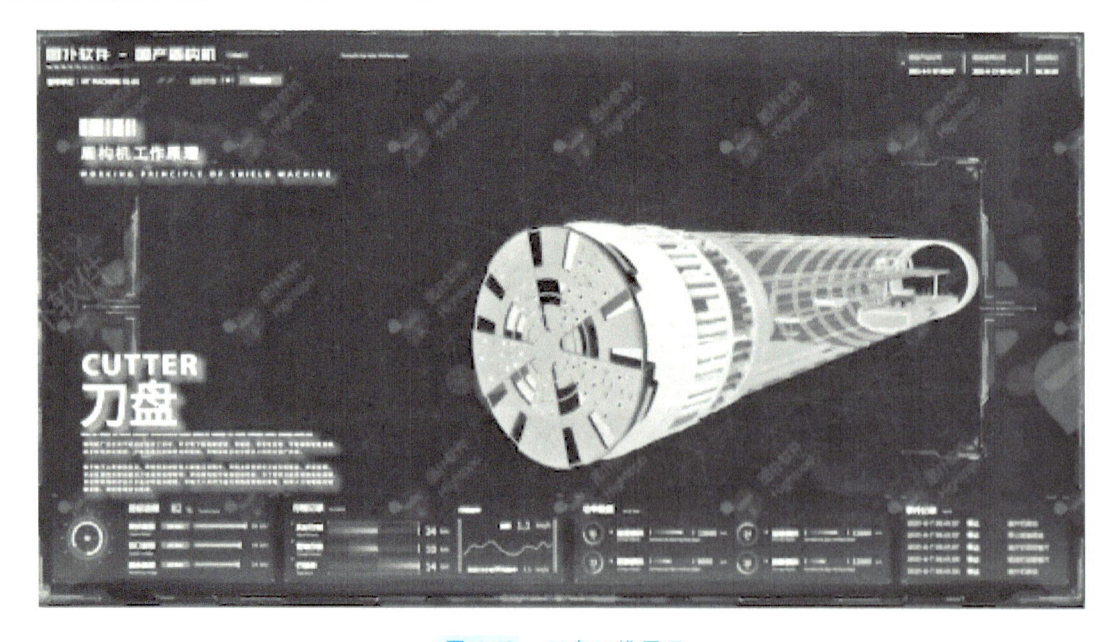

图 6-62　刀盘三维展示

212

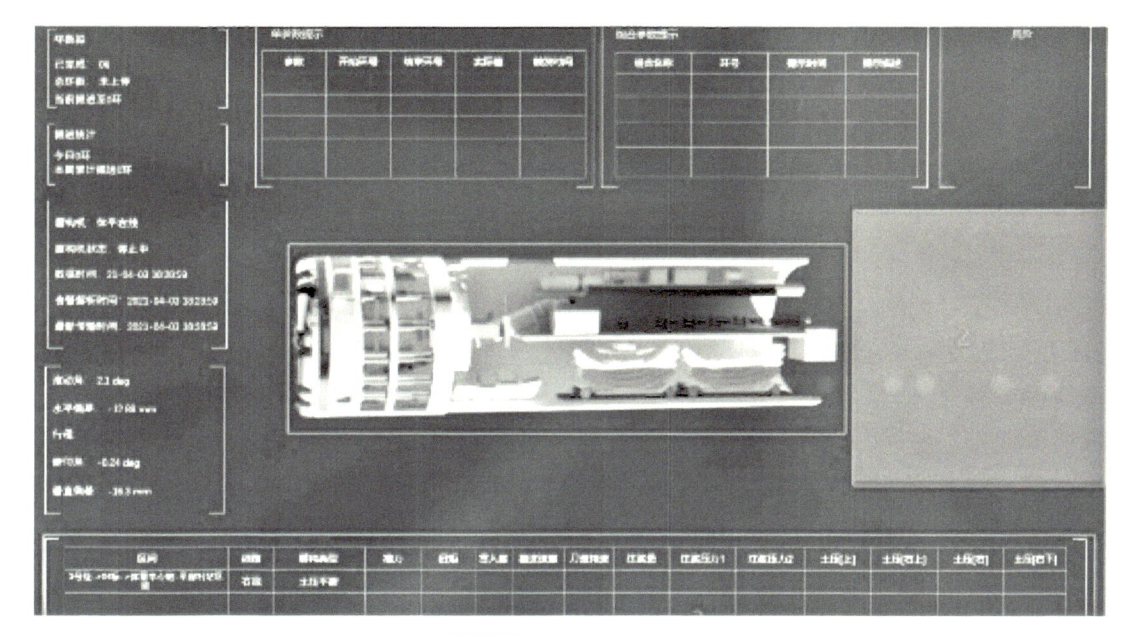

图 6-63　盾体三维展示

6.4.3　盾构隧道智能 AI 施工技术发展

针对盾构掘进、渣土及物料运输、管片拼装这三项盾构施工核心步序进行盾构隧道无人化施工研究，主要研究技术及进展如下。

1. 盾构隧道无人化掘进理论及技术

目前盾构掘进操作完全可以实现在地面室内操作进行盾构地下掘进，随着盾尾间隙测量系统和土压平衡盾构出土量监控管理系统的研发，其在北京地区地铁工程等领域的广泛应用表明，通过导向系统和盾尾间隙测量系统能够完全获得盾构姿态数据，控制土压平衡盾构施工的出土量，因此在盾构掘进方面已经具备了隧道内无人化施工的条件。但地面操作盾构仅仅是最简单的盾构法隧道无人化施工，要做到盾构隧道智能掘进还需要向基于 AI 和物联网等技术的盾构隧道智慧建造进行突破。

优化完善盾构施工关键状态的量化评价指标，针对性地研发或优化如出土量、盾尾间隙等盾构施工关键参数的数字化、实时化监控设备。依托近 20 年盾构施工经验对典型地层盾构掘进参数进行总结，采用大数据分析方法，建立针对不同地层、不同盾构设备参数、不同环境因素的盾构掘进参数控制标准。采用理论分析的方法对盾构参数控制理论进行研究，结合盾构实际施工过程建立掘进参数决策理论，依托计算技术实现盾构掘进参数的智能化决策，最终实现盾构无人化、智能化掘进。盾构施工三维展示如图 6-64 所示。

图 6-64　盾构施工三维展示

2. 管片垂直及水平无人化运输综合技术

基于目前常规的管片垂直运输方法，结合图像识别技术、自动捕获控制技术，研发盾构管片的自动化垂直运输新型设备，实现管片从地面到隧道掘进平面的无人化运输，如图6-65所示。结合目前盾构管片隧道内部运输方式，分别采用两种不同路线对管片隧道内部水平运输方式进行研究；结合自动驾驶技术研发无轨运输设备及相关配套技术；结合隧道结构形式研发隧道门架式管片运输系统及相关配套设备。

3. 管片自动化选型及拼装理论与技术

分析影响管片选型的关键因素，如盾构姿态、盾尾间隙等，为管片自动化选型提供基础数据。研究不同形式管片量化指标，并建立管片数据库。建立盾构管片自动化选型理论及决策实现方法，实现依托基础数据及管片指标进行管片选型及拼装位置的智能化决策。研发无人化管片拼装机，依托图像识别技术可实现基于决策命令的管片自动抓取及拼装操作，建立管片拼装过程中的循环控制方法，保证管片拼装质量。目前实现管片安装无人化作业的最直接方法是在地面实现隧道内的三维视频环境，使得管片操作手在地面工作室内体验到与在隧道内完全相同的环境，图6-66所示为管片的智能拼装示意图，同时需要解决信号传输延时的问题。

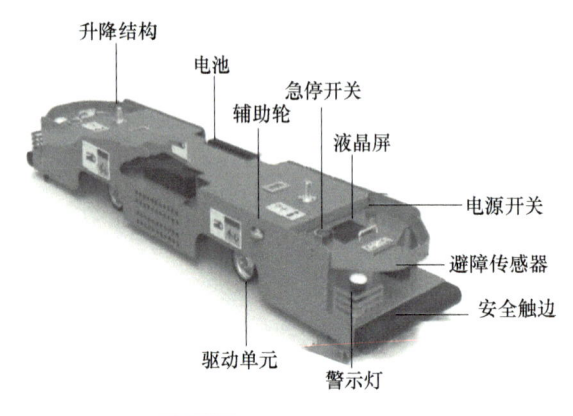

图 6-65　无人管片运输车

图 6-66　管片的智能拼装示意图

4. 渣土自动化运输技术

基于连续皮带机出土及管道输送技术对盾构渣土自动化运输技术进行研究。结合盾构施工特点研究连续皮带机渣土运输控制技术，研发设备实现连续皮带机的快速续接、大角度及垂直提升等运输关键点；研究基于管道输送的渣土运输技术及相关配套设备，分析管道运输渣土的基本理论，研发渣土运输设备满足渣土长距离的管路输送要求，建立渣土管路运输控制理论体系，最终形成一套适用于不同地层的渣土运输装备技术。

5. 其他辅助设备设施的自动延长技术

盾构隧道内（土压或泥水）需要有管路、运输设备（包括轨道）等辅助设备设施，这些辅助设备或设施随着盾构隧道的延长而接续延长，需要针对每个辅助设备设施的特点，研究解决其延长问题。

6.4.4　盾构隧道工程机器学习方法发展

在大数据背景下，盾构隧道建设呈现出高容量数据存储能力、高效实时数据处理能力和高强多源异构适应性的"三高"需求，机器学习（Machine Learning，ML）方法开始成为分析隧道工程建设大数据的新工具。如今的机器学习算法已能在一定程度上提高盾构隧道工程的智能分析与决策水平，增强对掘进过程中设备状态及施工风险的预测与控制，促进地下空间工程向智能、安全、绿色方向发展。

1. 机器学习方法基本原理

作为人工智能的核心，机器学习是一种通过先构建算法模型、再根据输入数据自动解析数据内在联系的技术，其可洞察输入数据中的关联关系，帮助使用者更好地做出预测并进行决策。机器学习的核心原理是通过输入信息训练计算机模仿人与动物从经验中学习成长的天性，其基于直接从数据中学习信息的计算方法，而不依赖于预设的方程模型。当训练样本数量增加时，训练出的模型性能相应提升，从而能更好地解决实际问题。

机器学习方法可分为以下四种基本类型。

（1）监督学习　通过人工预设的训练特征和输出结果来训练模型，使模型具有预测未来输出的能力。常见的算法有决策树、人工神经网络、支持向量机、朴素贝叶斯、随机森林等。监督学习主要用于分类和回归问题。

（2）非监督学习　指从输入信息中解析出隐藏在数据中的内在结构。常见的算法有聚类算法、降维算法等，主要用于解决聚类和降维问题。

（3）半监督学习　将监督学习与非监督学习相结合的一种学习方法。一般半监督学习的目标是找到一个函数迎合（也就是回归任务），然后用分类任务的信息去优化回归函数。

（4）强化学习　训练模型通过与输入信息的反复交互来学习处理任务。这种学习方法使模型面对动态环境能够做出一系列决策，从而使任务奖励期望最大化。机器学习模型的建立通常包含以下几个步骤：收集数据、预处理数据和提取特征、训练模型、调整模型。

2. 机器学习方法在盾构隧道工程中的应用研究现状

基于机器学习的盾构工程管理应用是通过对盾构隧道建设中的相关工程数据进行整理存储和分类关联，基于不同机器学习方式进行分析，将所得分析模型形成相关数据库，再使用编程软件构建机器学习应用管理信息平台，如图6-67所示。目前，机器学习方法在盾构隧道工程中的应用主要包括盾构设备状态分析与掘进性能预测、地质参数反演与地表变形预测、隧道病害监测与预测等。

（1）基于机器学习的盾构设备状态分析与掘进性能预测　盾构机的设备状态和掘进性能对隧道建设的施工效率、质量和安全有着决定性影响，而机器学习方法在盾构运行情况识别与相关性能预测两个方面具有较好的适应能力和较大的应用空间。

1）基于机器学习的盾构设备状态分析。盾构机组成复杂，在施工过程中机械设备容易出现各种故障，且因其在地下空间中挖掘前进，出现故障时排查异常困难。刀盘作为盾构机的主要组成部分，是盾构设备故障的主要来源。针对刀盘故障问题，研究人员重点研究了基于机器学习算法的刀盘故障诊断方法。盾构设备监测信息复杂、特征繁多，基于未调整的原始数据无法训练出高精度的预测模型，因此机器学习模型预测的准确率在很大程度上取决于数据预处理的效果。循环神经网络对时序特征有着极强的学习能力，被广泛应用于盾构设备状态的分析中，但其存在训练优化慢、计算能力需求大等不足，在盾构设备状态分析与预测中仍有很大的拓展空间。

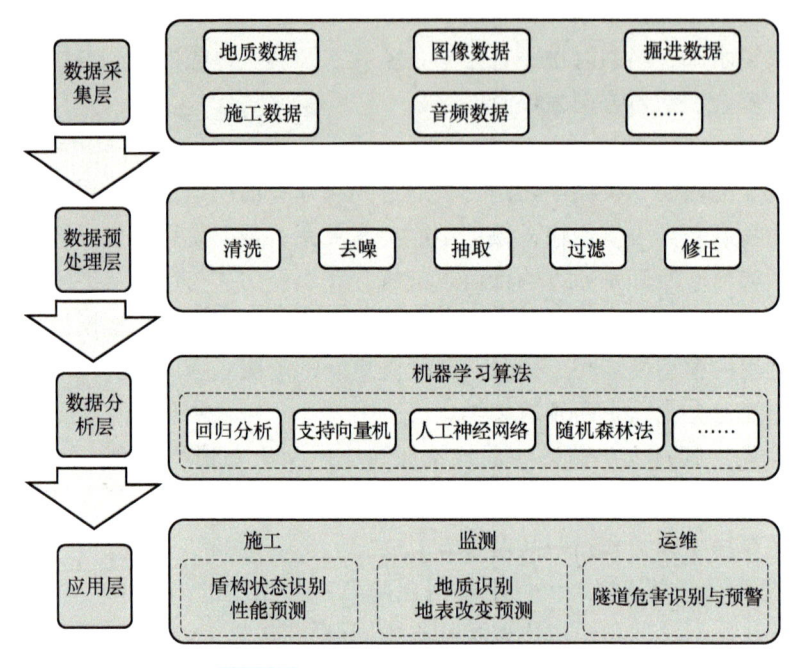

图 6-67　机器学习应用管理示意图

2）基于机器学习的盾构掘进性能预测。在盾构施工过程管理中，盾构机的推进速率、刀盘荷载及土仓压力等性能指标对工期管理和成本把控具有重要意义。传统研究主要通过理论模型、室内试验和模拟仿真等预测盾构机的性能，但通常仅能分析某一方面的性能。基于现场实测数据，运用如回归分析、模糊数学或者神经网络等机器学习算法，可综合分析盾构施工过程中的设备状况、性能指标与围岩参数的内在联系等，从而达到较高的预测精度。

目前机器学习方法对盾构机关键性能（如掘进效率、土仓/泥水压力、姿态调整等）预测的应用取得了一定的进展，多数预测模型输入信息以地层勘察数据为主，以盾构掘进过程中的设备参数为辅。通常先进行不同输入与预测结果的相关性分析，进而筛选出最具相关性的输入特征，再将该特征导入合适的机器学习回归算法训练预测模型。

（2）基于机器学习的地质参数反演与地表变形预测　盾构掘进过程中的监测数据包含地质工况及周边环境的动态变化信息，研究人员可通过相应机器学习方法构建模型，对盾构隧道工程地质信息进行反演识别，并对盾构掘进引起的地表变形进行预测。

1）基于机器学习的地质参数反演。盾构隧道等地下空间工程存在于岩土体中，岩土材料具有非均质、非连续、非线性等特点，传统的勘察方法成本高，获取的岩土参数信息有限，而理论和数值计算方法难以很好地解决盾构掘进扰动影响下的地层岩土参数问题。机器学习算法可以利用施工过程的监测数据进行反演分析，计算地质体的实时等效参数成为解决相关问题的重要方法。在盾构掘进过程中，准确获取掌子面地质信息，有助于设置最佳盾构作业参数，使盾构机获得更好的掘进效率。然而，由于盾构机的封闭性设计及较窄的作业面使操作人员无法直接观察周围环境，因此利用机器学习方法间接识别地质条件成为研究热点之一。

2) 基于机器学习的地表变形预测。盾构机在施工过程中与地层会发生较强的相互作用，不同施工阶段的地表沉降如图 6-68 所示，对盾构掘进过程控制不当会导致地表产生较大的变形，对周边环境产生危害。因此地表变形预测与控制是保证隧道掘进安全的重要措施之一。为减少盾构施工引起的地表变形及对周边环境的负面影响，研究人员基于机器学习方法研究掘进参数与地表变形之间的内在关联，以期达到实时精准预测地表变形的效果。

通过对基于机器学习的地质参数反演和地表变形预测研究可知，盾构施工长期在复杂环境下进行，监测系统采集的数据大部分是相似的无特征信息。传感器在施工现场不仅布设困难，而且容易受到现场施工作业影响（如设备损坏、丢失和供电中断等问题），从而导致监控数据无效或缺失。同时，大量标记无效的样本数据会导致机器学习算法的训练样本数据不足，给地质参数反演和地表变形预测带来一定困难，即便如此，现场实测参数依然是机器学习的基础数据样本。此外，采用在实验室中模拟工况下采集的试验数据来训练机器学习模型，对试验数据与监测数据之间的数值及特征差异进行分析，再通过迁移学习技术来应用试验数据训练模型，在实测数据样本不足的情况下，这是一种修正预测模型的可行方法。

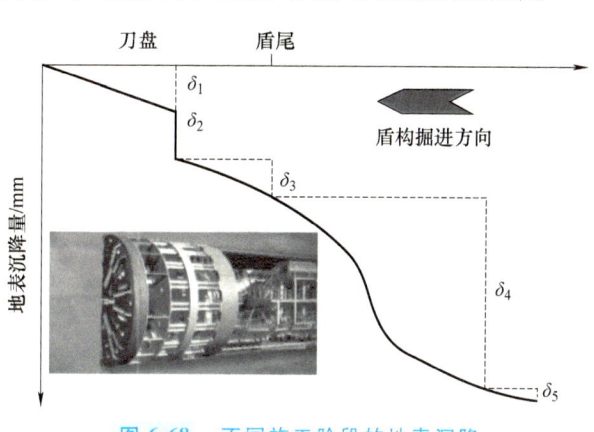

图 6-68 不同施工阶段的地表沉降

（3）基于机器学习的隧道病害监测与预测 隧道健康状态是隧道建设过程及后期运营阶段的重要监测内容。目前，研究人员已经开展了基于机器学习算法的隧道病害监测研究，并通过分析隧道健康情况，建立了隧道病害预测模型，服务盾构隧道的管养。对于隧道运营期监测数据的处理，采用传统的机器学习方法的缺点在于需要手动定义目标的特征，对于复杂场景中的数据来说，目标的特征并不具体，很难定量描述。深度学习的发展改变了此现状，它通过卷积神经网络等算法进行特征提取，有效实现监测和检测数据中异常信息的分类和位置信息的获取。由于隧道衬砌结构病害特征的相似性及结构的复杂性，因此在隧道衬砌检测方面，目前用深度学习实现多种病害分类的研究还较少。

3. 机器学习方法在盾构隧道工程中的应用难点与发展方向

（1）应用难点 目前机器学习方法在盾构隧道工程中应用的难点主要包括以下几方面：

1) 机器学习的预测实用性因盾构工程实时采集信息能力不足而受限。实时监测数据能极大增强机器学习算法的即时预测能力，但盾构设备本身构造复杂，施工环境恶劣，隧道掘进过程中难以为大量监测仪器提供足够和合适的安装空间；同时盾构设备狭长且位于地层中，监测设备采集到的数据难以实时传送到收集终端，这些因素都限制了机器学习预测方法的应用和推广。

2) 盾构隧道工程实测信息的数据模态、样本类别、信息结构等特征差异大，现阶段主要是通过数据类型转化及人工修正等方式来进行数据归一化，但处理过程需要大量的人工标注，主观性大，可能会导致数据内部某些潜在特征被忽视。因此，需要深入挖掘数据背后的产生机制，识别异常样本的特征，探明关键性因素并进行人工标注，但目前面向机器学习的多源异构数据处理方法还有待进一步研究。

3）相较于传统的数值解析法或经验公式法，基于盾构隧道工程实测数据的机器学习预测模型通常具有更高的拟合精度，但要达到高精度需要耗费大量运算时间与计算能力进行模型训练。因此，限制机器学习算法在盾构工程中大面积推广应用的重要原因是受现场计算能力影响。在隧道掘进现场，由于数据采集或监测设备提供的平台计算能力不足，难以满足利用实测数据训练机器学习算法的需求，因此需探索与云计算或硬件加速等相结合的技术。

（2）未来发展方向　机器学习方法是基于现有数据分析基础上更新的分析方法，在盾构隧道工程中的应用主要包括装备运行状态识别、关键参数关联分析、刀具故障预测、地层参数识别等，相关研究无疑能提高施工管理水平、减少盾构施工对邻近环境的影响。随着5G传感、物联网、云计算、北斗通信等新技术的快速迭代，盾构机实测数据存储量和数据质量、实时性都将得到持续发展。然而，机器学习算法要真正达到在实际工程中广泛应用的水平，未来还需在以下方面进行探索和发展：

1）海量多源数据的汇聚。不同厂家生产的隧道盾构的监控设备存在差异，采集的信息不同源且不兼容。可通过远程服务器根据对应的端口协议汇总数据，以此集成不同工程、不同设备、不同隧道的监测信息，通过大数据训练来增强机器学习模型的泛化能力，而这需打破现有数据的管理壁垒。

2）基于云计算和5G技术的机器学习算法开发。与云计算相结合的远程训练模式是满足工地实时计算需求的可行途径，即工地监测端负责数据汇总，上传至云端进行机器学习训练、优化、预测，再将结果返回至工地端。在云计算模式下，与5G无线通信技术相结合的机器学习算法是盾构工程需要探索的方向。

3）盾构隧道工程智能管控平台构建。随着盾构隧道掘进数据的不断累积，以及智能算法能力的不断提升，可构建以机器学习方法为核心的盾构隧道工程智能管理模式和平台，如图6-69所示，逐步实现盾构隧道工程在设计、施工及运营环节的信息汇聚、智能决策和智能管控，促进隧道工程由信息化往智能化、自动化方向迈进。

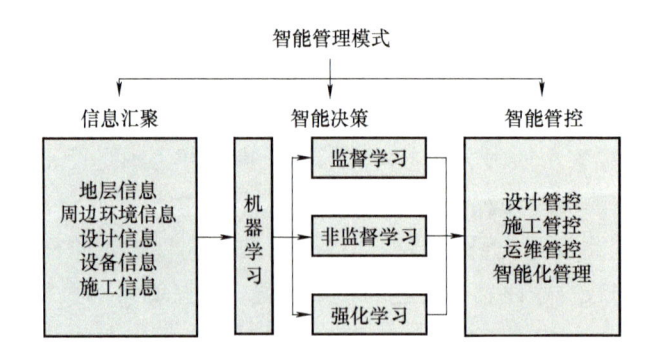

图6-69　基于机器学习的盾构隧道工程智能管理模式

复习思考题

（1）简述盾构掘进技术发展的几个阶段。
（2）简述盾构隧道预制拼装技术的优点。
（3）简述联络通道建设常用技术方法，以及机械法联络通道技术优势。
（4）盾构刀盘技术的设计要点有哪些？
（5）移动式管片预应力支撑及监控系统设备的特点有哪些？
（6）地面出入式盾构施工常面临的问题有哪些？
（7）国内地铁盾构隧道衬砌环普遍采用的分块模式是什么？
（8）国外采用盾构修建地铁车站的主要方法有哪些？
（9）TBM掘进循环分为几个阶段？各自的特征是什么？
（10）TBM设备状态信息数据库包含哪些参数？岩体状态信息数据库包含哪些参数？
（11）盾构大数据采集应包括哪些数据类型？
（12）盾构施工实时监控系统由哪几个界面组成？
（13）简述盾尾间隙的概念。

第7章 智能传感器

7.1 智能传感器概述

7.1.1 传感器技术概述

如果仔细观察，就会发现传感器在日常生活中随处可见，如手机的指纹传感器、打卡时的面部识别传感器、电饭锅的温度传感器、遥控器的红外传感器、智能手表的心率传感器、汽车的油量传感器和转速传感器、起重机的质量传感器等。传感器技术的发展和应用为人们的生活带来了极大的便利，在科研生产活动中同样发挥着重要的作用。

什么是传感器

那么，什么是传感器呢？先来看下人类身体上有哪些"传感器"。眼睛具有视觉功能、耳朵具有听觉功能、鼻子具有嗅觉功能、舌头具有味觉功能、皮肤具有触觉功能，人类通过这些感觉器官采集外界信号，传递给大脑进行处理，大脑将分析结果反馈给肢体。传感器就相当于人类的感觉器官，光学传感器可以采集影像信号，类似于人的眼睛；声学传感器可以采集声音信号，类似于人的耳朵；气敏传感器可以采集不同气体信号，类似于人的鼻子；化学传感器可以采集不同化合物，类似于人的舌头；压力传感器可以采集压力信号，类似于人的皮肤。传感器将采集到的外界信号传输给计算机（相当于人类的大脑），进行数据分析处理，并将分析结果反馈给具体的执行器（相当于人的肢体）。图7-1将人体感官系统与传感器系统进行了比较。

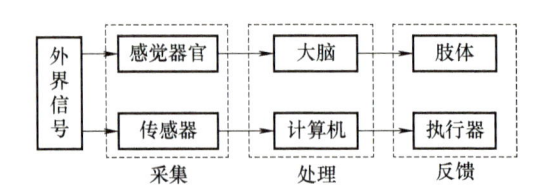

图7-1 人体感官系统与传感器系统对比

外界信号可以分为电信号（电压、电流、电阻、频率等）、非电信号（物理信号，如速度、位移、加速度、力等；化学信号，如化学成分、浓度、pH等；生物信号，如酶、抗体、

DNA 等）。以目前科技发展水平，电信号最容易接收、传输和处理。因此，目前的传感器通常将外界非电信号转换为电信号进行分析。随着科技的发展，未来的传感器将可能发展出更加高效的方式，如光信号、能量信号等。因此，传感器可以定义为：能感受规定的被测量并按照一定的规律（数学函数法则）转换成可用信号的器件或装置，通常由敏感元件和转换元件组成。敏感元件是传感器中能够直接感受或响应被测量的部分，转换元件将敏感元件感受或响应的被测量转换成适于传输或测量的信号。图 7-2 展示了传感器工作的基本原理。

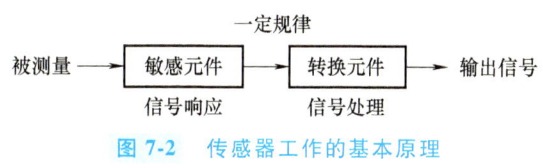

图 7-2　传感器工作的基本原理

7.1.2　智能传感器的定义

随着科学技术的进步，传感器逐渐向智能化发展。目前，关于智能传感器没有统一的定义，GB/T 7665—2005《传感器通用术语》定义智能传感器为对传感器自身状态具有一定的自诊断、自补偿、自适应及双向通信功能的传感器。总体上，国内外学者认为，智能传感器应该是带有微处理器，兼具信息采集、信息处理、信息记忆和传输、逻辑分析与判断功能，且具有自适性的传感器。智能传感器的基本功能如下：

1）具有自动校零、自动标定、自动校正功能，能够提高静态测量精度。
2）具有自动补偿功能，能够提高系统动态响应速度、改善动态性能。
3）具有自动采集数据、数据存储和记忆功能。
4）具有自动检验、自选量程、自寻故障功能。
5）具有判断、决策等信息处理功能。
6）具有双向通信、标准化数字输出或者符号输出功能，可采用 RS-232、RS-485、USB、I^2C、SPI、1-Wire 等标准总线接口，实现传感器和计算机之间的双向通信。

关于智能传感器的英文名称目前也尚未统一。英国人将智能传感器称为"Intelligent Sensor"，美国人将智能传感器称为"Smart Sensor"，GB/T 7665—2005《传感器通用术语》将智能传感器翻译为"Smart Transducer/Sensor"。

7.1.3　智能传感器的优势及分类

1. 智能传感器的优势

与传统传感器相比，智能传感器具有显著的优势。

（1）具有更高的精度　智能传感器通过自动校零、自动标定等新技术，实现与标准参考基准的实时比对分析，对传感器输入输出的非线性误差、零点误差及正反形成误差等进行校正；智能传感器具有数据处理分析能力，通过软件模块对采集到的数据进行统计处理，消除偶然误差、降低噪声，从而大大提高传感的精度、分辨率和信噪比。

（2）具有更高的可靠度和稳定性　智能传感器具有高度集成的特点，在一定程度上消除了传统传感器的某些不可靠因素，提高系统的抗干扰能力；同时智能传感器具有自我检测、校准和自寻故障等功能，能够对采集到的数据信息合理性进行分析和判断，给出异常情况预警或者进行紧急处置，保证了智能传感器具有更高的可靠度和稳定性。

（3）提高了传感器的性价比　智能传感器采用大规模电路集成技术，结合强大的软件来实现复杂的功能，与传统传感器相比具有体积小、能耗低、寿命长的特点，显著提高了性价比。

（4）具有复合敏感功能　与传统传感器单一功能不同，智能传感器中集成了多种功能模块，通过计算机指令或者电路调整，可以实现不同硬件模块和软件模块之间的单独或者联合使用，以及物理量、化学量和生物量多种信号的同步测量。

2. 智能传感器的分类

（1）非集成化方式　非集成化智能传感器是在传统传感器的基础上，将信号调理电路及带数字总线接口的微处理器进行整合而构成的，其基本原理如图 7-3 所示。这种智能传感器实现方式在现场总线控制系统发展的推动下迅速发展。其优势在于生产厂家原有生产工艺和生产设备基本无须改变，额外附加一块带数字总线接口的微处理器插板，并配备通信、控制、自校正、自补偿、自诊断等智能化软件，即可实现智能传感器功能。因此，非集成化方式是一种经济、快速制造智能传感器的途径。

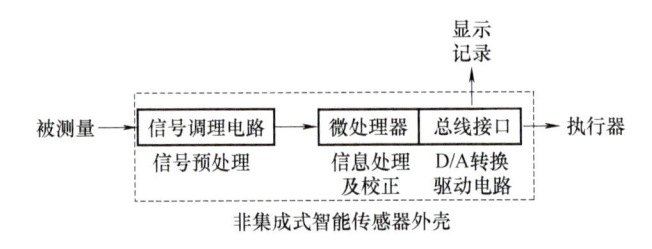

图 7-3　非集成式智能传感器基本原理

（2）混合集成方式　混合集成方式是将系统各个集成化环节（敏感元件、信号调理电路、微处理器、数字总线接口）以不同的组合方式集成在 2~3 个芯片上，并封装在一个外壳内。混合集成智能传感器具有技术要求低、经济风险小的特点。混合集成模块：集成化敏感单元，包括敏感元件和变换电器；集成信号调理电路，包括多路开关、仪表放大器、基准转换器（ADC）等；集成微处理单元，包括数字存储器（EPROM、ROM、RAM）、数字 I/O 接口、数/模转换器（DAC 等）及微处理器。混合集成式智能传感器的基本原理如图 7-4 所示。

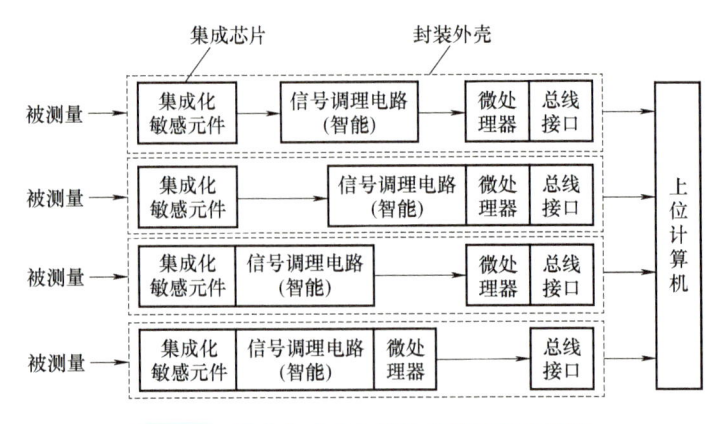

图 7-4　混合集成式智能传感器的基本原理

（3）集成化方式　集成式智能传感器采用微机械加工技术和大规模集成电路工艺技术，以硅材料为基础，制作敏感元件、信号调理电路及微处理器单元，并将各构成单元集成在一块芯片上。随着微电子技术的高速发展及纳米技术的应用，集成式智能传感器实现了微型化和结构一体化，从而具有精度高、稳定性强、多功能集成、阵列排布、低能耗等特点。集成式智能传感器的基本原理如图7-5所示。

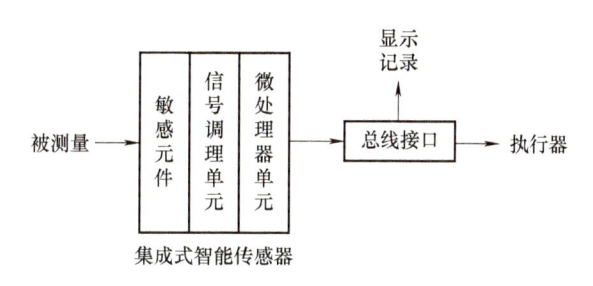

图 7-5　集成式智能传感器的基本原理

7.2　传感器类型和基本原理

智能传感器的发展依托于传统传感器，智能传感器中的集成敏感元件（包括敏感元件和变化电路）的工作原理与传统传感器是完全相同的。因此，为了使工程人员能够在实际应用中选择合适的智能传感器类型，需要对传统传感器的工作原理有所了解。

7.2.1　电阻应变式传感器

电阻应变式传感器具有悠久的历史，是目前应用最为广泛的传感器类型之一，可以用于应变、力、力矩、加速度等物理量的测量。电阻应变式传感器包含应用金属丝电阻应变效应及半导体材料压阻效应制备敏感元件两种类型。

1. 金属丝电阻应变片

（1）金属丝电阻应变片的结构和种类

1）金属丝电阻应变片的结构。导体材料在受到外界拉力或者压力作用时会产生机械变形，机械变形又会引起导体电阻值的变化，这种因导体材料变形而引起的电阻值发生变化的现象叫作电阻应变效应。

金属丝电阻应变片的种类繁多，形式多种多样，但是其基本构造大致相同。图7-6所示为金属丝电阻应变片的基本构造，包括以下几个组成部分：基片——绝缘材料；网状敏感栅——高阻金属丝或金属箔；黏合剂——化学黏结试剂；覆盖层——保护层；引线——金属引线，一端与网状敏感栅连接，一端外接仪器。

2）金属丝电阻应变片的种类。金属丝电阻应变片通常分为丝式和箔式两种，如图7-7所示。金属丝电阻应变片按型式分为体型（丝式和箔式）和薄膜型。按结构分为单片式、双片式和特殊形状。按使用环境分为高温、低温、磁场、水下。按制作工艺分为金属丝式，敏感栅采用直径为 0.025mm 的金属丝（材料可以采用康铜、镍铬合金或者贵金属）制作；

金属箔式，主要采用光刻腐蚀技术、照相制版制作成厚度为 0.003~0.01mm 的金属箔栅；金属薄膜式，采用真空溅射或者真空沉积技术，在绝缘基片上形成厚度在 0.1μm 以下的金属电阻薄膜。

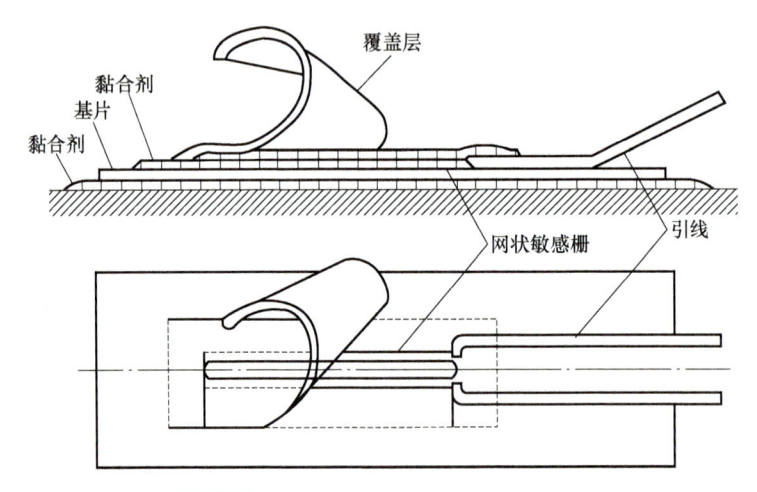

图 7-6　金属丝电阻应变片的基本构造

图 7-7　不同形式的金属丝电阻应变片
a）金属丝式　b）金属箔式

（2）金属丝电阻应变片的工作原理　金属丝电阻应变片的工作原理是基于电阻应变效应，即金属丝在外力作用下发生机械变形（伸长或缩短），其阻值也随之发生变化（增大或减小）。已知导体材料的电阻值公式为

$$R=\frac{\rho l}{S} \tag{7-1}$$

式中　ρ——电阻率；l——长度；S——横截面面积。

当外力作用时，金属丝电阻率 ρ、长度 l、横截面面积 S 均发生变化，因此金属丝电阻发生变化。通过测量电阻值的变化，可以得到外力的大小。

如图 7-8 所示，在外力作用下金属丝发生变形，假设轴向拉长为 Δl，径向缩短为 Δr，电阻率变化量为 $\Delta \rho$，电阻值变化量为 ΔR。根据式（7-1），可以得到电阻值变化率为

$$\frac{\Delta R}{R}=\frac{\Delta l}{l}+\frac{\Delta \rho}{\rho}-\frac{\Delta S}{S} \tag{7-2}$$

此时，轴向应变 ε 为

$$\varepsilon=\frac{\Delta l}{l} \tag{7-3}$$

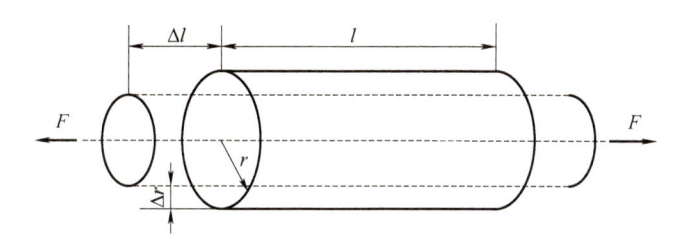

图 7-8　金属丝在轴向外力作用下变形

金属丝截面面积变化率为

$$\frac{\Delta S}{S} = \frac{2\Delta r}{r} \qquad (7-4)$$

由材料力学的知识知道，金属材料弹性范围内的泊松比 μ 为金属受到外力作用时径向应变与轴向应变的比值，即

$$\mu = -\frac{\Delta r/r}{\Delta l/l} \qquad (7-5)$$

从而，径向应变为

$$\frac{\Delta r}{r} = -\mu \frac{\Delta l}{l} \qquad (7-6)$$

将式 (7-6) 和式 (7-4) 代入式 (7-1) 可得

$$\frac{\Delta R}{R} = \frac{\Delta l}{l}(1+2\mu) + \frac{\Delta \rho}{\rho} = (1+2\mu)\varepsilon + \frac{\Delta \rho}{\rho} \qquad (7-7)$$

可以表示为单位应变引起的电阻值变化率：

$$\frac{\Delta R/R}{\varepsilon} = 1 + 2\mu + \frac{\Delta \rho/\rho}{\varepsilon} \qquad (7-8)$$

从而得到金属丝电阻应变片的灵敏度系数 k_0：

$$k_0 = \frac{\Delta R/R}{\varepsilon} = 1 + 2\mu + \frac{\Delta \rho/\rho}{\varepsilon} \qquad (7-9)$$

通过式 (7-9) 可以看出，灵敏度系数 k_0 与材料的几何尺寸有关，材料受力后几何尺寸变化为 $(1+2\mu)$，电阻率变化为 $\frac{\Delta \rho/\rho}{\varepsilon}$。原因为 $(1+2\mu) \gg \frac{\Delta \rho/\rho}{\varepsilon}$，因此灵敏度系数可以近似为 $k_0 = 1+2\mu$，金属电阻丝的泊松比范围为 $0.25 \sim 0.5$，因此灵敏度系数的范围为 $1.5 \sim 2$。需要注意的是，因为应变片在使用时用黏合剂粘贴到被测物体表面，被测应变通过基片传递到应变片敏感栅上，应变片的实际灵敏度受到基片、黏合剂等的影响。因此，应变片的实际灵敏度需要通过试验标定：取 5% 的产品进行测定，取平均值作为该批产品的灵敏度系数，称为标称灵敏度系数，实际试验结果表明，应变片的灵敏度系数小于电阻丝的灵敏度系数。同时，还需注意应变片使用环境说明，当使用环境与标定条件差异较大时，需要重新标定灵敏度系数。

2. 半导体电阻应变片

半导体电阻应变片的工作原理是基于半导体材料的压阻效应，即在外力作用下，半导体材料载流子迁移率发生变化，使其电阻率发生变化的现象，可由压阻系数 π 表示。对比可知，金属电阻丝电阻率的变化是因为材料机械变形（材料几何尺寸变化）引起的，而半导体电阻率的变化取决于有限载流子的迁移率，因此半导体材料的灵敏度远大于金属电阻丝材料。

半导体的电阻率变化与压阻系数 π 的关系为

$$\frac{\Delta \rho}{\rho} = \pi \sigma = \pi E \varepsilon \tag{7-10}$$

式中 E——半导体材料的弹性模量。

将式（7-10）代入式（7-7）可得

$$\frac{\Delta R}{R} = (1 + 2\mu + \pi E)\varepsilon \tag{7-11}$$

因此，半导体应变片的灵敏度系数可以表示为

$$k_0 = \frac{\Delta R/R}{\varepsilon} = (1 + 2\mu) + \pi E \tag{7-12}$$

对于金属电阻丝，材料电阻率的变化很小，因此灵敏度系数主要受到材料几何尺寸变化的影响；而对于半导体材料，外力作用时几何形状的改变远远小于材料电阻率的变化，即 $(1 + 2\mu) \ll \pi E$。因此，半导体电阻应变片的灵敏度系数近似取为

$$k_0 \approx \pi E \tag{7-13}$$

半导体材料的压阻系数 $\pi = (40 \sim 80) \times 10^{-11} \mathrm{m^2/N}$，$E = 1.87 \times 10^{11} \mathrm{N/m^2}$。因此半导体电阻应变片的灵敏度系数在 67~134 之间，远大于金属电阻丝的灵敏度。

7.2.2 电容式传感器

1. 电容式传感器的优缺点

电容式传感器近年来发展迅速，其不但可以用于力、位移、加速度等物理量的测量，还可以用于液面位置、成分含量及物质含水量等的测量。电容式传感器具有以下优点和缺点：

1）电容式传感器的电容量通常与极板采用的材料无关，因此可以选择温度系数较低的极板材料，本身发热小，稳定性好。而电阻式传感器受温度影响较大。

2）电容式传感器结构简单、适应性强。能在高温、强辐射及强磁场等恶劣环境下工作，可以承受很大的温度变化、高压力、高冲击和过载。

3）电容式传感器灵敏度高，可进行非接触测量。当应用于非接触测量时，具有平均效应，可以减小被测物体表面粗糙度对测量结果的影响。

4）电容式传感器极板间的静电引力很小，需要的作用力极小；可动部分可以做到很小很薄，可动质量小，因此具有较高的固有频率，动态响应时间短，动态响应特征好。

5）电容式传感器输出阻抗高、负载能力差。无论何种类型的电容式传感器，受极板几何尺寸的限制，电容量都很小，因此输出阻抗很高，输出功率小，负载能力差。

6）电容式传感器输出非线性。电容式传感器初始电容量小，而连接传感器和电子线路的引线电容、电子线路的杂散电容及极板与周围导体形成的电容等寄生电容较大，不仅降低

了测量灵敏度，而且引起非线性输出。

2. 电容式传感器的工作原理

电容式传感器以电容器作为敏感元件，将被测量的变化转换成为电容变化量，本质上是一个具有可变参数的电容器。图7-9所示为一个以空气为介质、两个平行金属板为极板的电容器，其电容量 C 按式（7-14）计算：

$$C = \frac{\varepsilon S}{\delta} = \frac{\varepsilon_0 \varepsilon_r S}{\delta} \quad (7\text{-}14)$$

式中 ε——金属极板间介质的介电常数；

ε_r——$\varepsilon_r = \varepsilon/\varepsilon_0$，是相对介电常数，对于空气取1，真空状态时，$\varepsilon = \varepsilon_0 = 8.85 \times 10^{-12} \text{F/m}$；

S——极板面积；

δ——极板间距。

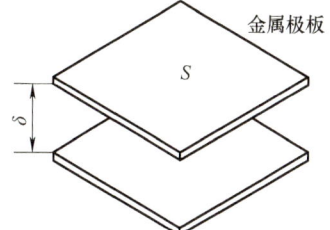

图7-9 平板电容传感器原理

3. 电容式传感器的结构类型

由式（7-14）可以看出，电容式传感器的电容量与介电常数（ε）、极板面积（S）及极板间距（δ）有关。因此，保持三个参数中的两个参数不变，使另一参数可变，就形成了电容式传感器的三种基本类型。

（1）变面积型电容式传感器 常见构造如图7-10a所示，由式（7-14）可以看出，电容量与两极板面积成正比，因此变面积型电容式传感器的电容量变化与两个极板相对位移变化呈线性关系，适用于测量较大位移。平板变面积型电容式传感器的灵敏度可用单位位移引起的电容量变化来表示：

$$k_0 = \frac{\Delta C}{\Delta x} = -\frac{\varepsilon b}{\delta} \quad (7\text{-}15)$$

式中 b——极板宽度。

可以发现当电容几何尺寸（极板尺寸、极板间距）确定时，灵敏度系数为常数。

（2）变极距型电容式传感器 常见构造如图7-10b所示，由式（7-14）可以看出，电容量与两极板间距成反比，电容量的变化与两极板间距变化呈非线性关系。因此，为了实现变极距型电容式传感器能够近似线性工作，需要将可动极板的移动范围限制在一个较小范围内。变极距型电容式传感器的灵敏度表示为单位位移引起的电容量相对变化量，即

$$k_0 = \frac{\Delta C/C}{\Delta \delta} = \frac{1}{\delta_0} \quad (7\text{-}16)$$

式中 δ_0——极板初始间距。

通过式（7-16）可以发现，变极距型电容式传感器具有以下特点：

1）为保证近似线性输出，需要控制极板之间的相对位移的大小。

2）提高变极距型电容式传感器灵敏度和线性度，需要减小极板初始间距，但是初始间距过小时存在击穿风险。因此变极距型电容式传感器只适用于小位移测量。在实际应用时，为了避免电容击穿，常采用在极板之间放置具有高介电常数的材料（云母片、塑料薄膜等）作为介质的方法。

3）除了减小极板初始间距外，采用差动结构（包含一个动片和两个固定片，如图 7-10b 第 3 个图，当一个固定片电容增加时，另一个固定片电容减小），灵敏度可以提高一倍。

（3）变介电常数型电容式传感器　常见构造如图 7-10c 所示，通过改变极板之间介质的几何尺寸、材料类型、成分等，可以改变变介电常数型电容式传感器的电容量，电容量与介电参数之间的关系可表示为

$$C = \frac{\varepsilon_0 S}{\delta - d + d/\varepsilon_r} \tag{7-17}$$

式中　d——介质厚度。

因此，变介电常数型电容式传感器可以用于测量介质厚度、位移、液面位置、介质材料类型、湿度等。

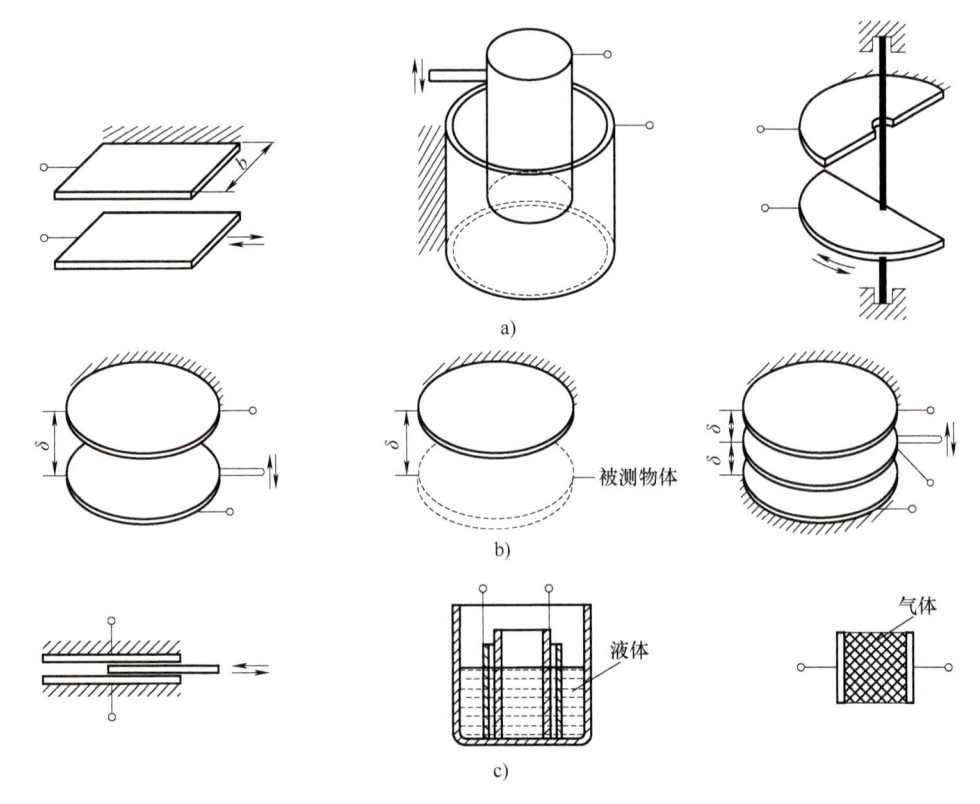

图 7-10　电容式传感器的结构类型
a）变面积型　b）变极距型　c）变介电常数型

7.2.3　电感式传感器

1. 电感式传感器的优缺点

电感式传感器是利用线圈自感或互感系数的变化来实现非电量电测的一种装置，可以用于位移、压力、振动、应变、流量等的测量。电感式传感器具有以下优缺点：

1）结构简单，可靠，测量精度和灵敏度高。分辨率可达 $0.1\mu m$，输出线性度可达 $\pm 0.1\%$。

2）输出功率大，输出阻抗小，抗干扰能力强，在某些情况下甚至可不经放大，直接接

入二次仪表。

3）频率响应不高，不适用于频率较高的动态测量。

4）需要频率和幅值稳定性较高的激磁电源。

5）分辨力受测量范围影响，测量范围大则分辨力低。

2. 电感式传感器的类型

电感式传感器类型较多，常用的有变磁阻式传感器（自感式）、差动变压器式传感器（互感式）和电涡流式传感器三种。

（1）变磁阻式传感器（自感式）工作原理　变磁阻式传感器（自感式）是利用被测量的变化改变磁路的磁阻，从而改变线圈的电感量，将非电信号转换为电信号。变磁阻式传感器（自感式）的基本结构如图 7-11 所示，由线圈、铁芯和衔铁三部分组成。

在铁芯与衔铁之间存在气体间隙，气隙宽度为 δ。传感器的运动部件与衔铁连接，随着运动部件发生位移，气隙宽度发生变化（$\Delta\delta$），磁路磁阻 R_m 发生变化，从而导致线圈的电感量发生变化。根据磁路相关知识，磁路总磁阻（铁芯、衔铁和气隙磁阻的和）为

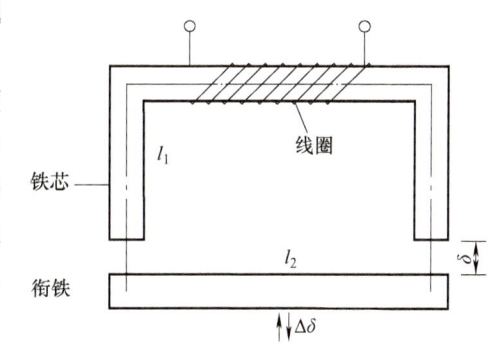

$$R_m = \frac{l_1}{\mu_1 S_1} + \frac{l_2}{\mu_2 S_2} + \frac{2\delta}{\mu_0 S_0} \quad (7-18)$$

图 7-11　变磁阻式传感器（自感式）的基本结构

式中　μ_0、μ_1、μ_2——铁芯、衔铁和空气的磁导率；

S_0、S_1、S_2——铁芯、衔铁和气隙的横截面面积；

l_1、l_2——磁通经过铁芯、衔铁的长度。

因为空气的磁导率远小于磁导材料的磁导率（$\mu_0 \ll \mu_1$、$\mu_0 \ll \mu_2$），因此式（7-18）中前两项可以忽略不计，磁路总磁阻可以近似为

$$R_m \approx \frac{2\delta}{\mu_0 S_0} \quad (7-19)$$

根据磁路的欧姆定律，磁路的磁通量为

$$\Phi = \frac{IN}{R_m} \quad (7-20)$$

根据自感的定义（$L = N\Phi/I$），可得

$$L = \frac{N^2}{R_m} = \frac{N^2 \mu_0 S_0}{2\delta} \quad (7-21)$$

式中　N——线圈匝数；

I——输入线圈的电流；

L——线圈的自感系数。

由式（7-21）可以看出，当线圈的匝数固定后，线圈的自感系数只与气隙宽度线性相关，与气隙的横截面面积非线性相关。因此，变磁阻式传感器可以分为变间隙式磁阻传感器

和变截面式磁阻传感器。

以变间隙式磁阻传感器为例进行分析。以单位气隙间隙变化引起的电感的相对变化量定义灵敏度系数：

$$k_0 = \frac{\Delta L/L_0}{\Delta \delta} = \frac{1}{\delta_0} \quad (7-22)$$

式中　L_0——初始电感；

δ_0——初始气隙宽度。

可以发现，式（7-22）形式与变极距型电容式传感器类似。其特征也具有相似之处：

1）电感变化量与气隙间距变化量为非线性关系，为了实现近似线性输出，需要控制气隙间距的变化幅值。

2）变间隙式磁阻传感器适用于小位移的精确测量，通常测量范围在 0.1~0.2mm 较为合适。

3）为了提高传感器的灵敏度、减小非线性误差，实际应用时多采用差动结构（图7-12），包含一个衔铁、两个铁芯和线圈。与单线圈传感器相比，灵敏度提高一倍，线性度显著提高，降低温度和噪声的干扰。

（2）差动变压器式传感器（互感式）工作原理　差动变压器式传感器（互感式）利用变压器原理，将非电信号转化为线圈互感量的变化，有初级绕组和次级绕组，其中次级绕组采用差动方式连接，因此叫作差动变压器式传感器。与普通变压器不同，差动变压器中初级绕组和次级绕组的耦合随衔铁的移动而发生变化。差动变压器式传感器种类包含变间隙式、变面积式和螺管式等多种类型，螺管式差动变压器应用较多。

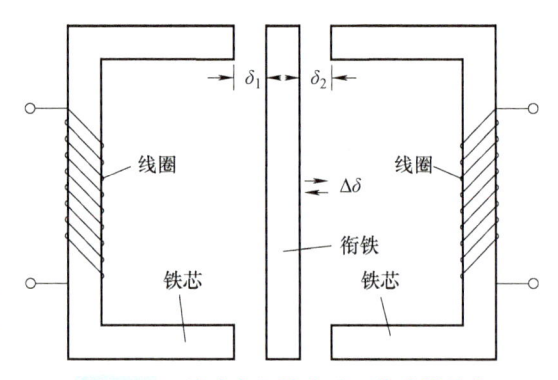

图 7-12　差动变间隙式磁阻传感器结构

螺管式差动变压器基本构成包括初级线圈、次级线圈、衔铁及线圈骨架。初级线圈作为差动变压器激励用，根据初级绕组和次级绕组排列形式的不同，有二节式、三节式、四节式、五节式等形式，如图 7-13 所示。

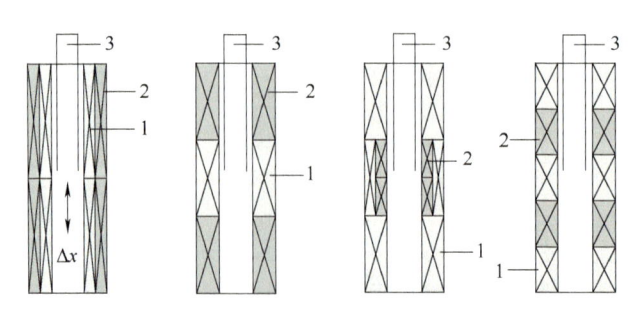

图 7-13　螺管式差动变压器结构及不同绕组排列形式

1—初级线圈　2—次级线圈　3—衔铁

第 7 章 智能传感器

以三节式螺管式差动变压器为例,理想状态下等效电路如图 7-14 所示,两组次级线圈匝数相同且反向串接(同名端相接),以保证差动形式。$\dot{U}_1$ 为初级线圈的激励电压,$\dot{U}_0$ 为次级线圈的差动输出电压,M_1、M_2 分别为初级线圈与两个次级线圈之间的电感,L_1、R_1 分别为初级线圈的电感和有效电阻,L_{21}、L_{22} 分别为两个次级线圈的电感,R_{21}、R_{22} 分别为两个次级线圈的有效电阻,E_{21}、E_{22} 分别为两个次级线圈的感应电动势。

可以看出,当衔铁处于中间位置时,$M_1 = M_2$,则两个次级线圈的感应电动势相等($E_{21} = E_{22}$),且此时次级线圈的差动输出电压为 0,即

$$\dot{U}_0 = E_{21} - E_{22} = 0 \tag{7-23}$$

当衔铁移动时,M_1、M_2 不再相等,其大小向相反的方向发展,导致次级线圈内的感应电动势不再相等($E_{21} \neq E_{22}$),即差动输出电压不再为 0。当衔铁向上移动时,感应电动势 E_{21} 增大、E_{22} 减小,差动输出电压与 E_{21} 极性相同;反之,差动输出电压与 E_{22} 极性相同。因此,差动输出电压的大小和方向就能反映衔铁位移的大小和方向。

前文提到在理想状态时,当衔铁位于中间位置时,差动输出电压为 0。然而,实际的差动变压器式传感器(互感式)当衔铁处于中间位置时,差动输出电压并不为 0,理想状态和实际状态的差动输出电压特征曲线如图 7-15 所示。在位移 0 点位置,存在最小输出电压 ΔU_0,将此电压称为零点残余电压。

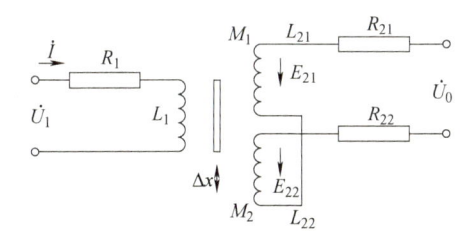

图 7-14 三节式螺管式差动变压器等效电路

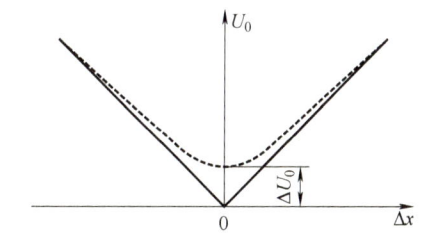

图 7-15 理想状态和实际状态的差动输出电压特征曲线

引起零点残余电压的原因较多,其主要原因有两个:次级绕组的几何尺寸及加工工艺很难保证完全相同、相关参数(互感 M、电感 L 及有效内阻 R)等不完全相同。零点残余电压的存在会大大降低传感器的灵敏度,增大传感器非线性,因此零点残余电压是决定传感器性能优劣的重要参数之一。

(3)电涡流式传感器工作原理 电涡流式传感器基于电涡流效应制作。根据法拉第电磁感应原理:块状金属导体置于变化的磁场中或在磁场中做切割磁力线运动时(切割不变化的磁场时无涡流),导体内将产生闭合的涡旋状感应电流,叫作电涡流,这种现象称为电涡流效应。电涡流式传感器可以用于非接触测量,对静态和动态测量均具有高线性度和高分辨率,具有结构简单、灵敏度高、频响范围宽、不受油水影响的特点。

电涡流式传感器的原理如图 7-16 所示。当线圈中通以

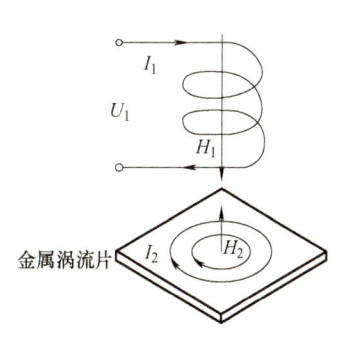

图 7-16 电涡流式传感器的原理

交变电流 I_1 时，线圈周围产生交变磁场 H_1。若此时被测导体处于交变磁场 H_1 范围内，则导体内产生电涡流 I_2，I_2 将产生交变磁场 H_2。显然，H_2 与 H_1 方向相反，H_2 反抗并削弱 H_1，从而引起线圈的等效电感和等效阻抗发生变化，通过线圈的电流大小及相位均发生改变。以上参数的变化受到线圈的几何尺寸、电流频率、线圈到被测导体的距离，以及导体的几何尺寸、电导率、磁导率的影响。因此，如果控制以上参数中某一个参数改变而其他参数固定不变，则可形成用于该参数测量的传感器。

7.2.4 磁电与磁敏式传感器

1. 磁电感应式传感器（电动式）工作原理

磁电感应式传感器（电动式）是利用电磁感应原理，将位移、速度转换为线圈中的感应电动势输出。磁电感应式传感器（电动式）是一种典型的有源传感器，其在工作时不需要外加辅助电源，可以直接将被测物体运动产生的机械能转换为电能输出。磁电感应式传感器（电动式）具有以下特点：

1）结构简单、性能稳定、输出功率大、输出阻抗小，通常不需要高增益放大器，可有效简化二次仪表。

2）频率响应范围一般为 10~500Hz，可用于振动、位移、转速和扭矩等参数的测量。

3）传感器尺寸和质量较大，频率响应低。

磁电感应式传感器（电动式）的原理是导体与磁场发生相对运动时会在导体两端输出感应电动势。根据法拉第电磁感应定律：当导体在磁场中做切割磁力线运动或者通过线圈的磁通量发生变化时，导体两端或者线圈内会产生感应电动势。感应电动势的大小与导体切割磁力线速度、导体切割磁力线长度、磁场的磁通密度、导体切割磁力线方向及线圈内磁通变化率有关。当导体垂直切割磁力线时，导体内的感应电动势为

$$e = -N\frac{\mathrm{d}\Phi}{\mathrm{d}t} \tag{7-24}$$

式中　N——线圈匝数。

磁电感应式传感器（电动式）可以分为恒磁通式和变磁通式两种结构类型。

（1）恒磁通式　恒磁通式磁电感应传感器的结构如图 7-17 所示。由永久磁铁产生恒定磁场，线圈与永久磁铁发生相对运动切割磁力线在线圈中产生感应电动势。当传感器外壳与永久磁铁固定，线圈可以运动时，称为动圈式；当传感器外壳和线圈固定，永久磁铁可以运动时，称为动钢式。两种形式的工作原理相同。

此时线圈垂直切割磁力线，感应电动势的大小与线圈匝数、线圈内导线长度、线圈切割磁力线的速度及磁场强度呈线性关系，即

$$e = -BlNv \tag{7-25}$$

式中　B——磁感应强度；

　　　l——线圈内每匝线圈长度；

　　　N——线圈匝数；

　　　v——线圈切割磁力线速度。

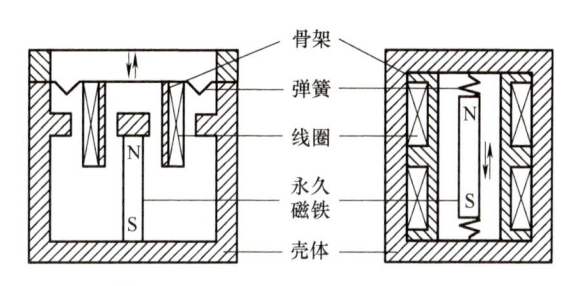

图 7-17 恒磁通式磁电感应传感器的结构

（2）变磁通式　变磁通式磁电感应传感器的结构如图 7-18 所示。其中，线圈和永久磁铁均固定不动，由导磁材料制成的被测物体运动时，通过线圈的磁通量发生变化，从而产生感应电动势，因此这种传感器也被称为变磁阻式，包括开磁路（图 7-18a）和闭磁路（图 7-18b）两种类型。

1）在开磁路中，当被测齿轮转动时，齿轮与软铁之间的气隙宽度发生变化，气隙的磁阻及通过气隙的磁通量发生变化，使线圈中产生感应电动势。感应电动势的大小和齿轮的齿数 z 及齿轮转速 n 相关，测出频率 $f(f=z×n)$ 即可求出转速。

2）在闭磁路中，有内齿轮和外齿轮，内外齿轮齿数相同。当转轴连接的被测物体转动时，内齿轮跟随转动而外齿轮不转，内外齿轮之间的相对运动使齿轮间气隙间距发生改变，从而产生交变的感应电动势。

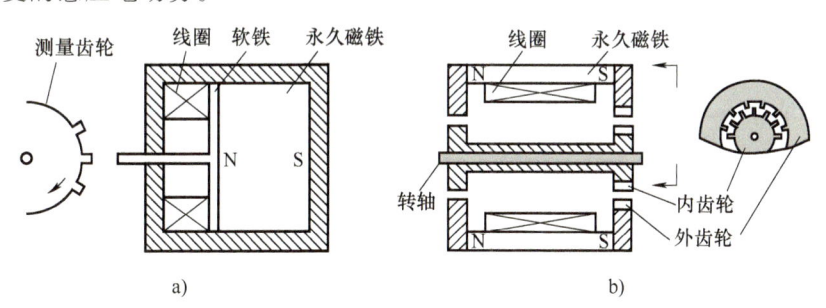

图 7-18 变磁通式磁电感应传感器的结构
a）开磁路　b）闭磁路

当传感器的尺寸确定后，式（7-25）中的 N、B、l 均为定值。则式（7-25）可改写为

$$e = -sv \quad (7-26)$$

式中　s——传感器灵敏度。

感应电动势 e 与运动速度 v 成正比。因此，为了提高传感器的灵敏度，可以增大磁感应强度 B、增加线圈的匝数 N 及每匝线圈的长度 l，但是需要兼顾传感器的材料、体积、质量、内阻和工作频率。

理论上磁电感应式传感器（电动式）的灵敏度特征曲线为一条直线。然而实际情况中，其灵敏度特征是非线性的，如图 7-19 所示。当运动速度 $v<v_0$ 时，运动速度过小，产生的力不能够克服各组件之间的静摩

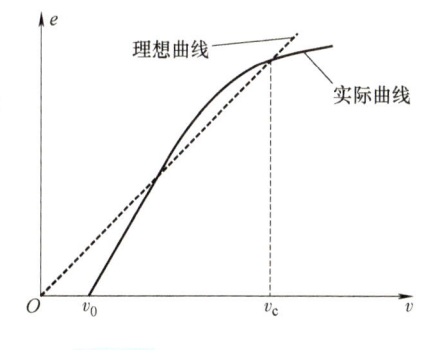

图 7-19 磁电感应式传感器灵敏度特征曲线

擦力，无相对运动，此时没有感应电动势；当 $v>v_0$ 时，静摩擦力被克服发生相对运动，产生感应电动势；当 v 进一步增大到 v_c 时，惯性过大，超出传感器的弹性工作范围，输出曲线明显弯曲。因此，磁电感应式传感器（电动式）只有在 (v_0, v_c) 之间工作，才能保证具有足够的线性范围。

2. 霍尔传感器工作原理

霍尔传感器属于磁敏元件，由基于霍尔效应的霍尔元件和测量电路构成，能够将磁学物理量转换为电信号，已经被广泛应用于测量领域、通信领域、自动化领域和生物医学等领域。随着半导体技术的不断进步，霍尔传感器也在向集成化、微型化和薄膜化方向发展。霍尔效应最早于 1879 年由美国物理学家霍尔在金属中发现，但是因为金属的霍尔效应极弱而未得到广泛的应用。随着半导体技术的发展，人们发现半导体具有非常显著的霍尔效应，并且具有体积小、能耗低、易于集成化的优点。

霍尔效应原理如图 7-20 所示。有一长度为 L、宽度为 b、厚度为 d 的导体或者半导体薄片，在薄片两端通以电流 I（方向沿长度方向），在垂直于薄片方向施加磁感应强度为 B 的磁场。此时，在薄片的另外两边产生一个与电流 I 及磁感应强度 B 的乘积成比例的电动势 U_H。也就是说，如果将一个通电的导体或者半导体放置在一个与电流方向垂直的磁场中，那么在导体（半导体）的另外两端将会产生感应电动势，这种现象称为霍尔效应。

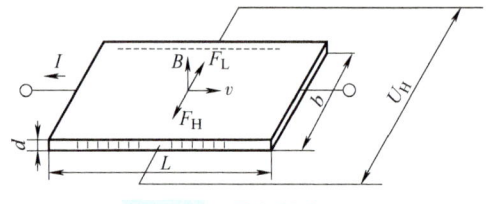

图 7-20 霍尔效应原理

假设采用 N 型半导体，则多数载流子电子的运动方向与电流方向相反。导体中的自由电子在磁场 B 中做定向运动，每个电子受到的洛伦兹力 F_L 大小为

$$F_L = evB \tag{7-27}$$

式中 e——电子电荷量；
v——电子运动速度。

在洛伦兹力的作用下，电子向导体的一侧偏转形成电子积累，相应的另一侧形成正电荷积累，从而使薄片两侧形成静电场 E_H，称为霍尔电场。因此，电子除了受到洛伦兹力以外，还受到霍尔电场力 F_H 的作用。霍尔电场力方向与洛伦兹力方向相反，大小与霍尔电动势 U_H 有关，阻止电子的偏转，其公式为

$$F_H = eE_H = e\frac{U_H}{b} \tag{7-28}$$

随着电荷向两端堆集，当霍尔电场力与洛伦兹力相等时，电荷停止堆集，达到动平衡状态。结合式（7-27）和式（7-28）得

$$\begin{cases} E_H = vb \\ U_H = vbB \end{cases} \tag{7-29}$$

薄片的电流为 I，载流子（电子浓度）为 n，电子运动速度为 v，横截面面积为 db，则

$$v = -\frac{I}{nedb} \tag{7-30}$$

将式（7-30）代入式（7-29），令 $R_H = -1/(ne)$ 为霍尔常数，$K_H = R_H/d$ 为霍尔元件灵敏度系数，则

$$U_H = vbB = -\frac{IB}{ned} = R_H \frac{IB}{d} = K_H IB \tag{7-31}$$

对于 N 型半导体，电子迁移率 $\mu = v/E$，电阻率 $\rho = -1/(\mu ne)$，因此霍尔常数可以表示为 $R_H = \rho\mu$。

可以看出，要提高灵敏度，就需要减小薄片厚度，因此霍尔元件做得很薄（约为 0.1μm），且霍尔元件的击穿电压较低。R_H 是由材料性质决定的常数，任何一种材料在满足一定条件时均能产生霍尔电动势，但是并不是所有材料都适宜制作霍尔元件。例如，绝缘材料电阻率极高，但是电子迁移率很小；金属材料的电子浓度很高，但电阻率很小，因此霍尔电动势很小；半导体材料的电子迁移率和载流子浓度适中，且一般电子迁移率大于空穴的迁移率，因此霍尔元件多采用 N 型半导体制作。

3. 其他磁敏元件

（1）磁敏电阻　磁敏电阻基于磁阻效应制造，是一种纯电阻性的两端元件。当载流导体置于磁场中时，除了发生霍尔效应，导体中的载流子在洛伦兹力作用下运动方向发生偏转，从而使电子流动的路径发生改变，增大了电阻，且磁场越强，载流子偏转越大，电阻越大。这种导体（半导体）电阻随着外加磁场强度增大而增大的现象叫作磁阻效应。通常金属材料的磁阻效应较弱，半导体材料的磁阻效应更加显著。

（2）磁敏晶体管　与霍尔元件相比，磁敏晶体管具有极高的灵敏度，灵敏度量级可达霍尔元件的数百倍甚至数千倍，因此可在较弱的磁场下具有较大的输出，具有霍尔元件和磁敏电阻难以达到的性能。磁敏晶体管不仅能够测量磁场的大小，还能够测量磁场的方向，在磁检测、无触点开关和近接开关等方面均有应用。

7.2.5　压电式传感器

1. 压电式传感器的优缺点

压电式传感器基于电介质的压电效应制造，是一种典型的发电式传感器和机电转换式传感器，属于有源传感器。具有以下优缺点：

1）体积小、质量轻、结构简单、稳定可靠。

2）频带宽、灵敏度高、信噪比高，适用于测量动态量，不适用于测量频率较小的物理量，不能够用于测量静态量。

3）某些压电材料需要做防潮处理，输出信号直流响应差。

因此，压电式传感器多用于加速度、振动压力等物理量的测量，广泛应用于超声、通信、雷达、点火装置等领域，与激光、红外、微波等技术相结合，将成为未来智能化测量的重要器件。

2. 压电效应

（1）正压电效应　如图 7-21a 所示，从物理学可知，对于某些电介质（晶体），在一定方向上施加力产生变形时，内部正负电荷中心发生相对转移，产生极化现象；当外力消失

后，又恢复到不带电的状态，当外力改变方向时，电荷极性也随之改变。这种现象叫作正压电效应，简称压电效应。

对于中心对称晶体，其正负电荷中心无论如何施加外力都始终重合，因此极化强度为零；对于非对称晶体，其在无外力作用时正负电荷中心重合，在有外力作用时，正负电荷中心分离，表现出极性。因此，压电现象是晶体缺乏中心对称引起的。

（2）逆压电效应　压电效应具有可逆性，在电介质极化的方向施加电场，同样会引起内部正负电荷中心的相对位移，电介质发生变形，这种现象叫作逆压电效应，也叫作电致伸缩。如图 7-21b 所示，压电效应的相互转换既可以将机械能转换为电能，也能够将电能转换为机械能。

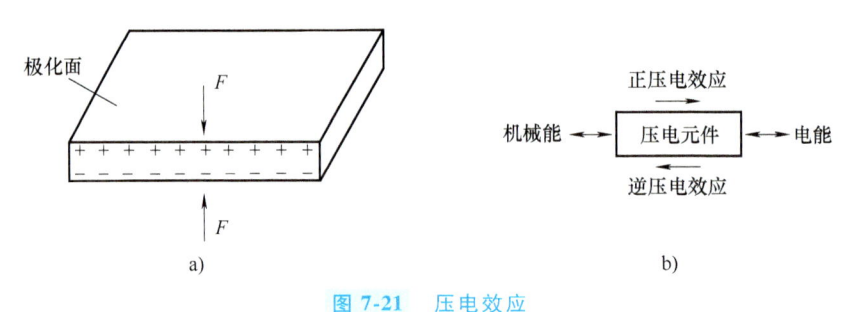

图 7-21　压电效应
a）正压电效应　b）逆压电效应

3. 压电材料

（1）压电材料特性　许多晶体都具有压电效应，但是大部分都十分微弱，相关研究发现石英晶体、钛酸钡和锆钛酸铅具有显著的压电效应。压电材料的特征参数有以下几种。

1）压电常数：用于衡量材料将机械能转变为电能或电能转变为机械能的能力，直接影响压电输出的灵敏度。

2）弹性常数：决定了压电元件的固有频率和动态特征。

3）介电常数：是反映压电材料电介质在静电场作用下介电性质或极化性质的重要参数，当压电材料的形状、尺寸一定时，其固有电容与介电常数有关，固有电容影响压电传感器的频率下限。

4）机电耦合系数：是描述机电耦合程度的重要参数，它反映了压电材料机械能-电能转化效率，等于输出能量与输入能量比值的二次方根。

5）电阻：压电材料的电阻能够减少电荷的泄漏，改善压电传感器的低频特征。

6）居里点：压电材料丧失压电特性的温度。

（2）压电材料分类

1）压电石英晶体。石英晶体有天然和人工两种，化学式为 SiO_2，外形呈六棱柱，沿各方向的性能不同。目前传感器中使用的石英晶体居里点为 573℃，晶体结构为六角晶系的 α-石英。图 7-22 所示为石英晶体典型剖面及各轴示意图，x 轴为电轴，穿过棱柱体的棱线，垂直于 x 轴方向的面压电效应最强；y 轴为机械轴，垂直于棱柱体的侧面，在电场作用下，沿 y 轴方向的机械变形最大；z 轴为光轴，与六棱柱的晶锥顶点连线重合，当光线沿 z 轴射入石英晶体时，光线不会发生折射，z 轴方向上没有压电效应。

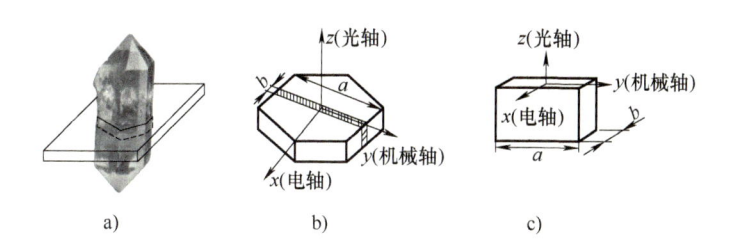

图 7-22　石英晶体典型剖面及各轴示意图
a）天然石英晶体　b）石英横向切片　c）按特定方向切片

压电石英具有以下特点：

① 压电常数和介电常数温度稳定性极好，压电常数在常温范围内几乎不随温度发生变化，在 20~200℃ 之间，温度每升高 1℃，压电常数仅减少 0.016%。

② 机械强度高，其许用应力可达 68~98MPa，刚度大（α-石英晶体弹性模量可以达到 7.3×10^4 MPa），固有频率高，动态性能好。

③ 居里点为 573℃，没有热释电效应，不具有铁电性，绝缘性和重复性好。

2）压电陶瓷（多晶半导瓷）。与石英晶体不同，压电陶瓷是一种经过极化处理以后的人造多晶铁电体压电材料。多晶是指由无数细微的单晶组成，铁电体并非指晶体含铁，而是指晶体具有与铁磁材料类似的电畴结构。如图 7-23a 所示，压电陶瓷内每个单晶形成一个电畴，每个电畴具有特定的极化方向且无规则排列，极化被相互抵消。因此，压电陶瓷在未进行极化处理前，晶体呈中性，而不具有压电性。

因此，为了使压电陶瓷具有压电效应，需要对其进行极化处理。如图 7-23b 所示，在一定温度下，对压电陶瓷施加外电场，电畴的极化方向开始发生转变，逐渐趋向于外电场的方向，随着外电场强度的增大并得到饱和，最终所有电畴极化方向与外电场一致。如图 7-23c 所示，当外电场移除后，电畴极化方向基本保持不变，压电陶瓷的极化强度不为零，具有很强的剩余极化。如图 7-23c 所示，压电陶瓷极化方向两端存在正负极性的束缚电荷，与空气中的自由电荷结合后不显电性，但是当压电陶瓷受到极化方向的作用力而产生压缩时，电畴发生偏移，剩余极化强度发生变化（变小），部分表面自由电荷发生放电现象，极化端电荷量发生变化，从而产生压电效应。

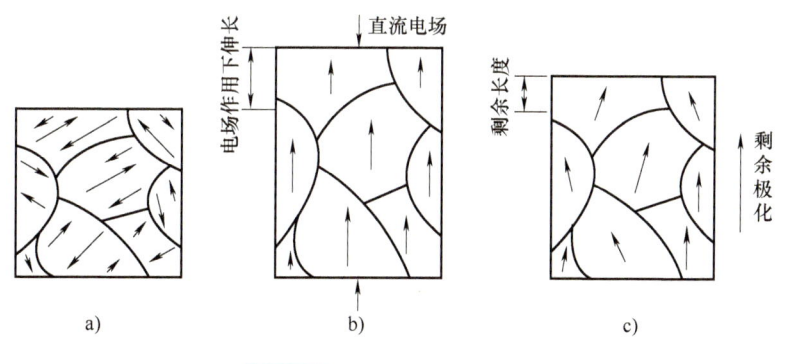

图 7-23　压电陶瓷极化过程
a）极化前　b）极化中　c）极化后

压电陶瓷具有以下特点：
① 纵向压电常数大，制作的传感器灵敏度高。
② 制作工艺成熟，成型工艺好，性能稳定，成本低廉。
③ 具有热释电效应，可制作热电传感器，用于红外探测设备。
④ 作为压电传感器应用时，热释电效应会产生热干扰，稳定性降低，在高稳定性传感器中应用受到限制。
⑤ 极化后的压电陶瓷受到温度影响，压电效应会减弱。
⑥ 刚极化后的压电陶瓷纵向（x 向）压电常数需经过 2~3 个月才能够逐渐趋于常数，但是经过两年后，纵向压电常数会开始下降，因此需要定期标定。

3）压电半导体。20 世纪 60 年代以来，人类发现了许多晶体既具有半导体特性，又具有压电性，如氧化锌（ZnO）、硫化钙（CaS）、硫化锌（ZnS）、碲化镉（$CdTe$）、砷化镓（$GaAs$）、磷化镓（GaP）等。这些材料既可以单独利用其某一性能制备电子元件，又可以同时利用其两个特性，将元件与电路集成于一体，能够满足智能传感设备的需求。

4）高分子乙烯等有机高分子压电材料。聚氟乙烯、聚氯乙烯、聚偏二氟乙烯等高分子聚合物材料，具有质量轻、柔性好、抗拉强度高、热释电性和热稳定性好等优点，可用于制作小型轻柔压电式传感器、大面积阵列式传感器等。

7.2.6 光电效应和光电式传感器

1. 光电式传感器的优缺点

光电式传感器基于光电效应制造，能够将被测量的变化以光信号（强度、频率等）变化的形式转换为电信号变化，类似于人的眼睛。除了测量光的强度、频率等，还可以利用光的折射、投射、反射、干涉、遮挡等性质测量尺寸、位移、速度、温度等物理量，被广泛地应用于智能设备、导航系统、自动化控制等领域。光电式传感器具有以下优缺点：

1）可以进行无接触测量，光的动质量近似为零，因此不会给被测对象施加荷载，也不存在摩擦力。

2）结构简单，响应速度快，性能稳定可靠。

3）半导体光敏传感器体积小、质量轻、灵敏度高，易于集成，能够满足智能传感技术的需求。

4）价格相对较高，对测量环境具有较高的要求。

如图 7-24 所示，光电式传感器一般由光源、光通路、光电元件、测量电路组成。因此，光电式传感器对于光信号的测量不仅仅局限于测量被测量（v_1）引起光源的直接变化（强弱、有无），还可以测量被测量（v_2）对光通路的影响导致的光的强弱和有无的变化。

图 7-24　光电式传感器的基本组成

2. 光电效应

当光照射在某些物质上，该物质吸收光能后能够将光能转化为该物质中某些电子的能量从而产生电效应，这种现象叫作光电效应。光电效应一般分为外光电效应和内光电效应两种。其中，内光电效应又可分为光电导效应和光生伏特（光伏）效应。

（1）外光电效应　外光电效应是在光线照射时，物体内的电子逸出物体表面并产生光电子发射的现象。根据爱因斯坦的假设：一个电子只能接收一个光子的能量。因此，如果要使电子能够从物体表面逸出，则光子的能量 ε 必须大于电子的逸出功 A。一个光子所具有的能量为

$$\varepsilon = h\nu \tag{7-32}$$

式中　h——普朗克常数，等于 6.626×10^{-34} J·s；

　　　ν——光的频率。

一个电子的质量为 m，电子从物体表面逸出时的速度为 v，根据能量守恒定律：一个电子的动能和逸出功之和等于一个光子所具有的能量：

$$\varepsilon = h\nu = \frac{1}{2}mv^2 + A \tag{7-33}$$

由式（7-33）可以看出，当光子的能量 ε 大于电子的逸出功 A 时，多余的能量转化为电子的动能，从而使电子逸出物体表面。光的能量与其频率及波长有关，频率越高、波长越短，能量越大。不同物质的逸出功不同，因此对于每种材料，都存在一个频率限（或波长限），称为红限。如果入射光线的频率小于红限，即使光的能量再大，也不会使电子逸出物体表面；当入射光线的频率大于红限时，即使光的能量很低，也会产生光电子发射。光电效应所需时间极短，从光开始照射到产生光电子发射不超过 1×10^{-9}s。

（2）外光电效应器件　基于外光电效应的光电器件有光电管和光电倍增管。

1）如图 7-25a 所示，光电管外部为一个抽成真空或者充满惰性气体的玻璃管，内部含有阴极和阳极，阴极涂有光敏材料，阳极为金属材料。当满足一定条件的光照射在光电管阴极时，阴极发射光电子，光电子被带有正电的阳极吸引，从而在光电管内形成空间光电子流。此时在外电路上接入一个适当的电阻，则将在电阻上产生电降压（正比于电子流大小），电阻上输出的电压与照射在阴极上的光强成正比。对于充满惰性气体的光电管，在光电子流作用下惰性气体电离，自由电子数量增加，光电管的灵敏度提高。

光电管结构简单，灵敏度高，但是体积较大，工作电压高达几百到数千伏，玻璃壳易损坏。

2）光电倍增管的结构如图 7-25b 所示，玻璃管内除了阴极和阳极之外，还有倍增极。光电倍增极上涂有特殊材料（锑化钨、氧化银镁合金等），在电子轰击下能够发射出更多的电子。光电倍增管电流大、灵敏度高，倍增率（N）与单个倍增极倍增率（δ）和倍增基数（n，通常为 12~14 级，多者可达 30 级）的关系为 $N=\delta^n$。

（3）内光电效应　内光电效应是指当光照射到半导体材料上时，物体内部的受束缚电子受到激发，从而使物体的电导率发生变化或者产生光生电动势的现象。因此，内光电效应包括光电导效应和光生伏特效应。

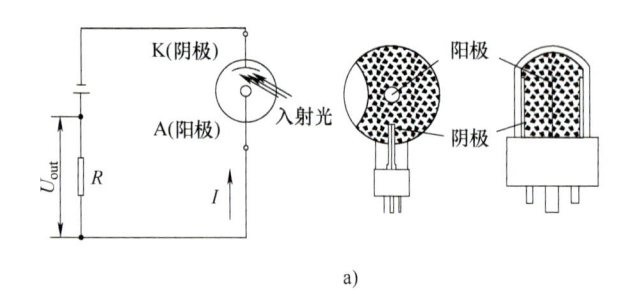

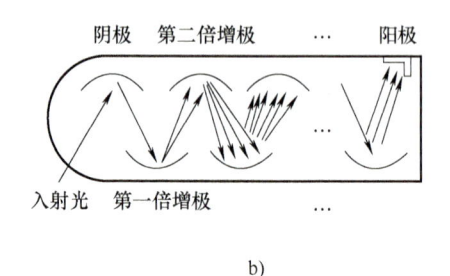

图 7-25 外光电效应器件

a）光电管　b）光电倍增管

1）光电导效应。半导体受到光线照射时，材料中处于价带的电子吸收光子能量，从价带通过禁带越入导带，此时价带形成自由空穴，导带内的电子浓度和价带内的空穴浓度增大，即激发出光生电子-空穴对，从而使电阻率降低，且随着光照强度的增大，电阻率降低。这种电阻率随着入射光强度改变的物理现象叫作光电导效应。因为电子从价带被激发到导带需要通过禁带，因此入射光的能量必须大于材料的禁带宽度 ΔE_g。

2）光生伏特效应。光生伏特效应是半导体材料在吸收光能后，引起 P-N 结两端产生电动势的效应。当 P-N 结两端没有外加电场时，P-N 结势垒区内仍然存在内结电场，方向由 N 区指向 P 区。因此，当光照射 P-N 结时，激发出光生电子-空穴对，在结电场作用下电子向 N 区移动，空穴向 P 区移动，最终 P 区带正电，N 区带负电，P-N 结两端出现一个因为光照而产生的电动势，这一现象被称为光生伏特效应。

（4）内光电效应器件

1）光敏电阻。光敏电阻基于光电导效应，又称为光导管，是一种电阻器件，其工作原理如图 7-26 所示。将光敏电阻 R_g 接入电路内，那么回路中电流 I 的大小将随着光敏电阻阻值的变化而变化。当光敏电阻 R_g 受到光照作用时，因光电导效应光敏电阻阻值降低，通过负载电阻 R_L 的电流增大，输出电压 U_0 发生变化。光照越强，电流越大，光照停止则光敏电阻阻值恢复原值，光电导效应消失。

光敏电阻具有以下特性：

① 光敏电阻无光照作用时，具有很大的电阻（暗电阻），此时的电流为暗电流。

② 光敏电阻有光照作用时，电阻（亮电阻）随光照强度增大而减小，表现出较高的灵敏度，此时的电流为亮电流，亮电流与暗电流的差称为光电流。

③ 光敏电阻光照特性呈现非线性，即输入光量与输出光电流不成线性关系。因此，光敏电阻不宜用于线性检测，但仍然可以用作自动控制系统中的开关元件。

图 7-26 光敏电阻的工作原理

④ 受到半导体掺杂材料（硫化镉、硫化铊、硫化铅、锑化铟）的影响，不同材料的光敏电阻灵敏度峰值波长不同，且随着温度上升，相对灵敏度向波长短的方向移动。

2）光敏二极管。光敏二极管可以以光电导效应工作，也可以以光生伏特效应工作。如

图 7-27 所示，P-N 结处于反向偏置，在无光照作用时，反向电阻很大，反向电流很小。当有光照作用时，产生光生电子-空穴对，在内电场作用下电子向 N 区运动，空穴向 P 区运动，从而在外电场作用下形成光电流，方向与反向电流方向一致。因为无光照作用时反向电流极小，因此可认为光照时的光电流大小与光照强度成正比。理论上当光敏二极管不加偏压时即光电池。

光敏二极管具有以下特性：

① 光电流与光照强度具有良好的线性关系，因此既可用于线性转换元件，又可用于开关元件。

② 光电流受到反向偏压的影响，当电压较小时，光电流随电压变化比较敏感，随着电压的增大，光电流几乎与施加的偏压无关，只取决于光照强度。

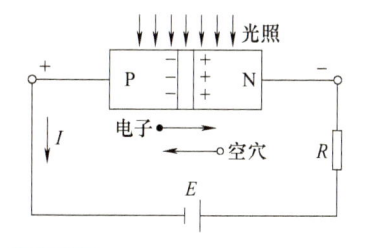

图 7-27　光敏二极管的工作原理

③ 具有良好的灵敏度，灵敏度受到入射光波长、温度和频率的影响。当入射光波长大于 900nm 时，光子能量小于禁带宽度，灵敏度下降；暗电流随着温度的升高而增大，因此光敏二极管对温度变化很敏感；当入射光为具有一定频率的调制光且调制频率高于 1000Hz 时，硅光敏二极管的灵敏度急剧下降。

有一种名称与光敏二极管相似的器件叫作发光二极管（LED），其工作原理是利用固体材料的电致发光，且在半导体掺杂材料不同时发出的颜色不同，是一种将电能转化为光能的器件。光敏二极管施加反向电压，而发光二极管施加正向电压。

3）光敏三极管。光敏三极管是把光敏二极管的光电流放大，具有更高灵敏度和响应速度，如图 7-28 所示，光敏三极管可以看成一个 b-c 结为光敏二极管的三极管，光敏二极管为集电结，也是受光结。在光照作用下，光敏二极管将光信号转化为电流信号，电流信号被三极管放大，其增益效果用 β 表示，即光敏三极管的光电流是相应的光敏二极管的 β 倍，负载电阻上的输出电压同样为光敏二极管的 β 倍。但是随着输入电流 i_g 的不同，增益系数 β 也不同，因此光敏三极管的输入信号与输出信号之间没有严格的线性关系，这是光敏三极管的不足之处。

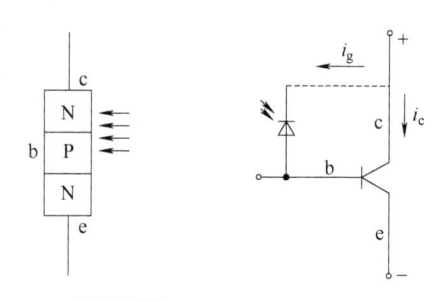

图 7-28　光敏三极管的结构原理和等效电路

光敏二极管和光敏三极管磁疗可以选用硅或锗。通常硅管的暗电流较小，温度系数小，尺寸易于精准控制，便于大量生产，应用更加普遍，应用于可见光和炽热状态物体的探测。锗管更多应用于红外光的探测。

使用光敏二极管和光敏三极管时应注意光源与器件之间的相对位置，只有当入射光线方向与光敏晶体管管壳轴线处于合适的方位，入射光线能够聚集在管芯所在的区域时，光敏晶体管的灵敏度才最高。而且为了避免灵敏度发生变化，应保持光敏晶体管和光源的相对位置不变。

（5）光电池　光电池基于光生伏特效应，是一种能够直接将光能转化为电能的器件，属于有源器件，可以作为电源使用。如图 7-29 所示，光电池本质上是一个大面积的 P-N 结，

241

上电极为栅状受光电极，下电极为铝制衬底，栅状受光电极下涂有减少光线反射的抗反射膜，在光照作用下产生电动势。

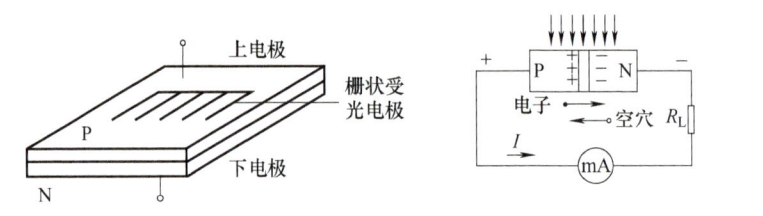

图 7-29 光电池的结构和工作原理

光电池与外电路的连接有两种方式：一种是将光电池两端通过外接导线短接，形成通过外电路的电流，该电流称为输出短路电流，输出短路电流在很大范围内与光照强度呈线性关系，通常以电流源的形式使用；另一种是开路电压输出，开路电压与光照强度呈非线性关系，当光照强度达到 2000lx 以上时趋于饱和，因为照度-电压曲线上升段灵敏度高，所以可以作为开关元件使用。

光电池采用的材料很多，有硅光电池、锗光电池、硒光电池、砷化镓光电池等。硅光电池转化效率高、价格低、寿命长，应用最为广泛。硒光电池转化效率低、寿命短，但是光谱响应范围与人眼识别范围类似，适用于可见光。砷化镓光电池的光谱响应与太阳光谱相符，同时耐高温和宇宙射线，被广泛应用于航天航空光电池。

（6）其他光电器件　还有 PIN 型硅光敏二极管、雪崩式光敏二极管、光电闸流晶体管、达林顿光敏晶体管及光耦合器件等光电器件，这里不再一一阐述。

3. 光电式传感器

（1）图像传感器　图像传感器的核心是电荷转移器件（Charge Transfer Device，CTD），其中最常用的是电荷耦合器件（Charge Coupled Device，CCD）。CCD 是在 MOS 集成电路技术基础上发展的一种新型半导体传感器，被广泛应用于数码相机、摄像机、图像采集、图像扫描及工业测量领域，在医学诊断和纤维手术领域也得到了大量应用。与普通的 MOS、TTL 相同，CCD 也属于集成电路，其具有以下特点：

1）体积小，质量小，工作电压低，能耗小，抗震抗冲击好，不受磁场干扰，可靠性高，耐久性好。

2）灵敏度高，动态范围大，噪声低，灵敏度可达 0.01lx，动态范围在 4 个数量级以上，最高可达 8 个数量级。

3）分辨率高，线阵 CCD 可达 7000 像素，分辨率可达 7μm，面阵 CCD 可达 4096×4096 像素，征集分辨率可达 1000 电视线以上。

4）兼容性强，可以选择模拟、数字等不同的信号输出形式，与同步信号、I/O 接口及微机组成高性能系统，适应不同的使用条件。

（2）CCD 的基本原理　CCD 由 MOS 光敏元件阵列和读出移位寄存器组成。

1）电荷存储。CCD 的最小单元是 MOS 光敏元，是在 P 型或 N 型硅衬底上生成一层具有截止作用的 SiO_2 层，然后在上面沉积金属（Al）电极构成浸塑-氧化物-半导体（MOS）

光敏单元。这种排列规律的 MOS 阵列加上输入端和输出端，组成 CCD 的主要部分，如图 7-30 所示。

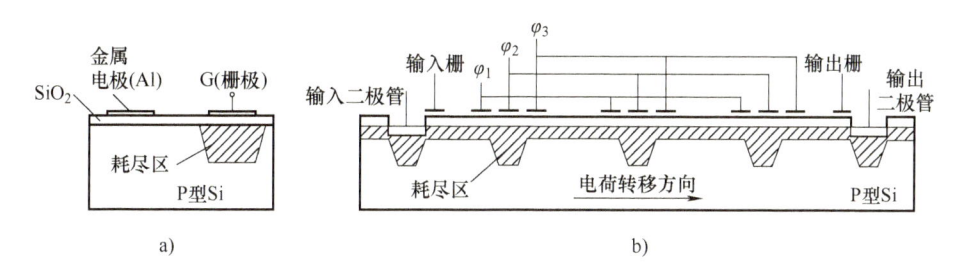

图 7-30 MOS 结构组成
a) 一个 MOS 光敏元 b) MOS 阵列结构组成

当在 SiO_2 上表面的电极施加正电压时，由于电场的作用，电极（MOS 结构的栅极）下 P 型 Si 区空穴被排斥入地，形成耗尽区，相较于电子此区域势能很低，称为势阱。有光照作用时，光子被半导体吸引产生光生电子-空穴对，电子被附近势阱吸引到较深的势阱中，如图 7-30b 中 φ_2 电极下，把一个 MOS 光敏元的势阱内收集的光生电子叫作一个电荷包。对于 N 型 Si，当电极试件施加负电压时，电荷包内为空穴。

CCD 的硅片上集成有成千上万个相互独立的 MOS 光敏元，施加电压后产生成千上万个势阱且势阱吸收的光子数量与光照强度成正比。如果照射在光敏元阵列上的光纤具有起伏明暗，则光敏元阵列会生成与光照强度对应的光生电荷图像，这就是 CCD 的光电物理效应的基本工作原理。

2）电荷转移。CCD 以电荷转移为信号，通过读出移位寄存器实现电极下电荷有控制地定向转移。读出移位寄存器也是 MOS 结构，与 MOS 光敏元的区别在于半导体底部增涂遮光层，防止外来光照的影响。读出移位寄存器有二相、三相等多种控制方式，相数是指每一级含有的电极数。如图 7-31 所示，以三相读出移位寄存器为例，介绍读出移位寄存器的工作原理。

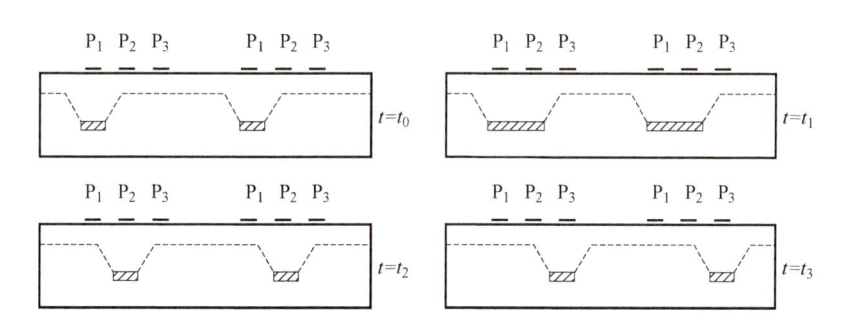

图 7-31 三相读出移位寄存器的结构和工作原理

每一级中的电极 P_1 都连接在一起，同样，电极 P_2、P_3 也分别连接在一起。在三个电极上分别施加三相时钟脉冲电压 Φ_1、Φ_2、Φ_3，三相时钟脉冲电压波形如图 7-32 所示。

当 $t=t_0$ 时：电极 P_1 处于高电位，P_2、P_3 处于低电位，电极 P_1 下产生一个电荷包。

243

当 $t=t_1$ 时：在电极 P_2 加上同样的高电位，P_1、P_2 处于高电位，P_3 处于低电位，因为 P_1 和 P_2 距离很近，两电极下的势阱耦合，原来在 P_1 下的电荷包将在 P_1 和 P_2 两个电极下分布。

当 $t=t_2$ 时：此时 P_1 回到低电位，则 P_1、P_2 下的电荷包将全部流入 P_2 下的势阱中。

当 $t=t_3$ 时：P_1、P_2 均处于低电位，P_3 升到高电位，则 P_2 下的电荷包将转移到 P_3 下的势阱中。

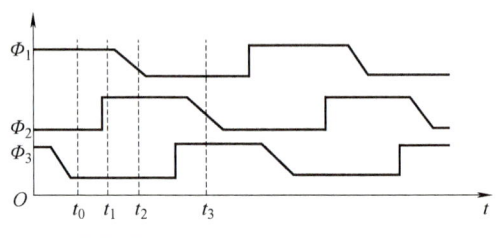

图 7-32 三相时钟脉冲电压波形

可见，经过一个脉冲周期，电荷从前一级的一个电极的势阱转移到下级同号电极下，随着时钟脉冲有规则的变化，电荷从器件的一端转移到另一端，这一过程实际上是电荷耦合的过程，没有借助扫描电子束，因此为自扫描器件。

3) CCD 的结构。CCD 可以分为线阵 CCD 和面阵 CCD，这里以线阵 CCD 为例介绍 CCD 的基本结构。CCD 的光敏区域和转移区域是分开的，线阵 CCD 由一列光敏元和一列位移寄存器并行构成，光敏区域中的每个光敏元与转移区域中的读出移位寄存器转移单元意义对应，光敏元和读出移位寄存器之间存在一个转移控制栅。

图 7-33 所示为单沟道线阵 CCD 结构，光敏元曝光时，金属电极加脉冲正电压 φ_P，光敏元吸收光生电荷；然后转移栅试件转移脉冲 φ_T，转移栅打开，光敏元吸收的光生电荷耦合到读出移位寄存器；随后时钟脉冲开始工作，读出移位寄存器的输出端一位位输出信息。对于一个 1024 位的单沟道线阵 CCD，由 1024 个光敏元和 1024 个读出移位寄存器组成，若要求读出移位寄存器的转移损失率不超过 50%，则每次转移的损失率不能超过 10^{-4}。对于一个三相 2014 单元的读出移位寄存器，最远端转移次数为 6144 次，转移损失率超过 50%。因此，单沟道线阵 CCD 只适用于光敏元较少的摄像器材。

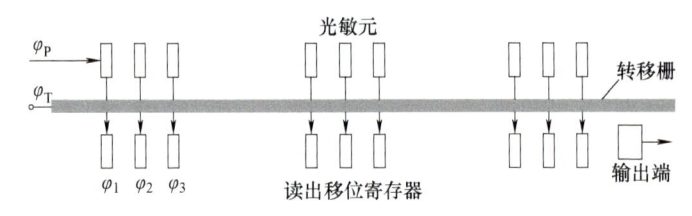

图 7-33 单沟道线阵 CCD 结构

图 7-34 所示为双沟道线阵 CCD 结构，其具有两列读出移位寄存器，布置在光敏区域两侧。光敏区域按照奇偶编号分为两组，成交叉状。在转移栅的控制下两组光敏元的电荷包分别进入奇数读出移位寄存器和偶数读出移位寄存器。双沟道线阵 CCD 的光敏元曝光、电荷转移和传输过程与单沟道线阵 CCD 基本一致。但同数量光敏元双沟道线阵 CCD 的转移次数比单沟道线阵 CCD 少一半，转移损失率大大降低。因此多于 256 个单元的线阵 CCD 采用双沟道线阵结构。

(3) 光纤传感器的基本原理　光导纤维传感器简称光纤传感器，是 20 世纪后半叶迅速发展起来的一种新型传感器。光纤传感器目前被广泛应用于位移、速度、加速度、压力、液位、流量、声音、电压、电流、磁场、辐射等方面的测量，具有广阔的应用前景。与其他传感器相比，光纤传感器具有以下优点：

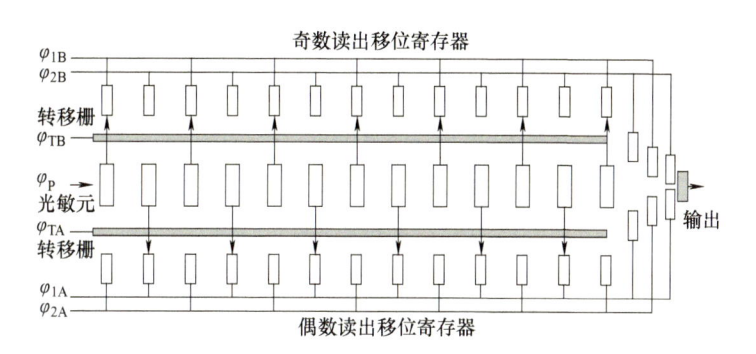

图 7-34 双沟道线阵 CCD 结构

1) 灵敏度高，响应速度快，动态范围大。
2) 防电磁干扰，超高电绝缘性，不会漏电打火。
3) 良好的防爆性能、防燃性能和耐水抗腐蚀性能，适用于高温高压场合。
4) 体积小，可以弯曲，材料来源广泛，成本低。

（4）光纤的结构、传光原理及分类

1) 光纤的结构。如图 7-35 所示，光纤呈圆柱形，由纤芯、包层、护套组成。纤芯位于光纤的中心位置，是光的传输路径。纤芯材料主要是 SiO_2，微量掺杂其他材料以提高纤芯对光的折射率（N_1）。包层可以是一层或多层结构，材料一般为纯 SiO_2，有的也掺杂其他材料，目的是降低包层对光的折射率（N_2）。护套一般用不同颜色的塑料管套，既具有保护作用，又能够区分不同的光纤。

2) 光纤的传光原理。我们希望光能够不发生外泄，全部在纤芯内传导，利用光的全反射原理可以实现这一目的。如图 7-36 所示，当光线入射到纤芯的端面时，光线发生折射进入光纤，光线进入光纤后，到达光密介质（纤芯）和光疏介质（包层）的界面，一部分发生反射回到纤芯，一部分折射入包层。根据几何光学的理论，当光线从光密介质射向光疏介质时，若入射角超过某一角度 θ_c，则光线将全部被反射回光密介质，此角度 θ_c 被称为光发生全反射的临界入射角，即当入射角 $\theta_1 > \theta_c$ 时，入射光线将在纤芯和包层的界面上发生若干次全反射，最终从另一端面射出。

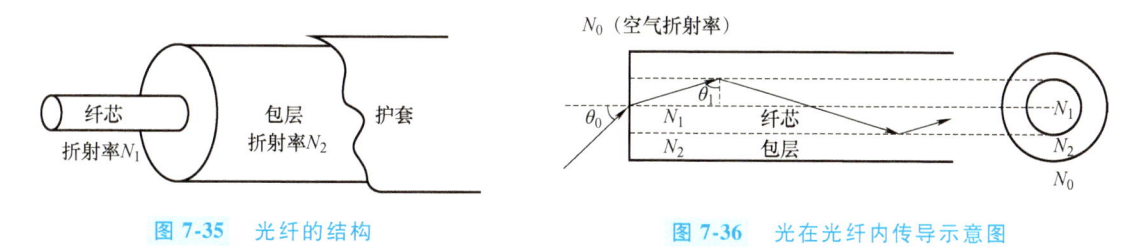

图 7-35 光纤的结构

图 7-36 光在光纤内传导示意图

那么，当光线入射到光纤端面的入射角 θ_0 为多少时，角度 θ_1 会大于 θ_c 呢？根据斯涅尔定律：

$$\sin\theta_c = \frac{N_2}{N_1} \tag{7-34}$$

$$N_0\sin\theta_0 = N_1\cos\theta_1 \quad (7-35)$$

若 $\theta_1 > \theta_c$，则

$$\sin\theta_1 = \pm\sqrt{1-\cos^2\theta_1} \geq \frac{N_2}{N_1} \quad (7-36)$$

$$\cos\theta_1 \leq \sqrt{1-\left(\frac{N_2}{N_1}\right)^2} \quad (7-37)$$

从而

$$\sin\theta_0 \leq \frac{1}{N_0}\sqrt{N_1^2 - N_2^2} \quad (7-38)$$

此时的 θ_0 即光线在纤芯内发生全反射时，光线入射到光纤端面的最大入射角。$\sin\theta_0$ 为光纤的数值孔径，用 NA 表示。数值孔径能够反映光纤接收光线的能力，无论光源的发射功率有多大，只有在 $2\theta_0$ 范围内入射的光线才能够被光纤接收和传播，$2\theta_0$ 以外的光线会进入包层发生漏光。数值孔径随着纤芯与包层折射率差值的增大而增大，当 NA ≤ 1 时，光纤的集光能力与 NA 成正比，当 NA = 1 时，集光能力最强。但是数值孔径并不是越大越好，过大的数值孔径会导致光信号畸变过大，因此应该合理选择数值孔径。

以上的讨论是基于理想状态的，在实际过程中，因为斯涅尔发射损耗、光吸收损耗、全发射损耗、弯曲损耗等原因，光在传播过程中会逐渐发生衰减。例如，衰减率为 10dB/km 表示光在光纤中传播 1km，光的强度下降到 1km 前的 1/10。目前光纤的衰减率可以做到 0.16dB/km，长度达到 50km 的光纤可以不需要中继。

3）光纤的分类。按照纤芯和包层的材料类型，光纤可以分为玻璃纤维和塑料纤维。

按照折射率是否均匀，光纤分为跃迁型和梯度型。图 7-37a 所示为跃迁型光纤，跃迁型光纤的纤芯折射率不随位置的改变而发生变化，但是在纤芯与包层的交界位置发生突变；图 7-37b 所示为梯度型光纤，梯度型光纤的纤芯折射率在径向方向由纤芯中心向外呈逐渐较小的抛物线分布，在纤芯与包层交界处与包层折射率一致。因此，梯度型光纤具有聚焦作用，光的传播轨迹近似于正弦半波。

按照传播模数分类，可以分为单模光纤和多模光纤。光纤的模数是指光在光纤中的传播途径和方式，光纤的模数定义为

$$V = \frac{2\pi\alpha}{\lambda_0}(\text{NA}) \quad (7-39)$$

式中　α——纤芯的半径；
　　　λ_0——入射光线波长。

光在光纤中传播，可以分解为沿纵向和横向传播的两种平面波，其中后者会在纤芯和包层界面发生全反射，当其依次往返的相位变化为 2π 时，形成驻波。形成驻波的光纤组称为模式，只有驻波才能在光纤中传播，光纤只能

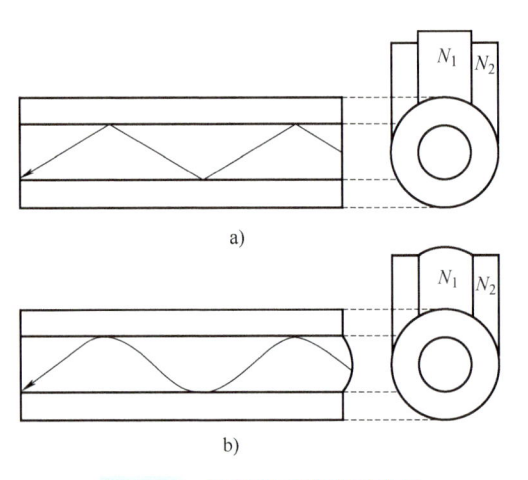

图 7-37　跃迁型和梯度型光纤
a）跃迁型　b）梯度型

传播一定数量的模式,模数值越大,允许传播的模式越多。光纤纤芯半径越小,其能够传播的模式越少,只能传播一个模式的光纤叫作单模光纤,具有畸变小、容量大、线性好、灵敏度高的优点,多用于功能型光纤传感器;光纤纤芯较大时,能够传播多个模式,但是同一光信号采用多种模式会使光信号到达时间不同,合成信号畸变,因此多模光纤多用于非功能型光纤传感器。

(5) 光纤传感器的应用　光纤传感器类型较多,通常分为功能型光纤传感器和非功能型光纤传感器两类。

功能型光纤传感器又称为传感型光纤传感器。光纤不仅起到传光的作用,同时也是敏感元件,即能够利用被测物理量直接或间接地对光的强度、香味、偏振态等光学特征进行调制,调制后的信号携带了被测信息。因为光纤本身是敏感元件,增加光纤的长度能够有效提高灵敏度。但是这类传感器的制作难度较大。

非功能型光纤传感器又称为传光型光纤传感器。光纤只起到传光作用,不作为敏感元件,通常在光纤的端面或者两根光纤的中部设置传感元件和光敏元件来调制待测对象。该类传感器的光纤数值孔径和纤芯直径较大,灵敏度和测量精度较功能型光纤传感器低,但是结构简单,技术可靠易实现。

1) 光纤温度传感器。如图 7-38 所示,光纤温度传感器是一种利用半导体材料的能量隙与温度变化基本呈线性关系制作的传感器,其敏感元件是一个半导体光吸收器。当光经过光纤传播到半导体薄片时,透过半导体薄片的光强受到温度的调制,由光纤传播到光敏探测器。例如,当温度升高时,半导体的能带宽度下降,光波长向长波移动,半导体薄片透过的光强随之发生变化。

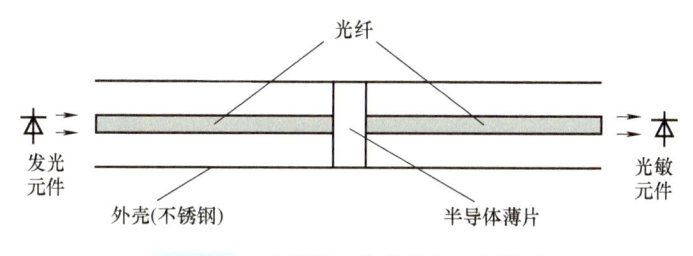

图 7-38　光纤温度传感器的结构原理

2) 反射式光纤位移传感器。反射式光纤位移传感器可以实现非接触位移测量。如图 7-39 所示,光源的光信号通过入射光纤照射到被测物体上,被测物体对光线进行反射,接收光纤捕捉到反射的光信号并传播到光敏元件。随着被测物体和传感器之间距离的变化,反射进入接收光纤的光通量发生变化,通过分析光强度的变化实现位移的测量。实际上,反射式光纤位移传感器并不是由两根光纤组成的,而是由多根光纤捆绑而成的。

3) 干涉型光纤加速度传感器。如图 7-40 所示,干涉型光纤加速度传感器由质量块、顺变体、缠绕在顺变体上的光纤及基座组成。其基本原理:质量块的质量为 m_1,顺变体的质量为 m_2,且 $m_1>m_2$;当质量块做加速运动(加速度为 a)时对顺变体施加轴向荷载 $F=ma$,根据材料力学知识,在力的作用下顺变体会产生轴向变形和径向变形。设顺变体的弹性模量为 E,直径为 d,泊松比为 μ,光纤缠绕的匝数为 N,则光纤的总长度变化量为

$$\Delta L = \frac{4\mu N m_1 a}{Ed} \tag{7-40}$$

利用光纤长度的变化，采用干涉系统能够得到射出光纤的相位变化，从而实现加速度的测量。

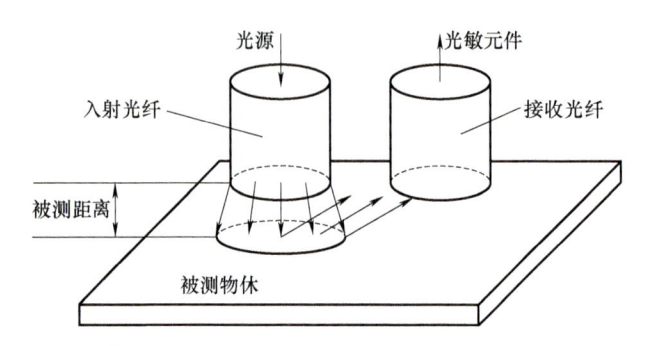

图 7-39　反射式光纤位移传感器的工作原理

4）埋入式光纤传感器。埋入式光纤传感器在土木工程领域具有广泛的应用。例如，在混凝土中埋置光纤传感器，混凝土因为水化发热带来温度的变化、因为受力产生应变或者开裂等均会引起传感器机械性能的变化，从而引起输出光的特性变化，由此可以监测混凝土的温度、变形等。

光纤传感器的应用范围广阔，这里不再一一介绍。

（6）光栅式传感器　光栅是一种在基体（玻璃）上等间距排列透光缝隙和不透光刻线的光学元件，利用光栅可以得到莫尔条纹。光栅可以分为物理光栅和计量光栅。物理光栅利用光的衍射现象，主要用于光谱分析和光的波长测量等方面；计量光栅利用莫尔条纹，主要应用于位移的精确测量方面。

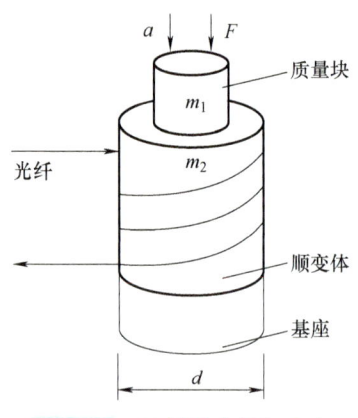

图 7-40　干涉型光纤加速度传感器结构原理

莫尔条纹由两块光栅形成。主光栅为测量基准，称为标尺光纤。另一个光栅称为指示光栅，它比主光栅短得多（能够获得足够的莫尔条纹即可）。假设 a 为刻线（不透光部分）宽度，b 为透光缝隙宽度，则 $W=a+b$ 叫作光栅栅距（光栅节距、光栅常数），通常 $a=b=W/2$。当两块光栅叠合时，两者的栅线之间存在一个微小的夹角 θ，此时在近似于垂直栅线方向上会出现明暗相间的莫尔条纹，在两块光栅刻线相交的地方形成亮带，在一块光栅刻线和另一块光栅缝隙相交的地方形成暗带。两条莫尔条纹之间的距离 B 与夹角 θ 有关，两者关系为

$$B = \frac{W}{2\sin\theta/2} \approx \frac{W}{\theta} \tag{7-41}$$

实际应用中，指示光栅通常不动，主光栅沿垂直于刻线的方向移动，此时莫尔条纹近似沿着垂直于光栅运动方向移动。

莫尔条纹对光栅的位移具有放大作用，放大系数为 $K=1/\theta$，即光栅移动单位距离为 1 时，

莫尔条纹移动距离为 $1/\theta$，当 θ 极小时，放大系数非常大。因此，能够通过测量莫尔条纹的移动距离来反映光栅的微小位移，这就是光栅式传感器进行位移测量的基本原理。其具有一般的光学和机械测量方法难以达到的效果，因此光栅式传感器被用于高灵敏度和高精度的位移测量。光栅具有误差平均效果，即光敏元件接收到的光信号是光栅所有刻线综合的结果，因此误差被平均，刻线的局部误差和测量周期误差对测量精度没有显著影响，光栅式传感器能够得到比光栅刻线精度更高的测量精度。而且，夹角 θ 可以调整，能够适应不同的使用需求。

7.2.7 波与辐射式传感器

本小节主要介绍超声波、微波及红外传感器的工作原理和应用。

1. 超声波传感器

超声波传感器是压电传感器的一种典型应用，通过压电元件产生和接收超声波。因此，超声波传感器的性能指标取决于采用的压电元件的性能指标。

1) 工作频率：超声波传感器的工作频率即压电元件的共振频率。当施加的交流电压频率和晶体共振频率相等时，输出功率最大，灵敏度最高。

2) 工作温度：压电材料的居里点通常较高，因此对于功率较低的超声波传感器工作温度较低，可以长时间使用而不失效；但是对于功率较高的超声波传感器，其工作温度较高，因此需要设置冷却装置。

3) 灵敏度：取决于压电元件，压电元件机电耦合系数越高，则灵敏度越高。

（1）超声波的物理性质　声波根据频率可以分为：①机械波，频率一般为 20Hz～20kHz，人说话的声波频率通常在 100Hz～8kHz；②次声波，频率小于 20Hz；③超声波，频率大于 20kHz；④微波，频率在 300MHz～300GHz 之间。超声波具有波长短、频率高、方向性好、能量集中、透射性强、绕射现象小、遇到杂质或分界面具有显著的反射等特点，被广泛应用于测距、测厚、测流量、探伤等领域。

（2）超声波传感器的结构原理　典型的超声波传感器的结构如图 7-41 所示，主要由压电晶片、阻尼块（吸收块）、保护膜等组成。压电晶片两面涂薄膜电极（镀银），分别连接引线；阻尼块能够避免当电脉冲停止后压电晶片仍然持续振动，导致脉冲宽度变长降低分辨率的情况。

压电传感器的工作原理是压电材料的压电效应（正压电效应和逆压电效应）。例如，当在超声波发射端的压电元件上施加频率为 40kHz 的电压，基于压电材料的逆压电效应，压电元件将随着施加的电压产生极致缩短和伸长，即产生振动，从而发射出频率为 40kHz 的超声波。超声波向接收端传播，接收端的压电元件在超声波的作用下发生振动，即超声波在压电元件上施加了压力，基于压电材料的正压电效应，压电元件上产生具有一定频率的电压。

（3）超声波传感器的应用　超声波传感器测量时有反射式和直射式两种方式。反射式传感器的发射装置和接收装置位于被测物体的同一侧。直射式传感器的发射装置和接收装置位于被测物体的两侧。根据发射装置和接收装置的功能，还可以分为单换能器（兼用型，发射和接收装置耦合）和双换能器（专用型，发射和接收装置独立）。

1）探伤。如图 7-42 所示，在使用时，将探头放置在被测物体上并来回移动，探头产生的超声波在被测物体内部传递。如果被测物体没有损伤，则声波将在达到物体底部时被反射，此时显示器上只显示 T 和 B 两种脉冲信号；如果被测物体内存在损伤，则会有部分超声波在损伤处被反射，显示器上会显示三种脉冲信号——T、B 和 F 脉冲信号。通过脉冲信号在显示屏上的位置即可确定损伤的位置，而且可以通过 F 脉冲信号的幅值大小确定损伤的大小。

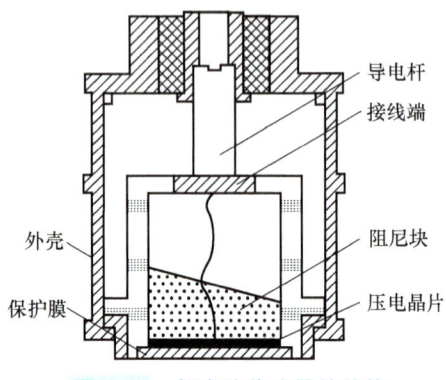

图 7-41　超声波传感器的结构

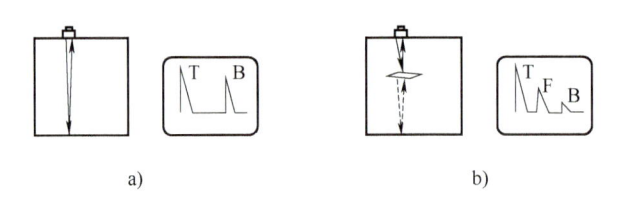

图 7-42　超声波探伤
a）无损伤超声波反射和波形　b）有损伤超声波反射和波形

2）测物位。超声波测物位原理：超声波发射装置发射超声波，在被测物体表面反射回接收装置，根据发射和接收超声波信号的时差，可以得到被测物体与超声波传感器的相对位置。超声波发射和接收装置可以放在液体中，也可以放在空气中，放在液体中时超声波衰减慢，但是对传感器和电路的密封性有较高要求；放在空气中时便于维修，但是超声波在空气中衰减较快，对传感器的精度要求较高。超声波传感器测液面受到液体状态的影响，液体中有气泡或者液体晃动，测量精度会显著降低。

对于单换能器，液面高度 $h=vt/2$，t 为超声波发出到反射回接收装置的时间，v 为超声波传播速度。如果采用双换能器，超声波从发射到液面反射点的距离为 s，超声波从发射到接收的总行程为 $2s=vt$，发射装置和接收装置之间的距离为 $2a$，则液面高度 $h=\sqrt{s^2-a^2}=\sqrt{(vt)^2-4a^2}/2$。

3）测流量。超声波测流量（流速）不会对被测液体产生阻力，而且测量结果也不受液体的物理化学性质的影响。超声波测流量利用超声波在静止和流动的液体中传播速度不同的特点，测量液体的流速，从而求得流量。超声波测液体流量的基本原理如图 7-43 所示，其中 A、B 为两个超声波传感器探头，L 为 A、B 之间的距离，v 为液体流速，θ 为超声波传播方向和液体流动方向的夹角（当两个探头平行放置在液体内部时，$\theta=0$），c 为超声波在液体中的传播速度。

① 时间差法。超声波从发射 A 探头到接收 B 探头的传播速度为 $c+v\cos\theta$，超声波顺流传播时所用的时间为 t_1 按式（7-42）计算。相应的超声波从探头 B 向探头 A 的逆流传播速度为 $c-v\cos\theta$，进而逆流传播时所用的时间 t_2 按式（7-43）计算。

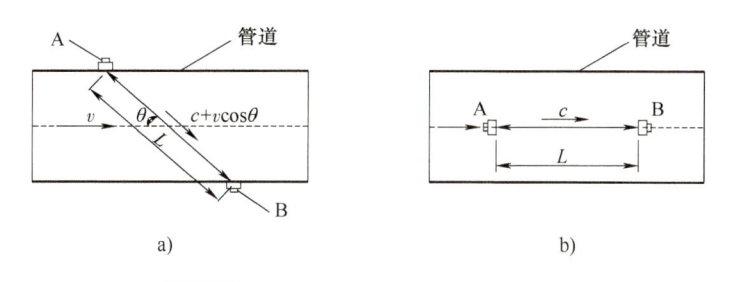

图 7-43 超声波测液体流量的基本原理

a）传感器在管道外　b）传感器在管道内

$$t_1 = \frac{L}{c+v\cos\theta} \tag{7-42}$$

$$t_2 = \frac{L}{c-v\cos\theta} \tag{7-43}$$

时差为

$$\Delta t = t_2 - t_1 = \frac{2Lv\cos\theta}{c^2 - v^2\cos^2\theta} \tag{7-44}$$

又因为超声波的传播速度（c）远大于液体的流速（v），因此忽略小项，得到液体的近似流速为

$$v \approx \frac{c^2}{2L\cos\theta}\Delta t \tag{7-45}$$

② 频率差法。当 A 为发射探头、B 为接收探头时，超声波的重复频率 f_1 按式（7-46）计算；当 B 为发射探头、A 为接收探头时，超声波的重复频率 f_1 按式（7-47）计算。

$$f_1 = \frac{c+v\cos\theta}{L} \tag{7-46}$$

$$f_2 = \frac{c-v\cos\theta}{L} \tag{7-47}$$

频率差为

$$\Delta f = f_1 - f_2 = \frac{2v\cos\theta}{L} \tag{7-48}$$

液体的平均年流速为

$$v = \frac{L}{2\cos\theta}\Delta f \tag{7-49}$$

式（7-49）与超声波在液体中的传播速度 c 无关，因此，相较于时间差法，频率差法具有更高的测量精度。

③ 相位差法。当 A 为发射探头、B 为接收探头时，超声波的相位角为 φ_1；当 B 为发射探头、A 为接收探头时，超声波的相位角为 φ_2，则液体的近似流速为

$$v \approx \frac{c^2}{2\omega L\cos\theta}\Delta\varphi \tag{7-50}$$

式中　ω——超声波的角频率。

式（7-50）中以测量相位角代替了时间差法中的精确时间测量，因此精度得到了提高。

2. 微波传感器

（1）微波的性质　微波的频率范围是 300MHz～300GHz，波长介于 1mm～1m 之间，介于无线电波和红外线之间，属于电磁波领域，因此微波的能量通常比无线电波大得多。而且，微波不会穿透金属，遇到金属会发生反射，但是能够穿透玻璃、塑料、陶瓷等绝缘材料，穿透过程中不会消耗微波能量。含水的物体会吸收微波能量，这也是微波炉工作的原理。微波具有以下特点：

1）微波具有较强的反射能力，绕射能力较弱。

2）当被测物体的尺寸远大于微波波长时，微波与光波类似；当被测物体尺寸与微波波长相当时，微波与声波类似；当被测物体的尺寸远小于微波波长时，微波能够绕过物体发生衍射现象。

3）介质对微波的吸收能力与介质的介电常数成正比，例如，水对微波的吸收能力最强。

4）不易受粉尘、烟雾等的影响。

（2）微波传感器的应用　微波传感器通常由微波发生器（微波振荡器，用于产生微波）、天线（用于发射和接收微波信号）、微波检测器（将微波信号转化为电信号）组成。与超声波传感器类似，根据工作原理微波传感器也分为两个类型：①利用微波反射的反射式微波传感器，可用于测量物体的物位、厚度等；②遮断式微波传感器，发射器和接收器在被测物体两侧，能够测量是否存在物体、物体的厚度及含水量等。

利用微波传感器形成空间微波戒备区，可以用于物体侵入预警及自动感应开关等；微波传感器可以用于物体的定位或者数量的检测，如图 7-44 所示，当物体通过时微波信号发生变化，进行定位或计数；医疗领域利用微波具有较高能量的特点，进行人体自发微波无源诊断，也能够利用人体吸收微波形成微波手术刀。

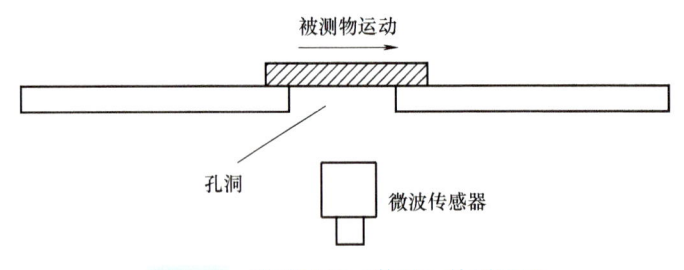

图 7-44　微波定位（数量）检测原理

3. 红外传感器

（1）红外辐射　任何温度高于绝对零度的物体的能量都会向外辐射，温度越高，辐射的能量越多，红外辐射是其中一部分，因此红外辐射的物理本质是热辐射。红外辐射是一种不可见光，光谱位于可见光光谱以外，也称为红外线。红外辐射的频率在 40kHz～300GHz 之间，波长在 0.76～1000μm 之间，是一种介于可见光和微波之间的电磁波。红外辐射的波长大于可见光，穿透粉尘、雾霾的能力较可见光强；波长比无线电波短，因此分辨率比无线电波高。

（2）红外传感器的应用　红外传感器能够利用热电效应或者光电效应将红外辐射转化为电信号，也称为红外探测器。红外传感器分为以下两类：

1）热探测器：利用热电效应，当传感器吸收红外辐射能量温度升高时，材料参数发生变化，从而感知辐射的强弱，包括热释电、热敏电阻、热电偶等。

2）光子探测器：能够将传感器接收到的光信号直接转化为电信号，是一种光敏器件。利用了材料的光电效应，其原理与上节中的内光电效应器件相同，包括光敏电阻、光敏晶体管等。

红外传感器可以用于红外热成像设备，如工厂中锅炉的监测、轴承损伤或者缺乏润滑后的高温监测等；用于红外监控，主动红外监控利用传感器发射红外线并接收红外线，从而对侵入警戒区的物体进行监测，被动红外监控本身不发射红外线，而是当有物体侵入时监测侵入物体和周围环境红外辐射的差异；用于温度测量，具有非接触式测量、测量距离远、反应速度快、灵敏度高、应用范围广等特点。

7.2.8　热电式传感器

温度是非常重要的物理量，在日常生活中，对温度的测量随处可见，如空调、冰箱、微波炉等。在土木工程领域，混凝土的水化热、建筑环境等同样涉及温度问题。因此，温度传感器在多个领域均有广泛的应用。热电式传感器是一种利用温度敏感元件的电磁参量随温度变化的特征，将温度变化转化为电信号变化的装置。根据温度敏感元件的工作原理不同，温度传感器包括热电阻传感器、热敏电阻传感器、热电偶传感器、集成温度传感器及红外温度传感器等。

1. 热电阻

热电阻利用了金属材料在不同温度下电阻值不同的特征，金属热电阻随着温度的升高，电阻值增大，所用材料需要具有以下特征：

1）较高的温度系数和电阻率，从而实现较高的灵敏度和响应速度，同时能够减小传感器的尺寸和质量。

2）具有稳定的物理化学性质，以保证在量程内测量的准确性。

3）具有线性或者近似线性的输出特性。

4）易于加工和制作，便于批量化生产，节约成本。

普通的金属电阻丝可以用于 $-200 \sim 500$℃的温度测量，有些可以达到 1000℃。金属电阻丝的材料可以选用铁、镍、铜、铂。铁和镍的温度系数及电阻率比铜和铂高，但是材料难以提纯且线性较差，应用范围较小。

以铂热电阻为例，铂的化学、物理性能稳定，易于提纯，线性度高，应用较为广泛。其阻值与温度之间的关系分两段式：

$-200 \sim 0$℃：
$$R_t = R_0 [1 + At + Bt^2 + C(T-100)t^3] \tag{7-51}$$

$0 \sim 850$℃：
$$R_t = R_0 (1 + At + Bt^2) \tag{7-52}$$

式中　R_0、R_t——0℃和t℃时的电阻值；

A——常数，等于 3.96847×10^{-3}/℃；

B——常数，等于$-5.84\times10^{-7}/℃^2$；

C——常数，等于$-4.22\times10^{-12}/℃^4$。

R_0也叫作公称值，目前我国采用两种公称值，即10Ω和100Ω，分别用分度号PT10和PT100表示。

2. 热敏电阻

热敏电阻采用半导体-金属氧化物材料复合而成，利用了半导体热电阻的电阻值随温度变化存在一定函数关系的特性。基于其物理特性的不同，可以分为负温度系数热敏电阻（NTC）、正温度系数热敏电阻（PTC）、临界温度系数热敏电阻（CTR，其电阻值会在特定温度发生突变）。

应用最多的为负温度系数热敏电阻，即其电阻值随着温度的升高而下降。同时，其灵敏度也会下降，因此其在高温下的应用受到限制，工作温度一般在$-100\sim300℃$之间。与热电阻相比，热敏电阻具有以下特点：

1）电阻温度系数大，约为热电阻的10倍，因此灵敏度高，使用期限长。

2）体积小、结构简单，可以用于测量点温度。

3）热惯性小、电阻率高，适用于动态测量。

4）易于维修和远距离操控。

5）产品一致性差，互换性不好，非线性显著，因此一般不用于石油、钢铁和制造业中。

热敏电阻的非线性表现在，当通过热敏电阻的电流较小时，其电压随着电流的增大呈线性增大，服从欧姆定律；当电流逐渐增大时，热敏电阻本身的温度会提高，若为负温度系数热敏电阻，则阻值出现下降，电压-电流曲线出现非线性，当电流增大到一定程度时，阻值明显减小，出现随着电流增大电压降低的情况。因此，为了解决热敏电阻的非线性问题，通常将一个温度系数很小的热敏电阻丝与金属电阻丝并联或者串联，从而使热敏电阻阻值在一定范围内呈现线性关系。近年来，也出现了利用计算机进行较宽范围内线性校正的方案。

现代热电阻取得了长足发展。玻璃封装热敏电阻具有更好的耐热性、可靠性和频响特征，当温度升高时，响应速度提高，工作稳定性提高；硼热电阻相较于氧化物热电阻，在$700℃$时仍然具有良好的灵敏度、稳定性和互换性；$CdO\text{-}Sb_2\text{-}WO_3$和$CdO\text{-}SnO_2\text{-}WO_3$热敏电阻，在$-100\sim300℃$范围内特征曲线呈线性，解决了负温度系数热敏电阻非线性的问题。

3. 热电偶及基本原理

热电偶利用金属温差电动势进行温度监测，是目前接触式测量中应用最广泛的温度传感器，其结构简单、加工制作方便、热惯性小、工作温度范围宽、耐高温、稳定性好、适宜信号的远距离传输。

（1）热电效应 如图7-45所示，将两种不同类型的金属A和金属B两端连接，形成一个闭合回路。当节点1与节点2的温度不同时（$T_0 \neq T$），两个节点之间将产生热电动势，从而在回路中产生电流，这种现象叫作热电效应。工作时，节点1为基准点（也叫作冷端），恒定在特定的标准温度；节点2为测温点（也叫作热端），放置在被测温度场中。热电势由接触电动势和温差电动势组成。

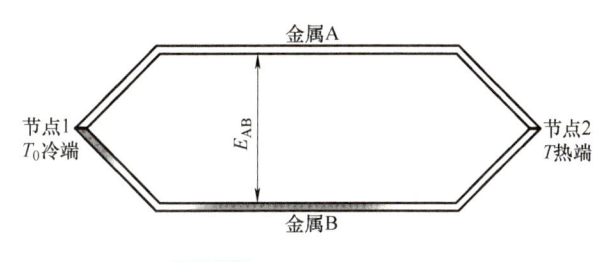

图 7-45 热电效应的原理

当两种不同的金属接触时，因两种金属的自由电子密度不同，所以自由电子会从电子浓度较大的一侧向较小一侧迁移扩散，失去电子的一侧呈正电，得到电子的一侧呈负电。当这种扩散达到动态平衡时，两种金属接触位置形成电位差，即接触电动势，其与金属的性质和节点温度有关。对于单一金属，当两端存在温度差时，导体内温度较高一端的电子具有更大的动能，从而由高温端向低温端迁移扩散。高温端失去电子呈正电位，低温端得到电子呈负电位，形成温差电动势，其与金属材料的性质和两端温差有关。因此，热电偶产生热电动势的条件有两个：

1）如果热电偶的两电极材料相同，则即使两端的温度不同，也不会产生热电动势。即热电偶的两电极材料必须不同。

2）当热电偶的两电极材料不同时，如果两端没有温度差，则不会产生热电动势。即热电偶的两端必须处于不同的温度环境。

（2）热电偶工作定律

1）中间导体定律。如图 7-46 所示，将图 7-45 中的节点 1 断开，接入金属 C，只要金属 C 与金属 A、金属 B 节点温度相同，接入的金属 C 对回路的热电动势就没有影响，即中间导体定律。利用中间导体定律，可以将金属 C 替换为毫安表，只要保证毫安表两端的两个节点温度相同，即可完成电信号的测量。

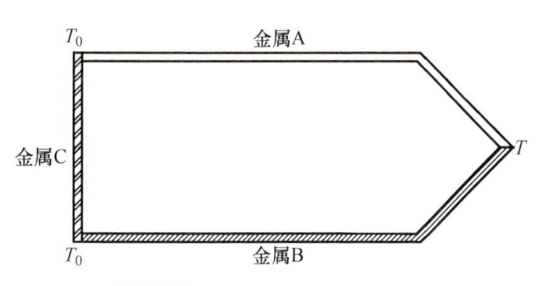

图 7-46 中间导体定律示意图

2）中间温度定律。如图 7-47 所示，当金属 A、金属 B 分别与导线 a 和导线 b 连接时，回路总的电动势为热电偶的电动势 E_{AB}（T、T_c）和导线之间的电动势 E_{ab}（T_0、T_c）的代数和。因为热电偶传感器的分度表以 0℃ 为参考，而实际测量环境中热电偶的参考温度通常不为 0℃。所以利用中间温度定律，只要求得参考端温度为 0℃ 时的热电动势和温度的关系，利用其对实际测量结果进行修正，即可得到参考温度不是 0℃ 时的实际热电动势。

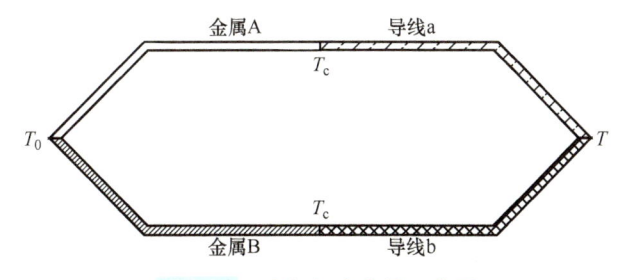

图 7-47 中间温度定律示意图

(3) 热电偶的分类

1) 根据材料不同，热电偶分为：①标准化热电偶，国家标准中给出了统一的分度表，是常用的批量生产的热电偶；②非标准化热电偶，当标准化热电偶无法满足使用要求时专门生产的热电偶，如钨铼系、铱铑系、镍铬-金铁等热电偶。

2) 根据结构不同，热电偶分为：①普通热电偶，呈棒状，主要用于测量液体、气体、蒸汽等的温度，为标准化热电偶；②铠装热电偶，结构细长可弯曲，具有响应速度快、测量端热容量小、强度高等特点，可用于狭小对象的温度测量；③薄膜热电偶，呈片状或针状，具有热容量小、动态响应快的特点，可用于微小面积和瞬时变化的温度，如火箭、飞机喷嘴处的温度测量；④表面热电偶，分为永久安装和非永久安装两种，用于测量各种固体表面的温度；⑤浸入式（消耗式）热电偶，可直接插入钢水、铜水、铝水等液态金属中进行测量。

4. 集成温度传感器

集成温度传感器利用晶体管 P-N 结的电流、电压和温度之间的关系对温度进行测量。晶体管测温在 20 世纪 70 年代就已经得到了应用，集成温度传感器是把热敏晶体管、电源、和电路集成在一个芯片上，可以同时完成温度测量和模拟信号的传输，是 20 世纪 80 年代随着半导体技术和通信技术发展而出现的一种智能传感器，具有尺寸小、响应快、线性度高、互换性好、价格低廉等优点，目前已经得到了广泛应用。

7.2.9 半导体式化学传感器

半导体式化学传感器是随着半导体技术的发展而产生的一种新型传感器，其采用半导体为敏感材料，克服了传统化学传感器需要利用化学反应，从而导致测量结果不稳定的问题。由于化学反应具有复杂性，因此化学传感器的发展远不如物理传感器的发展成熟。但是随着智能建造、智能矿山、智能制造等多学科的智能化转型，化学传感器也在稳步发展，已经在智能建造、智能矿山等领域得到了广泛的应用。本小节主要对气敏传感器、湿敏传感器和离子敏传感器进行介绍。

1. 气敏传感器

气敏传感器是一种能够检测气体的类型、成分和浓度，并将其转化为电信号的传感器，被广泛应用于煤矿中瓦斯检测与预警、建筑环境检测、生产车间环境检测等。气敏传感器需要暴露在含有多种成分的气体环境中使用，工作环境温度、湿度变化大，粉尘、油污含量高，工作条件差。气体等与敏感元件发生化学反应或者附着在敏感元件表面，会导致敏感元件性能降低。因此，气敏传感器需要具有以下特点：稳定性好、重复性好、响应速度快、共存物质影响小等。由于气体种类很多、性质不同，因此不同的气体通常采用不同的气敏传感器。根据其物理特性，可以分为电阻式气敏传感器和非电阻式气敏传感器。

（1）电阻式气敏传感器　电阻式气敏传感器的基本原理是气体与半导体（主要是金属氧化物）表面接触时发生氧化和还原反应，从而导致敏感元件的电阻值发生变化。氧气等被称为氧化型气体，具有负离子吸附倾向；氢、醇类和碳氧化合物被称为还原型气体，具有正离子吸附倾向。其特点是：

1) 当氧化型气体吸附到 N 型半导体上时，半导体载流子减少，电阻率增大。

2）当氧化型气体吸附到 P 型半导体上时，半导体载流子增多，电阻率减小。

3）当还原型气体吸附到 N 型半导体上时，半导体载流子增多，电阻率减小。

4）当还原型气体吸附到 P 形半导体上时，半导体载流子减少，电阻率增大。

半导体气敏元件和氧的吸附能力与温度有很大的关系，常温下电导率变化不大，无法达到测量需求，每一个不同的气敏元件都存在一个最佳的工作温度，即峰值处温度，可使传感器达到最佳灵敏度。例如，SnO_2 气敏元件的最佳温度为 450℃，ZnO 气敏元件的最佳温度为 300℃。同时，高温可以使吸附在气敏元件表面的粉尘、油污等高温挥发或者燃烧。因此，电阻式气敏传感器都有电阻丝加热器，电源打开后，气敏元件的阻值迅速降低，经过一段时间又逐渐上升，最终达到稳定，该过程叫作初始稳定过程。加热方式包括：①直热式：加热丝兼做电极，成本低、功率小，但是测量回路与加热回路无间隔，会引入附加电阻；②旁热式：测量回路与加热回路之间隔离，因此避免了两者之间的互相影响，稳定性和可靠性更好。

（2）非电阻式气敏传感器　非电阻式气敏传感器主要用于氢气的测量。依据原理有多种，例如，MOS 二极管的电容-电压特性、MOS 场效应管的阈值电压变化、肖特基金属半导体二极管的势垒变化等。

2. 湿敏传感器

湿度是指大气中的水蒸气含量，通常采用绝对湿度和相对湿度表示。绝对湿度是在一定温度和压力时，单位体积的混合气体中水蒸气的质量，符号为 A_H，单位为 g/m^3；相对湿度是气体的绝对湿度与相同温度下达到饱和状态的绝对湿度之比，通常用%RH 表示，量纲为 1，相对湿度能够反映大气的潮湿程度，实际应用中多使用相对湿度。

（1）湿敏传感器的基本原理　湿敏传感器也叫湿度传感器，能够将环境湿度变化通过湿敏材料的物理或者化学性质改变转化为电信号。湿度的监测相较于其他物理量的监测要困难。首先，因为空气中水蒸气含量很少，对精度要求较高；其次，水蒸气进入传感器后液化，会溶解一些高分子材料和电解质材料，水分子电离后与空气中的杂质结合会生成酸或者碱，使敏感材料受到侵蚀并老化，从而使敏感元件失去原有的性质；另外，因为敏感元件必须与水直接接触才能获得湿度信息，所以必须直接处于待测环境中，不能密封。因此，湿敏传感器需要满足以下要求：在不同气体环境中具有良好的稳定性、响应时间短、使用寿命长、互换性好、耐污染及受温度影响小等。集成化、微型化和廉价化是湿敏传感器的发展方向，不仅能有效提高湿敏传感器的性能，还能适应各行各业的智能化发展。

（2）湿敏传感器的应用

1）氯化锂湿敏电阻。氯化锂湿敏电阻是电解质湿敏电阻，利用吸湿性盐类潮解，使电阻率发生变化从而监测湿度变化。其基本原理为氯化锂溶液中氯离子对水分子的吸附能力较强，将氯化锂溶液置于一定的环境中，溶液的浓度会随着环境湿度的变化而发生变化，从而使溶液的电阻值发生变化，通过测量溶液电阻即可得到环境湿度的变化。

2）半导体陶瓷湿敏电阻。采用两种以上的金属-氧化物-半导体烧结而形成多孔陶瓷，材料类型有 $ZnO\text{-}LiO_2\text{-}V_2O_5$ 系、$Si\text{-}Na_2O\text{-}V_2O_5$ 系、$TiO_2\text{-}MgO\text{-}Cr_2O_3$ 系和 Fe_3O_4 等。其中前三类材料为负特性半导体湿敏电阻，即电阻值随着湿度的增加而下降；最后一种为正特性半导体湿敏电阻，即电阻值随着湿度的增加而上升。

3. 离子敏传感器

离子敏传感器是一种具有离子选择性的传感器，用来检测水中的钾、钠、钙、氯、氢等离子的浓度（严格意义上是活度）。最简单的离子敏传感器是离子选择电极（ISE），随着半导体技术的发展，20世纪80年代，出现了将ISE与场效应晶体管（MOSFET）相结合的新型离子敏传感器（ISFET），ISFET性能可靠、应用方便、易于集成化，目前发展极为迅速。在医学检测、食品安全监测及土木工程环境监测等行业中得到了广泛应用。

7.3 智能传感器在智慧城市建设中的应用

7.3.1 智能传感器在数字孪生技术中的应用

目前，数字孪生尚无标准定义，物理维度、模型维度、数据维度、连接维度和服务维度是数字孪生技术中最重要的五个维度，共同构成数字孪生五维模型。

物理实体是数字孪生五维模型的基础，对物理实体的准确分析与有效维护是建立数字孪生模型的前提。智能传感器在对物理实体的信息采集和维护中发挥着极其重要的作用，利用不同的传感器可以收集不同的数据，并能够将其传输到数字孪生系统中。智能传感器在数字孪生中具有以下作用：

1）数据采集功能：基于已经学习的传感器基本知识，可知传感器可以感知和采集力、位移、速度、加速度、温度、湿度、光照、气体成分等各种物理和化学信息，这些数据构成了数字孪生系统的基础，用于数字孪生模型的构建和更新。

2）监测和诊断功能：智能传感器可以实时采集被测对象的状态数据，并将这些数据实时传输到数字孪生系统中。系统对数据进行分析和比对，可以得到被测对象的当前状态，从而进行故障的预警、诊断、维护及优化。

3）反馈控制：智能传感器可以将数字孪生系统中的模拟输出反馈到物理世界中，实现对实际设备或系统的控制。从而实现远程监控、远程操作和自动化控制等工作，提高系统的效率和安全性。

4）模拟仿真功能：智能传感器采集到的数据可以输入到数字孪生系统中，数字孪生系统中的数据也可以反馈到智能传感器中，通过智能传感器与数字孪生模型的交互，可以实现虚拟试验和场景模拟，从而能够预评估不同决策和操作对系统性能的影响，用于决策的优化。

5）数据验证和校准功能：智能传感器数据在数字孪生系统中的准确性和可靠性至关重要。通过与数字孪生模型的比对和校准，智能传感器可以验证数据的准确性，并依此进行校准和调整，以确保数字孪生系统的精度和可信度。

传感器，尤其是智能传感器，在数字孪生技术中具有数据采集、监测诊断、模拟仿真、反馈控制和数据验证等重要作用，是数字孪生系统实现的重要基础，为数字孪生系统提供了真实世界和虚拟模型之间的数据传输和交互能力，从而实现对物理系统的建模、优化和决策支持。

7.3.2 智能传感器在物联网技术中的应用

物联网的英文名称是"Internet of things"，是一种链接事物和事物的感知设备。它是实现人与人、人与物、物与物之间的互联互通的网络。2008 年，IBM 提出把传感器设备安装到各种物体中，并且普遍链接形成网络，即物联网，进而在此基础上形成"智慧地球"。因此，物联网是任何与互联网相连的物体，按照约定的协议，通过 RFID、红外线、传感器、GPS、激光扫描仪等信息传感设备，进行信息交换和通信的系统，从而实现智能物体识别、定位、跟踪、网络监控和管理。

物联网是基于互联网概念，将其用户端延伸和扩展到任何商品和商品之间进行信息交换和通信的网络概念。从技术架构上来看，物联网可分为四层：感知层、网络层、处理层和应用层。

传感器是感知层中的重中之重，是构建物联网的基础条件。物联网采集信息主要依赖传感器完成，传感器可代替物联网去"看"、去"听"、去"嗅"，是感知层的核心技术。如果把物联网系统比喻成一个人体，那么感知层好比人体的神经末梢，用来感知物理世界，采集来自物理世界的各种信息，这个层包含大量的传感器，如温度传感器、湿度传感器、应力传感器、加速度传感器、重力传感器、气味浓度传感器、土壤盐分传感器、二维码标签。正如人类需要借助耳朵、鼻子和眼睛等感觉器官来感受外部的物理世界，物联网也需要借助传感器来实现对物理世界的感知。

在物联网时代，传感器等芯片被嵌入并装备到各种物体中，如铁路、桥梁、隧道、公路、建筑物、供水系统、电网、大坝、钢筋混凝土、管道，它们与现有互联网集成，实现统一的基础设施，实现人类社会与物理系统的集成，并在集成网络内实现对人员、机器、设备和基础设施的实时管理和控制。物联网技术在智慧建造领域发挥了重要作用，基于物联网，实现了信息化、全智能化的智慧工地（图 7-48）。同时，在充分利用 BIM 技术的基础上，不断促使着工地现场工程施工的各个环节相互交替、相互管理，最终实现工地工程施工建设项目的绿色、智能、低碳、集约化的物联网精细智慧管理模式，实现精益建造、绿色建造和生态建造的智慧建造理念。

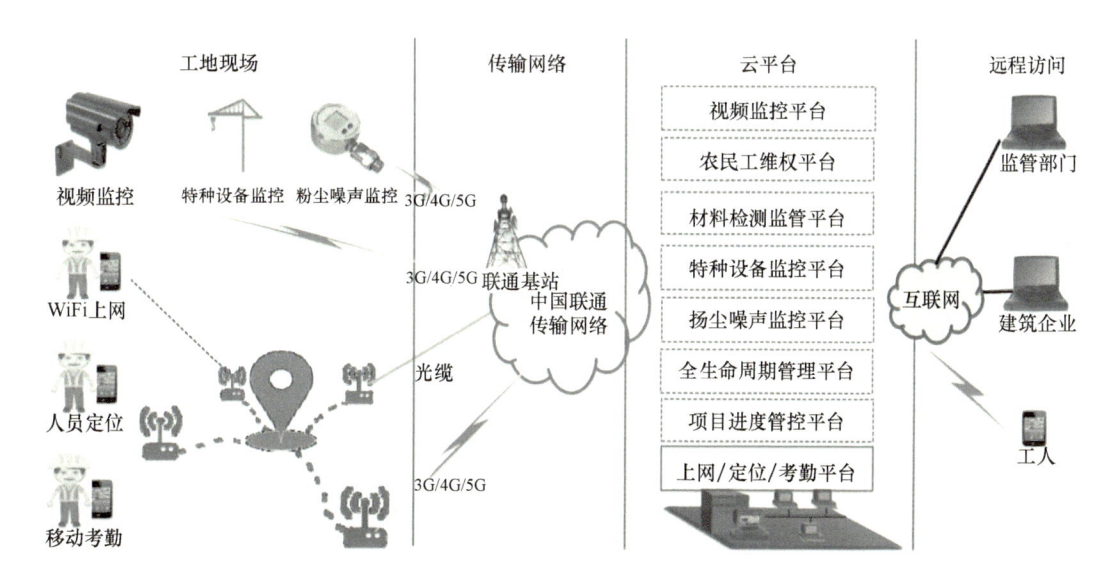

图 7-48 物联网智慧工地应用

7.3.3 智能传感器在 5G 技术中的应用

5G 网络是基于对 2G、3G 和 4G 网络的研究,形成的先进、开创性的无线网络通信技术。5G 技术具有高速度、低延迟、低功耗等优点。因此,在 5G 网络下,可以大量部署传感器,进行环境、空气质量,甚至地貌变化、地震等的监测,不会发生输出数据滞后、失真及设备能耗显著增加的情况。

5G 技术与建筑业融合,首先从 BIM 开始。这是因为,一方面,BIM 技术已经发展了很多年,且在国内外建筑领域都已展开了一定规模的应用;另一方面,5G 技术的特性必须以 BIM 为基础才能发挥作用。物联网技术是当前建造业应用较多的新技术之一,在工业物联网中,典型应用场景包括将传感器嵌入和装备到建造工程中,如电网、铁路、桥梁、隧道、公路、建筑、大坝、供水系统和油气管道等,并通过无线网络将物联网与现有的互联网整合,实现人类社会与物理系统的链接。对于智慧建造而言,施工现场的各类监测均基于传感器,如感知和传递高温、高湿、压力、方向、危险气体和环境监测等信息。可以说,传感器技术的发展是工业物联网的基础。随着物联网技术的发展,瓶颈逐渐出现,主要包括传输的网络时延、无线网络的信号强度、单位面积内支持的终端数量等。而 5G 技术的发展,可以提供大带宽、高速率、低时延和海量终端覆盖,为物联网技术的应用提供了支撑,并与物联网技术相辅相成,共同促进智慧建造产业的发展。如图 7-49 所示,在 5G 技术支持下,智慧工地建设取得了新发展。

图 7-49 5G 技术下的智慧工地

复习思考题

(1) 简述《传感器通用术语》(GB/T 7665—2005) 中智能传感器的定义及智能传感器的基本功能。

(2) 简述智能传感器的特点和主要实现方式。

（3）简述金属丝电阻应变片和半导体电阻应变片的工作原理。
（4）简述电容式传感器的基本原理和基本类型，并绘制简图。
（5）简述电感式传感器的基本类型和各自的工作原理。
（6）简述磁电感应式传感器的工作原理和结构形式。
（7）什么是霍尔效应？
（8）什么是压电效应？什么是正压电效应和逆压电效应？
（9）列举三种压电材料并简述其特点。
（10）什么是内光电效应？什么是外光电效应？
（11）CCD 的两个主要组成部分是什么？并简述各部分的工作原理。
（12）试述光纤传感器的传光原理，并举例光纤传感器的几种典型应用。
（13）简述超声波测液体流速的原理。
（14）感应式水龙头、自动门等可以采用哪种传感器？
（15）简述热电阻、热敏电阻、热电偶的特点及其工作原理。
（16）举例说明半导体式化学传感器的基本类型。
（17）试述智能传感器在数字孪生中的作用。
（18）试述物联网包含的层级及智能传感器在其中发挥的作用。

第8章 智慧测量

8.1 测量基础

8.1.1 水准测量

1. 水准测量的原理

水准测量是使用水准仪和水准尺，根据水平视线测定两点之间的高差，从而由已知点高程求未知点高程。

如图 8-1 所示，若 H_A 为 A 点的已知高程，则未知点 B 的高程 H_B 为

$$H_B = H_A + h_{AB} \tag{8-1}$$

式中 h_{AB}——A、B 两点的高差。

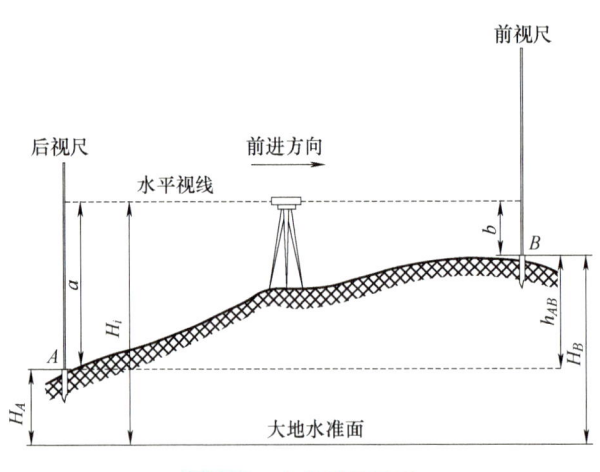

图 8-1 水准测量原理

h_{AB} 测量的原理如下：在 A、B 两点中间安置一架水准仪，并在 A、B 两点上分别竖立水准尺，设水准测量是由 A 点向 B 点进行。通过水准仪提供的水平视线在后视点 A 点水准尺上的读数为 a，称为后视读数；在前视点 B 点水准尺上的读数为 b，称为前视读数。则 A、B 两点间的高差应为后视读数减去前视读数，即

$$h_{AB} = a - b \tag{8-2}$$

所以 B 点的高程 H_B 可按下式计算：

$$H_B = H_A + (a-b) \tag{8-3}$$

若 a 大于 b，则高差 h_{AB} 为正，表示 B 点比 A 点高；若 a 小于 b，则高差 h_{AB} 为负，表示 B 点比 A 点低。

在计算高差时，一定要注意下标的写法：h_{AB} 表示 A 点至 B 点的高差，h_{BA} 则表示 B 点至 A 点的高差，两个高差绝对值相同但符号相反，即

$$h_{AB} = -h_{BA} \tag{8-4}$$

从图 8-1 中还可以看出，B 点的高程也可以利用水准仪的视线高程 H_i（也称为仪器高程）来计算：

$$H_i = H_A + a \tag{8-5}$$

$$H_B = H_A + (a-b) = H_i - b \tag{8-6}$$

当安置一次水准仪根据一个已知高程的后视点，需求出若干个未知点的高程时，用式（8-6）计算较为方便，此法称为视线高法。

2. DS₃ 水准仪介绍

（1）水准仪的构造　水准仪是水准测量中最常用的仪器之一，是提供水平视线的仪器，常见的水准仪型号包括 DS₀₅、DS₁、DS₃、DS₁₀，分别表示每公里往返测高差中数的中误差为 ±0.5mm、±1mm、±3mm 和 ±10mm。"D" 代表中文 "大地"，"S" 代表 "水准仪"，数字则表示该水准仪的精度等级。如图 8-2 所示，DS₃ 水准仪由望远镜、水准器和基座三部分组成。

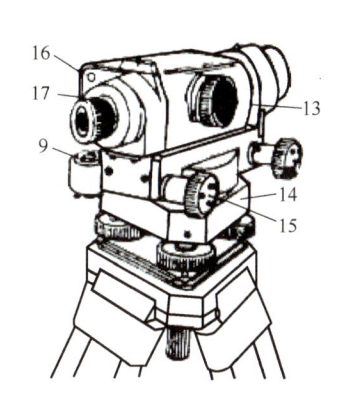

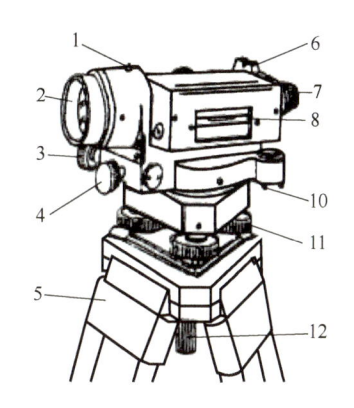

图 8-2　DS₃ 水准仪

1—准星　2—物镜　3—微动螺旋　4—制动螺旋　5—三脚架　6—照门　7—目镜　8—水准管
9—圆水准器　10—圆水准器校正螺旋　11—脚螺旋　12—连接螺旋　13—物镜调焦螺旋
14—基座　15—微倾螺旋　16—水准管气泡观察窗　17—目镜调焦螺旋

1）望远镜。望远镜是一种用于精确定位远处目标并进行读数的工具，根据目镜端观察到的物体成像情况，望远镜可分为正像望远镜和倒像望远镜两种类型。

望远镜视准轴由物镜光心和十字丝交点的连线组成，是瞄准目标的基准。十字丝分划板

上有三根横丝和一根垂直于横丝的纵丝,用于准确定位目标。在水准测量中,使用中丝进行前后视读数,使用上、下丝进行水平视读数。视差是由于调焦不完善而导致的目标实像与十字丝平面不重合的现象,需在读数前消除。消除视差的方法:首先应按操作程序依次调焦,先进行目镜调焦,使十字丝完全清晰;其次瞄准目标进行物镜调焦,使目标十分清晰。若观测者眼睛在目镜端上下微微移动,发现目标与十字丝平面之间没有相对移动,则表示视差不存在;否则应重新进行物镜调焦,直至无相对移动为止。望远镜上的制动螺旋和微动螺旋用于控制望远镜在水平方向的转动,松开制动螺旋可实现自由转动,拧紧后通过微动螺旋进行微调。望远镜的成像原理如图 8-3 所示,利用调焦透镜,将远处目标 AB 成像于十字丝分划板 ab 上,再由目镜将其放大至 a′b′。

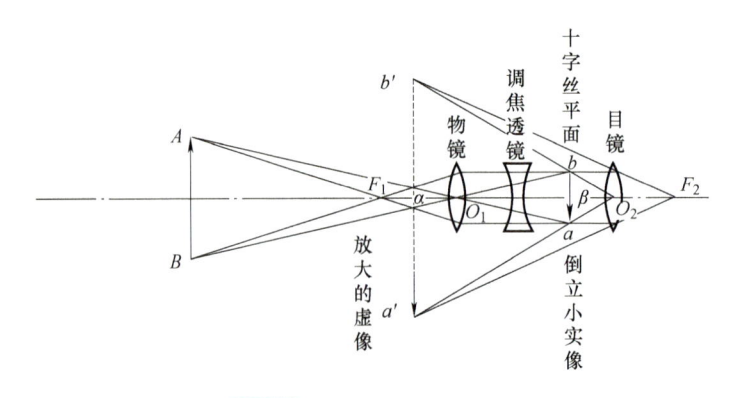

图 8-3 望远镜的成像原理

2)水准器。水准器是水准仪中的重要组成部分,通过利用液体受重力作用使气泡移动至最高处,以指示水准器的水准轴是否处于水平或竖直位置,从而确保水准仪获得一条水平视线。水准器主要分为管水准器(又称水准管)和圆水准器两种类型。

① 管水准器:内壁呈圆曲面状,玻璃管内部灌满酒精等液体,加热并封口后,冷却形成管状气泡。水准管圆弧中点 O 称为水准管零点,通过零点的圆弧切线 LL 称为水准管轴,当气泡居中时水准管轴处于水平状态,如图 8-4 所示。在水准管的外表面对称于零点的左右两侧刻有间隔为 2mm 的分划线,通常定义相邻分划线间的圆弧(弧长为 2mm)所对的圆心角为水准管的分划值 τ,用公式表示为

$$\tau = (2/R) \times \rho \tag{8-7}$$

式中 ρ——弧度所对应的角度秒值,$\rho = 206265″$。

通常水准管的 τ 值为 10″~20″,τ 越小,水准器越灵敏。在水准测量仪器中为了使水准气泡居中精度提高,常采用符合水准器的构造,将两端对称气泡影像反射到一个窗口之中。当两边气泡半影像相切时,表明水准气泡居中,此时视准轴应与水准管轴平行。当水准管气泡居中时,视准轴便处于水平状态。

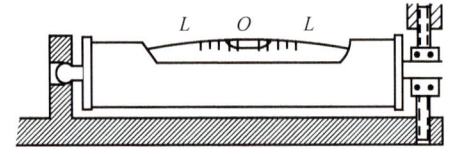

图 8-4 水准管处于水平状态

② 圆水准器:用于粗略整平仪器,如图 8-5 所示。圆水准器顶面的内壁磨成圆球面,中央称为零点,过零点的法线称为圆水准轴。由于它与仪器的旋转轴(竖轴)平行,所以当圆气泡居中时,圆水准轴处于竖直(铅垂)位置,表示水准仪的竖轴也大致处于竖直位

置。DS₃水准仪圆水准器分划值一般为8′/2mm，由于分划值较大，其灵敏度较低，通常只用于水准仪的粗略整平。

3）基座。基座是连接望远镜与三脚架的部件，通过连接螺旋使仪器与三脚架相连。它包括轴套、脚螺旋、三角形底板等，仪器竖轴插入轴套内，上部可以绕仪器竖轴在水平方向旋转。调节三个脚螺旋，使圆水准气泡居中。圆水准器轴应与水准管轴垂直，且与仪器旋转轴平行。

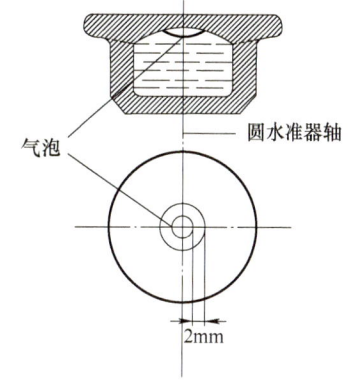

图8-5 圆水准器

（2）水准尺和尺垫 水准尺是水准测量时使用的标尺，水准尺有木制和铝合金材质两种，其质量的好坏直接影响水准测量的精度，因此水准尺一般选用不易变形且干燥的优良木材或玻璃钢制成，要求尺长稳定，刻画准确，一般水准尺尺长为3m。根据构造，水准尺又可分为直尺、塔尺和折尺等，如图8-6所示。直尺有单面分划尺和双面（红黑面）分划尺两种类型。在图根水准测量中，常用的工具包括塔尺和折尺。这些尺具有1cm或0.5cm的最小分划读数应该读到mm，而1cm的水准尺尺面每隔1cm涂有黑白或红白相间的分格，每分米处标有数字。有些水准尺上的数字是倒着写的，这样在倒像的望远镜中观察时可以看到正像字。双面水准尺的两面均有刻线，一面为黑白分划，称为黑面尺；另一面为红白分划，称为红面尺。通常会使用两根尺组成一对进行测量，这样可以降低重复测量的错误率。

尺垫是为避免尺子移动和升降在转点处放置水准尺的，是指尺的底部或背面，通常表面平坦，放置在测量物体的表面上，以确保测量的准确性和稳定性。它可以由金属、塑料或其他材料制成，具有一定的厚度和平整度，以便在使用过程中提供良好的支撑和接触。

图8-6 水准尺
a）直尺 b）塔尺 c）折尺

（3）水准仪的使用 普通光学水准仪的使用通常包括以下几个步骤：

1）选择合适的测量地点。在进行水准测量之前，首先选择一个合适的测量地点。地面应该相对平坦稳固，以确保水准仪的稳定性和准确性。

2）架设水准仪。将水准仪放置在测量点上。确保水准仪底部或尺垫平稳地接触地面，并通过调节水准仪的三脚架或支架，使水准仪水平放置。

3）粗略整平。利用三脚架和脚螺旋使圆水准器气泡居中，以粗略整平水准仪。首先使圆水准器处于两个脚螺旋的一侧，并同时反方向旋转两个脚螺旋，使气泡左右居中，再调节另一个脚螺旋，使气泡前后居中。在整平的过程中，气泡移动的方向与左手大拇指转动脚螺旋时的移动方向一致，如图8-7所示。

4）观测目标。通过水准仪的望远镜观测水准尺。望远镜应该能够旋转或倾斜，以便准确瞄准测量点或测量线上的目标，并且消除视差，使十字丝与目标均清晰。

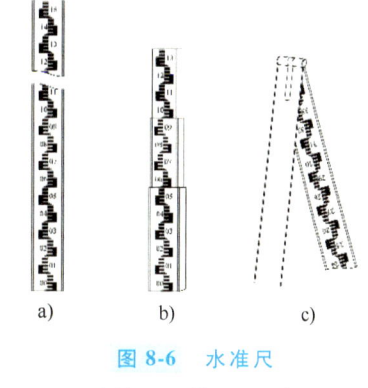

265

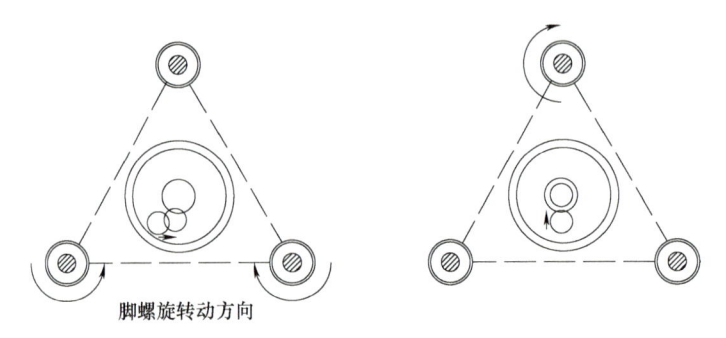

图 8-7 圆水准器的整平

5）精平。转动位于目镜斜下方的微倾螺旋，并同时从气泡观察窗内进行观察，当看到水准气泡严密吻合（居中）时，表示视线为水平视线，如图 8-8a 所示。一般情况下，由于粗略整平不是很完善，当瞄准某一目标精平后，仪器转到另一目标时，符合水准气泡又将会有微小的偏离（不吻合）。因此在进行水准测量中，务必记住每次瞄准水准尺进行读数前，都应先转动微倾螺旋，使符合水准气泡严密吻合后，才能在水准尺上读数，如图 8-8b 和图 8-8c 所示。

6）记录读数。观测目标时，通过水准仪的刻度盘或数字显示器，记录准确的水平仪读数。确保在记录读数时保持稳定，以减少误差。

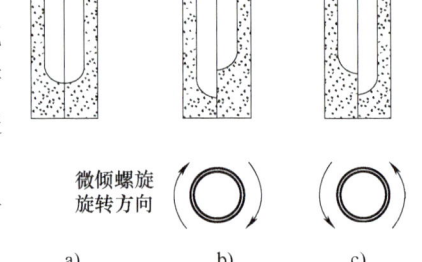

图 8-8 水准气泡的居中
a）水平视线 b）顺时针旋转
c）逆时针旋转

7）移动水准仪（如需要）。根据需要移动水准仪到其他测量点，重复以上步骤，以完成整个测量任务。

8）收拾水准仪。测量完成后，将水准仪收拾妥当，确保清洁和保养，以便下次使用。

3. 水准测量误差分析

（1）水准仪需满足的几何条件　如图 8-9 所示，在进行水准测量时，水准仪必须提供一条水平视线才能正确测定两点之间的高差。为此，水准仪应满足下列几何条件：

1）圆水准轴 $L'L'$ 应平行于仪器竖轴 VV（$L'L' // VV$）。

2）十字丝横丝应垂直于仪器竖轴 VV（即中丝应水平）。

3）水准管轴 LL 应平行于视准轴 CC（$LL // CC$）。

其中第三个条件即水准管轴与视准轴平行为主条件，由于其关系不满足所产生的误差称为 i 角误差，工程测量中要求 DS_3 水准仪校正后的 i 小于 $20''$。

（2）水准测量误差的来源及消除方法　水准测量误差可以来自多个方面，包括仪器误差、环境因素、人为因素等。以下是一些常见的误差来源及相应的消除方法：

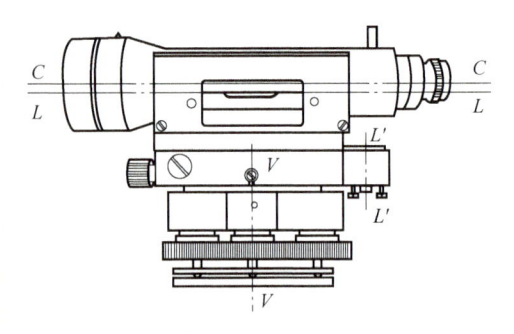

图 8-9 水准仪的轴线

1) 仪器误差。对于水准仪的视准轴不平行于水准管轴产生的误差,解决方法是在每次使用前对水准仪进行校准和调整,可以通过使前后视距相等来消除误差,因此水准尺应进行检校。对于水准尺的零点误差可以通过设立偶数个测站来消除。

2) 外界环境的影响。

① 水准仪、水准尺下沉误差:有时水准仪或尺垫安置处地面土质松软,以致水准仪或尺垫由于自重随安置时间而下沉。为了减少此类误差影响,观测与操作者应选择坚实地面安置水准仪和尺垫,并踩实三脚架和尺垫,观测时力求迅速,以减少安置时间。可以通过采取后—前—前—后的观测顺序减弱水准仪下沉误差对高差的影响;采取往测与返测观测并取其高差平均值,可以减弱水准尺下沉误差对高差的影响。

② 地球曲率和大气折光的影响:地球曲率和大气折光对水准测量也有较大的影响。理论上讲,视线应平行于水准面,因而实际上总是把读数读大了,而大气折光的影响使视线向下弯曲,两者可以互相抵消一部分。在晴朗的天气测量,靠近地面较近时光线的折射较大。规范规定,三、四等水准测量应保证上中下三丝都能读到数,二等水准测量则要求下丝读数不小于 0.3m。

③ 温度和风力的影响:当太阳光线强烈时,由于仪器受热不均匀,会影响仪器轴线间的正常几何关系,如水准仪气泡偏离中心或三脚架扭转等现象。此时应采取遮阳措施。

3) 观测误差。

① 水准管气泡居中误差:水准管气泡居中误差会导致水准管轴倾斜,进而导致视准轴倾斜,引起读数误差。所以观测时要求视准轴必须水平。假设视线长 100m,水准仪的管水准器分划值 τ 为 20″/2mm,气泡偏离中心位置 0.5 格,则由此引起的误差为

$$\frac{0.5 \times 20}{206265} \times 100 \times 1000 \text{mm} = 5\text{mm}$$

削弱该误差只能是每次读数前精确整平,使水准管气泡严格居中。

② 水准尺读数误差:水准尺读数的估读误差与水准尺的分划值、望远镜的放大倍数和视距大小有关。由于普通水准尺的基本分划值单位为 cm,因此只能估读到 1mm。观测者在观测过程中应尽可能每次瞄准水准尺的同一位置以减小瞄准所产生的误差。规范规定使用 DS_3 水准仪进行四等水准测量时,视距应不大于 80m。此外,观测过程中视差的存在也会产生读数误差。因此观测者应认真读数与操作,以尽量减少此项误差的影响。

③ 水准尺倾斜误差:根据水准测量的原理,水准尺倾斜会使读数变大,并且这种影响随着视线的抬高而增大。因此,一般在水准尺上安装圆水准器,扶尺者操作时应注意使尺上圆气泡居中,表明水准尺竖直。读数越大,水准尺倾斜角度越大,读数误差越大。

④ 调焦误差:在对前后视距尺读数前均调焦,会导致视准轴发生不同的变化,进而影响测量精度。

⑤ 记录错误:误将读数记录在错误的位置或记录成错误的时间可能导致误差。解决方法是仔细核对和校验记录,以确保准确性。

(3) 水准测量注意事项　根据以上对水准测量误差的综合分析,在水准测量时应注意如下几点:

1）观测。

① 观测前应认真按要求检校水准仪，检视水准尺。

② 仪器应安置在土质坚实处，并踩实三脚架。

③ 水准仪至前后视水准尺的视距应尽可能相等。

④ 每次读数前，注意消除视差，只有当符合水准气泡居中后，才能读数，读数应迅速、果断、准确，特别应认真估读毫米数。

⑤ 晴好天气，仪器应打伞防晒，操作时应细心认真，做到"人不离开仪器"。

⑥ 只有当一测站记录计算合格后方能搬站，搬站时先检查仪器连接螺旋是否固紧，一手扶托仪器，一手握住三脚架稳步前进。

2）记录。

① 认真记录，边记边复报数字，准确无误地记入记录手簿相应栏内，严禁伪造和转抄。

② 字体要端正、清楚，不准连环涂改，不准用橡皮擦改，当按规定可以改正时，应在原数字上画线后再在上方重写。

③ 每站应当场计算，检查符合要求后才能通知观测者搬站。

3）扶尺。

① 扶尺员应认真竖立水准尺，注意保持尺上圆气泡居中。

② 转点应选择土质坚实处，并将尺垫踩实。

4）水准仪搬站时，应注意保护好原前视点尺垫位置不受碰动。

8.1.2 角度测量

1. 角度测量的基本原理

角度测量包括水平角和竖直角，水平角用于求算地面点的平面位置，竖直角用于求高差或将倾斜距离换算成水平距离。水平角是指两个方向在水平面 P 上的投影形成的角度，其取值范围是 0°~360°。为了测定水平角的大小，假想能在 O 点铅垂线上安置一个水平度盘，当望远镜瞄准 A 点时读数为 a，瞄准 B 点时读数为 b，则水平角为右方向读数减去左方向读数：

$$\beta = a - b \tag{8-8}$$

竖直角是指某一方向与此方向对应的水平方向线在竖直面内的夹角，竖直角分为仰角和俯角，仰角为正，俯角为负，取值范围为 0°~90°。类似水平角，在竖直面内安置带有均匀刻画的竖直度盘，竖直角的角值也是两个方向的读数之差，所不同的是其中一个方向是水平视线方向。

2. DJ_6 型光学经纬仪及其操作

（1）经纬仪的构造　经纬仪是测量水平角与竖直角的仪器，属于光学测量仪器，目前广泛使用的是电子经纬仪和全站仪。光学经纬仪按其精度等级划分的型号有 DJ_{07}、DJ_1、DJ_2 及 DJ_6 等几种，其中，字母 DJ 分别为"大地测量"和"经纬仪"的汉字拼音第一个字母，其下标数字 07、1、2、6 分别为该仪器一测回方向观测中误差的秒数。DJ_{07}、DJ_1 及 DJ_2 型光学经纬仪属于精密光学经纬仪，DJ_6 型光学经纬仪属于普通光学经纬仪，如图 8-10 所示。

经纬仪由照准部、基座和水平度盘三部分组成。

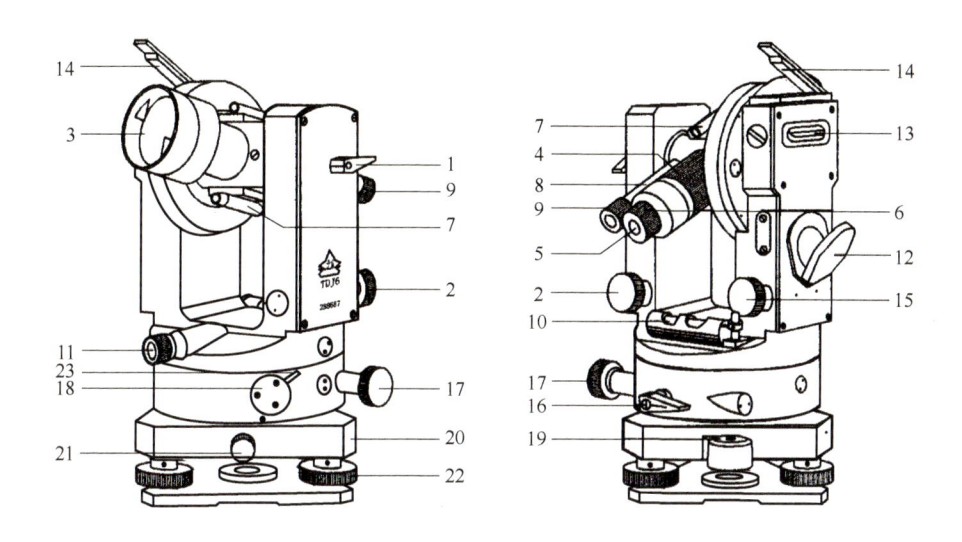

图 8-10 DJ₆型光学经纬仪（换成带补偿器的仪器）

1—望远镜制动螺旋 2—望远镜微动螺旋 3—物镜 4—物镜调焦螺旋 5—目镜 6—目镜调焦螺旋
7—光学瞄准器 8—度盘读数显微镜 9—度盘读数显微镜调焦螺旋 10—照准部水准管 11—光学对中器
12—度盘照明反光镜 13—竖直度盘指标水准管 14—竖直度盘指标水准管反射镜
15—竖直度盘指标水准管微动螺旋 16—水平方向制动螺旋 17—水平方向微动螺旋 18—水平度盘变换螺旋
19—圆水准器 20—基座 21—轴套固定螺旋 22—脚螺旋 23—保护卡

1）照准部。照准部主要由望远镜、竖直度盘、照准部水准管、读数设备及支架等组成。照准部可以绕竖轴旋转，旋转中心线称为竖轴，同时望远镜可以绕横轴旋转，旋转中心线称为横轴。望远镜通过横轴安装在支架上，通过调节望远镜制动螺旋和微动螺旋使它绕横轴在竖直面内上下转动。竖轴应该垂直于横轴。

竖直度盘固定在横轴的一端，随望远镜一起转动，与竖直度盘配套的有竖直度盘指标水准管和竖直度盘指标水准管微动螺旋。

2）基座。基座主要起到使照准部与三脚架连接的作用。基座上有三个脚螺旋、一个圆水准器，用来整平仪器。水平度盘的旋转轴套套在竖轴轴套外面，拧紧轴套固定螺旋，可将仪器固定在基座上，松开该固定螺旋，可将仪器从基座中提出，便于置换觇牌。但平时务必将基座上的固定螺旋拧紧，不得随意松动。

3）水平度盘。水平度盘是一个由光学玻璃制成的圆环，在边缘刻有从 0°~360° 的顺时针方向注记的等间隔分划线，经纬仪每 1° 或 30′ 含有一个刻画，每种经纬仪刻画方式可能有些差异。

（2）DJ₆型光学经纬仪的读数法 DJ₆型光学经纬仪有两种读数法：一种是分微尺读数法；另一种是平板玻璃测微器读数法。读数设备包括度盘、光路系统及测微器。

1）分微尺读数装置。分微尺读数窗口上有上下两个分微尺，用来读取水平度盘和竖直度盘读数的不足 1° 的值。分微尺 1° 的分划间隔长度量正好等于度盘的一格。图 8-11 所示是读数显微镜内看到的度盘和分微尺的影像，上面注有"水平"（或"H"）的窗口为水平度盘读数窗，下面注有"竖直"（或"V"）的窗口为竖直度盘读数窗，其中长线和大号数字为度盘上分划线影像及其注记，短线和小号数字为分微尺上的分划线及其注记。读数窗内的分微尺60小格，每小格代表1′，每10小格注有小号数字，为10′的倍数。因此，分微尺可直接读到1′，估读到0.1′。

读数方法：以分微尺上的0分划线为读数指标线，"度"由度盘分划线在分微尺上的影像注记直接读出，不足整度数可以在分微尺上读出。图8-11中水平度盘整个读数为178°+05′.0，在记录和计算时写为178°05′00″。同理，竖直度盘整个读数为85°+06′.3＝85°06′.3，在记录和计算时写为85°06′18″。实际读数时，哪根度盘分划线位于分微尺刻划线内，读数中的度数就是此度盘分划线的注记数，读数中的分数就是这根分划线所指的分微尺上的数值。

2）单平板玻璃测微器读数装置。单平板玻璃测微器读数装置主要由平板玻璃、测微尺、测微轮及传动装置组成。单平板玻璃与测微尺用金属机构连在一起，当转动测微轮时，单平板玻璃与测微尺一起绕同一轴转动。从读数显微镜中看到，当平板玻璃转动时，度盘分划线的影像也随之移动，当读数窗上的双指标线精确地夹准度盘某分划线像时，其分划线移动的角值可在测微尺上根据单指标读出。如图8-12所示的读数窗，上部窗为测微尺像，中部窗为竖直度盘分划像，下部窗为水平度盘分划像。读数窗中单指标线为测微器指标线，双指标线为度盘指标线。度盘最小分划值为30′，测微尺共有30大格，一大格分划值为1′，一大格又分为3小格，一小格分划值为20″。

读数时先转动测微轮，使度盘双指标线夹准（平分）某一度盘分划线像，读出度数和整30′的分数。如在图8-12中，双指标线夹准水平度盘150的分划线像，读出150°00′，再读出测微尺窗中单指标线所指出的测微尺上的读数为12′00″，两者合起来就是整个水平度盘读数：150°00′+12′00″＝150°12′00″。

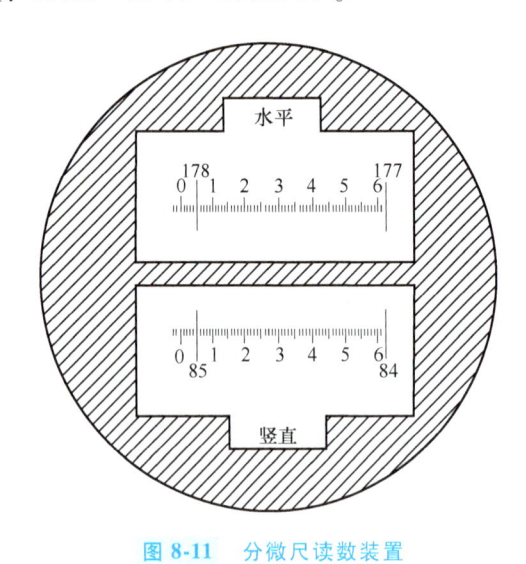

图8-11　分微尺读数装置　　　　图8-12　测微器读数装置

（3）DJ₆型光学经纬仪的基本操作

1）经纬仪安置。经纬仪的安置包括对中和整平。对中旨在确保仪器的水平度盘中心与测站点标志中心处于同一铅垂线上。常见的对中方法有垂球对中和光学对中，目前常采用光学对中。整平则是为了使仪器的竖轴竖直，将水平度盘置于水平位置。整平通常包括粗平和精平两个步骤。操作时，首先打开三脚架，安装在测站点上，并确保架头大致水平，中心大致对准测站标志。然后固定好三脚架，安装好仪器，并旋紧中心连结螺旋。接下来，通过旋转光学对中器的目镜，使对中标志的分划板清晰可见，再调节物镜以使测站标志的影像清晰。

① 粗略对中：先将三脚架一条腿支在地面上，再双手握紧另外两条腿，一边移动一边通过光学对中器的目镜观察，对中标志的分划板和测站点标志中心基本对准，最后将脚架的脚尖踩紧。

② 精确对中：转动脚螺旋，使标志中心影像位于对中器分划线中心，对中误差应该小于 1mm。

③ 粗略整平：伸缩三脚架使圆气泡居中，但要注意三脚架尖位置不得移动。

④ 精确整平：先转动照准部，使照准部水准管大致平行于基座上任意两个脚螺旋的连线，转动这两个脚螺旋使水准管气泡精确居中。再使照准部转动 90°，转动第三个脚螺旋使水准管气泡精确居中，如图 8-13 所示。

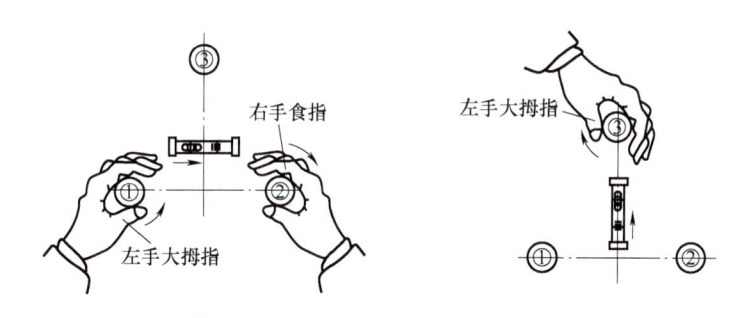

图 8-13　照准部水准管精确整平方法

⑤ 再次精确对中、精确整平：精确整平的操作可能会破坏前面精确对中的成果，因此最后还要检查一下标志中心是否仍位于小圆圈中心，若有很小偏差可稍松中心连结螺旋，在架头上移动仪器，使其精确对中，拧紧连结螺旋。再重复精确整平的操作，以此重复进行直到完全精确对中和精确整平。

2）瞄准目标。角度测量时瞄准的目标一般是竖立在地面点上的花杆、觇牌等。测水平角时，要用望远镜十字丝分划板的竖丝对准标志。操作程序如下：

① 松开望远镜和照准部的制动螺旋，将望远镜对向明亮背景，进行目镜调焦，使十字丝清晰。

② 通过望远镜镜筒上方的缺口和准星粗略对准目标，拧紧制动螺旋。

③ 进行物镜调焦，在望远镜内能最清晰地看清目标，注意消除视差。

④ 转动望远镜和照准部的微动螺旋，使十字丝分划板的竖丝精确地瞄准（夹准）目标，如图 8-14 所示。注意尽可能瞄准目标的下部。

3）读数。可以按照前面的方法进行水平度盘与竖直度盘读数。

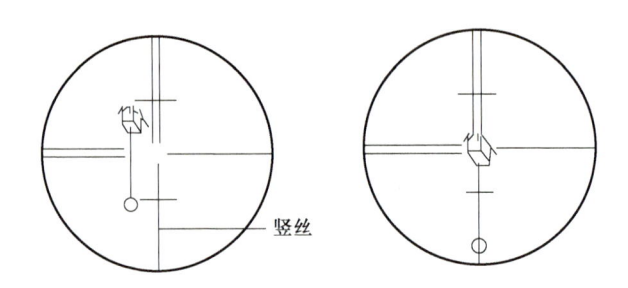

图 8-14 水平角测量时瞄准标志的方法

3. 角度测量的误差分析

（1）经纬仪满足的几何条件　为使经纬仪的测量精度得到保证，经纬仪的轴系结构必须满足设计要求，这些要求包括：

1）经纬仪竖轴必须竖直。

2）水平度盘必须水平且中心位于竖轴上。

3）望远镜上下旋转时，其视准轴形成的面必须是一竖直平面。

因此，经纬仪轴系必须满足下列几何条件：

1）照准部水准管轴垂直于竖轴，即 $LL \perp VV$。

2）视准轴垂直于横轴，即 $CC \perp HH$。

3）横轴垂直于竖轴，即 $HH \perp VV$。

此外，为了观测方便，还要求十字丝竖丝垂直于横轴，及竖直度盘指标差在限差范围内。在观测之前，应检验经纬仪上的上述指标，当超限时应进行校正。

（2）角度测量的误差来源及分析　角度测量误差主要包括仪器误差、仪器对中误差、目标偏心误差、观测误差和外界环境的影响等几个方面。

1）仪器误差主要分为两个方面：一是由于仪器校准不精确导致的误差，如视准轴误差、横轴不水平误差和竖轴误差等；二是由于仪器制造和加工不完善引起的误差，如照准部偏心差和度盘刻画不均匀等。

① 视准轴误差：如图 8-15 所示，理论上视准轴 OM 应垂直于横轴，由于存在视准轴误差 c，视准轴实际瞄准了 M'，其竖直角为 α，其中 M、M' 两点同高，m、m' 分别为 M、M' 点在水平位置上的投影，则 $\angle mOm' = \Delta c$ 就是视准轴误差 c 对目标 M 的水平方向观测值的影响。

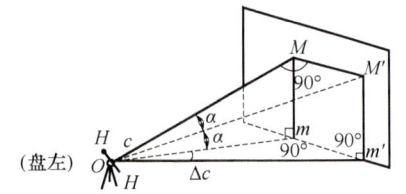

图 8-15 视准轴误差的影响

由图 8-15 中的几何关系可以推出：

$$\Delta c = \frac{c}{\cos \alpha} \tag{8-9}$$

由于水平角是两个方向观测值的差，因此视准轴误差 c 对水平角的影响为

$$\Delta \beta = \Delta c_2 - \Delta c_1 = c \left(\frac{1}{\cos \alpha_2} - \frac{1}{\cos \alpha_1} \right) \tag{8-10}$$

由式（8-9）可以看出，当 $\alpha = 0$ 时，$\Delta c = c$，说明水平观测时影响最小。由式（8-10）可以看出，当采用盘左盘右观测取平均值时，可以消除视准轴误差的影响。

② 横轴不水平误差：如图 8-16 所示，当横轴 HH 水平时，视准面为 OMm，当横轴 HH 倾斜了 i 角时，视准面 OMm 也倾斜了一个 i 角，成为倾斜面 $OM'm$，此时对水平方向观测值的影响为 Δi。

由图 8-16 可得

$$i \approx \tan i = \frac{MM'}{mM}\rho$$

$$\Delta i \approx \sin \Delta i = \frac{mm'}{Om'}\rho$$

因 $mm' = MM'$，$Om' = m'M'/\tan\alpha$，$m'M' = mM$，所以对水平方向的影响 Δi 为

$$\Delta i = i \cdot \tan \alpha \tag{8-11}$$

横轴不水平误差 i 对水平角的影响为

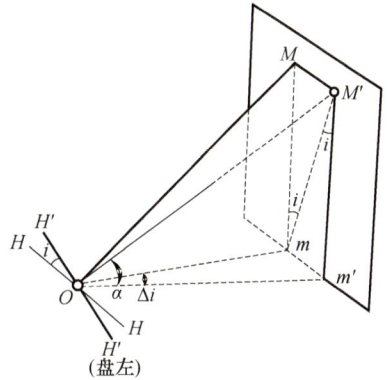

图 8-16　横轴不水平误差的影响

$$\Delta \beta = \Delta i_2 - \Delta i_1 = i(\tan\alpha_2 - \tan\alpha_1) \tag{8-12}$$

式（8-11）中 α 为目标竖直角，当 $\alpha = 0$ 时，$\Delta i = 0$，说明在视线水平时横轴不水平误差对水平方向观测值没有影响。由式（8-12）看出，横轴不水平误差 i 也可以用盘左盘右观测消除。

③ 竖轴误差：竖轴误差是由于竖轴不垂直于照准部管水准轴而产生的误差，当管水准轴水平时，竖轴偏离铅垂线，因此照准部旋转时实际上是绕着一个倾斜的竖轴旋转，无论盘左还是盘右，其倾斜方向是一致的，所以竖轴误差不能用盘左盘右的观测方法来消除，只能通过观测前的详细检校或加一个竖轴倾斜改正数的方法来减小此项误差。

④ 仪器误差：照准部偏心差是指照准部旋转中心与水平度盘刻画中心不重合而产生的测量误差，可以采用盘左盘右取平均的方法来消除。

水平度盘刻画不均匀误差可以采用多测回变换度盘位置观测的方法来减小误差。竖直度盘指标差经过检校后的残余误差可以采用盘左盘右取平均的方法来消除。

2）仪器对中误差。如图 8-17 所示，O 为测站点中心，O' 为仪器中心，由于对中不精确，使 O、O' 不在同一铅垂线上，偏心距为 e，θ 为偏心角，即后视观测方向与偏心距 e 方向的夹角。O 点的正确水平角应为 β，但实际观测的水平角为 β'，则仪器对中误差的影响 $\Delta\beta$ 为

$$\Delta\beta = \beta' - \beta = \delta_1 + \delta_2 \tag{8-13}$$

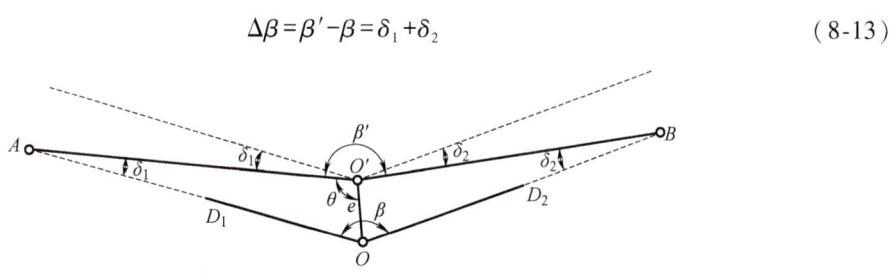

图 8-17　仪器对中误差对水平角观测的影响

考虑到 δ_1 和 δ_2 均为很小值，有

$$\delta_1 = \frac{e \cdot \sin\theta}{D_1}\rho \tag{8-14}$$

$$\delta_2 = -\frac{e \cdot \sin(\beta'+\theta)}{D_2}\rho \tag{8-15}$$

$$\Delta\beta = e\rho\left[\frac{\sin\theta}{D_1} - \frac{\sin(\beta'+\theta)}{D_2}\right] \tag{8-16}$$

由式（8-14）~式（8-16）可知：δ_1 和 δ_2 与偏心距 e 成正比，即偏心距越大，对中误差影响 $\Delta\beta$ 越大；δ_1 和 δ_2 分别与测角的边长 D_1、D_2 成反比，即边长越短，对中误差影响 $\Delta\beta$ 越大，因此在边长很短的情况下更要注意仪器的对中。

3）目标偏心误差。目标偏心误差是指由于目标照准点上所竖立的标志与地面点的标志中心不在同一条铅垂线上所引起的测角误差。如图 8-18 所示，O 为测站点，A、B 为照准点的标志中心，A'、B' 为目标照准点的中心，e_1 和 e_2 为目标的偏心距，θ_1、θ_2 为观测方向与偏心距的水平夹角。则目标偏心对方向观测值的影响为

$$\Delta\beta = \beta' - \beta = \delta_1 - \delta_2 = \rho\left(\frac{e_1\sin\theta_1}{D_1} - \frac{e_2\sin\theta_2}{D_2}\right) \tag{8-17}$$

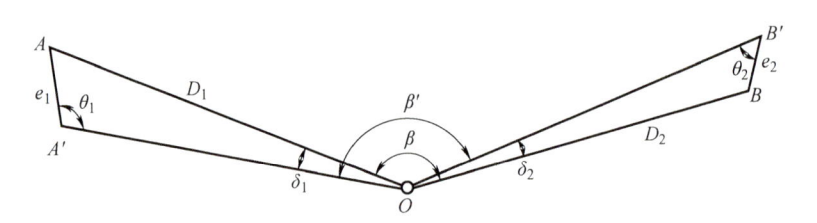

图 8-18 目标偏心误差对水平角观测的影响

由此可知，目标偏心误差对水平方向观测值的影响与偏心距 e 成正比，与相应边长 D 成反比；当目标偏心垂直于瞄准视线方向时，目标偏心对水平方向观测值的影响最大。

4）观测误差。观测误差主要包括照准误差和读数误差。

① 照准误差：影响照准精度的因素很多，主要因素有望远镜的放大率、目标和照准标志的形状及大小、目标影像的亮度和清晰度，以及人眼的判断能力等。故此项误差很难消除，只能通过改善影响照准精度、仔细完成照准操作等方法来减小此项误差的影响。

② 读数误差：读数误差主要取决于仪器的读数设备。DJ_6 型光学经纬仪估读的误差一般不超过测微器最小格值的 1/10。如分微尺测微器读数装置的读数误差为 $\pm 6''$、单平板玻璃测微器的读数误差为 $\pm 2''$。

5）外界环境的影响。外界环境的影响因素很多，也比较复杂，其主要影响有：

① 温度变化会影响仪器的正常状态，因此在强光下观测应有防晒伞；读数时应快速果断。

② 大风会影响仪器和目标的稳定，应尽可能选择无风时观测。

③ 大气折光及大气透明度会导致视线改变方向，影响照准精度。观测时尽可能离地面高一些，注意靠近河面或建筑物时的折光影响；选择有利的时间进行观测。

④ 地面的土质坚实情况及周围的震动也会对测角产生误差，观测时要稳定好仪器，三脚架要踩实。

8.1.3 距离测量

距离是指两点之间的水平直线长度。可通过多种方式测量，例如钢直尺量距、视距测量、光电测距等方法。

1. 钢直尺量距

钢直尺量距是工程测量中最常用的一种距离测量方法，量距的主要工具是钢直尺，辅助工具有标杆、测钎、垂球架等。

（1）钢直尺测量工具　钢直尺是一种常见的测量工具，通常用于测量长度和直线距离。它一般是长条形的，由金属（通常是钢）制成，可以卷放在圆形的尺壳内，也可以卷放在金属的尺架上。根据尺子零点位置的不同，钢直尺有端点尺和刻线尺之分。端点尺是以尺的最外端作为尺的零点，如图 8-19a 所示。刻线尺是以尺前端的某一刻划线作为尺的零点，如图 8-19b 所示。

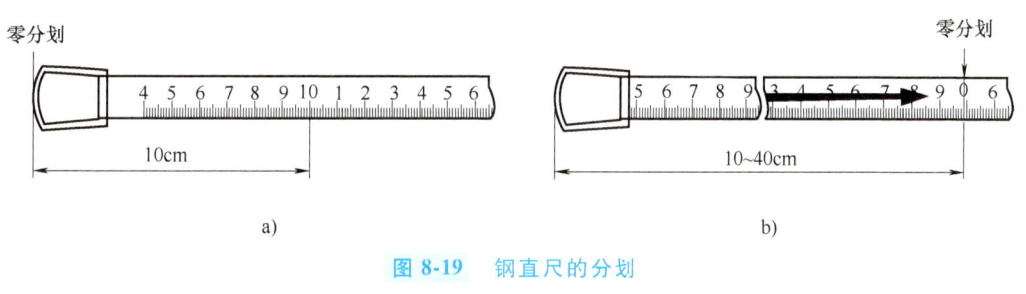

图 8-19　钢直尺的分划
a）端点尺　b）刻线尺

测钎是一种工具，通常由粗钢丝制成，形状如图 8-20a 所示。它的上端呈环状，下端是尖锐的磨尖。使用时，测钎通常会被插入地面，主要用于标志尺段的端点位置及计算整个尺段的数量。这种工具在测量、勘测等领域被广泛使用。标杆是红白色相间（每段 20cm）的木制圆杆，全长 2m 或 3m，如图 8-20b 所示，主要用于标志点位与直线定线。垂球架由三根竹竿和一个垂球组成，如图 8-20c 所示，是在倾斜地面量距的投点工具。

（2）钢直尺量距方法

1）平坦地面的量距方法。如图 8-21 所示，在开始丈量前，首先要用木桩在待测距离的两个端点 A 和 B 处标志出来，并在每个端点的外侧立起标杆。在确保直线上没有障碍物的情况下，即可开始丈量工作。丈量工作通常由两人进行，其中一人为后尺手，另一人为前尺手。

后尺手持有钢直尺，将钢直尺的零端放于 A 点，并在 A 点插入一测钎。前尺手携带一组测钎，沿着 AB 方向前进，直至到达一个尺段的位置。后尺手用手势指挥前尺手将钢直尺拉紧、拉平和拉稳，使其与 AB 直线方向重合。后尺手将钢直尺的零点对准 A 点，当两人同时将钢直尺拉紧、拉平和拉稳后，前尺手在钢直尺的末端刻线处垂直地插入一根测钎，得到点 1，标志着一个尺段的结束。为了减少误差和提高测距精度，需要进行往测和返测。在返测时，需要重新进行定线,然后取往测和返测距离的平均值作为最终的丈量结果。接下来,后尺手将 A 点上的测钎拔起,并与前尺手一起举起钢直尺,共同前进,重复上述丈量过程,以测量下一个尺段。

2)倾斜地面的量距方法。对于 A、B 两点间有较大的高差,但地面坡度比较均匀的倾斜面,如图 8-22 所示,可沿地面丈量倾斜距离,用水准仪测定两点间的高差 h 或测量倾角 α,然后按下式计算 A、B 两点间的水平距离:

$$D = \sqrt{l^2 - h^2} \quad (8\text{-}18)$$

或

$$D = l \cdot \cos\alpha \quad (8\text{-}19)$$

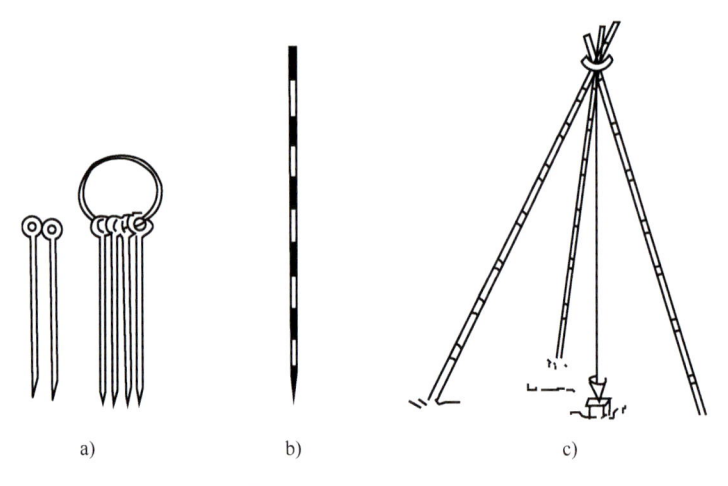

图 8-20 钢直尺量距的辅助工具
a)测钎　b)标杆　c)垂球架

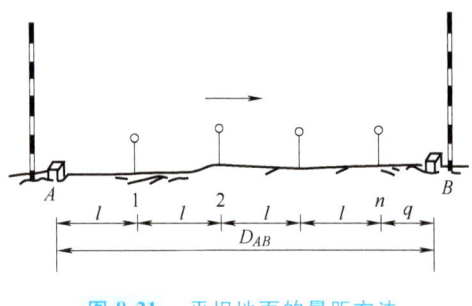

图 8-21 平坦地面的量距方法

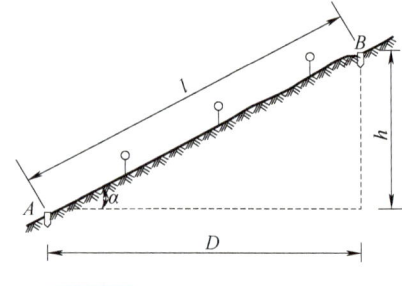

图 8-22 倾斜地面的量距方法

当地面高低不平或按上述方法量距钢直尺没有处于拉直状态而下垂成曲线时,都会使所量距离增大,此时可以分小段拉平钢直尺丈量。

(3)相对误差　在平坦地面上,沿地面使用钢直尺进行丈量的结果可以视为水平距离。为了减小丈量误差并提高测距的精度,通常需要进行往返丈量。在往返丈量中,首先进行正向测量,其次重新进行相同的测量过程,但方向与之前相反。最后,将往返测量的结果取平均值作为最终的丈量结果。这样的操作能够有效地减小测量误差,提高测距的准确性。一般

用相对误差 K 来衡量量距精度，即

$$K = \frac{|D_{往} - D_{反}|}{\dfrac{D_{往} - D_{反}}{2}} \tag{8-20}$$

计算相对误差时，通常将其简化为分子为 1 的分式。相对误差的分母越大，表示量距的精度越高。钢直尺在量距平坦地面时，相对误差一般不应大于 1/3000；在量距不平坦地面时，相对误差不应大于 1/1000。如果量距的相对误差未超过规定范围，则可以取往返测距离的平均值作为两点间的水平距离。

2. 视距测量

视距测量是一种测量方法，通常用于测定远距离的水平距离或高差。在视距测量中，测量者利用视线和视距仪等工具，通过观察目标物体或标志物体，并测量视线与水平面的交点位置，来确定目标物体与观测点之间的水平距离或高差。

（1）测量原理　如图 8-23 所示，要测定 A、B 两点间的水平距离 D 及高差 h，可以在 A 点安置经纬仪，同时在 B 点立起视距尺。设望远镜视线水平，对准 B 点的视距尺，使得视线与视距尺垂直。在视距尺上，若 M、N 点的成像在十字丝分划板上的两根视距丝 m、n 处，那么尺上 MN 的长度可由上下视距丝读数之差求得，这个读数之差 l 称为视距间隔或尺间隔。

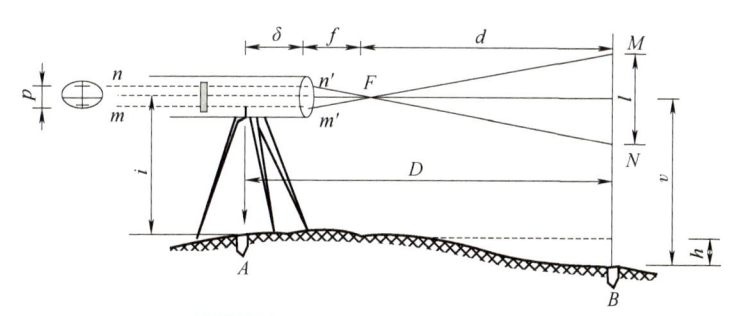

图 8-23　视线水平时的视距测量

$$l = n - m \tag{8-21a}$$
$$D = kl \tag{8-21b}$$

式中　k——视距乘常数。

同时，由图 8-23 可以看出，A、B 两点的高差为

$$h = i - v \tag{8-22}$$

式中　i——仪器高，是桩顶到仪器横轴中心的高度；
　　　v——瞄准高，是十字丝中丝在尺上的读数。

（2）视距测量方法

1）准备工作。选择一个合适的观测点，在该点上设置好经纬仪。确保经纬仪的仪器精度、水平仪的准确性和望远镜的清晰度。

2）校准。在经纬仪上进行校准，确保其水平仪指示为水平状态。调整望远镜，使其视线水平，即视线与地平线平行。

3）观测目标。通过望远镜观察目标物体，并记录下望远镜的水平方向角和仰角。

4）记录数据。记录下目标物体与观测点之间的水平方向角和仰角，通常以度数或弧度表示。

5）计算距离。根据观测得到的水平方向角、仰角及经纬仪的相关参数，使用三角测量方法或者其他测量技术，计算出目标物体与观测点之间的水平距离。

6）检查结果。检查计算结果，确保数据的准确性和可靠性。

7）记录测量数据。将测量得到的数据记录下来，并进行必要的文件保存或报告撰写。

（3）视距测量误差　视距测量误差的主要来源包括读数误差、视距尺不垂直的误差、竖直角观测误差及外界环境的影响。

1）读数误差。视距尺上的读数误差与尺子最小刻度、测量距离、望远镜放大倍率及成像清晰度相关。在读数前需注意消除视差，以减小误差。

2）视距尺不垂直的误差。由于视距尺倾斜而产生的误差是系统性的，会随着地面坡度的增大而增大。在地形较陡峭的山区作业时，需要特别注意保持视距尺的垂直，尽量选择带有水平器的视距尺。

3）竖直角观测误差。当竖直角较小时，其观测误差对水平距离的影响较小，但对高差的影响较大。例如，当竖直角为50°、视距为100m时，对高差的影响约为0.03m。因此，在进行观测之前需要校准竖直度盘指标差，以减小误差。

4）外界环境的影响。当遇不良天气或视线与地面的距离变化较大时，大气密度的变化会导致折射差，从而产生误差。在进行视距测量时，应避免视线离地面过近；当地面存在震动或风力较大时，也应停止观测，以减小外界环境因素的影响。

3. 光电测距

长距离的测量工作非常繁重，需要投入大量劳动，效率低下，尤其是在山区或沼泽地等复杂地形中，丈量工作更加困难。为了解决这一问题，人们在20世纪50年代开发了光电测距仪。近年来，随着电子技术和微处理机的迅速发展，各种类型的光电测距仪层出不穷，并已广泛应用于测量工作中。光电测距仪具有多项优点：首先，它具有高度精确性和稳定性，能够在长距离测量中提供准确的结果；其次，操作简便，不受地形限制，适用于各种环境条件；最后，光电测距仪通常体积小巧、质量小，便于携带和操作；最重要的是，随着电子技术的发展，光电测距仪不断更新，功能不断增强，其在测量工作中得到了广泛应用。

测距仪根据载波的不同可分为两类：以激光和红外光为载波的称为光电测距仪，以微波为载波的称为微波测距仪，两者统称为电磁波测距仪。在实际测量中，光电测距仪是使用最广泛的。光电测距仪根据测定传播时间的方式可分为相位式测距仪和脉冲式测距仪；根据测程的大小可分为远程（20km以上）、中程（5～20km）和短程（5km以下）三类。通常，远程测距仪采用激光测距技术，而中程和短程测距仪主要采用红外光电测距技术。

（1）光电测距原理　欲测定 A、B 两点间的距离 D，安置仪器于 A 点，安置反射镜于 B 点，如图8-24所示。仪器发射的光束由 A 点至 B 点，经反射镜反射后又返回仪器。设光速 c 为已知，如果光束在待测距离 D 上往返传播的时间 t 为已知，则距离 D 可由下式求出：

$$D = \frac{1}{2}ct \tag{8-23}$$

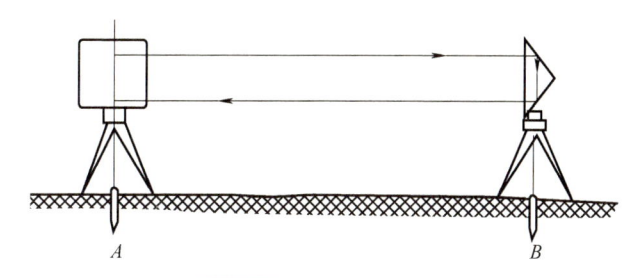

图 8-24　光电测距原理

测定时间变量有以下两种方法：

1）脉冲式测距：测距仪发射一个短脉冲光束，该光束在被测物体上反射并返回测距仪。通过测量光束从发射到返回的时间间隔，并结合光速，可以计算出被测物体与测距仪之间的距离。

2）相位式测距：测距仪发射一束连续波（如激光或红外光），当波被目标物体反射并返回时，测距仪接收到这个返回波，并记录下它与发射波之间的相位差。通过测量这个相位差，结合光速等因素，可以计算出目标物体与测距仪之间的距离。

（2）光电测量误差来源

1）系统误差：即仪器本身固有的误差，如激光发射器或接收器的校准不准确，以及光路偏差等。

2）环境因素：包括大气折射、湿度、温度等环境因素的影响，这些因素可能导致光信号的传播速度发生变化。

3）目标反射特性：目标物体表面的反射特性可能导致反射光信号的衰减、散射或者反射角度发生变化，从而影响测距精度。

4）测量条件：如测距时的光线条件、目标距离等因素会影响测距精度。

5）数据处理误差：即在数据处理过程中可能存在的误差，如数据采集不准确、算法误差等。

6）人为误差：如操作者操作不当、定位不准确等因素也可能导致测距误差。

光电测距的误差有两部分：一部分是固定误差 a，与所测距离的长短无关；另一部分是比例误差，与距离的长短有关，其比例系数为 b，因此光电测距的误差为

$$m_D = \pm(a + b \cdot D) \tag{8-24}$$

式中　a——仪器的固定误差；

　　　b——仪器的比例误差系数；

　　　D——测距长度。

8.2　控制测量

控制测量分为高程控制测量和平面控制测量（包括导线控制测量、GNSS 控制测量等）。高程控制测量的目的是测定高程控制点的高程，建立高程控制网，其测量方法采用水准测量或三角高程测量；平面控制测量的目的是测定平面控制点的平面位置，建立平面控制网，其测量方法主要采用导线测量、三角测量和 GPS 测量。高程控制网和平面控制网一般是独立

布设的,但它们的点可以共用,即一个点既可以是高程控制点,同时也可以是平面控制点。

8.2.1 高程控制测量

高程控制测量通过在测量区域布设高程控制点(也称为水准点),采用精确的方法测定它们的高程,从而构建高程控制网。主要的高程控制测量方法包括水准测量、三角高程测量等。国家高程控制网又称为国家水准网,是利用精密水准测量方法建立的。它的布设遵循从整体到局部、由高级到低级的逐级控制原则。

1. 水准测量

水准测量是常用的高程控制测量方法,用于测量地面或其他表面上点的高程。水准测量的基本原理是利用重力的垂直方向来确定地面的高程。水准仪是一种精密的仪器,能够测量水平线或水准线的倾斜角度,从而确定点的高程。水准测量通常涉及在测量区域内设置两个或多个已知高程的控制点,然后通过测量这些控制点之间的高程差来确定其他点的高程。国家高程系统现采用"1985国家高程基准",我国的国家水准网分为四个等级:一等水准网沿着平缓的交通路线环形布设,具有最高的精度,是国家高程控制的核心,也是地理学科研究的重要依据;二等水准网布设在一等水准环线内,为国家高程控制网提供全面基础;三、四等水准网主要用于地形测图或各项工程建设,提供高程控制点。

(1)水准测量路线 水准路线的布设分为单一水准路线和水准网:

1)单一水准路线是指沿着一条线路布设水准测量点,通常连接起点和终点,并在沿途设置一系列水准标志点,通过这些点进行高程测量。单一水准路线的形式有三种,即附合水准路线、闭合水准路线和支水准路线(图8-25a~c),单一水准路线适用于需要沿着特定方向进行高程测量的情况,可以覆盖较长距离,但通常不足以覆盖整个地区。

2)水准网是由多条水准路线交叉组成的网络状结构,通过连接不同水准路线的交点来建立水准基准,提供更全面的高程数据。在水准网中,如果只有一个已知高程的水准点,则称为独立水准网(图8-25d),如果已知高程的水准点的数目多于一个,则称为附合水准网(图8-25e),水准网可以覆盖整个地区,并提供高程数据的全面性和连续性,适用于大范围的测量和地图制图。水准网通常由基准线路和次级水准线路组成,可以根据需要在特定区域增设工程水准线路。

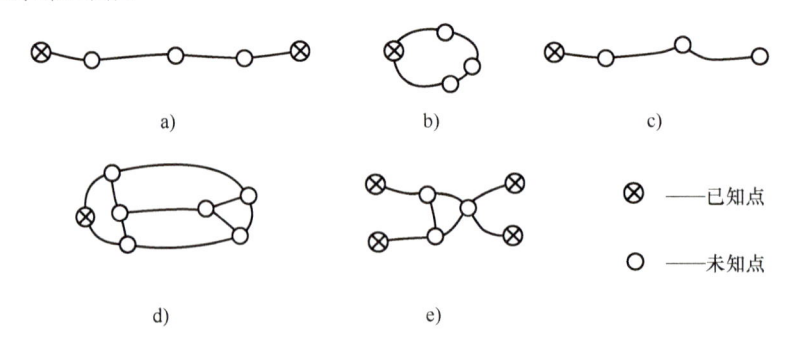

图 8-25 水准路线布设

a)附合水准路线 b)闭合水准路线 c)支水准路线 d)独立水准网 e)附合水准网

（2）水准测量路线精度要求 国家一、二、三、四等水准测量精度，每千米水准测量的偶然中误差 M_Δ [按式（8-25）] 和全中误差 M_W [按式（8-26）] 不应超过表 8-1 的规定数值。

$$M_\Delta = \pm \sqrt{\frac{1}{4n}\left(\frac{\Delta\Delta}{R}\right)} \quad (8\text{-}25)$$

式中 Δ——测段往返测高差不符值；
R——测段长度；
n——测段数。

$$M_W = \pm \sqrt{\frac{1}{N}\left(\frac{WW}{F}\right)} \quad (8\text{-}26)$$

式中 W——经各项改正后的水准环闭合差；
F——水准环线周长；
N——水准环数。

表 8-1 每千米水准测量的偶然中误差和全中误差

测量等级	一等	二等	三等	四等
偶然中误差 M_Δ/mm	0.45	1.0	3.0	5.0
全中误差 M_W/mm	1.0	2.0	6.0	10.0

水准测量技术要求见表 8-2。

表 8-2 四等与等外水准测量的技术规格

等级	水准路线最大长度/km	每千米高差中数中误差/mm	不符值、闭合差/mm 测段往返测高差不符值	不符值、闭合差/mm 附合水准路线或闭合水准路线差	不符值、闭合差/mm 检测已测测段高差之差
四等	15	±10	$\pm 20\sqrt{R}$	$\pm 20\sqrt{L}$	$\pm 60\sqrt{K}$
等外	5	±20	—	$\pm 20\sqrt{L}$	—

注：表中 R 为测段长，L 为附合水准路线或闭合水准路线长，K 为已测测段长度，均以 km 为单位。

一、二等水准测量施测要求见表 8-3 和表 8-4，四等和等外水准测量的施测主要区别在于所使用的仪器和观测要求不同，见表 8-5。

表 8-3 一、二等精密水准测量视线长度、视距差、视线高度要求

等级	仪器类型	视线长度/m 光学	视线长度/m 数字	前后视距差/m 光学	前后视距差/m 数字	前后视距累计差/m 光学	前后视距累计差/m 数字	视线高度/m 光学	视线高度/m 数字
一等	DSZ_{05}、DS_{05}	≤30	≥4 且 ≤30	≤0.5	≤1	≤1.5	≤3	≥0.5	≤2.8 且 ≥0.65
二等	DSZ_1、DS_1	≤50	≥3 且 ≤50	≤1.0	≤1.5	≤3	≤6	≥0.3	≤2.8 且 ≥0.55

表 8-4　一、二等精密水准测量测站观测限差

等级	上下丝读数平均值与中丝读数之差		基辅分划读数之差	基辅分划读数所测高差之差	检测间歇点高差之差
	0.5cm 刻划标尺	1cm 刻划标尺			
一等	1.5	3.0	0.3	0.4	0.7
二等	1.5	3.0	0.4	0.6	1.0

表 8-5　四等和等外水准测量的施测要求

等级	仪器类型	最大视线长度/m	前后视距差/m	前后视距累计差/m	红黑面读数差/mm	红黑面高差之差/mm	检测间歇点高差之差/mm	视线高
四等	S_3	80	5	10	3	5	5	三丝读数
等外	S_{10}	100	10	50	4	6	6	

2. 三角高程测量

三角高程测量的实质是根据两点间的水平距离或倾斜距离和竖直角计算两点间的高差。虽然测量精度不如水准测量精度高，但具有操作简便、速度快等特点。当在山区和井下主要斜巷中进行水准测量困难时，采用三角高程测量也能保证必需的精度。

如图 8-26 所示，已知 A 点高程，现欲求 B 点的高程，则可在 A 点架设经纬仪，用望远镜瞄准 B 点目标，测得竖直角 δ，并量取经纬仪水平轴到 A 点的高度，称为仪器高 i，量取望远镜中丝与目标的交点到 B 点的高度，称为觇标高 v，测定 A、B 两点间的水平距离 l 或倾斜距离 L。

根据

$$\begin{cases} h+v = l\tan\delta + i \\ h+v = L\sin\delta + i \end{cases} \quad (8\text{-}27)$$

可得 A、B 两点间的高差为

$$\begin{cases} h = l\tan\delta + i - v \\ h = L\sin\delta + i - v \end{cases} \quad (8\text{-}28)$$

则 B 点的高程为

$$H_B = H_A + h = H_A + l\tan\delta + i - v \quad (8\text{-}29)$$

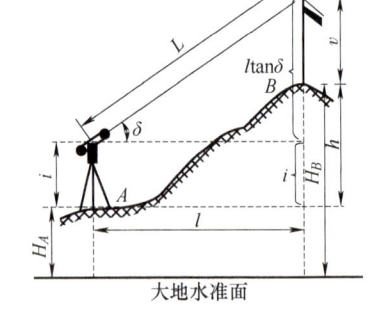

图 8-26　三角高程测量

当 A、B 两点间的距离大于 300m 时，则应考虑地球曲率和大气折光的影响，统称为球气差改正，用 f 表示。

$$f = 0.43 \frac{l^2}{R} \quad (8\text{-}30)$$

式中　l——两点间的水平距离；
　　　R——地球的平均半径，取 $R = 6371\text{km}$。

三角高程测量一般应进行往返观测，以消除地球曲率和大气折光的影响。由已知点 A 向待定点 B 观测称为直觇，而由待定点 B 向已知点 A 观测称为反觇。

8.2.2 导线控制测量

导线控制测量布设灵活,要求通视方向少,边长直接测定,适宜布设在建筑物密集、视野不甚开阔的城市、厂矿等建筑区和隐蔽区,也适用于交通线路、隧道和渠道等狭长地带的控制测量。随着全站仪的广泛使用,导线边长加大,精度和自动化程度提高,从而使导线控制测量成为中小城市和厂矿等地区建立平面控制网的主要方法。

导线控制测量

1. 导线布设形式

(1) 闭合导线 闭合导线是从一个已知边的一个点出发,最后仍回到这个已知点上,形成一个闭合多边形。如图 8-27 所示,在各导线点测量水平角和导线边长,并测出已知边与闭合导线的连接角 β_0。在闭合导线的已知控制点上,至少应有一条定向边与之相连接。应该指出,由于闭合导线是一种可靠性极差的控制网图形,在实际测量工作中应避免单独使用。

(2) 附合导线 附合导线是从一个已知边的一个点出发,最后附合到另一个已知边的一个已知点上,如图 8-28 所示。同样,在各导线点测量水平角和导线边长,并测出起始边和最终边的连接角 β_B 和 β_C。

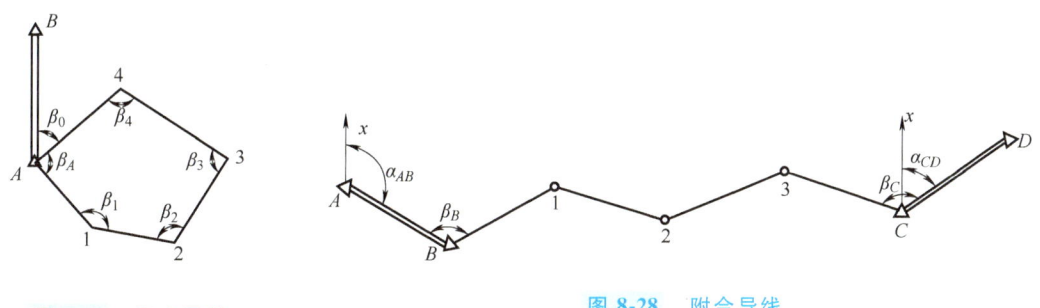

图 8-27 闭合导线

图 8-28 附合导线

(3) 支导线 支导线是从一个已知边的一个点出发,既不回到原来的出发点,又不附合到另一个已知点上,如图 8-29 所示。支导线同样要测出水平角和导线边长。如果测量发生粗差,这种导线无法检核,因此在地面应用较少。在特殊情况下非用不可时,一般不得超过三条边,并需要往返测量。但在井下由于受条件限制,多在巷道中布设支导线并用往返测量来检查其正确性,或采用陀螺定向边加以检查测角的正确性和控制方向误差积累。

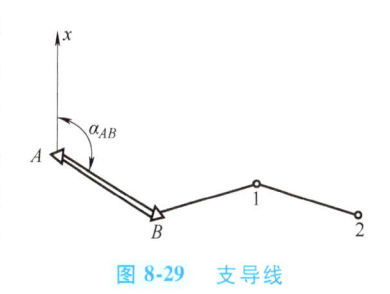

图 8-29 支导线

(4) 附合导线网 如图 8-30 所示,附合导线网具有一个以上已知控制点或具有附合条件。

(5) 自由导线网 如图 8-31 所示,自由导线网仅有一个已知控制点和一个起始方位角。导线网中只含有一个节点的导线网称为单节点导线网,多于一个节点的导线网称为多节点导线网。导线节是组成导线网的基本单元,它是指导线网内两端点中至少有一个点是节点,另一点是节点或已知点的一段导线。应该指出,与闭合导线类似,自由导线网是一种可靠性

283

极差的控制网图形，在实际测量工作中应避免单独使用。

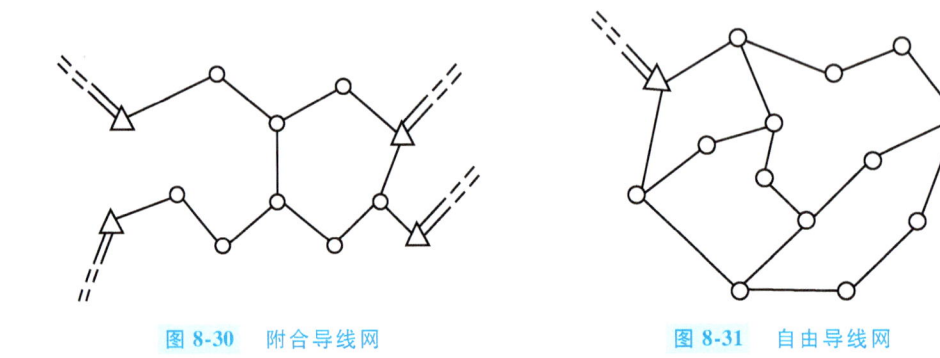

图 8-30　附合导线网

图 8-31　自由导线网

2. 经纬仪导线测量外业

经纬仪导线测量外业工作包括踏勘选点、建立标志、测角、量边和起始边方位角的测定。

（1）踏勘选点　踏勘就是到测区范围内去观察、了解测区的实际情况，然后根据测图的需要，在实地选定导线点的位置。选点主要有以下要求：

1）便于地形测绘。为了在测图时能发挥最大作用、观测到附近更多的地形点，导线点应选在视野开阔的高地，而不应选在低洼、闭塞的角落。

2）便于测角。相邻导线点之间应能相互通视，并尽量使之能看到相邻导线点上标杆的最下端。

3）便于量边。导线点应选择在平坦的便于量边的地方，如沿铁路、公路、田间小路或河堤等处。

4）边长适宜。各导线边长最好大致相等，并尽量避免由短边突然转到长边，短边应尽量少，以减少对测角精度的影响。

5）保证安全。导线点应选在既便于安置仪器，又能保证观测人员和仪器安全的地方。

（2）建立标志

1）临时性标志。导线点位置选定后，要在每一点位上打一个木桩，在桩顶钉一小钉，作为点的标志，也可在水泥地面上用红漆画一圆，圆内点一小点，作为临时标志。

2）永久性标志。在需要长期保留的导线点处应埋设混凝土桩。桩顶嵌入带"＋"字的金属标志，作为永久性标志。

导线点应统一编号。为了便于寻找，应量出导线点与附近明显地物的距离，绘出草图，注明尺寸，该图称为点之记，如图 8-32 所示。

（3）测角　导线的转折角分为左角和右角，在前进方向左侧的水平角称为左角，在右侧的水平角称为右角。导线的等级不同，测角技术要求也不同。图根导线的转折角一般用 DJ_6 型光学经纬仪测一个测回，两个半测回之间的观测值的差数不得超过 40″。

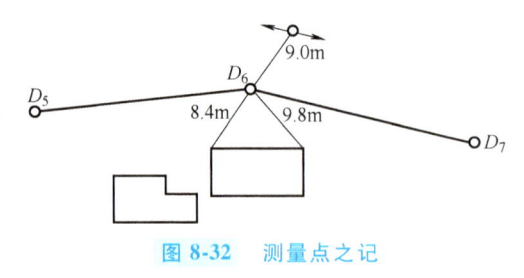

图 8-32　测量点之记

测角由已知点开始，沿导线前进方向逐点观测，一般观测左角。经纬仪依次安置于各导线点上，进行对中、整平，对中误差应不大于 3mm，并瞄准相邻两导线点上的标杆底部或插在导线点木桩上的测钎下端。当遇短边时，更应仔细对中，并尽可能直接瞄准导线点木桩上的小钉，以减小测角误差。在每站观测工作结束前，需当场进行检查计算，当发现观测结果超限或有错误时，应立即重新观测，直至符合要求，方可迁站。

（4）量边　导线边长可使用经过检验的 30m 或 50m 钢直尺进行往返丈量，往返测量的较差率在一般地区应不大于 1/3000，量距困难地区应不大于 1/1000。如果较差率满足要求，则取平均值作为边长测量的结果。如果观测的是两点间的斜距，则还应将其换算成平距。导线边长也可用电磁波测距仪观测，如果测量的是斜距，则应观测垂直角，以进行倾斜改正。

（5）起始边方位角的测定　起始边方位角的测定是导线测量中重要的一步，其方法根据具体条件可选择适合的方式。常用的方法包括天文观测法、坐标计算法、磁罗盘法及全站仪测定法。天文观测法通过观测太阳或恒星结合时间计算，精度较高但操作复杂；坐标计算法适用于已知控制点的情况，通过计算相邻点的坐标来获得方位角，方法简单且可靠；磁罗盘法则直接通过磁罗盘测量并结合磁偏角修正获取方位角，适用于简易测量但精度较低；全站仪测定法操作便捷，通过瞄准参考点可快速获得起始边方位角，是现代测量中常用的方法。在实际操作中，应结合测区环境及设备条件选择合适的方法，并注意对中、整平及仪器校准，确保观测结果准确无误。同时，测定完成后应进行数据检查与核算，若发现问题需及时重新测定，以保证后续导线测量的精度和可靠性。

8.2.3　GNSS 控制测量

1. 概述

全球导航卫星系统（Global Navigation Satellite System，GNSS）控制测量是利用全球导航卫星系统（GNSS）进行地理空间测量和定位的一种方法。它通过在地球表面分布的卫星系统来提供定位、导航和定时服务，以实现对地理位置的精确定位。在控制测量中，GNSS 被用于建立准确的空间参考框架，用于各种测量应用，如地图制作、土地测量、工程测量、导航等。

本节以 GPS 测量为例，简述 GNSS 控制测量的原理。GPS 测量是以分布在空中的多个 GPS 卫星为观测目标来确定地面点三维坐标的定位方法。GPS 所测得的三维坐标属于 WGS-84 世界大地坐标系。为了将它们转换为国家或地方坐标系，至少应联测两个已有的控制点。其中一个点作为 GPS 网在原有坐标系内的定位起算点，两个点之间方位和距离作为 GPS 网在原有网之间的转换参数，联测点最好多于两个，且要分布均匀、具有较高的点位精度以保证 GPS 控制点的可靠性及精度。应用 GPS 定位技术建立的控制网称为 GPS 控制网。GPS 测量既可以与常规大地测量一样，地面布设控制点，采用 GPS 定位技术建立控制网，也可以在一些地面点上安置固定的 GPS 接收机，长期连续接收卫星信号，建立 CORS 系统。

GPS 系统包括三大部分，即空间部分（GPS 卫星星座）、地面控制部分（地面监控）和用户部分，如图 8-33 所示。

GPS 卫星定位原理是空间距离后方交会。GPS 卫星发射测距信号和导航电文，导航电文中含有卫星的位置信息。用户用 GPS 接收机在某一时刻同时接收三颗以上的 GPS 卫星信号，测量出测站点（接收机天线中心）P 至三颗以上 GPS 卫星的距离，根据解算出的该时刻 GPS 卫星的空间坐标，可解算出测站点 P 的位置，如图 8-34 所示。

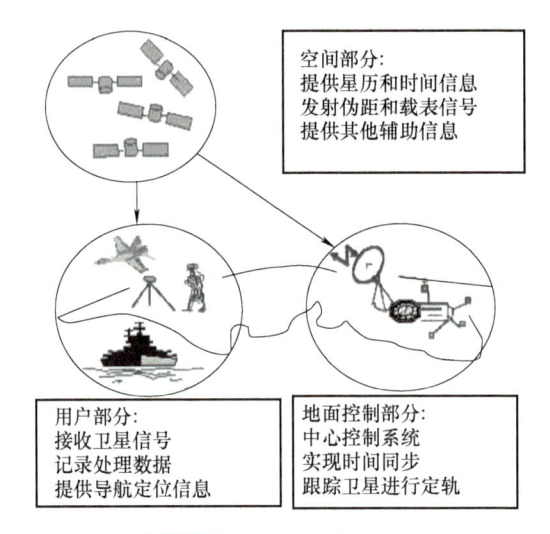

图 8-33　GPS 系统的组成

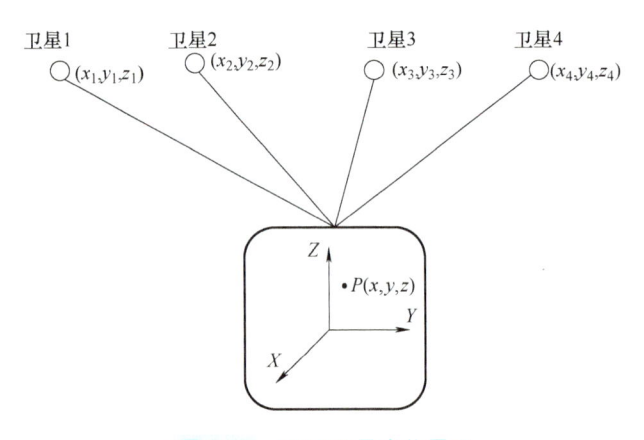

图 8-34　GPS 卫星定位原理

在 GPS 定位中，GPS 卫星是高速运动的卫星，其坐标随时间在快速变化。需要实时地由 GPS 卫星信号测量出测站点至卫星之间的距离，实时地由卫星的导航电文解算出卫星的坐标值，才能进行测站点的定位。GPS 定位的方法是多种多样的，可依据不同的分类标准，作如下划分。

(1) 根据定位所采用的观测值划分

1) 伪距定位：所采用的观测值为 GPS 伪距观测值，伪距观测值既可以是 C/A 码伪距，也可以是 P 码伪距。伪距定位的优点是数据处理简单，对定位条件要求低，不存在整周模糊度的问题，可以非常容易地实现实时定位；其缺点是观测值精度低，C/A 码伪距观测值的精度一般为 3m，而 P 码伪距观测值的精度一般在 30cm 左右，从而导致定位成果精度低，另外，若采用精度较高的 P 码伪距观测值，还存在 AS[⊖]的问题。

2）载波相位定位：所采用的观测值为 GPS 的载波相位观测值，即 L1、L2 或它们的某种线性组合。载波相位定位的优点是观测值的精度高，一般优于 2mm；其缺点是数据处理过程复杂，存在整周模糊度的问题。

（2）根据定位的模式划分

1）绝对定位：又称为单点定位，是一种采用一台接收机进行定位的模式，所确定的是接收机天线的绝对坐标。其特点是作业方式简单，可以单机作业，一般用于导航和精度要求不高的应用中。

2）相对定位：又称为差分定位，采用两台以上的接收机，同时对一组相同的卫星进行观测，以确定接收机天线间的相互位置关系。

（3）根据获取定位结果的时间划分

1）实时定位：根据接收机观测到的数据，实时地解算出接收机天线所在的位置。

2）非实时定位：又称为后处理定位，它是通过对接收机接收到的数据进行后处理以进行定位的方法。

（4）根据定位时接收机的运动状态划分

1）动态定位：在进行 GPS 定位时，认为接收机的天线在整个观测过程中的位置是变化的。也就是说，在数据处理时，将接收机天线的位置作为一个随时间的改变而改变的量。动态定位又分为 Kinematic 和 Dynamic 两类。

2）静态定位：在进行 GPS 定位时，认为接收机的天线在整个观测过程中的位置是保持不变的。也就是说，在数据处理时，将接收机天线的位置作为一个不随时间的改变而改变的量。在测量中，静态定位一般用于高精度的测量定位，具体观测模式是多台接收机在不同的测站上进行静止同步观测，时间有几分钟、几小时甚至数十小时不等。

（5）GNSS 测量控制网的建立　GNSS 测量控制网技术设计：

1）资料收集。在技术设计之前，收集与整理测区已有的测绘资料，主要包括：

① 各类图件（如地形图、交通图、规划图等）。

② 测区及周边地区可利用的已知点成果资料。

③ 有关的技术规范、规程等。

2）测区踏勘。资料收集完成后，还要实地踏勘了解情况，为技术设计书的编写提供依据，主要包括：

① 已知点的分布情况。

② 实际交通状况。

③ 水系分布情况。

④ 居民点分布情况等。

⑤ 对点位分布有特殊要求的，还需重点勘察。

（6）GPS 网精度设计　GB/T 18314—2009《全球定位系统（GPS）测量规范》(以下简

⊖ AS——Anti-Spoofing，即反欺骗，是一种用来保护 GPS 信号完整性和安全性的技术。

称《规范》）按照精度和用途将 GPS 网划分为 A、B、C、D、E 五个等级，其中 A 级 GPS 网由卫星连续运行基准站构成（相当于一等），B、C、D、E 相对应于二等、三等、四等、一级。《规范》中对每个等级的技术指标提出了明确要求（表 8-6、表 8-7）。各部委也相应地制定了 GPS 测量规程，用来指导 GPS 网精度设计与等级选择。随着经济和科技的发展，GPS 测量的应用范围越来越广，一些特殊工程测量精度也越来越高，设计人员应该充分理解测量任务的目的和精度要求，在此基础上根据规范进行相应的精度设计。

表 8-6　A 级 GPS 网精度要求

级别	坐标年变化率中误差 水平分量/(mm/a)	坐标年变化率中误差 垂直分量/(mm/a)	相对精度	地心坐标各分量年平均中误差/mm
A	2	3	1×10^{-8}	0.5

表 8-7　B、C、D、E 级 GPS 网精度要求

级别	相邻点基线分量中误差 水平分量/mm	相邻点基线分量中误差 垂直分量/mm	相邻点间平均距离/km
B	5	10	50
C	10	20	20
D	20	40	5
E	20	40	3

2. 基准设计

GNSS 测量控制网与已有国家控制网点可能存在不同的基准。因此建立 GNSS 测量控制网，在技术设计阶段就应明确 GNSS 成果所采用的坐标系统和起算数据，即网的基准设计。

GNSS 基准设计包括坐标系统基准和高程基准的确定。为了将 GNSS 测量成果转化为国家坐标系成果，GNSS 测量控制网必须联测地面网高等控制点：①平面控制点：不少于 3 个，具有较好的兼容性，且均匀分布于测区。用于起算、检核和坐标转换。②高程控制点：平原地区，不少于 3 个；丘陵地区，不少于 6 个；具有四等以上精度，且均匀分布于测区。用于起算、检核和高程转换。③检核基线边：由高精度测距仪或双频接收机测定，数量及分布无严格限定。

3. 网形设计

设计准则：在保证 GPS 网精度和可靠性的前提下，尽可能地提高效率，降低成本，以体现优化设计的准则。

（1）GPS 网布设的主要特点　相邻点间无须通视，相邻边长不受严格限制，网形结构无严格要求。因而 GPS 网的布设具有很大的灵活性，主要取决于用户的要求与用途。

（2）GPS 网布设的基本概念

1）观测时段：从接收机开始接收卫星信号到停止接收卫星信号，连续观测的时间间隔称为观测时段，简称时段。

2）同步观测：2 台或 2 台以上接收机同时对同一组卫星进行的观测。

3）同步观测环：由 3 台或 3 台以上接收机同步观测所获得的基线向量构成的闭合环。

4）异步观测环：由非同步观测获得的基线向量构成的闭合环。

（3）多台接收机构成的同步图形　由多台接收机同步观测同一组卫星，此时由同步边构成的几何图形称为同步图形（环），如图 8-35 所示。

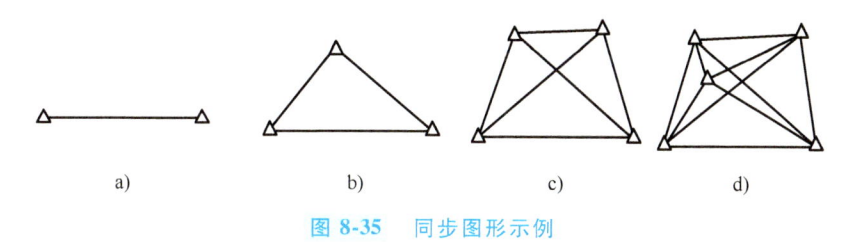

图 8-35　同步图形示例

a) 2 台　b) 3 台　c) 4 台　d) 5 台

同步图形形成的基线数与接收机的台数有关，若有 N 台 GPS 接收机，则同步图形形成的基线总数为

$$基线总数 = N(N-1)/2 \tag{8-31}$$

但其中，独立基线数 = $N-1$，如 3 台接收机测得的同步图形，其独立基线数为 2，这是由于第 3 条基线可以由前两条基线计算得到。

（4）多台接收机构成的异步图形设计　当控制网的点数比较多时，需将多个同步图形相互连接，构成 GPS 网。

GPS 网的精度和可靠性取决于网的结构（与几何图形的形状，即点的位置无关），而网的结构取决于同步图形的连接方式（增加同步观测图形和提高观测精度是提高 GPS 成果精度的基础）。这是由于不同的连接方式将产生不同的多余观测，多余观测多，则网的精度高、可靠性强。但应同时考虑工作量的大小，从而可进一步进行优化设计。

GPS 网的连接方式有点连接、边连接、边点混合连接、网连接等。

1）点连接：相邻同步图形仅由一个点相连接而构成的异步图形网图，如图 8-36a 所示。

2）边连接：相邻同步图形由一条边相连接而构成的异步图形网图，如图 8-36b 所示。

3）边点混合连接：既有点连接又有边连接的 GPS 网，如图 8-36c 所示。

4）网连接：相邻同步图形由 3 个以上公共点相连接，相邻同步图形间存在互相重叠的部分，即某一同步图形的一部分是另一同步图形中的一部分。这种布网方式需要 $N \geq 4$，这样密集的布网方法的几何强度和可靠性指标是相当高的，但其观测工作量及作业经费均较高，仅适用于点精度要求较高的测量任务。

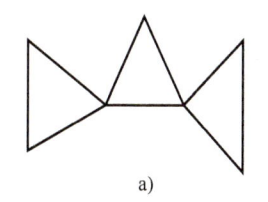

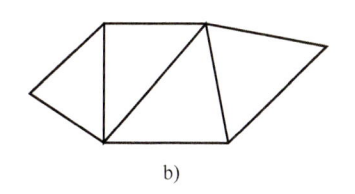

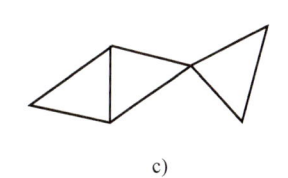

图 8-36　GPS 网的连接方式

a) 点连接　b) 边连接　c) 边点混合连接

4. 影响 GPS 定位精度的因素

GPS 定位时会受到各种各样因素的影响。影响 GPS 定位精度的因素可分为以下四大类。

（1）与 GPS 卫星有关的影响因素

1）SA：通过降低广播星历精度（技术）、在 GPS 基准信号中加入高频抖动（技术）等方法，人为降低普通用户利用 GPS 进行导航定位时的精度。

2）卫星星历误差：在进行 GPS 定位时，计算在某时刻 GPS 卫星位置所需的卫星轨道参数是由各种类型的星历提供的，但无论采用哪种类型的星历，所计算出的卫星位置都会与其真实位置有所差异。

3）卫星钟差：GPS 卫星上所安装的原子钟的钟面时间与 GPS 标准时间之间的误差。

4）卫星信号发射天线相位中心偏差：GPS 卫星上信号发射天线的标称相位中心与其真实相位中心之间的差异。

（2）与传播途径有关的影响因素

1）电离层延迟：地球周围的电离层对电磁波的折射效应，使得 GPS 信号的传播速度发生变化，这种变化称为电离层延迟。电磁波所受电离层折射的影响与电磁波的频率及电磁波传播途径上电子总含量有关。

2）对流层延迟：地球周围的对流层对电磁波的折射效应，使得 GPS 信号的传播速度发生变化，这种变化称为对流层延迟。电磁波所受对流层折射的影响与电磁波传播途径上的温度、湿度和气压有关。

3）多路径效应：接收机周围环境的影响，使得接收机所接收到的卫星信号中含有各种反射和折射信号，这就是所谓的多路径效应。

（3）与接收机有关的影响因素

1）接收机钟差：GPS 接收机所使用的钟的钟面时间与 GPS 标准时间之间的差异。

2）接收机天线相位中心偏差：GPS 接收机天线的标称相位中心与其真实的相位中心之间的差异。

3）接收机软件和硬件造成的误差：在进行 GPS 定位时，定位结果还会受到诸如处理与控制软件和硬件等的影响。

（4）其他影响因素

1）GPS 控制部分人为或计算机造成的影响：由于 GPS 控制部分的问题或用户在进行数据处理时引入的误差等。

2）数据处理软件的影响：数据处理软件的算法不完善对定位结果的影响。

8.3　地形图测绘及应用

按一定法则，有选择地在平面上表示地球（或其他星球）表面各种自然现象和社会现象的图，统称为地图。按内容，地图可分为普通地图及专题地图。本节主要介绍地形图，它是普通地图的一种。

8.3.1　地形图基本知识

1. 地形图的概念与分类

地形图就是将地面上一系列地物及地貌点的位置，通过综合取舍，把它们垂直投影到一个水平面上,再按比例尺缩小后绘制在图纸上的图。地形图投影采用正形投影,即投影后的角度不变,图纸上的地物、地貌与实地上相应的地形、地貌相比,其地理位置是一一对应的,形状是相似的。

1) 平面图:一般在图上只表示地物,不表示地貌,且将水准面看作水平面进行正射投影。

2) 专题图:以普通地图为底图,着重表示自然地理和社会经济各要素中的一种或几种,反映主要要素的空间分布规律、历史演变和发展变化等。

3) 剖面图:展示沿某一方向的地面起伏情况。

以地形图表示地物和地貌,可以增加对地面点位及其相互位置关系的直观性、全面性、似真性、方便性及清晰性。

2. 地形图的比例尺

测绘地形图时,不可能把地面上的地物、地貌按其实际大小进行绘制,而是按一定比例缩小后用规定的符号在图纸上表示出来。图上任一线段长度(d)与实地相应线段的水平长度(D)之比,称为地形图的比例尺。

(1) 比例尺的种类

1) 数字比例尺:一般用分子为1、分母为整数的分数形式来表示,即 $d/D = 1/M$。M 为比例尺分母,M 越大,比例尺越小。

地形图按比例尺的不同,可分为大、中、小三种。1:500、1:1000、1:2000、1:5000 的地形图,称为大比例尺图;1:1万、1:2.5万、1:5万、1:10万的地形图,称为中比例尺图;1:20万、1:50万、1:100万的地形图,称为小比例尺图。

2) 图示比例尺。为了便于使用,避免或减少因图纸伸缩而引起的误差,在绘制地形图时,通常在地形图上同时绘制图示比例尺。图示比例尺有直线比例尺和复式比例尺两种,如图 8-37 和图 8-38 所示。最常用的是直线比例尺。

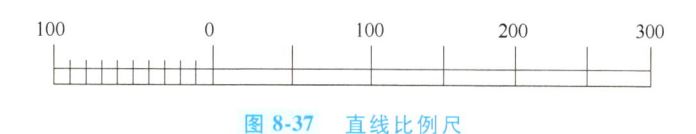

图 8-37 直线比例尺

图 8-38 复式比例尺

(2) 比例尺的精度 地形图上所表示的地物、地貌细微部分与实地有所不同,其精度与详尽程度受比例尺精度的影响。地形图是经过人眼用绘图工具将测量成果绘于图纸上的图。测量有误差,人眼绘图也有误差。人眼分辨角值为 60″,在明视距离 25cm 内辨别两条平行线间距为 0.1mm,区别两个点的能力为 0.15mm。因此,通常将 0.1mm 称为人眼分辨率。

地形图上 0.1mm 所表示的实地水平长度称为地形图的比例尺精度。由此可见，不同比例尺的地形图的比例尺精度不同。大比例尺地形图上所绘地物、地貌较小比例尺上的更精确详尽。地形图比例尺精度见表 8-8。

表 8-8 地形图比例尺精度

地形图比例尺	1:500	1:1000	1:2000	1:5000	…
地形图比例尺精度/cm	5	10	20	50	…

综上所述，地形图的比例尺精度与量测关系：①根据地形图比例尺确定实地量测精度，如在比例尺为 1:500 的地形图上测绘地物，量距精度只需达到 ±5cm 即可；②可根据用图需要和表示地物、地貌的详细程度确定选用地形图的比例尺。同一测区范围的大比例尺测图要比小比例尺测图更费工时。

3. 地形图符号

地球表面的形状是极为复杂的，既有高山、溪流，又有森林、房屋等。所谓地形，就是地物和地貌的总称。地物是指地球表面各种自然物体和人工建（构）筑物，如森林、河流、街道、房屋、桥梁等；地貌是指地球表面高低起伏的形状，如高山、丘陵、平原、洼地等。为了既真实又概括地表示这些地理现象，地形图是以一些特定的符号在图上表示的，这些符号称为地形图符号。

地形图符号可分为地物符号、地貌符号和注记符号三大类。地形图符号的大小和形状均视测图比例尺的大小不同而异。为了统一全国所采用的图式，以供全国各测图单位使用，各种比例尺地形图的符号、图廓形式、图上和图边注记字体的位置与排列等都有一定的格式，总称为图式。

（1）地物符号 地物符号一般分为比例符号、非比例符号和半比例符号三种。

1）比例符号：有些地物的轮廓很大，如房屋、草地及湖泊等，它们的形状和大小可以按比例尺缩小，并用规定的符号绘于图上，这种符号称为比例符号。

2）非比例符号：当地物的轮廓很小，以至于不能按照测图比例尺缩小，但这些地物又很重要且不能舍掉时，需按统一规定的符号描绘在图上，这种符号称为非比例符号，如测量控制点、钻孔、矿井和烟筒等。

非比例符号在地形上的位置必须与实物位置一致，这样才能在图上准确地反映实物的位置。因此，应该规定符号的定位点，这些定位点在地形图图式上规定如下：

① 几何图形符号（如矩形、三角形等），在其几何图形中心。

② 底部为直角形的符号（如风车、路标等），在直角的顶点。

③ 几种几何图形组成的符号（如气象站、无线电杆灯等），在其下方图形的中心点或交叉点。

④ 下方没有底线的符号（如窑、亭、山洞等），在其下方两端点间的中心点。

3）半比例符号（线状符号）：凡是长度能依比例而宽度不能缩绘的狭长地物符号称为半比例符号或线状符号。这种符号的长度依真实情况测定，而其宽度和符号样式又有专门规定。因此，根据这类符号可以在图上量测地物的长度，但不能量测其宽度，如铁路、高压电线、管道和围墙等。

（2）地貌符号　地貌是指地球表面高低起伏状态，包括山地、丘陵和平原等。在地形图上表示地貌的方法主要是使用等高线。等高线是地面上高程相等的各相邻点所连成的闭合曲线，也是水平面（严格说是水准面）与地形相截所形成的闭合曲线。

1）等高线：对于图 8-39 所示的山头被水淹没，水平面高程为 80m，该水平面与山头相截所得的闭合曲线就是一条高程为 80m 的等高线。如果水位上涨 10m，水平面高程为 90m，可得一条高程为 90m 的等高线。依此类推，可得一系列不同高程的等高线。等高线的形状代表山头各部位的形状。

将等高线垂直投影到同一个水平面上，并按测图比例尺缩小后绘在图纸上，可得到用等高线表示的山头地形图。

等高线表示地貌的优点：能简单正确地表示地貌的形状，能根据等高线较精确地求出图上任意点的高程。

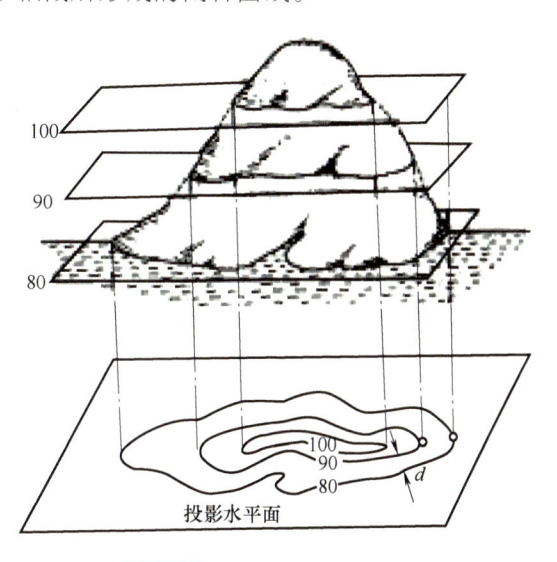

图 8-39　等高线（单位：m）

2）等高距和等高线平距：相邻等高线之间的高差称为等高距，常用 h 表示。相邻等高线在水平面上的垂直距离称为等高线平距，常用 d 表示。规范规定一个测区内只能采用一种等高距，等高距的选择十分重要，如果选择等高距过大，则不能正确表示地貌的形态；等高距选择过小，虽然能精确表示地貌，但增加了测绘工作量，影响图的清晰度，给用图带来不便。

选择合理的等高距要结合图的用途、测图比例尺及测区地形坡度的大小等多因素综合考虑。关于不同地貌、不同比例尺等高距选择的建议值见表 8-9。

表 8-9　不同地貌、不同比例尺等高距选择的建议值

比例尺	平地	丘陵地	山地及高山地
1∶1000	0.5	1.0	1.0
1∶2000	0.5	1.0	2.0
1∶5000	1.0	2.0	5.0

3）典型地貌的等高线：凸出且高于四周的高地称为山地，高大的为山峰，矮小的为山丘。比四周地面低，且经常无水的地势较低的地方称为凹地，大范围的称为盆地，小范围的称为洼地。从山顶到山脚的凸出部分称为山脊，山脊最高点间的连线称为山脊线或分水线，以等高线表示的山脊凸向低处。沿一个方向延伸下降的洼地称为山谷，山谷最低点的连线称为山谷线或集水线，以等高线表示的山谷凸向高处。介于相邻两个山头之间、形似马鞍的低洼部分称为鞍部，鞍部是两条山脊线和两条山谷线相交之处。典型地貌的等高线表示如图 8-40 所示。

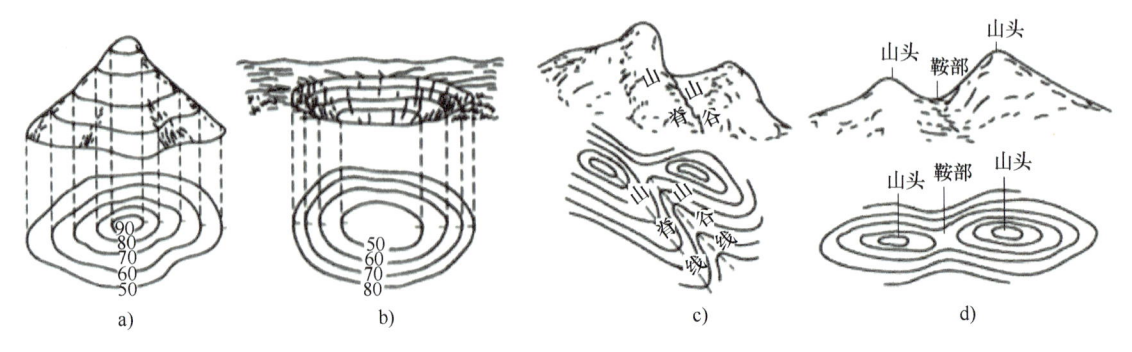

图 8-40　典型地貌的等高线表示（单位：m）

a）山峰　b）盆地　c）山脊（山谷）　d）鞍部

4）等高线的种类。

① 首曲线：也称为基本等高线，按规定的基本等高距测绘的等高线称为首曲线。

② 间曲线：当首曲线不能详细表示地貌特征时，需要在首曲线间加绘等高距等于 1/2 基本等高距的等高线。间曲线也称为半距等高线，一般用长虚线表示。

③ 助曲线：如果采用间曲线仍不能表示较小的地貌特征，则在首曲线和间曲线间加绘助曲线，等高距为基本等高距的 1/4，一般用短虚线表示。

④ 计曲线：每隔 4 条首曲线描绘一条加粗等高线。地形图上只有计曲线注记高程。图 8-41 所示为各种等高线示意图。

5）等高线的特性。

① 同一条等高线上各点高程相等。

② 等高线必定是一条闭合曲线，不会中断。

③ 一条等高线不能分叉为两条；不同高程的等高线不能相交或合并成一条；悬崖处等高线相交必有两个交点。

④ 等高线越密表示坡度越陡，等高线越稀表示坡度越缓，等高线平距相等表示坡度相等。

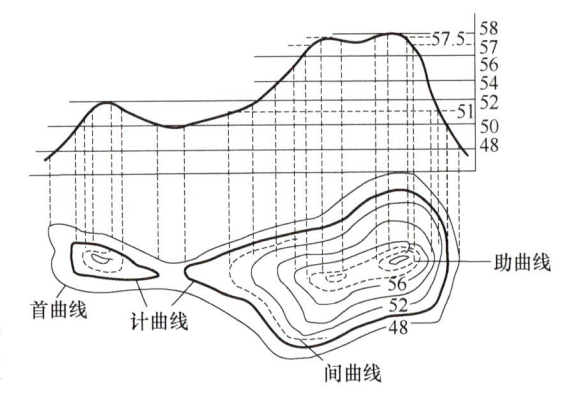

图 8-41　等高线种类（单位：m）

⑤ 经过河流的等高线不能直跨而过，应在接近河岸时渐渐折向上游，直到与河底等高处才能越过河流，再折向下游渐渐离开河岸。

⑥ 等高线通过山脊线时与山脊线正交，凸向低处；等高线通过山谷线时与山谷线正交，凸向高处。

（3）注记符号　注记符号是地物符号和地貌符号的补充说明，如城镇、铁路等的名称、河流的流向及流速。注记符号可用文字、数字或线段表示。部分常见的地物、地貌和注记符号见表 8-10。

表 8-10　部分常见的地物、地貌和注记

编号	符号名称	1:500　1:1000	1:2000	编号	符号名称	1:500　1:1000	1:2000
1	一般房屋 混—房屋结构 3—房屋层数	混3		13	等级公路 2—技术等级代码 (G325)—国道路线编码		2(G325)
2	简单房屋			14	乡村路 a—依比例尺的 b—不依比例尺的	a b	
3	建筑中的房屋	建		15	小路		
4	破坏房屋	破		16	内部道路		
5	棚房	45°		17	阶梯路		
6	架空房屋 砼—混凝土	砼4　砼　砼4		18	打谷场、球场	球	
7	廊房	混3		19	旱地		
8	台阶			20	花圃		
9	无看台的露天体育场	体育场		21	有林地	松6	
10	游泳池	泳					
11	过街天桥						
12	高速公路 a—收费站 0—技术等级代码	a　0					

(续)

编号	符号名称	1:500 1:1000	1:2000	编号	符号名称	1:500 1:1000	1:2000
22	人工草地			26	常年河 a—水涯线 b—高水界 c—流向 d—潮流向 ⟵⟋⟋⟋ 涨潮 ⟶⟋⟋⟋ 落潮		
23	稻田						
24	常年湖			27	喷水池		
25	池塘			28	GPS 控制点		

8.3.2 全站仪数据采集

传统的地形测图实质上是将测得的观测值用图解的方法转化为图形。这一转化过程几乎都是在野外实现的，即使是原图的室内整饰一般也要在测区驻地完成，因此劳动强度较大。同时，传统地形图测绘还存在如下缺点：①传统的图解法测图是将观测值转化为线划地形图，"数—图"转换降低了数据精度；②设计人员在用图过程中需进行"图—数"转换，将产生解析误差。

随着计算机技术和信息技术的发展，将地形图信息通过电子测量仪器或数字化仪转换为数字量输入计算机，以数字形式存储在磁盘或存储介质上，既便于传输与直接获取地形的数量指标，又可在需要时通过显示器或数控绘图仪绘制线划地形图，这就是数字化测图技术。数字化测图的优点是"数—数"过程，不降低观测数据精度，成果易于存储、管理和共享。

1. 广义的数字化测图内容

1）利用全站仪或其他测量仪器进行野外数字化测图。
2）利用手扶数字化仪或扫描数字化仪对传统方法测绘的原图进行数字化测图。
3）借助解析测图仪或立体坐标量测仪对航空摄影或遥感影像进行数字化测图。

通常将利用全站仪或其他设备在野外进行数字化地形数据采集，并借助绘制大比例尺地形图的工作称为数字化测图。地面数字化测图主要采用全站仪测图和 RTK 测图。

2. 全站仪数字化测图的方法和步骤

全站仪数字化测图与常规测图的方法和步骤基本一致，主要采用极坐标法，应用全站仪的内部存储器，以数据文件形式存储观测点的点号、三维坐标等，具体步骤如下。

（1）安置仪器 将全站仪安置在测站点上，经对中、整平，量取仪器高。全站仪开机，进行气象改正、加常数改正、乘常数改正、棱镜常数设置。

(2) 新建项目　一般全站仪都要进行这一任务，为了建立一个文件目录用于存放数据。

(3) 测站设置　按菜单提示键盘输入测站信息，包括测站点的名称、坐标、高程、仪器高、目标高等。

(4) 后视点设置　进入后视点数据输入子菜单，输入后视点坐标、高程或方位角，并在后视点的控制点上立棱镜，瞄准该棱镜并测量进行定向，用其他点进行检核。

1）碎部点测量：进入前视点测量子菜单，将已知图根点作为碎部点进行测量，检核测量数据与已知数据是否一致，确认各项设置正确后，方可开始测量碎部点。领尺员指挥跑尺员跑棱镜，观测员操作全站仪，并输入第一个观测点的点号，按测量键进行测量，以采集碎部点的坐标和高程，然后依次测量其他碎部点。

2）绘草图：测量员每观测一个地物点，绘图员都要标注出所测的地物，并记下所测点的点号。

8.3.3　GNSS 数据采集

实时动态测量（Real-time Kinematic），简称 RTK。RTK 技术是全球卫星导航定位技术与数据通信技术相结合的载波相位实时动态差分定位技术，包括基准站和移动站，其基本原理是在基准站安置一台 GNSS 接收机，对 GNSS 卫星进行连续观测，并将其修正数据通过无线电传输设备实时地发送给移动站；在移动站位置，GNSS 接收机接收卫星信号的同时，也接收通过基准站传输过来的修正数据，实时地计算并显示用户观测站的三维坐标及精度。GNSS-RTK 数据采集的基本操作过程：基准站架设与设置、移动站架设与设置、新建工程、求参校正、数据采集和文件输出等。

1. 基准站架设与设置

(1) 基准站位置选择　为了更好地观测环境，基准站一定要架设在视野开阔、周围环境空旷、地势较高的地方。

(2) 基准站架设

1）将接收机设置为基准站内置电台模式。

2）安置好三脚架，用测高片固定好基准站接收机（如果架设在已知点上，要用基座固定并进行严格的对中、整平），打开基准站接收机。

(3) 启动基准站　第一次启动基准站时，需对启动参数进行设置，设置步骤如下：

1）用蓝牙连接主机，使用手簿上的"工程之星"（安卓版）App 连接基准站。

2）单击"配置"→"仪器设置"→"基准站设置"按钮（主机必须是基准站模式）。

3）对基准站参数进行设置（一般的基准站参数设置只需设置差分格式，其他使用默认参数），设置完成后单击"启动"按钮，会提示基准站启动成功。

4）单击"配置"→"仪器设置"→"电台设置"按钮，设置电台通道，选择相应的电台通道发射。

2. 移动站架设与设置

(1) 移动站架设　确认基准站发射成功后，即可开始架设移动站。步骤如下：

1）设置接收机为移动站电台模式。打开移动站主机，将其固定在对中杆上，安装 UHF

差分天线。

2）将手簿托架安置在对中杆合适的位置。

（2）移动站设置　移动站架设好后需要对移动站进行设置才能达到固定解状态，步骤如下：

1）用蓝牙将手簿与移动站连接。

2）单击"配置"→"仪器设置"→"移动站设置"按钮（主机必须是移动站模式），设置移动站。

3）对移动站参数进行设置，一般只需要设置差分数据格式，选择与基准站一致的差分数据格式即可。

4）单击"配置"→"仪器设置"→"电台通道设置"按钮，将电台通道切换为与基准站电台一致的通道号，移动站获得固定解后，即设置完毕。

3. 新建工程

在确保蓝牙连通和收到差分信号后，开始新建工程。单击"工程"→"新建工程"按钮，弹出"新建工程"对话框，输入工程名称，单击"确定"按钮，弹出"坐标系统设置"对话框，在对话框中输入坐标系统名称，选择目标椭球，单击"设置投影参数"右侧的"高斯投影"按钮，弹出"投影方式"对话框，输入投影参数（最重要的是输入当地中央子午线，其他一般按默认），单击"确定"按钮后系统返回"坐标系统设置"对话框，其他参数默认都是关闭的，再单击"确定"按钮，系统弹出"确定将该参数应用到当前工程？"提示，单击"确定"按钮即可。

4. 求参校正

要将 GNSS 测量的 WGS-84 坐标转换为我国国家坐标系或地方坐标系坐标，需要求确定两种坐标系的转换参数，有七参数和四参数两种，需根据测区范围的大小和地形情况选择合适的方法。这里介绍适合小地区的四参数求取方法。

"工程之星"App 提供了两种求取参数的方法：一种方法是利用控制点坐标库，即在未校正的情况下用接收机先采集两个或两个以上已知点的 WGS-84 坐标，再打开控制点坐标库依次输入相同点在两套坐标系统内的坐标，软件就会自动计算出四参数并给出点位精度；另一种方法是利用校正向导的多点校正方式，即输入控制点坐标后实时地读取当前点坐标，两个点及以上就可以求出四参数，保存后即可应用。这里介绍利用控制点坐标库求四参数的方法，步骤如下：

1）测量已知点的 GPS 原始坐标，等移动站的解状态为固定时，将仪器架设在两个或两个以上的已知点上，测量并保存其坐标，测量时注意修改点名、天线高和天线高类型。

2）测量完成后依次单击"输入"→"求转换参数"→"添加"按钮，弹出"增加坐标"对话框，在"平面坐标"下输入一个已知点的点名、北坐标、东坐标和高程；单击"大地坐标"右边的"更多获取方式"按钮，弹出"外部获取"选项，选择"点库获取"即弹出"坐标管理库"窗口，选择与刚输入已知坐标的已知点相匹配的 GPS 原始坐标，再单击"确定"按钮。至此，第一个已知点的两套坐标已添加完毕。按此方法依次增加其他已知点的两套坐标。

3）已知点的两套坐标增加完成并检查无误后单击"计算"按钮，系统自动计算并弹出"结果显示"对话框，查看计算出的参数，包括四参数及将大地高转换为正常高的高程拟合结果，还可查看比例尺，其值越接近 1 越好。再单击"确定"按钮，弹出"确定将该参数应用到当前工程？"提示，单击"确定"按钮即可，也可以到第 3 个已知点上测量检核。

5. 数据采集

将对中杆立在需要采集的碎部点上，单击"测量"→"点测量"按钮，当达到固定解状态时，单击"保存"按钮，进入界面后注意修改点名及杆高，所有信息确认无误后单击"确认"按钮即可。

6. 文件输出

外业采集数据完成后，需要将手簿中的数据传输到计算机，以便成图。在主界面单击"工程"→"文件导入导出"→"文件导出"→"选择要导出的数据格式"（如南方 CASS 数据格式）→"选择测量文件"→"输入成果文件名"（不能与工程名同名）按钮，单击"导出"按钮，然后手簿插入 SD 卡复制或连接计算机复制到计算机上，即可利用地形图成图软件进行数字地形图的成图工作。

8.4 施工测量基本知识

8.4.1 工程基本测设

1. 施工测量的内容与特点

（1）施工测量的内容　施工测量是建筑施工过程中至关重要的一环，它涉及对建筑物各个方面的尺寸、位置、形状等进行准确测量和控制。施工测量的目的是将图纸上设计的建筑物的平面位置和高程标定在施工现场的地面上，实现建筑施工过程中的有效管理和控制，确保建筑项目能够按时、按质、按量完成。施工测量的基本内容包括角度测量、距离测量和高程测量三个部分。

（2）施工测量的特点

1）施工测量的准确性要求高。施工测量涉及建筑物结构的大小、性质、用途、结构等精细信息，因此对于测量数据的准确性要求较高，尤其是对于高精度测量。

2）施工测量具有较高的实时性、动态性。施工过程中现场的地形、结构等都可能在不断变化，需要及时了解各项指标的变化情况，及时跟踪施工过程中的变化，实时监测与反馈，以便及时调整施工计划和措施。

3）施工测量与施工密不可分。施工测量是设计与施工之间的桥梁，贯穿于整个施工过程中，是施工的重要组成部分，施工测量的进度与精度直接影响着施工的进度和施工质量。

4）施工测量的环境较为复杂。施工现场各工序交叉作业、材料堆放、运输频繁、场地变动等，使施工环境较为复杂，需保护好测量标志，确保测量结果的可靠性和准确性。

2. 测设的基本工作

测设是根据设计图上待建建（构）筑物的轴线位置、尺寸及高程，算出建（构）筑物各特征点与控制点之间的距离、角度和高差等测设数据，以地面控制点为依据，将建筑物的特征点标定在实地上，以便施工。因此，无论测设对象是建筑物还是构筑物，测设的基本工作都是测设已知的水平距离、水平角和高程。此处只具体介绍前两种。

（1）测设已知水平距离　已知水平距离的测设，就是根据一个设计的起点、一条直线的已知长度和方向，在地面上标定终点，使起点与终点的水平距离为设计的长度。

1）一般方法。若测设已知距离 $AB=D$，线段的起点 A 和方向是已知的，如果要求以一般精度测设，则可在给定的测设方向上，根据给定的距离值，从起点用钢直尺丈量，测得线段的另一端点。同时为了进行检核，水平距离应往返丈量测设，往返丈量的较差若在限差范围内，则取平均值作为最后结果。

2）精确方法。当放样距离要求精度较高时，就必须考虑尺长、温度、倾斜等因素对距离放样的影响。放样时，可先用一般方法初步定出设计长度的终点，测出该点与起点的高差、丈量时的现场温度，再根据钢直尺的尺长方程式计算尺长改正数、温度改正数和高差改正数。

设 d 为欲测设的设计长度，在测设之前必须根据所使用钢直尺的尺长方程式计算尺长改正数、温度改正数和高差改正数，则应丈量的水平距离 d 为

$$d = d_0 - \Delta l_d - \Delta l_t - \Delta l_h \tag{8-32}$$

式中　Δl_d——尺长改正数；

Δl_t——温度改正数；

Δl_h——高差改正数。

（2）测设已知水平角　已知水平角的测设就是根据地面上一点及一个给定的方向，定出另一个方向，使得两方向间的水平角为设计的角值。

1）一般方法。设 OA 为地面的已知方向，β 为设计的角度值，OB 为待测设方向，如图8-42所示。测设时在 O 点安置经纬仪，瞄准 A 点，盘左时置水平度盘为 $0°00'00''$，转动照准部，使水平度盘读数为 β，在视线方向上标定 B' 点；盘右位置再测设 β 角，标定 B'' 点。由于测量误差的存在，B' 和 B'' 点不重合，取中点 B，则 $\angle AOB$ 即设计的角度值 β，OB 方向就是要标定于地面上的设计方向。

2）精密方法。当水平角测设的精度要求较高时，可以采用精密的测设方法，即采用多测回和垂距改正法来提高放样精度。其方法与步骤如下：

① 如图8-43所示，在 O 点根据已知方向线 OA，精准地测设 $\angle AOB$，使它等于设计角值 β，可先用全站仪按一般方法放出方向线 OB'。

② 用测回法对 $\angle AOB'$ 进行观测，取其平均值为 β'。

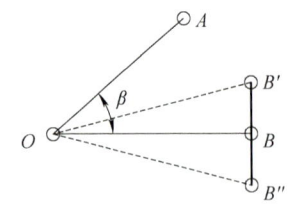

图8-42　水平角测设的一般方法 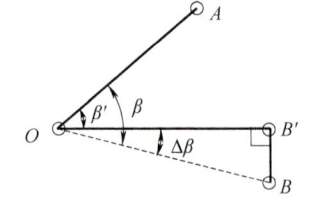　　图8-43　角度测设的精密方法

③ 计算观测的平均角值 β' 与设计角值 β 之差 $\Delta\beta$。

④ 设 OB' 的水平距离为 D，则需改正的垂距为

$$\Delta D = \frac{\Delta\beta}{\rho''} \times D \tag{8-33}$$

⑤ 过 B' 点作 OB' 的垂足并截取 $B'B = \Delta D$ 得到 B 点，则 $\angle AOB$ 就是要放样的水平角 β。

8.4.2 高程测设

已知高程的测设就是根据已给定的点的设计高程，利用附近已知水准点，在点位上标定出设计高程的高程位置。将设计高程在实地标定出来作为施工依据，是工程中竖向设计的主要工作。

1. 一般方法

如图 8-44 所示，已知水准点 R 和待测设高程点 A 的设计高程。在 R 与 A 之间安置水准仪，并分别立水准尺。根据后视读数 a 可得视线高程 $H_视 = H_R + a$，根据 A 点的设计高程 $H_设$，可计算出前视读数 $b = H_视 - H_设$。在 A 点木桩侧面，上下移动水准尺，直到水准仪在尺上的读数恰好等于 b 时，紧靠尺底在木桩侧面画一横线，即设计高程的位置。

2. 高程传递法

若待测设高程点的设计高程与附近已知水准点的高程相差很大，如当测设较深的基坑标高或测设高层建筑物的标高时，只用标尺已无法放样，此时可借助钢直尺将地面水准点的高程传递到坑底或高楼上。

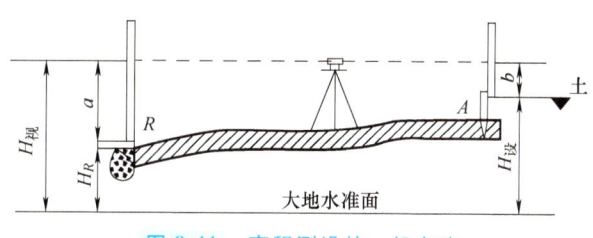

图 8-44 高程测设的一般方法

如图 8-45 所示，将地面水准点 A 的高程传递到基坑临时水准点 B 上，在坑边的杆上倒挂经过检定的钢直尺，零点在下端并挂 10kg 的重锤，在地面上和坑内分别安置水准仪，瞄准水准尺和钢直尺度数，读取读数 a、b、c 和 d，则坑底临时水准点 B 的高程为

$$H_B = H_A + a - (c - d) - b \tag{8-34}$$

同理，可将地面水准点 A 的高程传递到高层建筑物上，如图 8-46 所示。高层建筑物上任一临时水准点的高程为

$$H_{Bi} = H_A + a + (c_i - d) - b_i \tag{8-35}$$

图 8-45 高程下传

图 8-46 高程上传

8.4.3 地面点位置测设

将图纸上设计的建筑物平面位置测设于实地上，实质是将建筑物的各特征点（各转角点）在地面标定出来作为施工依据。测设时应根据施工控制网的形式，控制点的分布，建

筑物的形状、大小、测设精度要求和施工现场的条件等，选择合理适当的测设方法。

根据设计点位与已有控制点的平面位置关系，结合施工现场条件，测设点的平面位置的方法有直角坐标法、极坐标法、角度交会法和距离交会法。

1. 直角坐标法

直角坐标法的实质是用已知坐标差测设点位，根据建筑方格网或矩形控制网测设，该方法具有准确、快捷的特点。如图 8-47 所示，已知某车间矩形控制网四个角点 A、B、C、D 的坐标，以及矩形车间四个角点 1、2、3、4 的设计坐标，现以根据 B 点测设 1 点为例，说明其测设步骤：

1）计算 B 点与 1 点的坐标差：$\Delta x_{B1} = x_1 - x_B$，$\Delta y_{B1} = y_1 - y_B$。

2）在 B 点安置经纬仪或全站仪，瞄准 C 点，沿该方向丈量 Δy_{B1} 得 E 点。

3）将仪器安置于 E 点，瞄准 C 点，盘左、盘右位置两次向左测设 90°角，在两次平均的 E_1 方向上，丈量 Δx_{B1} 得车间角点 1。

4）同样方法，可从 C 点测设点 2，从 D 点测设点 3，从 A 点测设点 4。

5）检查矩形车间的四个角是否等于 90°，各边长度是否等于设计长度。如果误差在设计范围内，则测设合格。

2. 极坐标法

极坐标法是根据水平角和水平距离测设地面的平面位置的方法。当施工控制网为导线时，常采用极坐标法进行放样，特别是当控制点与测量点距离较远时，用全站仪进行极坐标放样非常方便。

如图 8-48 所示，测设前根据施工控制点或导线点及测设点的坐标，反算出已知方向和测设方向的坐标方位角 α_{AB} 和 α_{AP}，反算出测设的水平距离 D_{AP}，由坐标方位角计算测设的水平角，即 $\beta = \alpha_{AP} - \alpha_{AB}$。

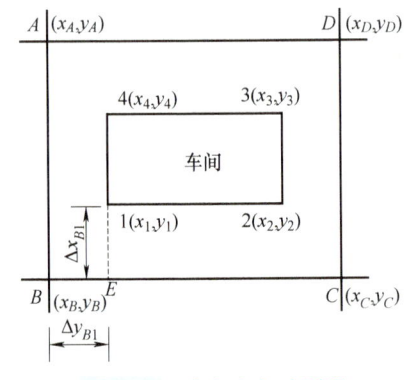

图 8-47　直角坐标法测设

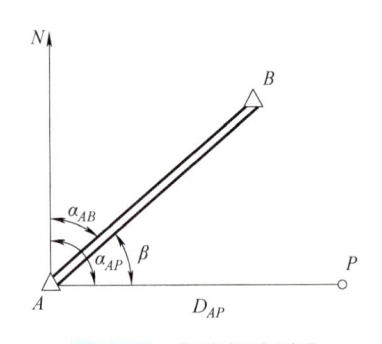

图 8-48　极坐标法测设

在控制点 A 安置仪器，测设 β 角以确定 AP 方向，沿该方向丈量水平距离 D_{AP} 可确定 P 点的位置。各点测设后，按设计建筑物的形状和尺寸检核角度和长度，若误差在允许范围内，则测设合格。

3. 角度交会法

角度交会法是用两个水平角测设点位，适用于量距困难地区。为避免出错，必须有第三个方向进行检核，如图 8-49 所示。A、B、C 为 3 个已知控制点，P 为已知设计坐标的待测设点，该方法的测设过程如下：

（1）计算放样数据

1）坐标反算，求 AP、BP、CP、AB、BC 边的坐标方位角。

2）由相应的坐标方位角计算测设数据，即水平角 β_i。

（2）外业测设

1）分别在 A、B、C 三点架设经纬仪，依次以 AB、BA、CB 为起始方向，分别测设水平角 α_1、β_1 和 β_2。

2）通过交会概略定出 P 点的位置，打一木桩。

3）在桩顶平面上精确放样，具体方法：由观测者指挥，在木桩上定出 3 条方向线，即 AP、BP、CP。

4）理论上这 3 条线应交于一点，由于放样存在误差，形成了一个误差三角形，当误差三角形内切圆的半径在允许误差范围内时，取内切圆的圆心作为 P 点的位置。

此外，为提高交会精度，交会角应在 30°~150° 之间，最好接近 90°。

4. 距离交会法

距离交会法适用于边长较短且便于量距的地区。如图 8-50 所示，由已知控制点 A、B、C 测设房角点 1、2，先根据控制点的已知坐标和房角点的设计坐标，反算出其测设数据，即水平距离。从已知点测设计算距离，相应两距离的交点即测设点；再量取两测设点间的距离与设计长度比较，作为检核。

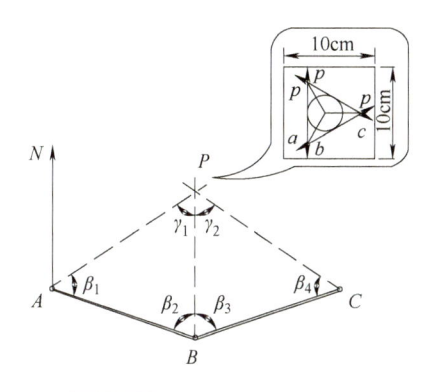

图 8-49 角度交会法示意图

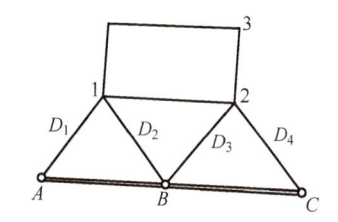

图 8-50 距离交会法示意图

8.5 建筑施工测量

8.5.1 概述

各种工程建设都要经过规划设计、建筑施工、运营管理等几个阶段，每个阶段都要进行有关的测量工作，在施工阶段和运营初期阶段进行的测量工作称为施工测量。

施工测量的目的是把图纸设计好的建筑物、构筑物的平面位置和高程，按设计要求以一定精度测设到地面上，作为施工的依据，并在施工过程中进行一系列的测量工作。

1. 施工测量的内容

施工测量的主要工作是测设点位，又称为施工放样。施工测量贯穿整个建筑物、构筑物的施工过程中。从场地平整、建筑物定位、基础施工、室内外管线施工到建筑物、构筑物的构件安装等，都需要进行施工测量。工业或大型民用建设项目竣工后，为便于管理、维修和扩建，还应编绘竣工总平面图。有些高层建筑物和特殊构筑物，在施工期间和建成后，还应进行变形测量，以便积累资料，掌握变形规律，为今后建筑物、构筑物的维护和使用提供资料。

2. 施工测量精度的基本要求

施工测量的精度取决于建筑物或构筑物的大小、材料、用途和施工方法等因素。一般情况下，高层建筑物的测设精度应高于低层建筑物，钢结构厂房的测设精度高于钢筋混凝土结构厂房，装配式建筑物的测设精度高于非装配式建筑物。

另外，建筑物、构筑物施工期间和建成后的变形测量，关系到施工安全，建筑物、构筑物的质量和建成后的使用维护，所以变形测量一般需要有较高的精度，并应及时提供变形数据，以便做出变形分析和预报。

3. 施工测量的原则

为了保证各个时期建设的各类建筑物、构筑物位置的正确性，施工测量应遵循"由整体到局部、先控制后碎部"的原则，首先建立统一的平面和高程控制网，并以此为基础，测设各建筑物和构筑物的细部。

4. 准备工作

施工测量应建立健全测量组织、操作规程和检查制度。在施工测量之前，应先做好下列工作：

1）仔细核对设计图，检查总尺寸和分尺寸是否一致，总平面图和大样详图尺寸是否一致，不符合之处应及时向设计单位提出，进行修正。

2）实地踏勘施工现场，根据实际情况编制测设详图，计算测设数据。

3）检验和校正施工测量所用的仪器和工具。

8.5.2 施工建筑定位

无论哪种建筑物，都是由若干条轴线组成的，其中一条为主要的轴线，通常称其为主轴线，在建筑场地上，只要确定了主轴线的位置，那么也就确定了建筑物的位置。因此建筑物的定位实际上也是建筑物主轴线的测设。建筑物的定位是指根据测设略图将建筑物外墙轴线交点（简称角桩）测设到地面上，并以此作为基础测设和细部测设的依据。由于定位条件的不同，建筑物的定位有以下三种方法。

（1）根据控制点的坐标定位　在建筑现场附近，如果存在测量控制点，则可以利用这些控制点的坐标及建筑物定位点的坐标，通过逆向计算标定角度和距离。然后使用极坐标法或角度交会法进行定位测量。

（2）根据建筑物方格网定位　在建筑场地上，如果已经建立了建筑方格网，并且设计建筑物的轴线与方格网线平行或垂直,那么可以利用直角坐标法进行角桩测设。

(3) 根据与既有建筑物的关系定位　根据与既有建筑物的关系定位。如图 8-51a 所示,Ⅰ是既有建筑物、Ⅱ是待建建筑物。现欲将待建建筑物的外墙轴线 MN 测设于地面,其步骤如下:首先,将既有建筑物外墙面边线 CA、DB 向外延长一段距离 a(通常为 2~4m),得到新的点 A'、B',确保 $AA'=BB'$。然后在 A' 点安置经纬仪,瞄准 B' 点,在 $A'B'$ 的延长线上根据总平面图给定的建筑物间距 1 及 MN 的尺寸,测设出 M'、N' 点。接下来,将经纬仪移至 M' 点,瞄准 A' 点,测设 90°角,并沿此方向测量距离 a,再加上待建建筑物外墙轴线与外墙面之间的距离,得到 M 点。同样的方法可以通过 N' 点得到 N 点。最后,进行 MN 的距离检测,确保其值与设计长度的相对误差不超过 1/5000。

(4) 根据道路中心线测设建筑物的主轴线　设计图上如果提供了待建建筑物与道路中心线的位置关系数据,那么建筑物的主轴线可以根据道路中心线来确定。通常情况下,建筑物的主轴线与道路中心线相平行或垂直。在测设过程中,首先要确定道路中心线,然后根据待建建筑物与道路中心线之间的关系来确定建筑物的主轴线,如图 8-51b 所示。

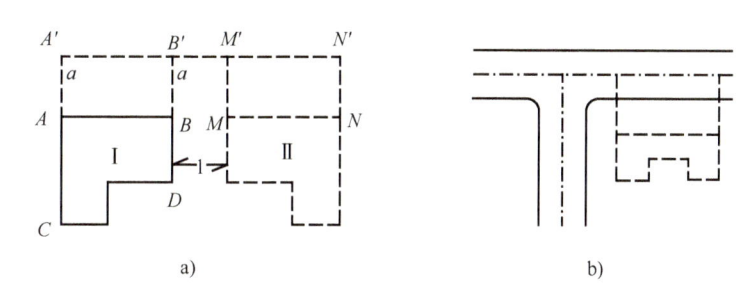

图 8-51　建筑定位
a) 根据与既有建筑物的关系定位　b) 根据道路中心线测设建筑物的主轴线

8.5.3　施工建筑轴线投测

在建筑物施工测量中,关键问题包括控制垂直度、水平度及轴线尺寸的偏差,尤其对于多层建筑而言,确保建筑物各层的轴线位置准确无误至关重要。为了实现这一目标,需要根据轴线控制桩(或轴线标志)将轴线引向各层楼面,同时根据设计图要求,传递各层的标高信息,为各层的放线和施工提供依据。

1. 砖混结构建筑物轴线的投测

砖混结构建筑物轴线的投测方法一般有吊线法、经纬仪投测法和激光铅垂仪投测法。

(1) 吊线法　吊线法是一种常用的建筑物轴线投测方法,它使用吊垂球来确定建筑物轴线的位置。具体做法是将吊垂球的尖端对准基础面或墙底部的已标记的轴线位置,当吊垂球静止不动时,其垂直线和尖端应位于竖直线上。在这个位置上标记轴线位置,通常是在上一层楼面边缘处。在确定轴线位置后,还需要检查各轴线之间的关系,确保符合设计要求。吊线法的吊垂球的质量应该根据吊线的高度来选定。这种方法操作简单方便,不受场地条件和设备限制。然而在投测时,如果遇到风力较大或建筑物较高的情况,可能会受一定的误差影响。

使用吊线法时应注意以下四点：

1）首层地面设置的控制基准点的定位必须十分精确。并应与房屋轴线位置的关系尺寸定至毫米整数。经校核无误之后，才可在该处制定桩位，并定出基准点，且应很好保护。

2）挂吊线锤的细钢丝必须在使用前进行检查，应无曲折、死弯和圈结；当使用尼龙细线时，应选用能承受住线锤质量、受力后伸长度不大的线类。

3）当层数增多后，挂吊线锤时应上下呼应，可用对讲机，或用手电筒光亮示意。上部移动支架时要缓慢进行，避免下部线锤摆动过大而不易对中准确。

4）大风大雨天气不宜进行竖向传递，如果工程进展急需，则在顶上应采取避雨措施，事后应进行再次检查校核，一旦有误差还可以及时纠正。

（2）经纬仪投测法　如图8-52所示，用经纬仪投测轴线的具体方法如下：

1）将经纬仪安置在轴线控制桩上，用盘左照准基础边缘标出的轴线标志，抬高望远镜，在上一层楼板边缘上标出m_1点。

2）用盘右按上述操作定出m_2点，若m_1、m_2点之间的限差在规定范围内，则取其平均值m_0作为上一层轴线一端的最后标志。

3）按1）、2）项同样的操作方法，得上一层轴线的另一端点的标志n_0，则m_0、n_0点连线即上一层的轴线。

4）按1）、2）、3）项操作，得建筑物上一层的基础轴线。最后用钢直尺丈量各轴线间的距离，以资检核。

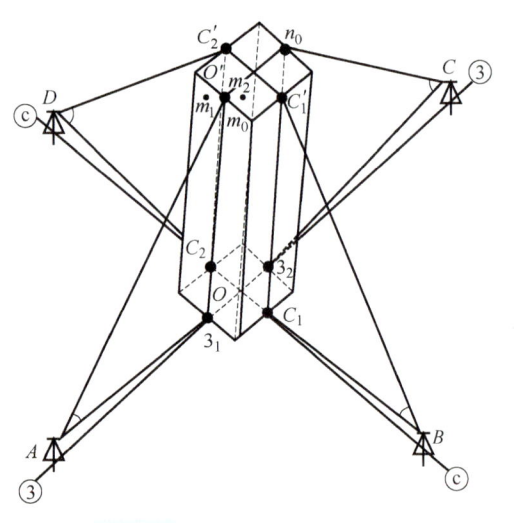

图 8-52　经纬仪投测法示意图

经检查无误后，就可根据这些轴线放样出砌筑中线、边线和门洞等位置。

按上述方法投测轴线时，每条轴线都需设站，当建筑物轴线较多时，投测工作量较大，且费时、费事。为减少投测工作量，可只投测建筑物的主轴线，如纵、横轴线，即按前述操作方法，将主轴线投测到上一层楼板面上。主轴线经检核合限后，在主轴线的基础上，根据设计图的尺寸和几何关系，再放样出其他轴线和砌筑中线、边线及门洞位置。

注意事项：用这种方法投测轴线时，应注意以下两点：

① 合理选择投测主轴线，所选主轴线应具有代表性和控制作用，尽量选择较长的轴线为主轴线，如纵、横轴线等。

② 当两条主轴线相交时，要正确定出两条主轴线的交点，以方便后续放样。定交点的方法可采用正倒镜投点法或其他切实可行的方法，最后要检核主轴线间的几何关系和尺寸。

（3）激光铅垂仪投测法　如图8-53所示，为了把建筑物的平面定位轴线投测至各层上，每条轴线至少需要两个投测点。根据梁、柱的结构尺寸，投测点距轴线500～800mm为宜。为了使激光束能从底层投测到各层楼板上，在每层楼板的投测点处需要预留孔洞，洞口大小一般在300mm×300mm左右。

306

采用激光铅垂仪进行轴线传递时,应注意以下事项:

1)激光束必须穿过地面的楼板,因此施工支模预留孔洞的大小必须考虑放置靶标盘的尺寸,以确保能够容纳靶盘,并且不要太大,以免放置靶盘时出现困难。为此,预留的孔洞应设计成倒锥形状,以便在施工完成后填补。在施工期间,可以用大的木板盖住孔洞,以确保施工现场的安全。

2)靶标应选择半透明的材料,这样可以在其上形成光斑,以便在楼面上的人可以清晰看见。靶标应该制成 5mm 方格网的形式,这样当光斑居中时,就可以按线引导至孔洞口,作为形成楼面坐标网的依据。

3)需要检查和复核楼面传递点形成的坐标网与首层的坐标网的尺寸和关系是否一致。如果发现任何差错或误差,必须立即找出原因,并进行纠正,以确保测量精度和工程质量。

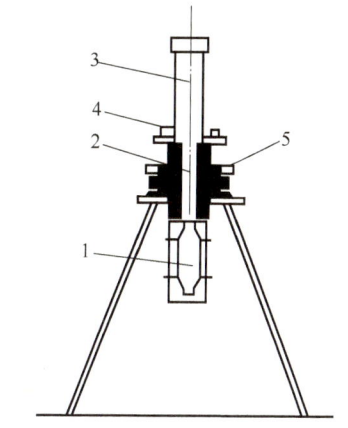

图 8-53 激光铅垂仪投测法示意图
1—氦氖激光器 2—竖轴 3—发射望远镜
4—水准管 5—基座

4)当高层建筑施工至五层以上时,应结合沉降观测的数据,检查沉降是否均匀。这样做是为了避免不均匀的沉降导致传递误差。

5)每一层的传递工作应由一个作业班完成,并在完成后由质检员等相关人员进行复核。只有在确认无误后,才可以进行楼面放线工作。

6)每层的传递工作都应有相应的测量记录,并及时整理成资料保存。这样做可以方便以后的查阅、总结和研究。整个工作完成后,这些记录可以作为档案保存和归档。

2. 框架结构建筑物轴线的投测

框架结构建筑以梁和柱作为主要承重构件,对于这种建筑物的轴线投测,可以直接通过柱子来传递轴线。投测方法可以采用吊线法和经纬仪法,操作方法与砖混结构建筑物轴线的投测基本相同。

在使用吊线法或经纬仪法投测出轴线标志后,应在柱面上弹出轴线(通常这也是柱的中线),作为向上传递轴线的依据。在支立柱子模板(俗称装盒子)时,将模板套在下层柱顶的搭接头上,并根据下层柱面已弹出的轴线严格定位。使用吊线法或经纬仪法检查模板的位置和垂直度。在混凝土浇筑过程中,要控制柱子的垂直度。拆模后,仍然需要投测轴线并在柱面上弹出轴线,以确保建筑结构的精准度和稳定性。

8.5.4 施工建筑高程测设与传递

高层建筑施工要由下层楼面向上层传递高程,以使上层楼板、门窗、室内装修等工程的标高符合设计要求。楼面标高传递误差不得超过±5mm,高程传递偏差允许值查相关规定。

1. 高程的上下传递

参考 8.4.2 小节。

2. 高程传递的方法

常用的高程传递方法有以下四种。

（1）利用皮数杆传递高程　首先，需要在建筑现场选择一个或多个高程基准点，通常是由测量工程师根据设计要求和实际情况确定的固定位置点。然后，从基准点处设立皮数杆，标明起始高程，一般设为±0.000。根据设计图和标高要求，确定各个构件（如门窗、楼板、过梁等）的标高。其次，使用测量工具在每个构件位置处设立皮数杆，并标明相应的标高信息。底层建筑物砌筑完成，并在底层设立皮数杆并标明了各构件的标高后，就可以从底层的皮数杆开始，逐层往上传递高程到各楼层。这包括将皮数杆沿建筑物的垂直方向一层一层地连接起来，并确保每个楼层上的皮数杆位置正确，且标明相应的标高信息。在连接每根皮数杆时，需要仔细检查下层皮数杆的位置和标高是否正确。如有偏差，需要及时进行调整和校正，确保传递的高程准确无误。

（2）利用钢直尺直接丈量　如果标高进度要求较高，可以使用钢直尺沿着某一墙角自±0.000标高处起直接丈量并传递高程。随后，根据传递上来的高程，在每个楼层上立皮数杆，作为该层墙体砌筑、门窗、过梁，以及室内装修、地坪抹灰等工作的标高控制依据。通过这种方法，可以直接丈量并传递高程，快速准确地确保建筑各部分的标高位置，满足标高进度要求。

（3）水准仪高程传递法　也称为悬吊钢直尺法。在此方法中，水准仪用于测量高程，数据读取工具使用钢直尺代替水准尺。通过悬吊钢直尺，从底部向上逐层传递高程信息。

具体做法如图8-54所示，在建筑物的基准点或起始高程处，使用水准仪测量基准点的高程，然后将钢直尺悬挂在水准仪上，用于读取高程数据。随后，将钢直尺沿着建筑物的垂直方向一层一层地悬吊，并读取每层的高程信息。这样可以将高程信息从底部逐层传递到建筑物的顶部。在传递高程的过程中，需要确保钢直尺的悬挂和读取操作准确无误，并根据测量结果及时调整和校正。通过悬吊钢直尺法，可以在高层建筑物中快速准确地传递高程信息，确保建筑物各部分的高程位置符合设计要求。

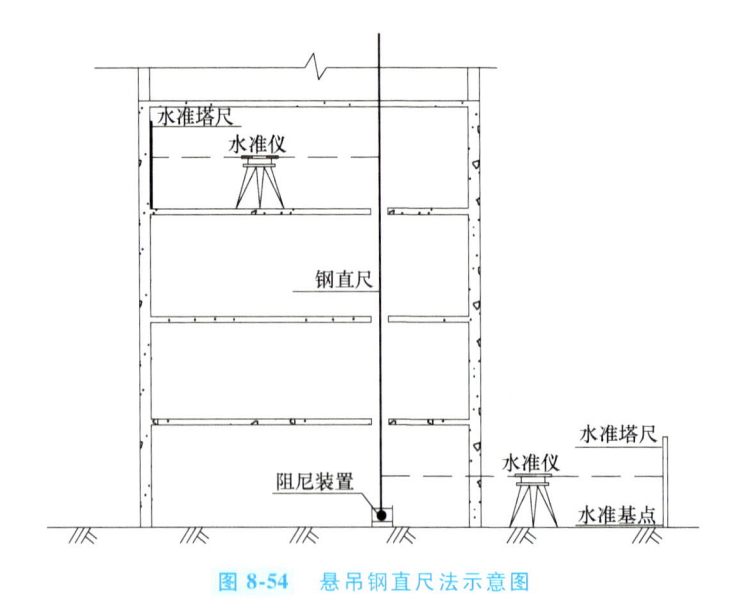

图8-54　悬吊钢直尺法示意图

（4）全站仪天顶测高法　首先，利用高层建筑中的传递孔或电梯井，在底层的高程控制点上安置全站仪，并置平望远镜（天顶距为0°或90°）。在需要传递高程的层面的传递孔上安置反射棱镜，通过全站仪测得仪器横轴至棱镜横轴的垂直距离。其次，将仪器高加上测得的距离，再减去反射棱镜到棱镜横轴的距离（即镜常数），即可得到两层间的高差。根据这个高差，可以计算出测量层面的标高。最后，将测得的标高与设计标高进行比较，做必要的调整。通过这种方法，可以利用高层建筑物中的传递孔或电梯井快速准确地传递高程信息，为建筑施工和后续工程提供准确的高程控制。

8.5.5 施工测量在城市地下空间中的应用

随着城市化进程的加快和土地资源的日益紧张，城市地下空间的开发利用成为现代建筑工程的重要方向。地下空间不仅包括地下停车场、地铁、地下商业设施，还涉及地下管线的布设与维护等方面。在这一过程中，建筑施工测量作为确保建设工程质量与安全的重要手段，发挥着不可或缺的作用。

1. 城市地下空间的特点

城市地下空间相较于地上空间具有以下几个显著特点：

1）复杂的环境条件：城市地下空间通常面临水位变化、土壤性质多样等复杂环境条件。

2）受限的施工空间：由于城市地下空间的封闭性，施工操作受到限制，且作业人员的安全是首要考虑的问题。

3）高技术要求：地下施工需要使用先进的测量仪器和技术，以提高精确度和效率。

2. 建筑施工测量应用于城市地下空间的基本原理

（1）测量基准的建立　在城市地下空间的施工中，需要建立一个准确的控制网和基准点，以确保测量的准确性和一致性。测量基准通常分为高程基准和平面基准。

1）高程基准：高程基准是城市地下空间施工中的关键要素，通过水准测量确定地下结构的绝对高度。设置稳定的高程控制点，可为后续的地下结构施工提供必要的高度参考。

2）平面基准：平面基准是指在水平面上设定的控制点，这些控制点可以通过全站仪、GPS等设备进行精确测量与定位，为不同构件的放置提供依据，为后续施工提供参照。

（2）测量工具的选择　常用的城市地下空间工程施工测量的工具如下：

1）全站仪：一种集光学测量与电子计算于一体的高精度测量工具，用于获取三维坐标数据，广泛应用于地下结构的定位。

2）激光扫描仪：能够快速获取地形和结构的三维数据，为设计与施工提供可靠依据，在地下设施的细节捕捉和现状监测中发挥着重要作用。

3）水准仪：负责测量高差，确保地下空间构造的水平与垂直精度。

4）GNSS接收器：GNSS可以在大范围内提供高精度的位置信息，在地下空间施工中，特别是在大型地下空间施工项目中，GNSS可用于基线测量与位置的确定。

5）地下探测仪：如地质雷达、超声波探测器等，用于探测地下物体、管线和其他结构，帮助获取地下空间的信息，避免施工过程中对已有设施的损坏。

3. 具体应用

（1）地下室施工测量　在地下室的施工中，准确的测量可以保证各个构件的位置和尺寸符合设计要求。地下室施工测量的主要应用如下：

1）基坑开挖监测：实时监测基坑深度和边坡稳定性，确保施工安全。

2）结构定位：通过全站仪进行混凝土浇筑前的定位，确保柱、梁等结构构件的精准放置。

（2）地铁工程的测量　地铁工程的测量更是对技术和精度提出了极高的要求，主要包括：

1）隧道纵向控制：使用激光测距仪测量隧道的控制线，确保隧道的线型与设计一致。

2）埋设管线的精确定位：在隧道施工中，需要确保各种管线的准确位置，避免后期维护时出现问题。

（3）地下管线的布设与监测　在城市地下管线的布局中，施工测量起着基础性作用。

1）管线走向的测量：借助全站仪和 GPS 技术，确保管线的埋设路径符合规划设计。

2）定期监测：对已埋管线进行定期测量，监测其变形和位移，确保城市供水、排水等系统的正常运行。

8.6　测绘新技术

8.6.1　GNSS 技术

1. GNSS 技术概述

全球导航卫星系统（GNSS）是一个广义术语，它涵盖了所有的卫星导航系统，这些系统提供自主的地理空间定位服务。这些系统包括美国的全球定位系统（GPS）、俄罗斯的全球导航卫星系统（GLONASS）、欧洲的 Galileo 和中国的北斗卫星导航系统。

2. GNSS 的工作原理

（1）GNSS 的信号组成　GNSS 卫星发射的信号主要包括三个核心组成部分：伪随机码（PRN）、导航电文和载波信号。伪随机码是一种特定的代码序列，用于区分不同卫星的信号。导航电文包含有关卫星的轨道数据、系统时间和健康状态等重要信息，这些信息对于位置计算至关重要。载波信号则承载了伪随机码和导航电文，它的相位和频率变化用于精确测量距离。

北斗：想象无限

（2）信号精度　参见 8.3.3 小节。

3. 全球 GNSS 系统

（1）GNSS 系统介绍

1）GPS：由美国研发，其空间段由 24 颗工作卫星与 4 颗备用卫星组成，24 颗卫星均匀分布在 6 个轨道平面内，卫星的轨道高度为 20200km。GPS 的卫星轨道设计使得在任意时刻、地球上任意位置，可见卫星不少于 6 颗，最多可以看到 15 颗卫星。GPS 系统具有成熟的技术和广泛的应用范围。其定位精度高，技术成熟，性能稳定，军用精度最高，信号覆盖范围广，适用于各种领域的导航需求。但在某些高纬度地区或高楼大厦密集区域，GPS系统可能存在多径效应或信号遮蔽的问题，导致定位精度下降。

2）GLONASS：由俄罗斯研发，包括24颗卫星，分布在3个轨道，每个轨道上有8颗卫星，轨道高度约为19100km。在俄罗斯及周边地区具有较强的覆盖能力，能够提供优质的导航服务。其与GPS系统互补，抗干扰能力强，定位精度高，高纬度地区使用更佳。但在全球范围内的覆盖相对较弱，可能在某些地区出现信号弱或不稳定的情况。

3）Galileo：由欧盟研发，目的是建立一个独立于美国GPS系统的全球导航卫星系统。预计部署完成时将由30颗卫星组成。卫星分布在3个轨道平面上，轨道高度为23222km。Galileo提供商业服务和免费服务，其中商业服务提供更高的精度，定位精度高于GPS。

4）北斗：由中国研发，最初为区域覆盖，随后发展为全球覆盖。北斗导航系统由32颗中圆地球轨道卫星、12颗地球静止轨道卫星和12颗倾斜地球同步轨道卫星，共56颗卫星组成，拥有地球静止轨道、中轨道和地球倾斜轨道三个轨道。可提供全球定位服务，并在亚太地区提供增强服务，具有较高的定位精度。

（2）多系统定位及意义　随着GNSS市场的发展，各主要系统之间的整合变得日益重要。现代接收器通常支持多系统定位，这意味着它们能够同时接收并处理多个GNSS系统的信号。多系统定位具有以下意义：

1）提高精度：使用多个系统可以提高定位的精度和可靠性。

2）提高定位可用性：在某些地理位置或不良天气条件下，单一系统的卫星可能不足以进行精确定位，而多系统整合可以提高定位的可用性。

3）提高稳定性：依赖多个系统可减少对单一系统的依赖，提高整体的系统稳定性和抗干扰能力。

4. GNSS的应用与挑战

（1）GNSS常见的应用　从智能手机的定位服务到互联网和灾害预警系统，GNSS可应用于各种领域。无人驾驶、智慧城市、精准农业和灾害预警等领域也将GNSS作为其系统的重要组成部分。以下是GNSS应用的几个例子：

1）GNSS技术在农业中用于精确定位农作物的种植位置，实现变量施肥和播种，降低成本，减少化肥和农药的使用，提升农业的可持续性。

2）在地震、洪水或火灾等自然灾害中，GNSS技术用于救灾行动的快速部署，精确定位受灾区域和安全路线，为救援行动提供关键信息。

3）GNSS是实现无人驾驶车辆精确导航的关键技术之一，它与车载传感器和视觉系统相结合，确保车辆在道路上的安全行驶。

4）GNSS技术在智能城市的布局中起着重要作用，包括城市规划、基础设施管理、环境监测和市民服务。

（2）GNSS面临的挑战　GNSS技术在为全球用户提供精确的定位和导航服务的同时面临多种挑战，包括信号在大气中的延迟、地面反射造成的多路径效应、信号遮挡导致的定位不准确，以及电磁干扰等导致的信号失真，这些挑战需通过技术创新、多频信号、融合技术和系统增强来克服。

8.6.2 RS 技术

1. RS 技术概述

（1）RS 的定义 遥感（Remote Sensing，RS）的历史可以追溯到 19 世纪，当时主要通过热气球进行航空摄影。进入 20 世纪，随着飞行技术的发展，航空摄影成为重要的遥感手段。至 20 世纪末，随着空间技术的突飞猛进，卫星遥感成为主流，大量专门的遥感卫星被发射升空，这些卫星搭载的先进传感器能够持续监测地球的各种变化。到了 21 世纪，随着技术的不断发展，遥感数据的分辨率和采集频率都有了显著提升，数据处理技术的进步也使得我们能够从这些数据中提取出更加复杂和精细的信息。遥感技术的发展为我们理解和保护这个星球提供了前所未有的支持。

遥感是指不直接接触目标对象即可对其进行观测和测量的技术。这通常涉及安装在卫星或飞机上的传感器，用于收集关于地球表面和大气的各种数据。遥感技术可以捕捉到从可见光、红外线到雷达等多种波长的信息，这些信息经过分析后可以用于地质调查、气象预报、环境监测等多个领域。

（2）RS 的重要性 遥感的优势在于其图像范围广，能够将地球视为一个整体，在短时间内获取海量的空间信息，并且可以提取更深层次的信息，如矿产资源状况、农林病虫害状况、土壤状况、农作物长势监测与估产、大气成分含量监测、水质状况监测等。

2. 遥感平台及传感器

（1）遥感平台的分类 遥感平台是指搭载传感器的运载工具，按照高度可分为地面平台、航空平台和航天平台三大类。每类平台都有其独特的优势和适用的观测范围。

1）地面平台：通常包括安装在地面或近地面的传感器，如地面站或移动车辆上的遥感设备。其空间分辨率高，可以获得极为详细的地表信息；不受云层遮挡影响，可以进行持续观测；维护成本相对较低，适用于定点长期监测。例如，气象站的地面气象传感器进行气象观测、地震监测站用来观测地壳运动和环境监测站跟踪空气质量等。

2）航空平台：指固定翼飞机、直升机或无人机等，搭载各种遥感设备在空中飞行进行数据收集。其比航天平台更灵活，可以按需调整飞行路径；分辨率高，适合做局部详细的地表或目标研究；可以低空飞行，不受卫星轨道限制。常常应用于精准农业领域，利用多光谱传感器监测作物健康；用于地形测绘，利用航空摄影获取高分辨率的地表图像；用于灾害评估，利用飞机快速获取受灾区域的图像，为救援提供数据支撑与帮助。

3）航天平台：指轨道卫星，它们在数百到数千千米的高空轨道上运行。其能够提供全球范围的数据，适合大尺度的观测；大多数卫星都有一定的重访周期，可以定期获取同一区域的数据；根据不同的遥感卫星和传感器，分辨率可以从几十米到几千米不等。常应用于气候变化研究、大范围地表覆盖变化监测、海洋和大气研究、全球环境监测等。

（2）遥感传感器 遥感传感器是遥感技术的核心组成部分，它们能够感知和记录地球表面的各种物理量和能量，包括辐射、热量、电磁波等。常用的遥感传感器有光学传感器、雷达传感器和多光谱传感器。

3. 遥感技术的应用与挑战

伴随着遥感技术的迅速发展，当今的遥感技术已逐渐走向成熟且在多个领域内发挥重要作用。在资源管理、生态保护和灾害评估等领域发挥了重要的作用，表 8-11 为遥感技术应用实例。

表 8-11 遥感技术应用实例

应用实例	具体流程
土地使用	通过分析多时相的卫星图像，可以监测和评估土地覆盖变化，如城市扩张、耕地变化和森林砍伐等。这有助于政府和规划者制定更有效的土地管理政策和城市规划
水资源管理	遥感数据可以用来监测河流、湖泊和水库的水位变化，评估干旱情况和水质问题。例如，利用遥感技术可以监测蓝藻水华的发生并预测其发展趋势，以采取及时的水质管理措施
救灾规划	遥感数据可以帮助救援团队了解受灾地区的最新地形和交通状况，有效规划救援路线和分配救援资源
灾害损失评估	通过分析灾害前后的卫星图像，可以快速确定受灾范围和程度，如洪水淹没区域、地震破坏的建筑物和飓风影响的地区

8.6.3 无人机技术

1. 无人机技术概述

（1）无人机的定义　无人航空载具（Unmanned Aerial Vehicle，UAV）或称无人飞行器系统（Unmanned Aircraft System，UAS），俗称无人机，广义上为不需要驾驶员登机驾驶的各式遥控飞行器。无人机可以通过遥控器操作，或者通过预设的飞行计划进行自主飞行。

（2）无人机技术的重要性　无人机技术的重要性在现代社会已经显著体现，其广泛的应用改变了许多行业的工作方式，无人机能在许多传统需要人力执行的高风险任务中提供安全有效的替代方案。

2. 主要类型及构造

（1）无人机的分类　无人机可以根据设计类型、尺寸、用途等进行分类，见表 8-12~表 8-14。

表 8-12 按设计类型分类

名称	详细参数
固定翼无人机	这类无人机具有传统飞机的外形，依靠机翼产生升力并通常需要跑道来起降。固定翼无人机能够携带更重的荷载和长时间在空中飞行，适用于长距离和大范围的任务
多旋翼无人机	多旋翼无人机是最常见的类型，通常有四个、六个或更多的旋翼。这种类型的无人机操控简单，适用于进行精密操作和静止空中的任务，如航拍和监测
垂直起降无人机	垂直起降无人机结合了固定翼和多旋翼无人机的特点，可以垂直起降同时拥有较长的飞行距离和时间。这使得垂直起降无人机非常适用于需要快速响应和远程操作的任务

表 8-13 按尺寸分类

名称	详细参数
微型无人机	空机质量小于 0.25kg。操作简单，适用于室内或狭小空间的任务
轻型无人机	空机质量不超过 4kg 且最大起飞质量不超过 7kg。具备符合空域管理要求的空域保持能力，全程可以随时人工介入操控

（续）

名称	详细参数
小型无人机	空机质量不超过 15kg 且最大起飞质量不超过 25kg。操作相对简便，广泛用于商业、科研和娱乐
中型无人机	最大起飞质量不超过 150kg 的无人驾驶航空器。可携带更重的荷载，适合进行复杂的商业和军事任务
大型无人机	最大起飞质量超过 150kg 的无人驾驶航空器。通常用于军事领域，能够执行长时间、长距离的飞行任务，如侦察和攻击

表 8-14 按用途分类

名称	详细参数
商业无人机	用于农业、建筑、地理信息系统数据收集、电影制作等商业活动
民用无人机	包括个人娱乐、竞赛和教育用途的无人机
军事无人机	用于侦察、监视、目标定位和攻击等军事目的

（2）无人机系统的组成　无人机系统主要由飞行器部分、传输部分和地面站部分组成。无人机主要由机身、动力系统、飞控系统和荷载等构成。传输部分主要包含传输的几种模块。地面站部分主要包含接收器、PC 端及遥控器。这些组件相互配合，使无人机能够实现自主飞行和执行各种任务。无人机系统的组成如图 8-55 所示。

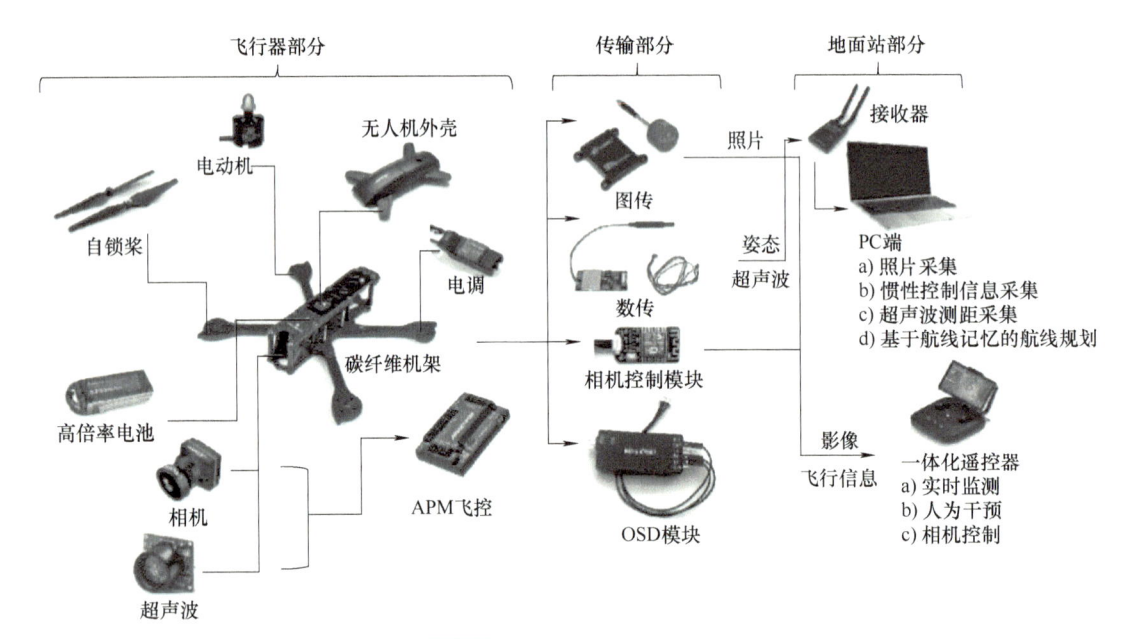

图 8-55　无人机系统的组成

3. 无人机在测绘领域的应用

无人机技术与 3S［遥感（Remote Sensing，RS）、地理信息系统（Geographic Information Systems，GIS）、全球定位系统（Global Positioning Systems，GPS）］的结合提供了一种强大的工具，用于数据收集、分析和位置确定，广泛应用于多个领域。这种集成应用带来了显著的效率提升和操作灵活性。以下是一些具体的应用示例。

（1）城市规划与管理　无人机用于监控城市扩展、交通流量和基础设施项目的进展，提供实时数据支持城市规划。无人机收集的数据可以用于更新城市地理信息系统，帮助规划者和决策者进行更有效的城市规划和资源分配。无人机用于对历史建筑和遗址进行三维建模和监测，评估保护状态，规划修复工作。

（2）隧道及桥梁检测　传统的地铁、铁路和汽车隧道检测，需要检测人员深入隧道内部，采用人工排查的方式确认是否有裂痕或漏水等异常情况。无人机搭载高清相机和激光雷达等检测设备，可以采集隧道内高精度的图像数据并生成三维模型，以供随时调取查看。无人机可通过相机、激光雷达等控制设备完成桥梁底面、柱面及横梁等结构面的拍摄取证，同时还可以进行桥梁整体的三维建模，通过模型来测算桥梁的外在结构，供专业人员分析桥梁状态，及时发现险情，可极大减轻桥梁维护人员的工作强度，提高桥梁检测的维护效率。

8.6.4　LiDAR 技术

1. LiDAR 技术概述

（1）LiDAR 的定义　LiDAR（光检测与测距）技术的历史可以追溯到 20 世纪 60 年代初。LiDAR 最初用于大气物理和气象学领域，用于测量云层的高度和其他大气参数。随着技术的发展，其应用领域逐渐扩展到了地理信息科学、地质学、林业、环境监测、军事和民用领域。

LiDAR 是一种遥感技术，利用激光脉冲对地面或其他目标进行高速、高精度的测距和映射。这种技术利用激光脉冲被目标反射后返回传感器所需的时间来计算距离，从而获得目标的精确位置信息。根据这些测量数据，LiDAR 系统能够生成精细的三维地形图或其他类型的详细空间模型。

（2）LiDAR 的重要性　LiDAR 系统可以迅速获得大量精确的三维位置信息，广泛应用于 GIS、测绘、自动驾驶汽车、地质学、林业和环境管理等多个领域。LiDAR 技术由于提供高精度、高分辨率的测量数据的能力，已成为现代遥感和精确测量不可或缺的工具。这项技术的历史背景和其在多个领域中的广泛应用，预示着它将继续在未来的科技创新中扮演重要的角色。

2. LiDAR 的常见分类

LiDAR 技术由于其广泛的应用性和不同的操作环境需求，可以根据扫描方式、工作性质、扫描原理、工作介质和荷载平台进行分类。在测绘领域，通常按照荷载平台进行分类（表 8-15）。每种类型的 LiDAR 系统都有其独特的功能和优点，可以根据具体的应用需求选择合适的系统。通过这些高级的测量技术，LiDAR 为多个行业提供了前所未有的精度和效率。

表 8-15　按荷载平台分类的 LiDAR

名称	功能
机载激光雷达	机载激光雷达通常安装在飞机或无人机上，用于从空中对地面进行高精度、高分辨率的三维扫描。这种类型的 LiDAR 能够覆盖广泛的地区，适用于大规模的地形测绘、森林监测、洪水建模及城市规划等应用

（续）

名称	功能
车载激光雷达	车载激光雷达装置安装在地面车辆上，可以在移动中对周围环境进行详细的三维扫描。这种 LiDAR 常用于道路和桥梁的检测、高速公路管理及城市基础设施的详细测绘。车载 LiDAR 系统能够提供非常高的数据密度和精确度，适合于需要详尽道路网数据的城市规划和管理
地基激光雷达	地基激光雷达通常安装在三脚架上，用于从固定位置对周围环境进行高分辨率的扫描。这种 LiDAR 广泛用于建筑和文化遗产的三维数字化、事故现场的复原及地质学应用。由于其超高的精度，地基 LiDAR 适合于任何需要精细测量的场合
星载激光雷达	星载激光雷达安装在卫星上，能够对地球表面进行大范围的扫描。这种 LiDAR 用于全球范围内的环境监测、气候变化研究，以及林地和冰盖的变化监测。星载 LiDAR 可以提供不受天气影响的稳定数据，对全球变化的长期监测尤其重要
SLAM	SLAM LiDAR 系统用于同时进行定位和地图构建，特别是在 GPS 信号不可用的室内环境或复杂的城市街道中。SLAM LiDAR 系统通过持续的环境扫描和处理，不断更新设备的精确位置和生成周围环境的详细三维地图。这种技术在自动驾驶车辆、机器人导航及增强现实应用中非常有用

3. LiDAR 技术原理及系统的组成

（1）LiDAR 技术原理　LiDAR 系统通过发射激光脉冲并测量从发射到被目标反射再返回接收器的时间来工作。这个时间差可以转换成距离，因为激光的传播速度是已知的。通过聚集成千上万个这样的距离测量点，LiDAR 能够生成高分辨率的地形、建筑物和植被的三维模型。图 8-56 所示为 LiDAR 技术原理示意图。

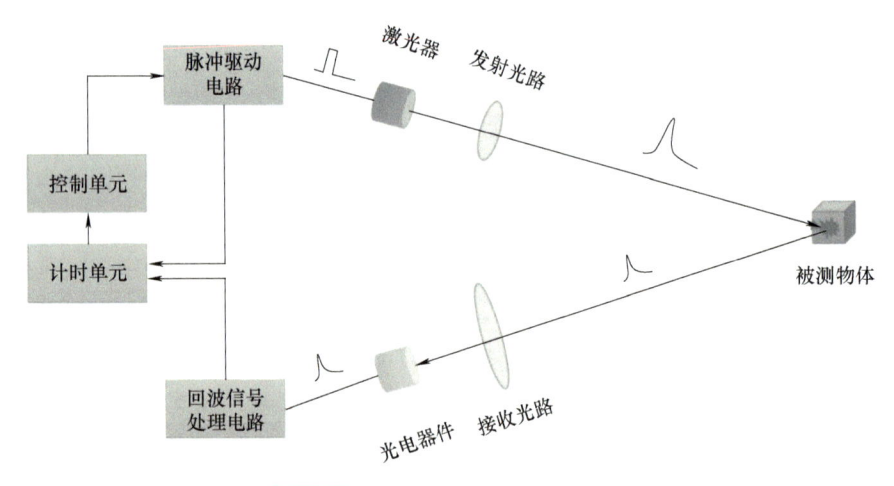

图 8-56　LiDAR 技术原理示意图

（2）LiDAR 系统的组成　LiDAR 系统主要包含激光发射器、扫描和光学系统、接收器、位置和导航系统及数据处理单元。激光发射器可产生用于测距的激光脉冲。扫描和光学系统可控制激光束的方向，以便能够覆盖广泛的区域并精确测量。接收器用于捕捉反射回来的激光脉冲，并将其转换为电信号。位置和导航系统通常包括 GPS 和惯性测量单元，用于确定 LiDAR 系统在空间中的精确位置和方向，从而精确地定位测量数据。数据处理单元通过分析接收到的数据，将时间差转换为距离，再结合位置和导航数据生成三维空间数据。

复习思考题

（1）简述水准测量的原理和方法。
（2）简述水准测量数据的内外业处理方法。
（3）简述水准测量误差的来源及消除方法。
（4）简述角度测量的基本原理。
（5）简述 DJ_6 型光学经纬仪的组成及操作方法。
（6）简述角度测量的内外业处理方法。
（7）角度测量的误差有哪些？怎么减小误差？
（8）简述距离测量的方法。
（9）简述控制测量的类型、目的及方法。
（10）简述 GNSS 控制测量的概念。
（11）简述 GPS 定位的方法。
（12）地形图的概念与分类有哪些？
（13）等高线的概念和特性是什么？
（14）简述施工测量的内容与特点。
（15）高程测设和高程传递的方法有哪些？

第9章 工程案例

9.1 概述

本章结合北京城市副中心站综合交通枢纽工程（以下简称"副中心枢纽工程"）项目，对智能监测与安全预控平台在实际工程中的应用进行论述。副中心枢纽工程选址于城市副中心核心区，西接北京中心城，东接廊坊北三县，集成3条城际铁路、3条铁路线路。建成后将依托京唐城际铁路和城际铁路联络线实现1h直达雄安新区、天津、唐山等地，0.5h内快速直通大兴国际机场、北京首都国际机场，并依托地铁6号线、平谷线、101线实现快速连通中心城区及副中心周边区域，形成对外交通与内部交通的高效衔接。

副中心枢纽站的地下主体工程建设内容包括2条城际铁路车站及区间工程（城际铁路联络线、京唐城际铁路）、3条轨道交通车站及区间预留工程（新建M22线、新建M101线、改造既有M6线车站）、枢纽配套接驳场站及地下联络道路工程、地下公共服务空间、市政配套设施、综合交通枢纽配套及周边配套道路与市政管线工程等其他工程。副中心枢纽工程轨道交通部分的效果图如图9-1所示，轨道交通工程为地下三层，整体埋深为32m，地下一层设有城际铁路和地铁进站厅；地下二层为城际铁路候车厅、车站厅；地下三层为城际铁路、市郊铁路和平谷线、地铁101线站台。结合该工程的建筑规模和建筑功能，采用BIM技术进行模型深化、更新、维护和成果交付都有严格的要求，提升BIM应用与智慧建造信息化水平尤显重要。

图 9-1 副中心枢纽工程轨道交通部分的效果图

9.2　工程智能建造应用场景

工程智能建造是一种崭新的工程现场一体化管理模式，是互联网+与传统建筑行业的深度融合。它充分利用移动互联网、物联网、人工智能（AI）、地理信息系统（GIS）、云计算、大数据等新一代信息技术，围绕人、机、料、法、环等各方面关键因素，彻底改变传统建筑施工现场参建各方现场管理的交互方式、工作方式和管理模式，为建设单位、施工企业、政府监管部门等提供工地现场管理信息化解决方案，图 9-2 所示为某智慧工地场景。

工程智能建造

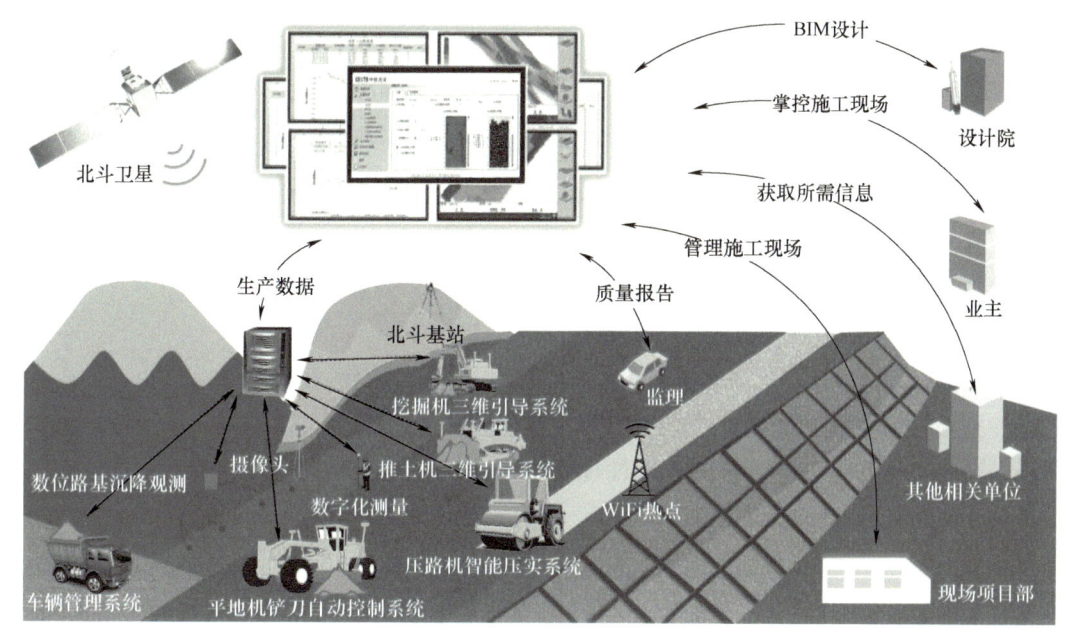

图 9-2　运用智能建造技术的智慧工地

9.2.1　工程 BIM 技术应用

BIM 技术在解决工程建设重难点方面具有天然的优势，利用 BIM 技术的三维可视性、可模拟性、可交互性等优势，对工程重难点进行多维度的模拟推演，从而制定最优解决方案。提升 BIM 信息的管理层级，即将目前管理微观层面建筑构件的 BIM 升级为管理建筑中观层面建筑功能的 BIM。以升级的 BIM 为数字孪生和地理信息系统（GIS）提供模型信息。真正将宏观 GIS 技术与微观 BIM 技术结合，实现从宏观到微观的管理落地。表 9-1 中列出了副中心枢纽工程中的部分重难点及相应的 BIM 解决方案。

表 9-1　副中心枢纽工程中的部分重难点及相应的 BIM 解决方案

项目部分重难点	基于 BIM 的解决方法
大型钢骨梁、柱节点质量控制	制作节点 BIM，采用 Tekla 软件优化节点做法，并采用图片、视频、动画等形式进行三维可视化交底，确保施工质量

319

(续)

项目部分重难点	基于 BIM 的解决方法
混凝土浇筑工程量控制	制作一次结构 BIM，可以快速筛选不同流水段、不同标号混凝土工程量，并且对脚手架支护方案、结构图进行优化，采用图片、视频等形式进行交底。在保证施工质量的前提下精细化管控混凝土浇筑
管线综合排布	建立全专业 BIM，结合管线综合排布原则，确保管线零碰撞，并且充分考虑后期维修空间及净高控制
综合支吊架应用	利用有限元分析软件，在保证安全的前提下，选取最经济的支吊架型钢规格
装饰装修工程	管线排布充分考虑精装单位对于净高的要求，合理优化管线路由，保证点位排布美观。精装模型对龙骨、墙地砖进行优化排布，优化间距及尺寸。达到节约工期、降低施工成本、提高工程质量的目的
多专业组织协调	利用 BIM 管理平台，共享 BIM，多方协同深化。对深化成果共同签认形成效力，保证深化成果最终落地应用
二次结构预留	根据管线综合排布，快速开洞，并合理优化洞口尺寸。摒弃剔凿传统粗放管理施工手段，打造精细化管理工程

9.2.2 设计阶段应用

1. 提供全新三维状态下可视化的设计方法

采用 BIM 技术进行设计，各个专业通过相关的三维设计软件协同工作，能够最大限度地提高设计速度。并且建立各个专业间共享的数据平台，实现各个专业的有机合作，提高图纸质量。图 9-3 所示为三维可视化设计过程。

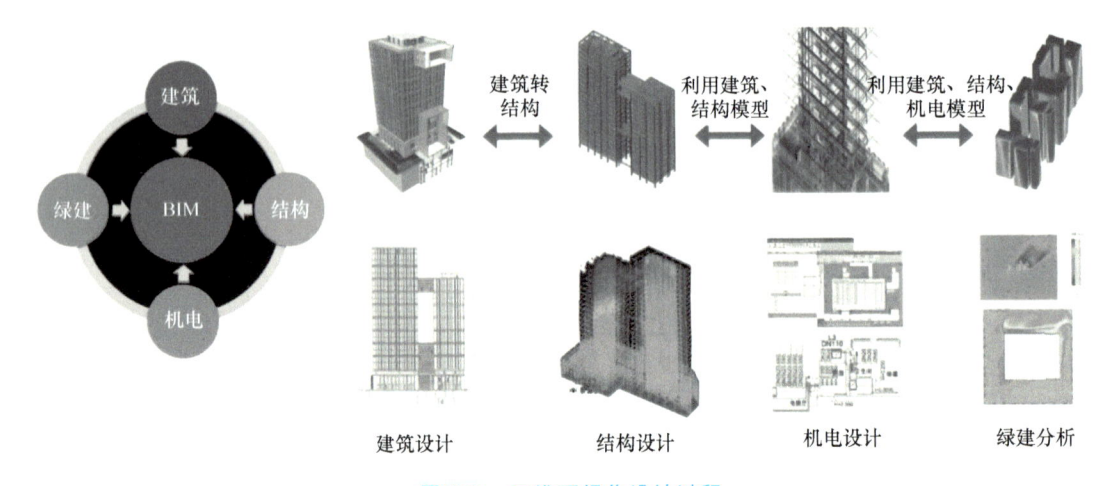

图 9-3 三维可视化设计过程

2. 在设计阶段方便、迅速地进行方案经济技术优化

采用 BIM 技术进行设计，专业设计完成后则建立起工程各个构件的基本数据；导入专门的工程量计算软件如图 9-4 所示，可分析出拟建建筑的工程预算和经济指标，能够立即对建筑的技术、经济性进行优化设计，达到方案选择的合理性。

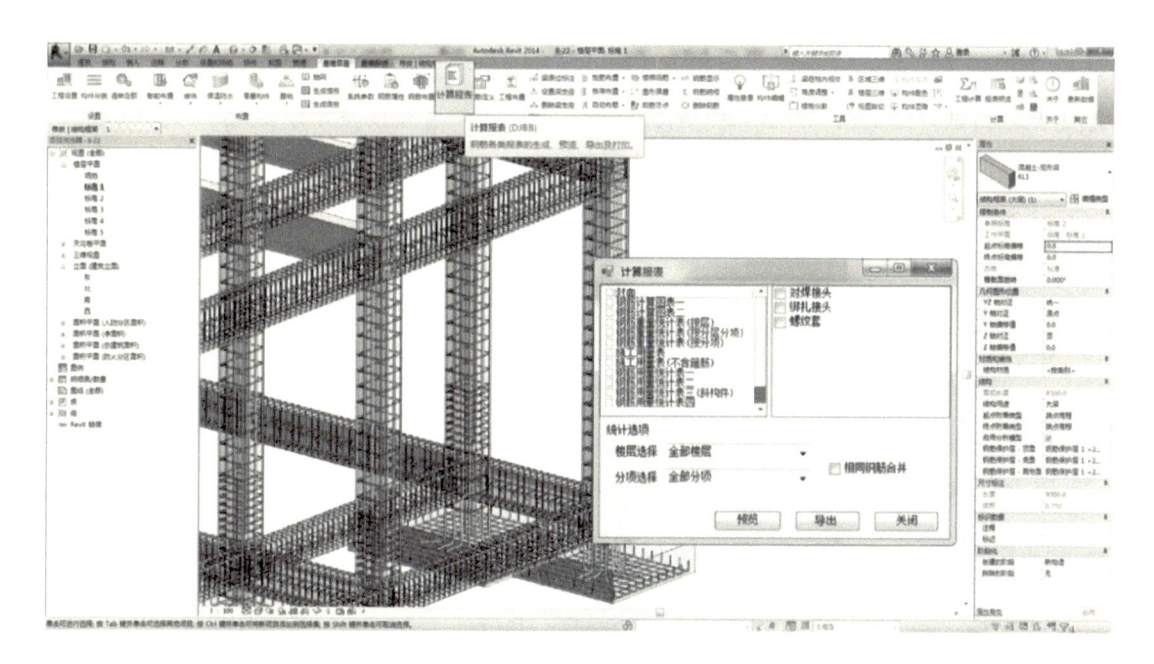

图 9-4　工程量统计分析

3. 实现可视化条件下的设计

BIM 可视化是一种能够同构件之间形成互动性和反馈性的可视，在 BIM 中整个过程都是可视化的，可视化的结果不仅可以展示为效果图及报表，更重要的是，项目设计、建造、运营过程中的沟通、讨论、决策都在可视化的状态下进行，如图 9-5 所示。在项目设计阶段，项目组可采用 Revit、Infraworks、Rhino、Navisworks 等三维软件直接建模并深化方案，为方案最终的决策起到重要作用。后期可对外观进行精细化建模，并赋予实际材质，借助虚拟现实技术实现沉浸式方案推敲，进一步保证方案效果。

图 9-5　可视化空间设计效果图

4. BIM+疏散模拟试验研究

将 BIM 直接导入疏散模拟软件中，再依据车站的客流人数分析、疏散线路、人流疏散行走速度等因素，分别模拟出入口、站台层等人员密集位置在发生紧急情况下人员疏散的情况，最后统计出疏散的总时间及每个出口、每个时间点疏散人数曲线图。此外还对进站闸机口的栏杆形式设置是否为活动的两种情况，分别模拟出疏散时间。人流疏散模拟如图 9-6 所示。

5. 三维数字化交底

轨道交通工程结构体系复杂，细部设计要求很高，常规二维图难以完全反映设计者的意图。借助 BIM 及施工模拟软件来提前展示方案的细部构造、施工顺序等内容，可以解决传统二维图详图复杂、注释标注繁多、人员识图困难等问题，减少设计信息传递中的衰减。图 9-7 所示为梁柱节点的模拟图。

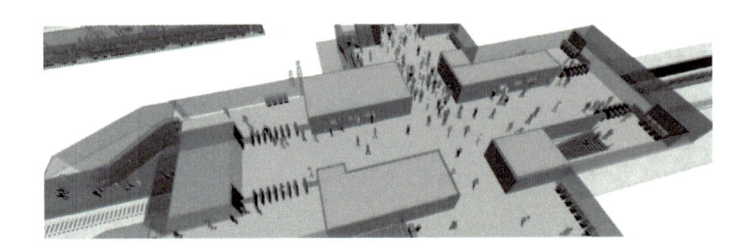

图 9-6　人流疏散模拟

图 9-7　梁柱节点模拟

6. 辅助资金平衡测算

利用 BIM 数据集成优势，实现快速的数据分析。例如，本工程根据枢纽内部功能界面进行拆分，并赋予不同运营方标签属性，通过 BIM 明细表功能编制计算公式，通过变换运营界面来快速得出各方的运营成本，最终通过宏观调配，实现各运营方物业成本及收益的平衡。

9.2.3　施工阶段应用

1. 深化设计与 BIM 漫游

施工深化设计以设计文件为主要依据，根据 BIM 数据建立和实际施工情况进行图纸深化（图 9-8）、模型深化、方案验证等工作，出具深化图纸及方案，并交付设计单位和建设单位确认后指导现场施工。

轨道交通工程施工前在施工图 BIM 的基础上完成各专业施工图的深化设计，如图 9-9 所示，包括结构深化、建筑深化、模型更新等，确保施工图深化设计的 BIM 成果与施工时使用的二维成果、内容及深度相一致。深化设计后的图纸应满足原设计技术要求，符合相关地域设计规范和施工规范。深化设计模型可用于施工阶段的模型综合、进度模拟、工程量统计、质量监控等各 BIM 执行内容。

将 BIM 导入 BIM 软件中进行漫游，如图 9-10 所示，利用第三视角等方式对工程分区、构造进行虚拟漫游，对美观性、管道路由合理性进行检查，并制作漫游动画。

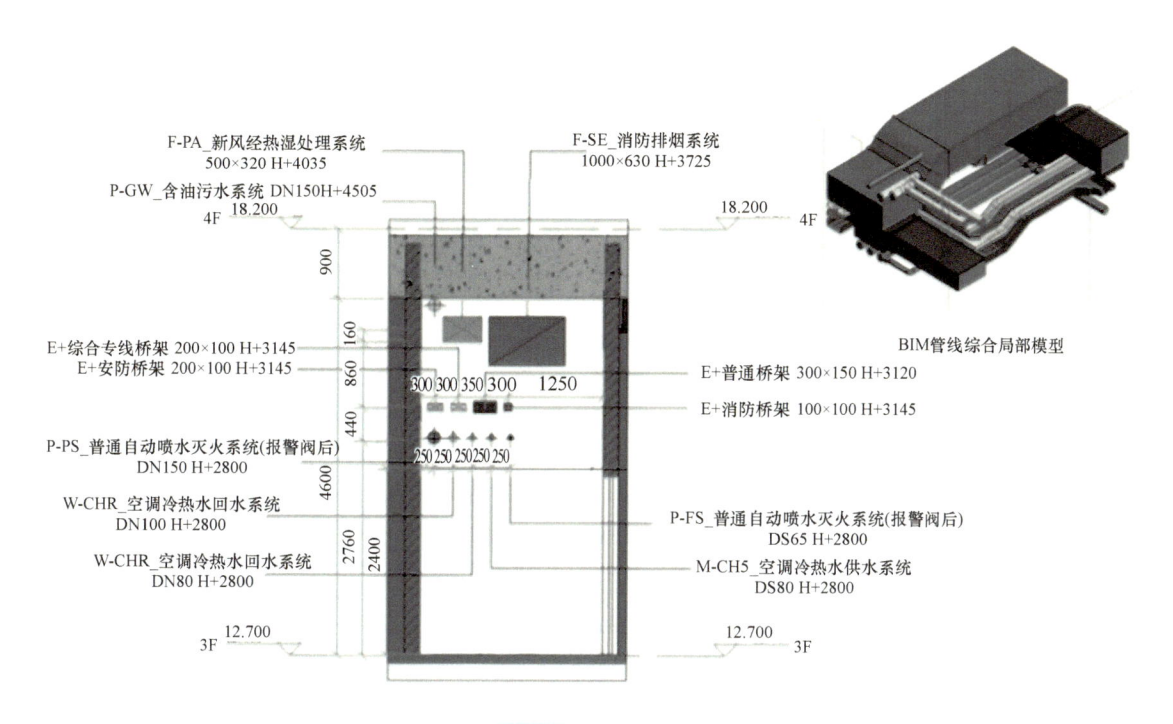

图 9-8　图纸深化

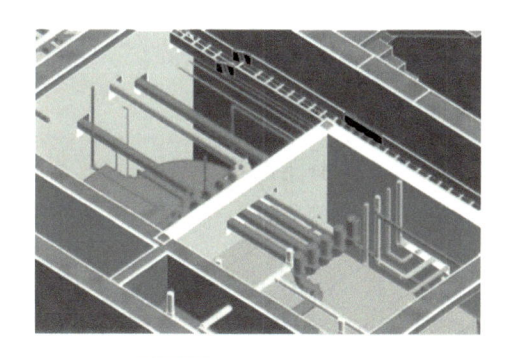

图 9-9　施工深化设计

图 9-10　BIM 漫游

2. 图纸会审及设计变更

利用 BIM 技术搭建各专业 BIM，进行可视化图纸会审，图纸问题一目了然，在施工前即可将因图纸缺陷而产生的问题解决，保证会审质量，为后期施工创造有利条件。利用 BIM 技术进行设计变更的验证工作，确保变更合理性，有效管理设计变更，并负责按设计变更及时更新 BIM，如图 9-11 所示，保证准确的竣工模型。

3. 场地分析与场地布置

通过 BIM 技术结合 GIS 技术，对场地及拟建的建筑物空间数据进行建模，迅速得出令人信服的分析结果，帮助项目在施工阶段评估场地的使用条件和特点，从而做出最理想的场地规划、交通流线组织关系、布局等关键决策。图 9-12 所示为航拍的施工现场，工程的场地布置与资源分配信息一目了然。

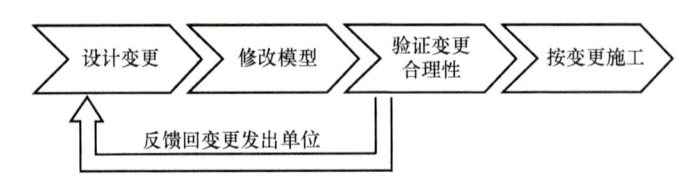

图 9-11 设计变更流程

图 9-12 施工现场无人机航拍

应用三维场地布置软件对场地进行数字化布置及校验，实现 1∶1 的模拟建造与漫游，如图 9-13 所示，综合建筑物、施工道路、临电、临水、起重机、施工电梯、加工区、材料堆放区等需求，根据不同施工阶段动态调整，保证场地布置的合理性和规范性。

4. BIM+三维地质建模

根据基坑钻孔数据，建立施工场地三维地质模型，与设计模型或深化设计模型进行结合，如图 9-14 所示，分析地质结构与施工阶段的关系，合理优化施工顺序，确保深基坑施工安全。

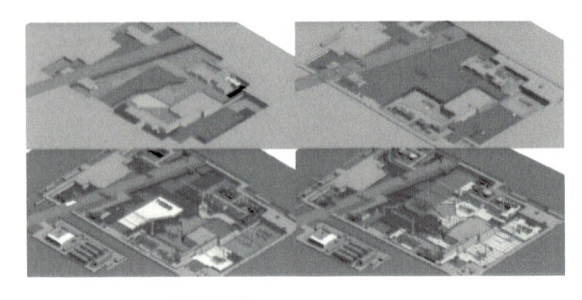

图 9-13 三维场地布置　　　　图 9-14 三维地质模型

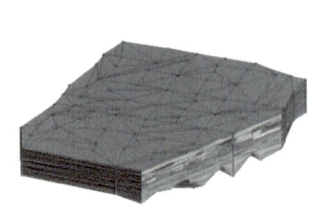

5. 施工模拟

技术人员利用 BIM 软件进行施工方案编制和优化，利用 BIM 可视化优势进行参数化交底，检查方案的不足，协助施工人员充分理解和执行方案。施工模拟如图 9-15 所示。

6. 工程量统计

运用施工深化设计的 BIM 成果，计算材料用量和不同阶段的工程量，如图 9-16 所示。

阶段性工程量为阶段性节点计划、人材机的配置、三量对比与分析提供依据。根据总工期要求和阶段性工程量制定阶段性节点计划，节点目标更易实现，用节点目标的完成保证总工期目标的实现；对阶段性"预算量、计划量、实际量"三量对比分析，对比材料使用节约和浪费情况，分析原因，查找不足，制定管控措施，保证后续节点材料节约可控，从而节省工程成本。

图 9-15　施工模拟

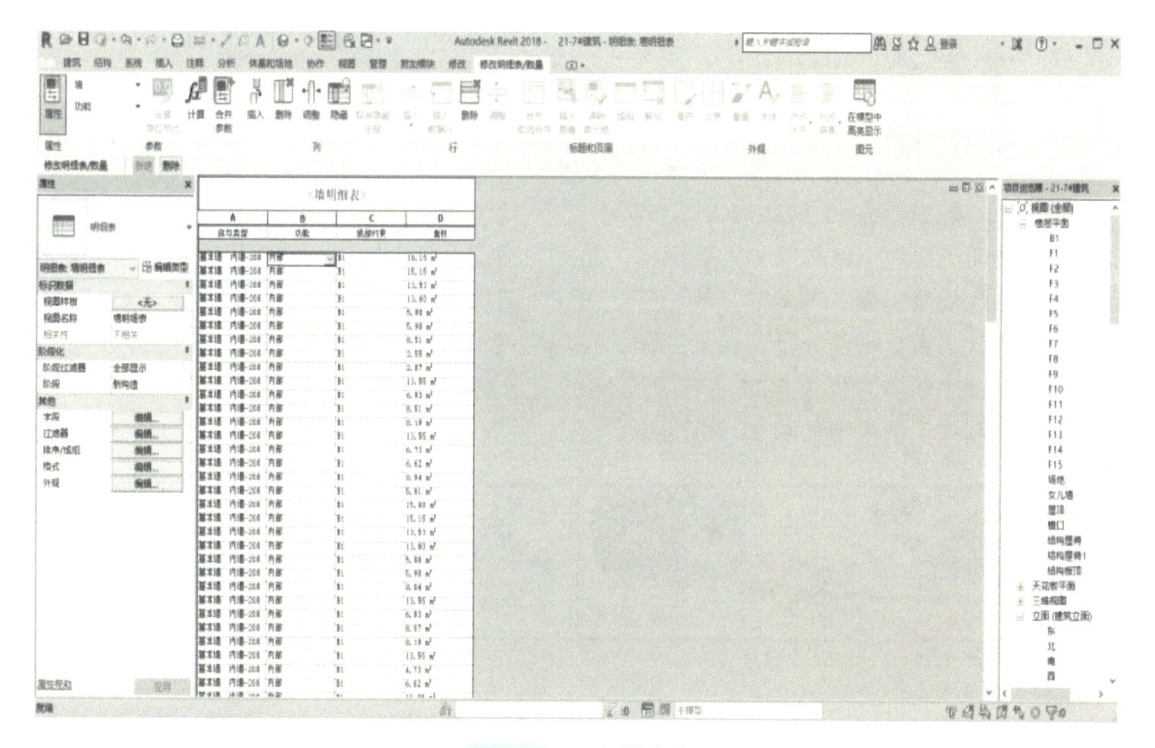

图 9-16　工程量统计

7. 钢结构深化

利用模型对钢结构进行深化设计，深化设计模型直接用于预制加工和指导现场安装。利用钢结构深化设计模型对劲性节点进行深化，并结合钢结构与土建检查部分进行施工深化及材料优化。钢结构深化如图 9-17 所示。

8. 机电深化

轨道交通工程部分区域内管线多、空间狭小，正式施工前，在建筑模型内建立二次结构、建筑墙面等模型，包含精准尺寸位置、构造形式等，与结构模型、管线综合后的机电模型进行链接绑定，利用碰撞检测功能消除各个专业的碰撞关系，对二次结构模型进行智能开洞，并对二次结构洞口进行二次深化，明确开洞位置，根据实际施工需求对复杂部位进行特殊处理，综合解决各专业工程技术管线布置及其相互间的矛盾，从全局出发，使各种管线布置合理、经济，最后将各种管线统一布置在管线综合平面图上，如图 9-18 所示，用于指导现场施工。

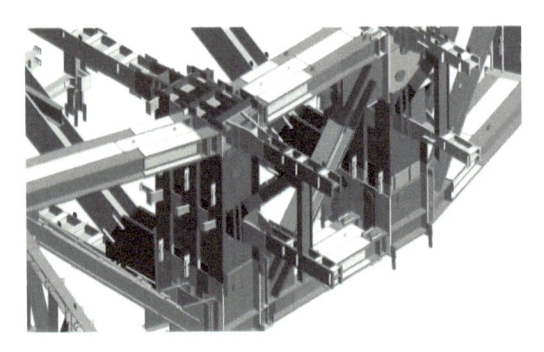

图 9-17　钢结构深化

图 9-18　机电深化

9.2.4　创新应用

1. BIM 辅助复杂劲性钢结构工程施工

轨道交通工程地下结构部分主要钢构件类型为钢管混凝土柱、劲性混凝土柱、剪力墙加劲暗柱、劲性混凝土梁、钢梁等，施工工艺复杂，工序众多。通过应用 BIM 技术对钢结构进行深化设计，贯穿构件分段、加工制作、现场安装、专业协调四部分内容，对焊缝考虑、构件端铣、加工制作等提供 BIM 三维模拟的解决思路，提高构件的组立精度和加工效率。钢构件加工制作工艺模拟如图 9-19 所示。

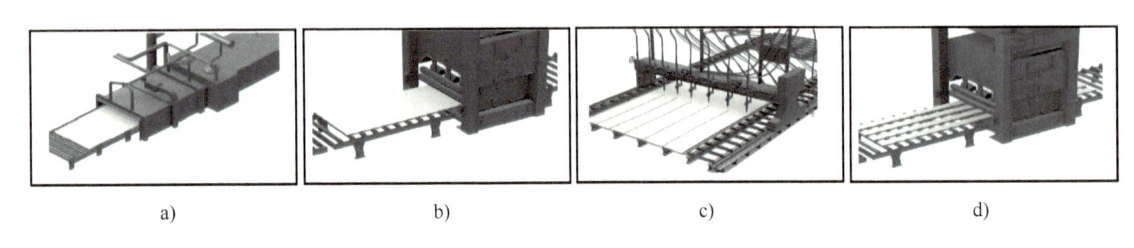

图 9-19　钢构件加工制作工艺模拟
a) 钢板预处理　b) 钢板矫平　c) 零件下料切割　d) 零件二次矫平

2. BIM+无人机倾斜摄影技术

利用无人机倾斜摄影技术定期对现场施工数据进行全视角记录，并对历次拍摄数据集成管理，如图 9-20 所示，形成时序性现场留存数据，用于进度汇报、方案交底、界面划分、分区管理责任落实、施工问题讨论等，解决传统情况下因没有实际数据而出现的各种问题。

3. BIM+三维激光扫描技术

随着三维激光扫描技术的发展，三维激光扫描作为一种先进的数字测量方式，不仅能高精度采集现场真实坐标数据，而且其提供的通用数据还可以作为后期规划、建模、精度分析、制图、资料存档、变形检测等工作的理想测量数据来源。除了能够提供高精度数字三维点云外，三维扫描仪还可以结合 SCENE 软件建立建筑物的三维模型。对后期建筑物的尺寸验证、形变分析、工程图的校正都有着重要意义，同时还能结合被扫描物的测量数据进行工程造价分析等。

三维激光扫描和 BIM 技术的综合应用，实现了快速测量、偏差计算、重点标注、系统交叉等，保证钢构、土建、机电的穿插施工。整个三维激光扫描过程包括现场勘察、制定扫描方案、扫描作业、后数据处理及提交报告几个步骤，各个阶段所需要完成的任务如图 9-21 所示。

图 9-20 倾斜摄影

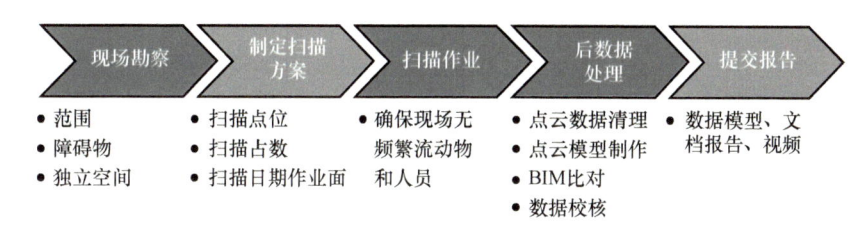

图 9-21 三维激光扫描流程

4. BIM+虚拟现实（VR）和增强现实（AR）技术

BIM+VR 漫游展示的优势在于项目技术人员在与实物 1∶1 的 BIM 中外接 VR 设备，各类技术人员和管理人员可以随意"进出"建筑的不同位置，查看各个构件的信息属性，解决了各参建方无法快速浏览项目信息和进度信息，以及工人不想看、看不懂、记不住的难题，使得各种技术交流和项目展示信息更全面、感受更直观、效果更好。同时应用 BIM+VR 进行进场工人体验式安全教育，通过对各种现场模拟体验，加深工人对安全教育的深刻理解，使安全责任意识深入人心，进一步筑牢安全防线，为安全生产打下坚实基础。图 9-22 所示为 BIM+VR 应用于施工现场。为实现移动端查看模型，其中图纸结合 AR 三维展示，可以提升图纸可读性、模型便携性、应用扩展性，如图 9-23 所示。

图 9-22 BIM+VR 应用于施工现场

图 9-23　AR 三维展示

9.3　信息技术与智能建设融合应用情况

应用物联网、人工智能、移动互联网、三维 GIS 等技术，搭建副中心枢纽工程安全生产智能化管控平台（简称安控平台），如图 9-24 所示，接入施工单位安全生产过程中安全数据信息，结合施工现场三维模型进行展现，对进场施工人员、风险管控和隐患排查信息、重大风险监控数据、安全管理人员巡查等方面进行安全监管，实现安全隐患动态监视、安全生产过程可视化监管、安全问题有效追踪、重大风险实时监视、异常事件及时预警、事故处理和应急救援流程化管理。通过构建安控平台，实现工程建设安全规范化、精细化管理，提高安全监管水平，构建完善的安全生产和应急救援保障体系，有效遏制安全事故发生，保障枢纽工程建设质量和安全。

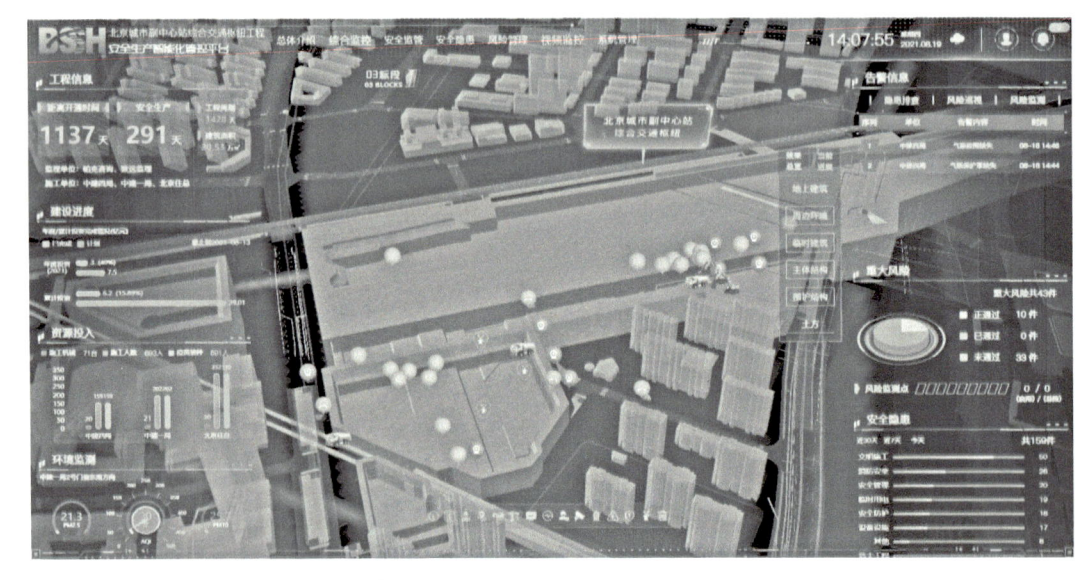

图 9-24　副中心枢纽工程安控平台

1. 安全文明施工管理

安全管理模块中高频使用的功能包括安全检查、安全动态记录、监理通知单、安全罚款单和安全工作联系单等。此模块可为项目管理人员提供安全巡检问题的影像记录，方便过程监督与事后追溯，对常见问题及风险源提前做到了然于心，将安全隐患消灭在萌芽状态。隐患处理流程状态如图 9-25 所示。

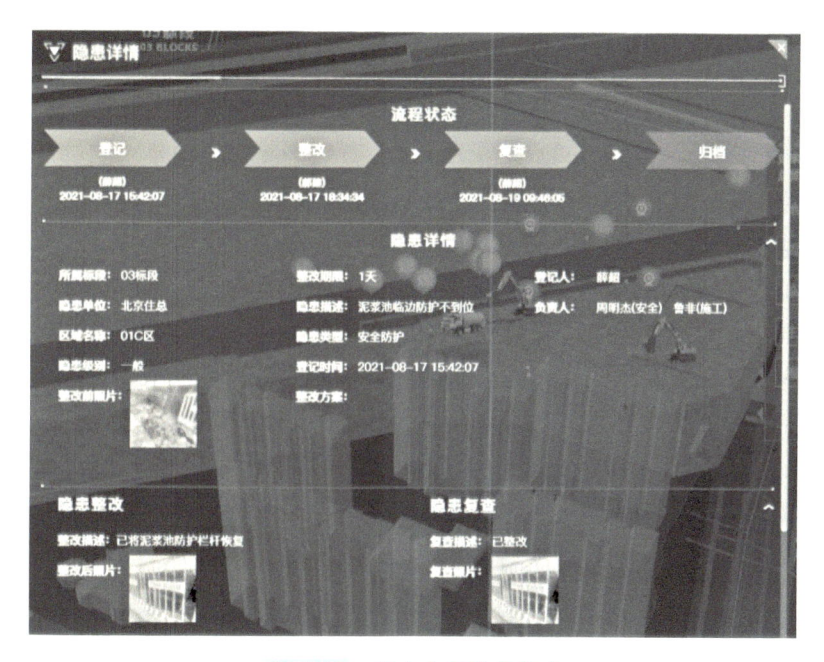

图 9-25　隐患处理流程状态

2. 进度管理

进度管理是保证工程建设施工能如期执行的重要管理手段。要求各方必须每天、每周、每月按时提交日报、周报、月报、监理月报、咨询单位月报至系统，除在进度计划中体现之外，还需与模型进行关联。

项目管理人员可将实际施工情况和计划进度（图 9-26）通过可视化模拟的方式进行对比复盘，分析进度偏差原因，及时调整工作进度，实现项目精细化管理。

图 9-26　施工进度管理中的模型维护

3. 人员设备管理

通过信息化安全帽、人脸识别（图9-27）、机械定位设备的现场应用，将定位信息及时上传至安控平台，真正实现了现场用工的实时掌握，通过多工种、多分包、多角度数据呈现，以及劳务、机械费偏差管理、过程工资数据管理等实时数据，使项目管理者精准掌握第一手资料。结合现场施工情况及时对劳务调整提供有力支持，通过不同维度数据分析，便于项目管理者做决策，降低项目管理的风险和纠纷。

4. 数字化视频监控

轨道交通工程采用数字化监控系统对施工场地和人员进行实时监控。本工程使用的安全监控系统以数字网络为传输介质、网络视频为核心，通过现场监控摄像头进行实时监控。视频监控中心与网络连接，以达到理想的闭路监控系统的远程、集中、实时效果。现场布设光纤，将视频监控接入安控平台，通过手机App便可进行云在线视频监控，如图9-28所示。监控信息同时在本地进行存储，避免特殊情况下视频信息丢失。施工场地内视频监控全覆盖，实时抓拍，及时发现物的不安全状态、人的不安全行为、恶劣天气危险源状况等安全隐患，方便信息倒查。

图 9-27 人脸识别门禁系统　　图 9-28 工程项目云在线视频监控

5. 智能环境监测

针对建筑工程施工扬尘、噪声，应用智能环境监测仪对颗粒物、PM2.5、PM10、噪声、温度等环境参数进行24h在线连续监测，管理人员随时随地通过手机和计算机等终端浏览访问，对监测数据进行管理分析，根据监测值安排施工作业内容，如空气重污染天气停止土石方作业，夜间安排钢筋绑扎等噪声低的工作。设备终端可以根据设定的环境监测阈值与施工现场的喷淋装置联动，在超出阈值时自动启动喷淋装置，实现降尘目的。

6. BIM+自动化监测测量管理

本工程施工范围内管线密布。为解决车站及附属工程施工时引起的沉降影响，保证道路、管线及建筑物的安全，采用自动化监测设备，将监测数据及时上传至后台服务器，针对不同类型的监测数据，建立监测数据黄橙红三级报警体系，并对监测数据进行对比分析，通过监测数据与BIM的关联，实现虚拟建造的情景再现，解决了多源数据结果信息量大、难以解读应用的问题，采用有限差分软件FLAC3D对施工情况进行模拟，结合实际监测数据进行关键因素敏感性分析及关联性分析。

将BIM中的监测点（图9-29）与自动化监测数据结合，由平台进行处理，生成图表进行数据展示与分析。对收集数据进行深入的分析，找出异常变化点及其与监测项目的关联性，输出经验拟合曲线，以对未来类似建设项目形成更为准确的风险预测分析；采用有限差分软件 FLAC3D 对施工情况进行模拟，结合实际监测数据进行关键因素敏感性分析，指导施工预警及风险应对。

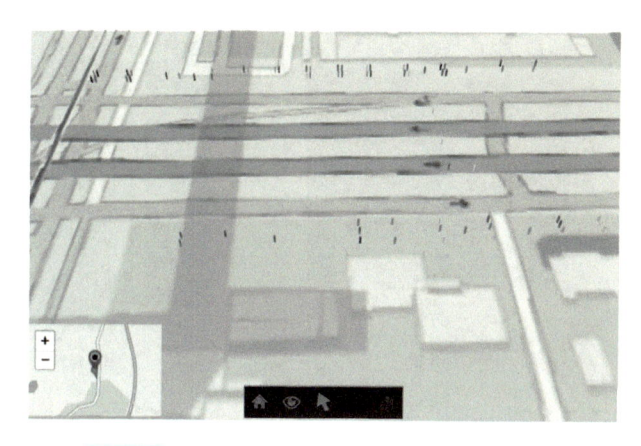

图 9-29　基于 BIM 的监测点及监测数据分析

9.4　智能建设关键核心技术的研究与应用

针对副中心枢纽工程开发基于 BIM 的一体化应用平台，对工程施工组织、质量监控和工程资源调配等都有着重要的意义。枢纽工程具有如下特点：

1）规模大、集成度高。具体表现在地下功能：2 条铁路、3 条地铁、接驳场站工程（东西接驳场站、地下联络道路、配套自行车停车设施）、公共服务空间、市政配套设施、综合交通枢纽配套及其他工程（同步实施的配套道路与市政工程、地下空间附属工程、室外工程、导改工程、人防工程、能源站接入、外电源引入等），共计 128 万 m^2。

2）参设单位多，界面、接口多，二级介入，情况复杂。设计团队、专项团队 42 家，地下 4 家、地上 4 家，15 个小团队，涉及专业 36 个（主专业 12 个）。2 条铁路、3 条地铁，相互咬合、编织，竖向关系复杂。

3）涉及 11 条市政道路，对接市政设施管线节点多。枢纽工程涉及玉带河大街、东六环西侧路、芙蓉路、杨坨一街、紫云南街、站西路、京哈南侧路、站南路、规划二路、站前路、杨坨四街。

构建这样一套综合性的数字智能平台，其目标是规范管理行为、精简管理人员、提高工作效率、智慧运维、深化管理效果和培养建造团队。以规范的平台工作流程推进参建各方规范各类管理程序，以质量管理 MR（Mixed Reality，混合现实）应用、投资管理 5D 应用等创新应用为试点，研究减小技术、质量、合约管理人员工作强度及人力资源。通过平台整合各类工程数据，实现快捷查阅、即时记录、辅助分析，建立完整建造模型并为运维阶段研究交付标准，提交交付模型和数据。平台的各管理模式比传统管理模式更具创新智能化、智慧化应用场景，更加深入、准确、全面地提供管理决策支持。最终探索实践智慧建造管理模式，培养一支信息化建设和运维管理队伍,整个平台的设计思路如图 9-30 所示。

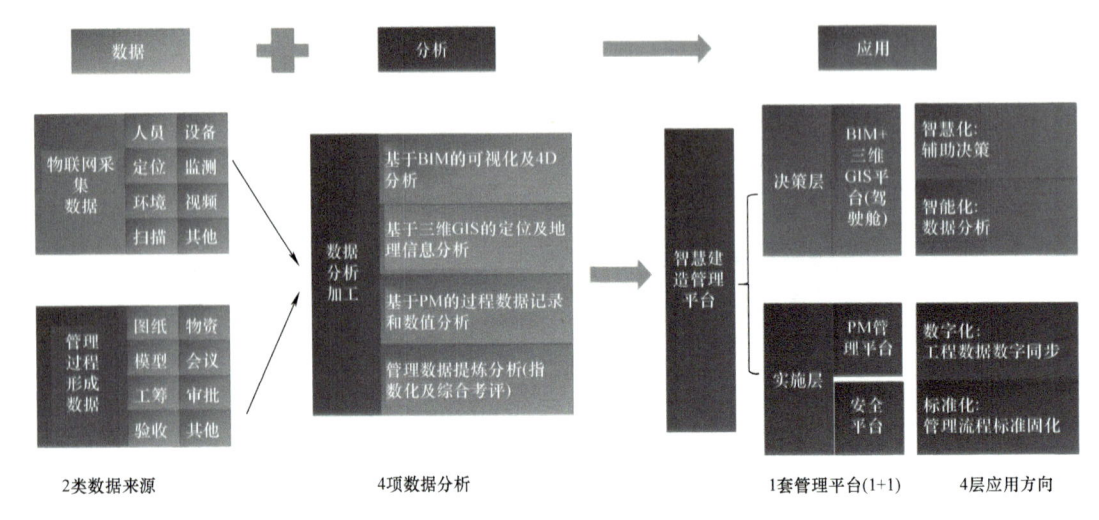

图 9-30 智慧建造管理平台的设计思路

平台的总体架构分为展示层、应用层、监控层和传感器层。展示层作为用户直接获取平台内部数据资源的结构,需要适用于各个端口,主要包含移动门户、项目门户及中央调度监控室三类。应用层主要包含全过程数字化运维的所有信息,在应用层用户可以获取想要获取的各类信息。监控层和传感器层主要面向数据收集端,通过布置在施工现场的各类电子监控设备,将施工现场的各类监控数据传入监控层进行数据处理并反馈回应用层。一体化融合平台的总体架构展示如图 9-31 所示。

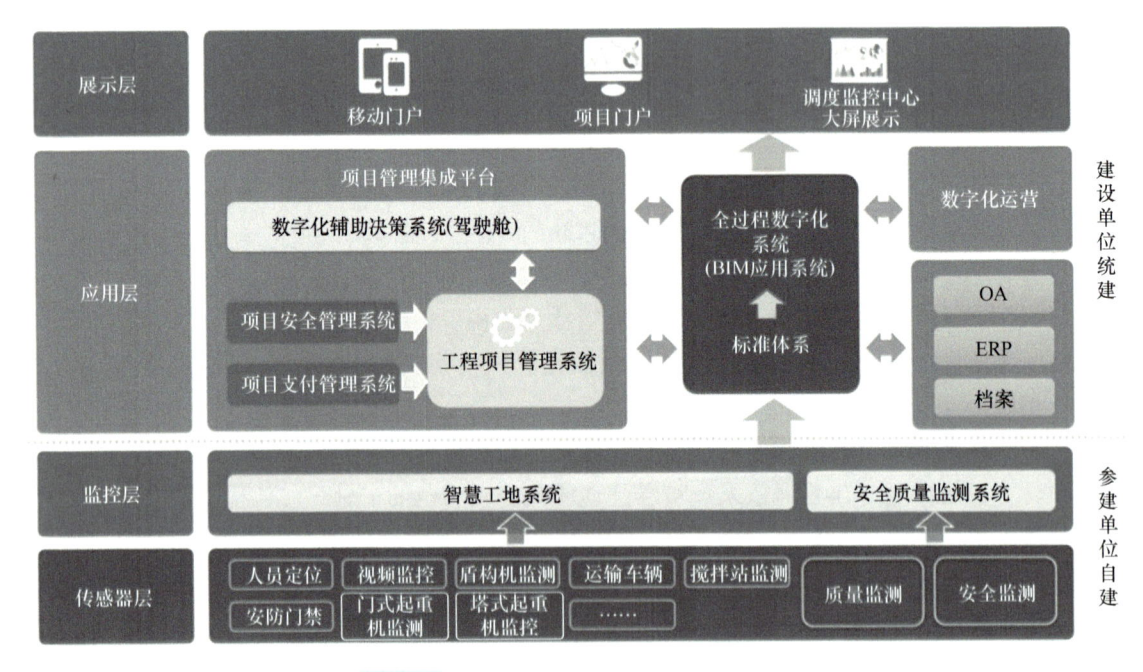

图 9-31 一体化融合平台的总体架构展示

通过智慧工地系统将现场系统和硬件设备集成到一个统一的平台，将产生的数据汇总和建模，形成数据中心。基于平台将各子应用系统的数据统一呈现，形成互联，项目关键指标通过直观的图表形式呈现，智能识别项目风险并预警，问题追根溯源，帮助项目实现数字化、系统化、智能化，为项目管理团队打造一个智能化"战地指挥中心"。副中心枢纽工程"投建运"一体化融合智慧平台展示如图 9-32 所示。

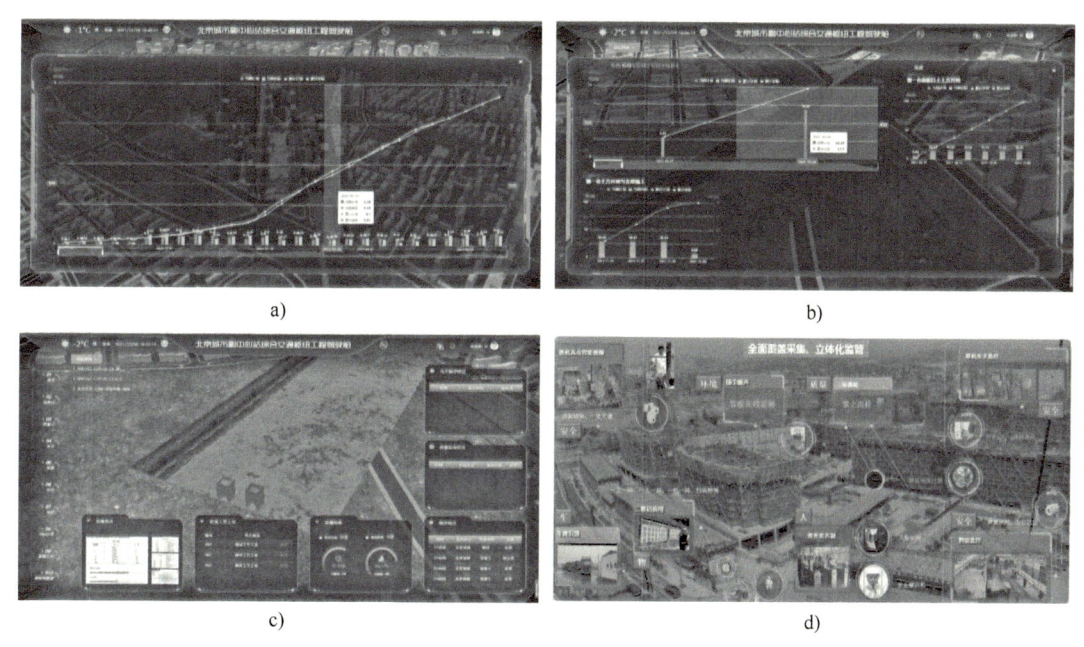

图 9-32　副中心枢纽工程"投建运"一体化融合智慧平台展示
a) 驾驶舱主页　b) 工程整体进度　c) 质量监控主页　d) 实时数据监控系统首页

平台集成工地的硬件设备，通过数字化手段呈现出硬件的使用状态、运行信息及预警情况，扩大了项目管理人员的感知范围，提高了对工地实时信息的感知速度，从而提升了管理人员的管理能力，提高了项目生产的透明度、安全性，设备设施管理如图 9-33 所示。

图 9-33　设备设施管理

数字工地系统将现场各类设备数据接入平台中，于 BIM 上展示。灵活添加自定义设备，在一张图一个模型中实时显示现场各类生产要素数据，使施工现场实现数字化，数据全面、准确、及时地展现在平台中。

安全生产智能化管控平台的应用包含综合监控、安全监管（进度、人机、环境、风险、模型管理）、安全隐患、风险管理、视频监控五大板块，覆盖了施工全过程的项目管理业务，打通数据流和业务流，为工程施工提供全面的数字化支撑。

9.5 工程智能装备的研究应用

9.5.1 智能焊接机器人系统

1. 概述

副中心枢纽工程采用了型钢混凝土结构，其中柱与承台、梁连接节点区域的钢筋与钢结构的搭接焊的接头数量多达 10 万个。现场焊接接头完全依赖人工焊接，局部仰焊作业空间小、焊接困难。按照国家规范和设计图要求，焊接质量要求高。目前采用人工焊接存在以下难点：

智能焊接机器人系统研究与应用

1) 现场焊接量大，焊工资源紧缺，用工紧张。

2) 焊接工人良莠不齐，焊接质量难以保证。

3) 人工焊接效率低。焊工每条焊缝焊接需要 10~15min，且受空间、气候、环境等因素影响大，工作时间不稳定。

采用智能焊接机器人可有效提高焊接质量，解决焊接量大的问题，提高施工效率。通过与工程安全、质量相融合，可降低安全质量管理风险，提高生产效率，实现项目管理的转型升级、提质增效，助力建筑业高质量持续健康发展。

整个自动焊接系统采用 6 轴机器人实现全角度 6 个自由度的旋转定位，采用倒挂笼式结构，借助于钢结构顶面稳定工作平台，两侧向下延伸出两个箱体，保证设备自平衡。结构顶部安装自动转台，实现平面内 360°机器人移位作业。解决了现场施工空间狭窄、机器人不易定位的问题，图 9-34 所示为正在作业的焊接机器人。经现场焊接工艺试验和效果检验表明：机器人焊接焊缝质量饱满，满足规范、设计要求。第二代自动扫描快速焊接机器人新增以下特点：

1) 机器人激光寻位系统。基于 KRC4 控制系统集成 EtherCAT 主站解决方案，通过与基恩士激光传感器通信扫描确定钢筋位置。机器人系统内部处理转换坐标系确定焊缝起点。达到无须人工操作机器人自动寻找焊缝位置自动焊接的要求。

2) 机器人激光定位系统。基于 KRC4 控制系统集成 EtherCAT 主站解决方案，通过与激光视觉传感器通信获得焊缝轨迹。焊接过程中机器人内部系统处理交换信息，改变机器人焊接轨迹达到焊缝跟踪要求。

2. 自动焊接主体系统

设备整体为笼式托架结构，托架顶部用导向椎体插入基座顶端，两侧向下延伸出两个箱体结构分别承载机械手臂、机器人控制柜、焊机、稳压电源、保护气及工具箱等。结构两侧支撑杆用于固定调平。系统所选用的 KR10 机器人是德国 Kuka 公司的弧焊专用机器人，包括机器人本体、机器人控制柜（KRC4）、示教器（KCP）三部分及供电电缆。

图 9-34 焊接机器人作业

3. 焊接控制系统

本系统采用现场总线技术，系统整体电器组成部分由机器人内部 PLC 统一控制，实现分散布局统一操控，能把所有安全信号分组接收统一处理。

机器人配置有 BECKHOFF 公司的 PCI 插槽式 DeviceNET 主站接口卡。机器人示教器上设置的工艺参数通过 DeviceNET 现场总线直接下传到焊接电源，焊接电源的故障信息和过程信息通过现场总线上传到机器人 PLC。焊接电源的输出工艺可以根据要求设置；对电流、电压、送丝速度、焊接速度、气体流量等参数可通过机器人运行轨迹实时更新。对于设置的工艺参数，可以保存在后台数据库，方便数据的管理，保存的工艺参数不少于 99 套。

4. 稳压电源

稳压电源选用 SBW-50 大功率交流稳压器。SBW-50 稳压器由三相补偿变压器 TB、三相调压变压器 TVV、电压检测单元、伺服电机控制与传动机构、接触器（或断路器）操作电路、保护电路等组成。三相调压变压器 TVV 的一次绕组接成 Y 形，连接在稳压器的输出端，二次绕组连接三相补偿变压器 TB 的一次绕组，而三相补偿变压器 TB 的二次绕组串联在主回路中。其稳压过程：根据输出电压的变化，由电压检测单元采样，检测并输出信号控制伺服电机 M 转动，带动三相调压变压器 TVV 上的电刷组滑动（或滚动），调节三相调压变压器 TVV 的二次电压，以改变三相补偿变压器 TB 的极性和大小，实现输出电压自动稳定在稳压精度允许的范围内，从而达到自动稳压的目的。

9.5.2　地下空间工程建设全空间变形三维激光扫描测量装备

轨道交通工程体量大、基坑超深、变形全域感知困难、地墙隐患开挖事前难知、海量表观病害识别难以全面覆盖、BIM 与现场管理结合效率需提高，通过应用三维激光扫描仪进行现场扫描，对点云数据进行变形分析，与 BIM 实体结构进行对比分析，如图 9-35 所示，解决全空间变形快速识别的难题，实现病害事前精确定位、定向处置，实现轨道交通工程 BIM 实体结构风险信息快速精细化采集。

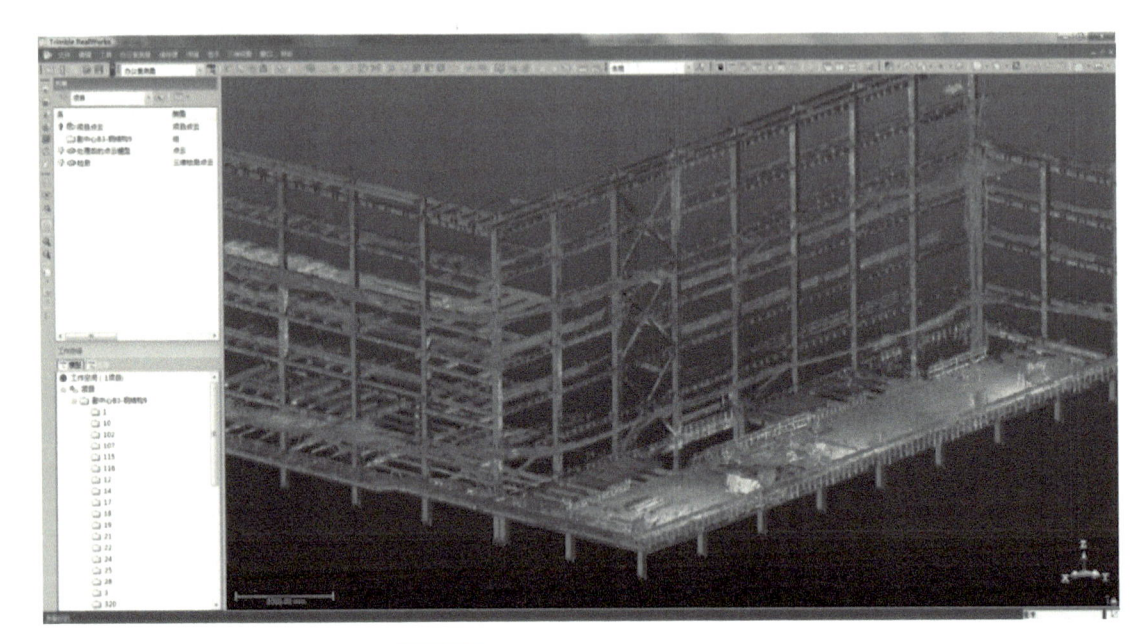

图 9-35　点云与实体结构对比分析

9.6　智能建设成果与效益分析

通过 BIM 可视化和可模拟特性进行设计优化、施工策划、方案模拟、技术对接优化、施工现场安全质量管理等工作，基于业务应用的 BIM 标准可进行编码体系建设、方案编制。基于 BIM 搭建的智能建造项目，重点建设内容主要有安全生产智能化管控平台应用，工程量计算，施工场地模型、施工模型、临设模型搭建，重大施工方案的 BIM 建模、模拟、分析、应用，工程实体 BIM 搭建，过程中的问题记录与设计对接等工作。

9.6.1　应用目标与成果

1. 应用目标

1）全过程协同设计，直观地进行设计配合和设计校审，提高审图质量，减少"错、缺、漏、碰"和设计变更，提高设计及生产效率。搭建基础 BIM 数据库，并实现 BIM+的应用，包含人行/车行模拟、环境模拟、施工工艺模拟等。

2）通过直观、动态的施工过程模拟和重要环节的工艺模拟，比较多种施工及工艺方案的可实施性，提升项目施工过程的精细化施工与管理，提高进度管控能力。基于 BIM 施工安全与碰撞分析及时发现并解决施工过程和现场的安全隐患和矛盾，提高工程的安全性。

3）通过 BIM 技术与智慧建造平台的应用提升项目管理水平，搭建适合项目级的 BIM 数据协同环境。形成一套完善的 BIM 标准编码体系，实现 BIM 数据与业务流程，业务数据无缝对接，达到 BIM 应用标准化的目的。

4）开发适合本工程及类似工程的安全信息化监测系统，解决复杂周边环境与工程实体的空间交互分析，为各类风险源提供合理解决方案，同时建立可视化施工安全风险实时预警系统。根据项目实施经验及成果，完善项目安全生产智能化管控平台。

2. 目标成果

形成完整的轨道交通工程的设计阶段 BIM、施工阶段 BIM、竣工阶段 BIM。利用 BIM 配合相关的模拟软件建立轨道交通工程族库、企业族库和动画库，形成项目 BIM 应用成套关键技术资料。全面推进 BIM 技术运用，保证运用的完整性、系统性及创新性。

9.6.2 效益分析

1. 经济效益

（1）提高效率，节约人力　本工程运用 BIM 进行可视化指导、碰撞检测、方案比选、空间布局优化等技术手段达到缩短工期、减少返工、节约成本和劳动力、提高生产效率等目标。

（2）施工预演，减少返工　利用 BIM 技术在施工前期进行施工深化设计，可以发现图纸问题，减少在建筑施工阶段可能存在的错误损失，降低返工的概率，优化净空和管线排布方案。施工人员利用碰撞优化后的三维管线方案，进行施工交底、施工模拟，提高施工质量，避免出现因设计、施工原因造成的返工、停工，导致时间、材料等的浪费。

（3）优化方案，节约工期　利用 BIM 进行模拟施工，根据项目制定的进度计划按照实际进行模拟，提前发现并解决真正施工阶段会出现的各种问题，为后期施工进度提供保障，在后期施工时能作为可行性施工指导，提供合理的施工方案，施工顺序及人员、材料配置，实现材料资源的高效利用，同时进行方案比选及调整，调整施工顺序及人员安排，选择最佳方案，节约工期。

（4）动态纠偏，实时管控　项目把各业务系统的数据进行集成，最大限度地将各类数据在时间和空间同时展示，辅助施工组织设计的决策，在动态纠偏的过程中做到用数据管理，用数据决策，做到工程建设的精细化、智慧化、信息化管理。

2. 环境效益

（1）节约材料，降低损耗　基于 BIM 技术的深化设计最大限度地优化路径，找出最短、最合适的路径，节省了材料。BIM 的精细表等功能可以精确地计算出材料采购量，并能精确地放样下料，减少材料的损耗。

（2）数字办公，节约资源　数字化管理平台的应用实现了构件质量管控、人员信息管理的数字化；人脸识别技术的应用避免了出入书面登记的手续；虚拟现实技术交底的应用代替了二维图，这些技术的应用极大程度地促进了无纸化办公，节约资源。

（3）绿色施工，节水节地　通过 BIM 技术提前根据施工进度布置现场，建立场地布置动态模型，使施工场地利用率最大化，对现场临时用水管网进行布置，建立水回收系统，对现场用水与雨水进行回收处理，并用以车辆进出场冲洗、卫生间用水、临时道路保洁等工作。施工现场贯彻节约用水理念，部分利用循环水养护，养护用水采用专业工具喷洒在结构层表面，达到节约用水的目的。施工现场喷洒路面、绿化浇灌及混凝土养护用水使用现场集水池中水，当集水池中水不够时使用市政给水。合理规划利用雨水及基坑降水，提高非传统水利用率。

3. 社会效益

（1）人才培养　通过全员参与 BIM 应用，推动项目 BIM 管理人才的培养，打造 BIM 精品团队，培养了一批具备专业技能和 BIM 应用能力的复合型人才，同时全面提升 BIM 人员的专业技能水平和综合协调能力，为行业的发展提供了良好的支撑。

（2）工程示范　通过 BIM 技术应用，提高本工程数字化、信息化、智慧化管理水平。在行业内树立标杆，起到示范、引领作用，推动国内工程建设领域的数字化、信息化、智慧化管理水平提升。

复习思考题

（1）什么是智慧工地？请简要谈谈 BIM 技术在智慧工地中的应用，并举例进行说明。

（2）BIM 技术在工程设计、施工阶段可应用于哪些场景？请进行简要说明。

（3）以你自己的了解，信息技术与智能建设融合在土木工程中的应用还有哪些？

（4）随着人工智能和机械设备控制技术的发展，你还知道哪些建筑机器人？它们被应用于哪些工程场景中？

（5）BIM 技术有哪些创新应用？并谈一谈未来创新应用的发展趋势。

（6）智能建设一体化应用平台的特点是什么？应如何开展研发与应用？

（7）相较于人工焊接，智能焊接机器人解决了哪些技术瓶颈？

（8）简述第二代自动扫描快速焊接机器人的系统组成与特点。

（9）地下空间工程建设全空间变形三维激光扫描测量装备具有哪些应用前景？

（10）智能建设的应用目标有哪些？

（11）如何利用 BIM 技术提高智能建设的经济效益？

（12）相较于传统方式，试从环境角度分析 BIM 技术应用于智能建设的优势？

（13）如何利用工地数据进行施工现场的智慧决策？

（14）结合副中心枢纽工程，试阐述如何进一步推广智能建设应用。

参考文献

[1] LIU B，HE L，LI C，et al. Study on electrical properties of saline frozen soil and influence mechanism of unfrozen water content［J］. Cold Regions Science and Technology，2024，220：104146.

[2] WANG Z，LIU B，HAN Y. Combined influence of rainfall and groundwater on the stability of an inner dump slope［J］. Natural Hazards，2023，118（3）：1961-1988.

[3] LI T，ZHANG Z，JIA C，et al. Investigating the cutting force of disc cutter in multi-cutter rotary cutting of sandstone：Simulations and experiments［J］. International Journal of Rock Mechanics and Mining Sciences，2022，152：105069.

[4] LI T，HOU R，ZHENG K，et al. A novel method of pure output modal identification based on multivariate variational mode decomposition［J］. Structural Control and Health Monitoring，2024，2024（1）：5549641.

[5] WANG Z，LIU B，HAN Y，et al. Determining the layout parameters of the gas drainage roadway：A study for Sima coalmine China［J］. Advances in Civil Engineering，2021，2021（5）：1-8.

[6] 李涛，崔远，刘波，等. 岩-土复合地层隧道施工引起建筑物沉降计算［J］. 华中科技大学学报（自然科学版），2020，48（3）：86-91.

[7] 李涛，王益博，郁志伟，等. 变截面隧道开挖地表土体移动与沉降预测［J］. 中南大学学报（自然科学版），2020，51（2）：433-444.

[8] 李涛，蔡海波，刘波，等. 膨胀土地层锚索预应力损失与流变耦合模型研究［J］. 岩石力学与工程学报，2020，39（1）：147-155.

[9] 李涛，邵文，郑力萤，等. 岩-土复合地层深基坑支护桩变形计算方法［J］. 中国矿业大学学报，2019，48（3）：511-519.

[10] 李涛，马永君，刘波，等. 循环荷载作用下冻结灰砂岩强度特征与弹性模量演化规律［J］. 煤炭学报，2018，43（9）：2438-2443.

[11] 毛超，刘贵文. 智慧建造概论［M］. 重庆：重庆大学出版社，2021.

[12] 尤志嘉，吴琛，郑莲琼. 智能建造概论［M］. 北京：中国建材工业出版社，2021.

[13] 马恩成，夏绪勇. 智能建造与新型建筑工业化［M］. 北京：中国城市出版社，2023.

[14] 刘波，李涛，陶龙光，等. 城市地下空间工程施工技术［M］. 北京：机械工业出版社，2021.

[15] 郭院成. 城市地下工程概论［M］. 郑州：黄河水利出版社，2014.

[16] 李轩花. BIM 在钢结构建筑设计施工全过程的应用实践［J］. 中国建筑金属结构，2024，23（7）：121-123.

[17] 梁永顺. BIM 技术支持下的装配式结构设计研究［J］. 中国建筑金属结构，2024，23（7）：130-132.

[18] 胡继刚. 基于 BIM 的装配式钢结构建筑施工新技术与管理研究［J］. 中国建筑金属结构，2024，23（7）：154-156.

[19] 郭凯,柴国胜. BIM 技术在建筑施工信息化中的应用研究 [J]. 中国设备工程,2024(14):221-223.

[20] 程荣. BIM 技术在建筑结构设计中的应用 [J]. 智能建筑与智慧城市,2024(7):89-91.

[21] 陈作荣. BIM 技术在建筑工程施工管理中的应用研究 [J]. 城市建设理论研究(电子版),2024(20):73-75.

[22] YILMAZ G, AKCAMETE A, DEMIRORS O. BIM-CAREM: Assessing the BIM capabilities of design, construction and facilities management processes in the construction industry [J]. Computers in Industry, 2023, 147: 103861.

[23] LI S, ZHANG Z, MEI G, et al. Utilization of BIM in the construction of a submarine tunnel: A case study in Xiamen city, China [J]. Journal of Civil Engineering and Management, 2021, 27 (1): 14-26.

[24] 何江,杜永明. 绿色建筑 BIM 设计与分析 [M]. 北京:机械工业出版社,2023.

[25] 刘静,王刚,徐立丹,等. BIM 技术施工应用 [M]. 成都:西南交通大学出版社,2023.

[26] 武黎明,王子健. BIM 技术应用 [M]. 北京:北京理工大学出版社,2021.

[27] 吴琳,王光炎. BIM 建模及应用基础 [M]. 北京:北京理工大学出版社,2017.

[28] 杨文娟,陈可祥. BIM 建模基础 [M]. 重庆:重庆大学出版社,2020.

[29] 王静,齐惠颖. 基于 Python 的人工智能应用基础 [M]. 北京:北京邮电大学出版社,2021.

[30] 李辉,金晓萍,李丽芬. Python 程序设计与数据分析基础 [M]. 北京:清华大学出版社,2023.

[31] 朱旭振,黄赛. Python 基础编程与实践 [M]. 北京:机械工业出版社,2019.

[32] 陈泽帆,郭苗梓,李满,等. 基于 Python 语言的成本管理系统设计与开发 [J]. 锻造与冲压,2024(4):26-30.

[33] 张爱华. 基于人工智能技术的 Python 编程教学实践 [J]. 集成电路应用,2023,40(8):380-381.

[34] 田文涛. Python 技术在计算机软件中的应用 [J]. 集成电路应用,2024,41(2):344-346.

[35] 贺卫兵,熊雪阳,张天宇,等. 基于 Python 的 BIM 模型构件库信息系统 [J]. 建筑施工,2022,44(9):2235-2238.

[36] 李浪,余孝忠,李家瑶,等. Python 程序设计 [M]. 武汉:华中科技大学出版社,2022.

[37] 孔令信,刘振东,马亚军. Python 程序设计 [M]. 重庆:重庆大学出版社,2021.

[38] 马亚军,刘振东,孔令信. Python 程序设计实践 [M]. 重庆:重庆大学出版社,2021.

[39] 余挺,李超. 基于 Python 语言的数据分析 [M]. 北京:北京邮电大学出版社,2021.

[40] 贺琰,胡剑忠,史海磊. 浅析城市轨道交通的地下空间设计 [J]. 工业设计,2023(1):68-70.

[41] 褚冬竹,幸峥嵘. 城市轨道交通站际地下空间形成与开发思路探析 [J]. 南方建筑,2018(5):92-98.

[42] 苏泰华,冯浩波. 轨道交通隧道光纤测温火灾报警算法研究和应用 [J]. 科学技术创新,2022(23):27-30.

[43] 廖继轩,郭春,马秀明,等. 基于舒适度的轨道交通地下车站照明特性 [J]. 综合运输,2019(2):73-77.

[44] 杨春宇,王燕尼,汪统岳,等. 不同光气候区地下轨道交通空间智慧型人工光环境研究 [J]. 西部人居环境学刊,2017(6):12-16.

[45] 孟柯. 上海轨道交通 17 号线全生命期 BIM 技术应用研究 [J]. 土木建筑工程信息技术,2020,12(3):50-58.

[46] 崔龙,陈楚. 天津城市规划中地下空间规划设计要素研究 [J]. 科技资讯,2014,12(6):46-47.

[47] 彭芳乐,宋尚,王印鹏. 基于 Quest3D 平台的地下综合体虚拟现实技术 [J]. 地下空间与工程学报,2014,10(S1):1506-1513.

参考文献

［48］高亮. 地下综合体建筑中的交通转换空间设计研究：以南京红花机场地下空间为例［D］. 南京：东南大学，2019.

［49］闫珊. 地下综合体防火设计研究［D］. 天津：天津大学，2011.

［50］DONG Y H, PENG F L, ZHA B H, et al. An intelligent layout planning model for underground space surrounding metro stations based on NSGA-II［J］. Tunnelling and Underground Space Technology，2022，128：104648.

［51］SHAO F, WANG Y. Intelligent overall planning model of underground space based on digital twin［J］. Computers and Electrical Engineering，2022，104：108393.

［52］邵继中. 城市地下空间设计［M］. 南京：东南大学出版社，2016.

［53］赵景伟，张晓玮. 现代城市地下空间开发：需求、控制、规划与设计［M］. 北京：清华大学出版社，2016.

［54］李清. 城市地下空间规划与建筑设计［M］. 北京：中国建筑工业出版社，2019.

［55］束昱，路姗，阮叶菁. 城市地下空间规划与设计［M］. 上海：同济大学出版社，2015.

［56］耿永常，赵晓红. 城市地下空间建筑［M］. 哈尔滨：哈尔滨工业大学出版社，2001.

［57］勿拉索夫. 俄罗斯地下铁道建设精要［M］. 钱七虎，戚承志，译. 北京：中国铁道出版社，2002.

［58］杨秀仁. 我国预制装配式地铁车站建造技术发展现状与展望［J］. 隧道建设（中英文），2021，41（11）：1849-1870.

［59］李太惠. 明斯克地铁单拱车站设计施工经验［J］. 地铁与轻轨，1995（2）：44-48.

［60］尹伟，卞正涛. 装配式综合管廊全机械化拼装施工技术研究与应用［J］. 建筑技术，2022，53（9）：1215-1218.

［61］韩生录. 浅谈叠合装配式综合管廊施工技术［J］. 安装，2022（3）：43-45.

［62］陈久恒. 预制装配式地铁车站施工技术研究［J］. 铁道建筑技术，2015（11）：62-65；69.

［63］钟春玲，李雷. 全预制装配式车站节点的连接方式研究［J］. 吉林建筑大学学报，2015，32（6）：1-4.

［64］吴成刚，虞璇. BIM技术在装配式地铁车站工程项目中的应用［J］. 现代城市轨道交通，2023（6）：112-117.

［65］CHEN J, XU C, EL NAGGAR H M, et al. Study on seismic performance and index limits quantification for prefabricated subway station structures［J］. Soil Dynamics and Earthquake Engineering，2022，162：107460.

［66］CHEN J, XU C, EL NAGGAR H M, et al. Seismic response analysis of rectangular prefabricated subway station structure［J］. Tunnelling and Underground Space Technology，2023，131：104795.

［67］吴香国，王瑞，李丹，等. 地下装配式工程结构与预制管廊箱涵关键技术［M］. 哈尔滨：哈尔滨工业大学出版社，2023.

［68］张波. 装配式混凝土结构工程［M］. 北京：北京理工大学出版社，2016.

［69］刘学军，詹雷颖，班志鹏. 装配式建筑概论［M］. 重庆：重庆大学出版社，2020.

［70］田春鹏. 装配式混凝土结构工程［M］. 武汉：华中科技大学出版社，2020.

［71］陈湘生，曾仕琪，韩文龙. 机器学习方法在盾构隧道工程中的应用研究现状与展望［J］. 土木与环境工程学报（中英文），2024，46（1）：1-13.

［72］王万德，张岩. 智能化管理在盾构隧道施工中的应用［J］. 网络与信息，2007（7）：70.

［73］孙钧，温海洋. 人工智能科学在软土地下工程施工变形预测与控制中的应用实践：理论基础、方法实施、精细化智能管理 示例［J］. 隧道建设（中英文），2020，40（1）：1-8.

［74］周文波，胡珉. 盾构隧道信息化施工智能管理系统设计及应用［J］. 岩石力学与工程学报，2004，

23（z2）：5122-5127.

[75] 王旋东. 盾构法隧道施工管控平台架构及功能设计［J］. 中国市政工程，2020（3）：92-94.

[76] 滕丽. 智能风险管理系统在盾构法隧道工程中的应用［J］. 建筑施工，2011，33（8）：742-745.

[77] 周文波. 盾构法隧道施工智能化辅助决策系统的研制与应用［J］. 岩石力学与工程学报，2003，22（z1）：2412-2417.

[78] LIU X, ZHANG W, SHAO C, et al. Autonomous intelligent control of earth pressure balance shield machine based on deep reinforcement learning［J］. Engineering Applications of Artificial Intelligence, 2023, 125: 106702.

[79] ZHANG Y, GONG G, YANG H, et al. Towards autonomous and optimal excavation of shield machine: A deep reinforcement learning-based approach［J］. Journal of Zhejiang University-SCIENCE A, 2022, 23(6): 458-478.

[80] LIU T, HUANG H, YAN Z, et al. A case study on key techniques for long-distance sea-crossing shield tunneling［J］. Marine Georesources & Geotechnology, 2020, 38(7): 786-803.

[81] JIN H, YUAN D, JIN D, et al. Ground deformation induced by shield tunneling posture in soft soil［J］. Tunnelling and Underground Space Technology, 2023, 139: 105227.

[82] 吴永哲，杨云飞，李亚辉. 盾构工程施工技术研究［M］. 天津：天津科学技术出版社，2021.

[83] 何况，袁聚亮，严文荣. 郑州市轨道交通5号线工程盾构施工与管理［M］. 成都：西南交通大学出版社，2021.

[84] 周质炎，温竹茵，戴仕敏. 道路盾构隧道穿越机场设计与施工技术：虹桥综合交通枢纽迎宾三路隧道工程［M］. 上海：上海科学技术出版社，2018.

[85] 洪开荣. 软硬不均与极软地层盾构处理技术［M］. 上海：上海科学技术出版社，2019.

[86] 江治国. 物联网与多传感器融合的智能家居安防系统［J］. 太原学院学报（自然科学版），2024，42（3）：20-26.

[87] 徐秀红，廖忠明，王如意. 智能家居中物联网传感器的网络设计与优化［J］. 黑龙江科学，2024，15（2）：67-69.

[88] 张志元. 土木工程智能结构中传感器原理与应用［J］. 智能城市，2023，9（4）：23-25.

[89] 胡二伟. 智能建筑中的多传感器信息融合技术研究［J］. 现代建筑电气，2023，14（1）：42-46.

[90] 梁小瑞，任国凤，赵翊辰. 融合多传感器数据的智能火灾预警系统设计［J］. 高师理科学刊，2022，42（1）：24-27；33.

[91] 张丽. 智能传感器节点在电梯故障预测中的运用［J］. 智能城市，2021，7（13）：7-8.

[92] 王洪生. 基于单片机与传感器的智能家居环境监测系统设计［J］. 电子制作，2020（22）：24-27.

[93] 陈晓兵. 物联网在智能家居中的应用与发展［J］. 科技创新与应用，2020（9）：195-196.

[94] LEE J H, MORIOKA K, ANDO N, et al. Cooperation of distributed intelligent sensors in intelligent environment［J］. IEEE/ASME Transactions On Mechatronics, 2004, 9(3): 535-543.

[95] TIAN G Y, ZHAO Z X, BAINES R W. A fieldbus-based intelligent sensor［J］. Mechatronics, 2000, 10(8): 835-849.

[96] FENG J, XU J, LIAO W, et al. Review on the traction system sensor technology of a rail transit train［J］. Sensors, 2017, 17(6): 1356.

[97] 刘君华. 智能传感器系统［M］. 西安：西安电子科技大学出版社，1999.

[98] 陈建元. 传感器技术［M］. 北京：机械工业出版社，2008.

[99] 王俊峰，孟令启. 现代传感器应用技术［M］. 北京：机械工业出版社，2006.

[100] 钱显毅. 传感器原理与应用［M］. 2 版. 北京：中国水利水电出版社，2020.

[101] 张泽兴，夏志华，李浩. 倾斜摄影测量与 BIM 在智慧城市建设中的应用［J］. 城市建设理论研究（电子版），2024（7）：214-216.

[102] 张惠娟. 智慧城市中的工程测量作用［J］. 城市建设理论研究（电子版），2024（5）：217-219.

[103] 王静. 摄影测量与遥感在智慧城市建设中的应用研究［J］. 城市建设理论研究（电子版），2023（32）：148-150.

[104] 陈立，赵永雨. 智慧城市测绘工程测量用无人机遥感装置［J］. 智慧中国，2023（9）：86-87.

[105] 周长江，杜洪涛，李欣，等. 车载移动测量系统在智慧城市建设中的应用研究［J］. 城市勘测，2023（2）：80-84.

[106] 辛江. 智慧城市建筑的摄影测量和遥感技术［J］. 石河子科技，2022（5）：59-60.

[107] 杨常红，翟华，丁剑. 基于无人机倾斜摄影测量的智慧三维工地应用［J］. 北京测绘，2022，36（8）：1013-1018.

[108] 范印，李梁，高磊，等. 无人机倾斜摄影测量技术在智慧城市建设中的应用研究［J］. 无线互联科技，2021，18（13）：96-98.

[109] BAI W. Application of digital surveying and mapping technology in engineering survey at this stage［C］//2017 4th International Conference on Machinery, Materials and Computer（MACMC 2017）. Atlantis Press，2018：104-107.

[110] QIANG L，LING L. Engineering surveying and mapping system based on 3D point cloud and registration communication algorithm［J］. Wireless Communications and Mobile Computing，2022，2022（1）：4579565.

[111] 焦明连，朱恒山. 测绘技术在智慧城市建设中的应用［M］. 徐州：中国矿业大学出版社，2017.

[112] 孙福英，赵元，杨玉芳. 智能检测技术与应用［M］. 北京：北京理工大学出版社，2020.

[113] 黄世秀，高飞. 智能测绘［M］. 合肥：合肥工业大学出版社，2023.

[114] 李星星. 实时高频 GNSS 地震监测与预警［M］. 武汉：武汉大学出版社，2017.

[115] LIU B，MA Y J，LIU N，et al. Investigation of pore structure changes in Mesozoic water-rich sandstone induced by freeze-thaw process under different confining pressures using digital rock technology［J］. Cold Regions Science and Technology，2019，161：137-149.

[116] LIU B，LI T，HAN Y，et al. DEM-continuum mechanics coupling simulation of cutting reinforced concrete pile by shield machine［J］. Computers and Geotechnics，2022，152：105036.

[117] LIU B，HE Y，HAN Y，et al. A nonlinear elastic-strain hardening model for frozen improved sandy soil under uniaxial compression loading condition［J］. Cold Regions Science and Technology，2024，222：104205.

[118] LIU B，HE Y，HAN Y，et al. An improved model assessing variation characteristics of pore structure of sandy soil thawing from extremely low temperature using NMR technique［J］. Cold Regions Science and Technology，2023，205：103717.

[119] LIU B，TAO L G，LI T，et al. SEM microstructure and SEM mechanical tests of swelling red sandstone in Guangzhou metro engineering［C］//2008 年国际岩石力学与工程青年论坛（The International Young Scholars' Symposium on Rock）论文集. 2008：99-104.

[120] 刘波，张功，李守定，等. 砂质泥岩在低温劈裂试验中的声发射研究［J］. 岩石力学与工程学报，2016，35：2702-2709.

[121] 李涛，王昕鹏，陈慧娴，等. 钢支撑对盾构竖井深基坑围护桩体变形规律的影响［J］. 河南科技大学学报（自然科学版），2015，36（2）：74-77；82.

[122] 李涛，李冬晓，徐超卓，等. 钢骨混凝土框架-核心筒超高层混合结构竖向变形研究［J］. 建筑结构

学报，2020，41（3）：93-104.
[123] 李涛，关辰龙，霍九坤，等.北京地铁车站深基坑主动土压力实测研究［J］.西安理工大学学报，2016，32（2）：186-190；231.
[124] 李涛，杨依伟，贾奥运，等.空间效应下狭长深基坑地表三维变形预测［J］.中国矿业大学学报，2020，49（6）：1101-1110.
[125] 北京市地铁运营有限公司.首都智慧地铁发展白皮书［R/OL］.（2020-11-12）［2024-7-1］.https：//www.ncsti.gov.cn/kjdt/xwjj/202011/t20201113_16441.html.